高等院校自动化新编系列教材

电子设计自动化

编著　马淑华　高原

北京邮电大学出版社
·北京·

内 容 简 介

本书系统地介绍了现代电子系统设计中涉及的EDA技术，从模拟、数字仿真的基本原理，数字系统设计，到工具软件的具体使用。主要内容包括模拟与数字电路的仿真原理，可编程逻辑器件以及VHDL硬件描述语言，并从实用的角度介绍了相关的EDA工具Multisim、PROTEUS、Protel DXP、SystemView的使用方法，使读者能全面了解和掌握EDA的常用技术与工具，并能够在此基础上进行模拟、数字以及含MCU电路的仿真分析，数字系统设计，印刷电路板设计以及数学模型的仿真分析和设计。

本书可满足现代电子系统设计的知识体系要求，可作为高等院校自动化、测控技术与仪器、电子信息工程等相关专业的EDA教材，也可作为研究生和相关专业工程技术人员的参考书。

图书在版编目(CIP)数据

电子设计自动化/马淑华，高原编著. —北京：北京邮电大学出版社，2006(2019.1重印)
ISBN 978-7-5635-1278-2

Ⅰ.电…　Ⅱ.①马…②高…　Ⅲ.电子电路—电路设计：计算机辅助设计　Ⅳ.TN702

中国版本图书馆CIP数据核字(2005)第095477号

书　　名：电子设计自动化
作　　者：马淑华　高原
责任编辑：李欣一
出版发行：北京邮电大学出版社
社　　址：北京市海淀区西土城路10号(邮编：100876)
发 行 部：电话：010-62282185　传真：010-62283578
E-mail：publish@bupt.edu.cn
经　　销：各地新华书店
印　　刷：北京鑫丰华彩印有限公司
开　　本：787 mm×1 092 mm　1/16
印　　张：22.75
字　　数：534千字
印　　数：8 501—9 500册
版　　次：2006年9月第1版　2019年1月第6次印刷

ISBN 978-7-5635-1278-2　　定　价：49.00元

高等院校自动化新编系列教材

编 委 会

编 写 说 明

一本好的教材和一本好的书不同,一本好的书在于其内容的吸引力和情节的魅力,而一本好的教材不仅要对所介绍的科学知识表达清楚、准确,更重要的是在写作手法上能站在读者的立场上,帮助读者对教材的理解,形成知识链条,进而学会举一反三。基于这种考虑,在充分理解自动化专业培养目标和人才需求的前提下,我们规划了这套《高等院校自动化新编系列教材》。

本套系列教材共包括21册,在内容取舍划分上,认真分析了各门课程内容的相互关系和衔接,避免了不必要的重复,增加了一些新的内容。在知识结构设计上,保证专业知识完整性的同时,考虑了学生综合能力的培养,并为学生继续学习留有空间。在课程体系规划上,注意了前后知识的贯通,尽可能做到先开的课程为后续的课程提供基础和帮助,后续的课程为先开的课程提供应用的案例,以便于学生对自动化专业的理解。

《高等院校自动化新编系列教材》编委会

2005年8月

前　言

随着电子技术和计算机的迅速发展，电子系统设计的手段也经历了手工设计、计算机辅助设计、计算机辅助工程(CAE)、电子系统设计自动化(Electronics Design Automation，EDA)阶段。

EDA 技术包括电子工程师进行电子系统开发的全过程，涉及电子电路设计的各个领域，即从低频电路到高频电路，从线性电路到非线性电路，从模拟电路到数字电路以及从 PCB 板设计到 FPGA、ASIC 设计开发等等。EDA 研究如何有效利用计算机进行电子系统设计，利用计算机模拟电子系统的实际工作情况，目的是为了在不同的设计阶段和设计层次验证设计的正确性，以便及早发现错误，修改设计，从而节省时间，避免经济损失。EDA 技术具有设计成本低、设计周期短和优化设计等一系列优点，已经成为电子系统设计的必经之路。

随着 EDA 技术的进一步发展，其内容越来越广泛，既包括丰富的仿真分析内容，又包含多方面的设计内容；在设计内容中，除了可编程数字逻辑设计外，还出现了可编程模拟器件；在设计方法中，又有各式各样的设计语言和软件。

本书将现代电子系统设计中涉及的 EDA 技术，从模拟、数字仿真的基本原理，数字系统设计，到工具软件的具体使用进行了系统的概述，以便满足自动化、测控技术与仪器专业、电子信息工程等相关专业在大学 4 年的学习要求，并能在此基础上进行模拟、数字以及含 MCU 电路的仿真分析，数字系统设计，印刷电路板设计以及数学模型的设计，完成知识的转化，成为一个适应时代要求的实用型人才。

本书共分 8 章，第 1 章介绍了 EDA 的发展，应用以及常用的 EDA 软件；第 2 章介绍了 EDA 仿真的基本原理；第 3、4 章详细介绍了 Multisim 以及新型的 MCU 仿真软件 Proteus 的使用方法和仿真实例，以便进行电路仿真；第 5 章介绍 FPGA/CPLD 的原理以及编程方法；第 6 章介绍 VHDL 语言，为数字系统的设计打下基础，第 7 章介绍 Protel DXP 软件，实现电路板的设计；第 8 章介绍 SystemView，进行系统数字模型的仿真分析和设计。

本书在写作方式上，尽量从应用的角度引导读者学习、掌握软件的使用，所选例题具有一定的代表性和实用性；既有详细的设计方法和上机步骤，又有大量的设计实例，学生完全可以按照书中所介绍的方法或步骤自学、上机。

全书由马淑华，高原负责统稿、定稿，任良超、李志刚、舒冬梅参加了本书的编写工作。

在本书的编写过程中，汪晋宽教授对书稿的内容、写作手法、章节安排等都给予了专业、详尽的指导，并提出了许多宝贵的修改意见，为提高本书质量起到至关重要的作用，在此表示衷心的感谢。本书在编写过程中还得到了景春国、赵一丁、顾德英、孙文义老师的大力帮助，郝丽颖同学进行了部分文字初稿的录入工作以及 Proteus 的仿真验证，在此一并表示真诚的感谢。

由于编者学识和水平有限，错漏之处在所难免，敬请读者批评指正。

编　者

2006 年 7 月

目　　录

第 1 章　概述

1.1　EDA 技术的发展 …… 1
1.2　EDA 技术的主要内容 …… 2
1.3　EDA 常用软件 …… 3
1.4　EDA 的应用 …… 5
1.5　EDA 展望 …… 5

第 2 章　EDA 仿真基础

2.1　模拟电路仿真 …… 7
2.1.1　仿真流程 …… 7
2.1.2　电路输入方式 …… 9
2.1.3　元器件模型 …… 11
2.1.4　模型参数的提取 …… 14
2.1.5　电路方程的建立 …… 15
2.1.6　电路方程组的数值解法 …… 16
2.2　数字电路的逻辑仿真 …… 18
2.2.1　逻辑元件的仿真模型 …… 19
2.2.2　逻辑信号值 …… 20
2.2.3　逻辑电路输入 …… 22
2.2.4　逻辑仿真算法 …… 23
2.3　数字系统的芯片设计 …… 24
2.3.1　芯片设计方式 …… 25
2.3.2　芯片功能的设计方法 …… 25
2.4　混合电路仿真 …… 26
2.4.1　顺序仿真 …… 26
2.4.2　混合仿真 …… 27
2.5　系统仿真 …… 28

第 3 章　电路设计与仿真软件——Multisim7

3.1　Multisim7 概述 …… 29

3.1.1 EWB与Mulitisim …… 29
3.1.2 Multisim7的安装 …… 30
3.1.3 Multisim7的基本界面 …… 30
3.1.4 Multisim7的仿真示例 …… 33
3.2 Multisim7的元件库和元件 …… 37
3.2.1 元件库 …… 37
3.2.2 元件 …… 38
3.2.3 元件的编辑和创建 …… 45
3.3 Multisim7的虚拟测试仪器 …… 51
3.3.1 通用虚拟仪器 …… 51
3.3.2 模拟电路仿真常用虚拟仪器 …… 56
3.3.3 数字电路仿真常用虚拟仪器 …… 58
3.3.4 高频电路仿真常用虚拟仪器 …… 62
3.3.5 安捷伦虚拟仪器 …… 65
3.4 Multisim7的仿真分析 …… 66
3.4.1 基本仿真分析 …… 67
3.4.2 电路性能分析 …… 72
3.4.3 扫描分析 …… 80
3.4.4 统计分析 …… 83
3.4.5 其他分析 …… 89
本章附录 …… 91

第4章 PROTEUS MCU仿真软件

4.1 PROTEUS软件概述 …… 95
4.1.1 PROTEUS sp3 professional软件的功能 …… 95
4.1.2 PROTEUS 6.7 sp3 professional软件的安装 …… 96
4.1.3 PROTEUS 6.7 sp3的主工作界面 …… 97
4.1.4 PROTEUS软件的文件类型 …… 104
4.1.5 PROTEUS提供的系统资源 …… 104
4.2 绘制原理图 …… 105
4.2.1 基本编辑工具 …… 105
4.2.2 定制元件 …… 109
4.2.3 绘制原理图 …… 116
4.3 PROTEUS仿真分析 …… 119
4.3.1 PROTEUS的仿真流程 …… 119
4.3.2 一个简单的PROTEUS仿真 …… 120
4.3.3 程序代码编译器 …… 122

4.3.4 添加应用程序 …… 123
4.3.5 系统仿真调试 …… 124
4.4 仿真实例 …… 126
4.5 与其他软件的衔接 …… 130
本章附录 …… 131

第 5 章　可编程逻辑器件

5.1 概述 …… 135
5.2 CPLD/FPGA 设计流程及工具 …… 136
5.2.1 CPLD/FPGA 设计流程 …… 136
5.2.2 CPLD/FPGA 的常用开发工具 Quartus Ⅱ 简介 …… 140
5.3 复杂可编程逻辑器件 …… 141
5.4 现场可编程门阵列 …… 145
5.4.1 查找表 …… 146
5.4.2 FLEX 10K 系列器件 …… 146
5.5 IP 核技术 …… 151
5.5.1 IP 的概念 …… 151
5.5.2 Altera 公司提供的 IP …… 152
5.5.3 Altera IP 在设计中的作用 …… 154
5.6 CPLD/FPGA 的测试技术 …… 155
5.6.1 内部逻辑测试 …… 155
5.6.2 边界扫描测试 …… 156
5.7 CPLD/FPGA 的编程技术 …… 160
5.7.1 CPLD 的 ISP 方式编程 …… 161
5.7.2 PC 机并行口配置 FPGA …… 162
5.7.3 专用器件配置 FPGA …… 164
5.7.4 单片机配置 FPGA …… 166

第 6 章　硬件描述语言 VHDL 基础

6.1 VHDL 基本结构 …… 168
6.1.1 实体说明 …… 168
6.1.2 结构体说明 …… 171
6.1.3 块语句 …… 172
6.1.4 进程语句 …… 173
6.1.5 子程序 …… 174
6.1.6 库和程序包 …… 182
6.1.7 配置 …… 185
6.2 VHDL 语言的数据格式 …… 187

6.2.1 数据对象 …… 187
6.2.2 数据类型 …… 190
6.2.3 数据类型转换 …… 193
6.2.4 运算操作 …… 194
6.3 VHDL 语言的描述 …… 198
6.3.1 顺序语句 …… 198
6.3.2 并行语句 …… 209
6.4 属性描述 …… 216
6.5 VHDL 设计实例 …… 216

第 7 章 印刷电路板设计软件——Protel DXP

7.1 Protel DXP 概述 …… 218
7.1.1 Protel DXP 的特点 …… 218
7.1.2 Protel DXP 的主工作界面 …… 219
7.1.3 Protel DXP 的文件管理 …… 221
7.2 原理图设计 …… 223
7.2.1 原理图设计流程 …… 223
7.2.2 新建原理图文件 …… 224
7.2.3 设置原理图图纸 …… 225
7.2.4 加载元件库 …… 227
7.2.5 放置元件 …… 231
7.2.6 元件调整 …… 233
7.2.7 元件连线 …… 236
7.2.8 原理图电气规则检查 …… 247
7.2.9 生成原理图报表及打印输出 …… 247
7.3 PCB 设计 …… 249
7.3.1 PCB 设计基础 …… 249
7.3.2 绘制原理图 …… 250
7.3.3 新建 PCB 文件 …… 251
7.3.4 设置 PCB 设计环境 …… 254
7.3.5 元件放置 …… 257
7.3.6 设置 PCB 设计规则 …… 265
7.3.7 元件布局 …… 270
7.3.8 PCB 布线 …… 273
7.3.9 PCB 设计规则检查 …… 276
7.3.10 PCB 报表生成及输出 …… 276
7.4 实际 PCB 设计中应注意的几个问题 …… 277

第 8 章　SystemView 系统级仿真软件

8.1　SystemView 运行环境 …… 282
8.1.1　设计窗口 …… 282
8.1.2　分析窗口 …… 289
8.2　设计仿真步骤 …… 291
8.3　滤波器与线性系统仿真 …… 295
8.3.1　线性系统图符的参数设计 …… 295
8.3.2　滤波器设计 …… 298
8.3.3　线性系统拉普拉斯变换 …… 303
8.4　信号的分析 …… 308
8.4.1　周期信号的频谱 …… 308
8.4.2　非周期信号的频谱 …… 311
8.5　通信系统仿真 …… 314
8.5.1　RS 编码信号仿真 …… 314
8.5.2　窄带信号仿真 …… 317
8.5.3　信号交织系统仿真分析 …… 323
8.6　与其他软件的衔接 …… 325
8.6.1　建立 SystemView 下的 Matlab 函数库 …… 325
8.6.2　M-Link 仿真实例 …… 327
8.7　仿真实例 …… 328
本章附录 …… 331

参考文献 …… 349

第1章　概　　述

随着集成电路与计算机的迅速发展，以电子计算机辅助设计（Computer Aided Design，CAD）为基础的EDA技术已深入人类生活的各个领域，成为电子学领域的一个重要学科，并已形成一个独立的产业部门。EDA的兴起与迅猛发展，提高了开发和研制能力，并进一步促进了集成电路和电子系统的发展。

1965年，美国仙童公司的研发人员高登·莫尔观察到一件很有趣的现象：集成电路上可容纳的元件数量，每隔一年半左右就会增长一倍，性能也提升一倍。他在一次报告中说，在特定大小的芯片上的晶体管数量大约每隔一年就会增加一倍。于是加州技术学院的教授Carver Mead将这一结论定名为莫尔定律。1975年，莫尔使他的说法更为准确，"单芯片上晶体管的数量第18个月翻番"。莫尔大胆预测未来这种增长仍将持续下去。40多年来，集成电路确实循着这条轨迹成长。

事实上，集成电路的实际发展速度近年来比定律预测的更快。如收音机保持了骄傲的15年，电视机保持了10年，录音机保持了大约5年，而数字产品，如PC机、打印机、扫描仪等只保持3年就更新换代。

莫尔定律仍将在相当长一段时间内有效，电子技术的发展就是IC（集成电路）的发展，IC产品将更加广泛地渗透到社会的各个领域并成为社会经济增长的主要驱动力之一，设计与制造将相互结合。IC技术的进步、器件特征尺寸的减小对传统设计方法的挑战将推动EDA技术的不断进步，EDA代表了当今电子设计技术的最新发展方向，因此EDA是电子工程师必须掌握的一门关键技术。

1.1　EDA技术的发展

EDA技术指以计算机为工作平台，融合了应用电子技术、计算机技术、信息处理及智能化技术、拓扑学和计算数学等众多学科的最新成果，在电子CAD技术基础上发展起来的，用于进行电子产品自动设计的计算机软件系统。采用EDA技术进行电子系统设计的优点是及时发现电路设计中存在的问题，最大限度提高设计产出率；能够大大减轻电路图设计和电路板设计的工作量和难度；同时，通过设计可编程逻辑器件，减少系统芯片的数量，缩小系统的体积，提高系统的可靠性。

最初的电子系统设计为原始的手工设计。该阶段电路原理图、版图设计都由手工完成。设计电路时往往凭经验，采用简单的公式和估算方法。手工设计最大的缺点在于电路的电气性能由于晶体管固有的非线性而不准确，所以会出现按照最初设计生产的产品达不到预期效果的现象，而经常需要制作许多样品，多次更改设计，有时甚至重新进行设计，不断改善其性能直到出现满意的结果。错误的机率随系统设计的功能复杂度呈指数规律增加。

随着集成电路的发展，EDA 技术逐渐发展起来，经历了计算机辅助设计、计算机辅助工程(CAE)、电子系统设计自动化 3 个阶段。

1. 20 世纪 70 年代的 CAD

当时市场上出现了大约 20～100 个晶体管的集成电路。计算机程序 SPICE(Simulation Program with Integrated Circuit Emphasis)在加利福尼亚大学伯克利分校的研制问世，为 EDA 打下了坚实的基础。CAD 包含电气性能和电气及几何图形描述之间一致性的验证，因此避免了反复设计的弊病。人们开始用计算机辅助进行 IC 版图编辑、PCB 布局布线，取代了手工操作。

2. 20 世纪 80 年代的 CAE

此时硅片工艺已经能够允许集成最多一万只门。与 CAD 相比，CAE 除了有纯粹的图形绘制功能外，还增加了电路功能设计和结构设计，并且通过电气连接网表将两者结合在一起，实现了工程设计。CAE 的主要功能是：原理图输入、逻辑仿真、电路分析、自动布局布线、PCB 后处理分析等。

3. 20 世纪 90 年代的 EDA

20 世纪 90 年代以来，微电子技术有了惊人的发展，工艺水平已达到了深亚微米级，在一个芯片上可集成上百万乃至上亿个晶体管，芯片的工作速度达到了吉比特每秒数量级，从而对电子设计的工具提出了更高的要求，同时也进一步促进了设计工具的发展。

电子设计师可以利用 EDA 工具设计电子系统，大量工作可以通过计算机完成，并可以将电子产品从电路设计、性能分析到设计出 IC 版图或 PCB 版图的整个过程在计算机上自动处理完成。

EDA 技术已经成为现代电子系统设计必不可少的工具，其作用越来越重要。无论是芯片设计还是系统设计，如果没有 EDA 工具的支持，都将是难以完成的。所以，广大工程技术人员应该掌握这一先进技术，这不仅是提高设计效率的需要，更是我国电子工业在世界市场上生存、竞争与发展的需要。

1.2　EDA 技术的主要内容

EDA 技术包括电子工程师进行电子系统开发的全过程，涉及电子电路设计的各个领域，即从低频电路到高频电路，从线性电路到非线性电路、从模拟电路到数字电路以及从 PCB 板设计到 FPGA、ASIC 设计开发等等。其技术功能和工作范围如图 1.1 所示。

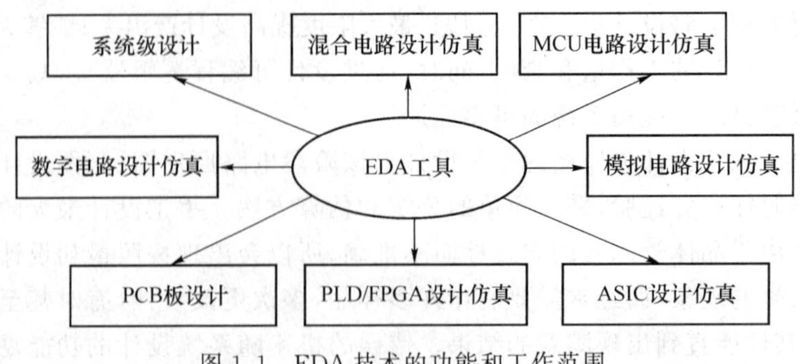

图 1.1　EDA 技术的功能和工作范围

EDA技术主要包括电子系统的仿真、综合与实现3个方面。

仿真(Simulation)又称为模拟,指利用计算机模拟电子系统的实际工作情况,其目的是为了在不同的设计阶段和设计层次验证设计的正确性,以便及早发现错误,修改设计,从而节省时间,避免经济损失。因此电子设计过程有相当多的时间做仿真,仿真软件的效率直接关系到设计的效率。仿真时需要在计算机上建立电子元件和模块的功能模型,并将系统(或电路)的构成描述给计算机。此外,设计者需要为被仿真的电路施加适当的输入激励信号(该信号接近于实际的输入信号),计算机模拟出结果后对其进行分析,进而判断电路设计的正确与否。

电路实际应用时由于元件摆放位置的不同,焊接技术的不同,以及现场应用环境各种干扰的影响等,会产生各种各样的实际问题,而仿真是在一定条件下的理想结果,所以并不一定能完全发现所有的问题。一般来说,仿真有问题,设计一定有问题,实际制作的电路也会有问题,仿真没有发现问题,并不代表设计一定正确。仿真完成的电路在完成电路板的设计、制作后还需要在实践中进一步检验,并根据实际中出现的问题分析原因,进一步仿真并解决问题。

1.3 EDA常用软件

随着计算机在国内的逐渐普及,EDA软件在电子行业的应用越来越广泛, EDA工具层出不穷,按主要功能或主要应用场合,EDA软件分为电路设计与仿真工具、PCB设计软件、IC设计软件、PLD设计工具及其他EDA软件。

1. 电子电路设计与仿真软件

电子电路设计与仿真软件包括SPICE/PSPICE、EWB、PROTEUS、SystemView、MATLAB。

(1) SPICE是由美国加州大学推出的电路分析仿真软件,是20世纪80年代世界上应用最广的电路设计软件,1998年被定为美国国家标准。1984年,美国MicroSim公司推出了基于SPICE的微机版PSPICE(Personal-SPICE)。它可以进行各种各样的电路仿真、激励建立、温度与噪声分析、模拟控制、波形输出、数据输出,在同一窗口内同时显示模拟与数字的仿真结果,并可以自行建立元器件及元器件库。

(2) EWB(Electronic WorkBench)软件是Interactive Image Technologies Ltd(IIT)在20世纪90年代初推出的电路仿真软件。目前,EWB由Multisim、Ultiboard、Ultiroute和Commsim 4个软件模块组成,能完成从电路的仿真设计到PCB版图生成的全过程;同时,这4个软件模块彼此又相互独立,可以分别使用。其中最具特色的仍然是电路设计与仿真软件Multisim,目前已升级为Multisim7。

(3) PROTEUS(海神)软件是英国Labcenter eleteronics公司开发的EDA工具软件。Labcenter eletronics公司在1988年成立,John Jameson任董事长兼总软件工程师。公司成立不久,PROTEUS软件便问世,现有数千个拷贝安装分布全世界35个国家。PROTEUS组合了高级原理布图、混合模式SPICE仿真、PCB设计以及自动布线来实现一个完整的电子设计系统。PROTEUS是一种基于标准仿真引擎SPICE3F5的混合电路仿真工具,既可以仿真模拟电路,又可以仿真数字电路以及数字、模拟混合电路,其最大的特色在于能够仿真基于微控制器的系统。

(4) SytemView 是美国 Elanix 公司推出的动态系统仿真软件,是一种比较适合于物理模型和数学模型两种建模方法的现代通信系统设计、分析和仿真实验工具,是一个完整的动态系统设计、分析和仿真的可视化开发环境,可以构造各种复杂的模拟、数字、数模混合及多速率系统,可用于各种线性、非线性控制系统的设计和仿真。

(5) MATLAB 产品族的一大特性是有众多的面向具体应用的工具箱和仿真块,包含了完整的函数集用来对图像信号处理、控制系统设计、神经网络等特殊应用进行分析和设计,具有数据采集、报告生成和 MATLAB 语言编程产生独立 C/C++代码等功能。MATLAB 产品族具有下列功能:数据分析;数值和符号计算;工程与科学绘图;控制系统设计;数字图像信号处理;财务工程;建模、仿真、原型开发;应用开发;图形用户界面设计等。MATLAB 产品族被广泛地应用于信号与图像处理、控制系统设计、通信系统仿真等诸多领域。开放式的结构使 MATLAB 产品族可以很容易地针对特定的需求进行扩充,从而在不断深化对问题的认识同时,提高自身的竞争力。

2. PCB 设计软件

PCB(Printed Circuit Board)设计软件种类很多,目前在我国用得最多应属 Protel,其最新版本为 Protel DXP。Protel 是 PROTEL 公司在 20 世纪 80 年代末推出的 CAD 工具,是 PCB 设计者的首选软件。Protel 是个完整的全方位电路设计系统,包含了电原理图绘制、模拟电路与数字电路混合信号仿真、多层印刷电路板设计(包含印刷电路板自动布局布线)、可编程逻辑器件设计、图表生成、电路表格生成、支持宏操作等功能等。Protel 软件功能强大、界面友好、使用方便,但它最具代表性的是电路设计和 PCB 设计。

3. IC 设计软件

IC 设计包括设计输入,仿真,综合,布局布线,物理验证等方面,对应的设计工具很多,Cadence、Mentor Graphics 和 Synopsys 三家公司都是 ASIC 设计领域相当有名的软件供应商。中国华大集成电路设计有限公司的 Zeni2003 软件将逻辑图和版图的编辑功能整合到一起,为集成电路芯片设计师提供一套功能全面、性能强大、界面友好的 EDA 设计工具,还有 Avanti 公司的 Star-Hspice、Star-Sim、Star-Time 等设计工具。

4. PLD 设计软件

PLD(Programmable Logic Device)可编程逻辑器件是一种由用户根据需要而自行构造逻辑功能的数字集成电路。目前主要有 CPLD(Complex PLD)和 FPGA(Field Programmable Gate Array) 两大类型。

PLD 的生产厂家很多,但最具代表性的 PLD 厂家为 Altera、Xilinx 和 Lattice 公司。PLD 的开发工具一般由器件生产厂家提供,但随着器件规模的不断增加,软件的复杂性也随之提高,目前由专门的软件公司与器件生产厂家合作,推出功能强大的设计软件。主要有:Altera 公司的 MAX+PLUS Ⅱ、Quartus Ⅱ;Xilinx 公司是 FPGA 的发明者,开发软件为 Foundation 和 ISE;Lattice-Vantis Lattice 是 ISP(In-System Programmability)技术的发明者,主要开发软件有 ispLSI2000/5000/8000、MACH4/5。

综上所述,EDA 软件种类繁多,如何选用这些设计工具,完成要求的设计任务,对于电子系统设计师来说非常重要。各类 EDA 软件各有其特点和使用范围，不能一概而论。一般来说，一个优秀的 EDA 设计软件至少应具备下述品质：

(1) 方便使用的、简洁、直观、易于掌握的人机交互界面。

(2) 集成多种设计方法。如原理图设计、语言设计，并易于与其他 EDA 软件进行数据接口。

(3) 提供较为充分的元件库和模块，且元件库容易扩充。

(4) 集成项目管理和各种设计、编辑工具，设计、仿真、优化、综合、测试、下载各项功能无缝连接。

(5) 软件编译速度快。

(6) 能获得网上在线支持。

本书根据现代电子系统设计中所应用的软件，并考虑软件的实用性和先进性，主要介绍 Multisim、PROTEUS、Protel DXP、SystemView 软件，能够完成从电路设计、仿真、制板的整个过程。利用一定的篇幅对 FPGA/CPLD 进行了介绍，以及如何进行 VHDL 语言编程及下载实现。

1.4 EDA 的应用

EDA 在教学、科研、产品设计与制造等各方面都发挥着巨大的作用。在教学方面，几乎所有理工科(特别是电子信息)类的高校都开设了 EDA 课程。主要是让学生了解 EDA 的基本概念和基本原理，掌握 HDL 语言的编写规范，掌握逻辑综合的理论和算法，会使用 EDA 工具进行电子电路课程的实验，并从事简单系统的设计。一般学习电路仿真工具(如 EWB、PSPICE)、PLD 开发工具(如 Altera/Xilinx 的器件结构及开发系统)和Protel 制版工具，以便为以后工作打下基础。

科研方面主要利用电路仿真工具(EWB，PROTEUS，SystemView 等)进行电路设计与仿真；利用虚拟仪器进行产品测试；将 CPLD/FPGA 器件实际应用到仪器设备中；从事 PCB 设计和 ASIC 设计等。

在产品设计与制造方面，包括前期的计算机仿真，产品开发中的 EDA 工具应用、系统级模拟及测试环境的仿真，生产流水线的 EDA 技术应用、产品测试等各个环节。如 PCB 的制作、电子设备的研制与生产、电路板的焊接、ASIC 的流片过程等。

EDA 技术是电子设计领域的一场革命，发展迅猛，完全可以用日新月异来描述。从应用领域来看，EDA 技术已经渗透到各行各业，包括在机械、电子、通信、航空航天、化工、矿产、生物、医学、军事等各个领域。

1.5 EDA 展望

半导体结构越来越小，其工艺发展趋势在可预测的将来仍无止境。今后 EDA 技术的发展趋势是使用普及、应用广泛、工具多样、软件功能越来越强大。EDA 的发展趋势主要体现在以下几个方面。

1. 重复利用现有设计

重复利用现有设计指重复利用以前开发的标准元件。以前是在较低级别进行重复设计，发展方向是在较高级别进行重复利用设计。

2. 设计输入工具的发展

输入不只局限于单独的电路网表文件输入和电原理图输入，向图表和网表混合输入的方式发展，可以更好地推进 EDA 的发展。

3. 算法综合

算法综合是 EDA 逻辑思想的继续发展，即把设计工作推向更高的抽象级。同时算法描述转换到 RT 级(Register Transfer level，寄存器转移级)的过程能够完全自动实现。当集成电路设计变得越来越复杂时，需要更多的抽象层次来完成和验证在系统层次上的集成电路设计。

4. 软、硬件协同设计

系统由硬件电路和运行其上的软件构成。系统设计中有些功能既可以通过搭建硬件电路实现，也可以利用软件编程实现。软件实现编程工作量大，占用 CPU 的时间较多，运行速度较慢，但成本较低且调试相对容易。搭建硬件电路实现运行速度快，但成本高且调试难度较大。因此，软件和硬件的分配对系统的费用有一定的影响，在满足系统的设计要求和功能的情况下，调整费用的最合适方法就是进行软、硬件协同设计。

而目前一般在开始设计系统的时候，首先根据电路的功能划分软件与硬件，然后分别进行设计和实现，最后才将两者结合起来。一般硬件部分设计采用硬件描述语言(如 VHDL)进行描述，而软件部分则采用 C 等高级语言进行描述。由于使用不同的语言描述，两者较难做到协调一致。因此如果有一种新的设计语言，统一进行软、硬件的描述与定义，必定会使设计过程一体化，使用更方便，效率更高。

第2章　EDA仿真基础

电子电路的仿真就是根据电子电路中各种元器件各自存在的物理现象，建立起对应的元器件数学模型，然后根据电路的拓扑结构和所给定的分析要求，建立起特定的数学方程，借助于计算机技术，对这些方程进行计算和求解。

本章主要介绍EDA设计中模拟电路仿真、数字电路的逻辑仿真、数字系统的芯片设计、混合电路仿真以及系统仿真的原理。

2.1　模拟电路仿真

有了模拟电子基础、数字电子基础、电路基础后，对于给定的电路可以根据电路的结构，电路中每一个元件的物理模型以及参数，利用节点法、回路法或支路法等列写电路方程，并求解方程，则可以求出电路中的电流、电压，以及各点的波形等。

如一个简单的二阶电路如图2.1所示。根据电路中的电阻元件、电容元件、电感元件的特性，以及KCL、KVL定律，可以求解出图中各元件的电压、电流表达式，并且根据表达式画出波形图。但如果在计算机上画一个电路图，计算机又是如何实现这些功能的呢？计算机需要首先将元件的物理特性用数学表达式表示出来，元件之间的相互关联用数学方程来表示，再利用计算机进行求解。

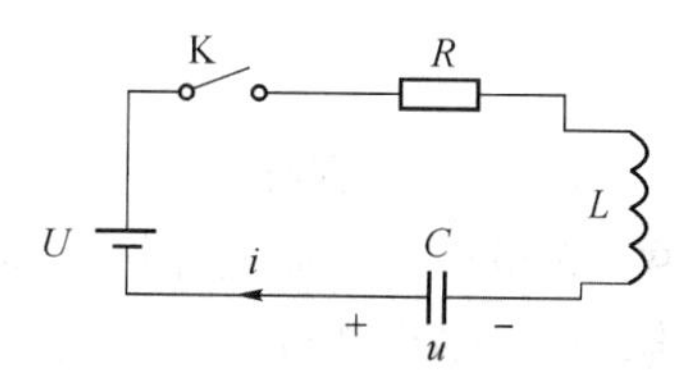

图2.1　RLC二阶电路

目前国际上各大公司的模拟电路设计工具，都是以美国加利福尼亚大学柏克利(Berkeley University)分校开发的SPICE3F5程序为基础实现的。SPICE程序是一个用于模拟集成电路的电路分析程序，它是最为普遍的电路级仿真程序，各软件厂家提供了Vspice、Hspice、Pspice等不同版本SPICE软件，其仿真核心大同小异，都采用了由美国加州柏克利大学开发的SPICE模拟算法。SPICE可对电路进行非线性直流分析、非线性瞬态分析和线性交流分析。被分析的电路中的元件可包括电阻、电容、电感、互感、独立电压源、独立电流源、各种线性受控源、传输线以及有源半导体器件。SPICE内建半导体器件模型，使用时只需选定模型级别并给出合适的参数即可进行仿真。

2.1.1　仿真流程

电路设计工具的基本组成和仿真步骤如图2.2所示。由图可以看出，模拟电路的仿真分析由输入、仿真、输出3部分组成。仿真时首先由人机交互界面输入需要仿真的电原理图，或者从人机界面的选项菜单中导入网表文件，各部分的功能以及仿真过程如下：

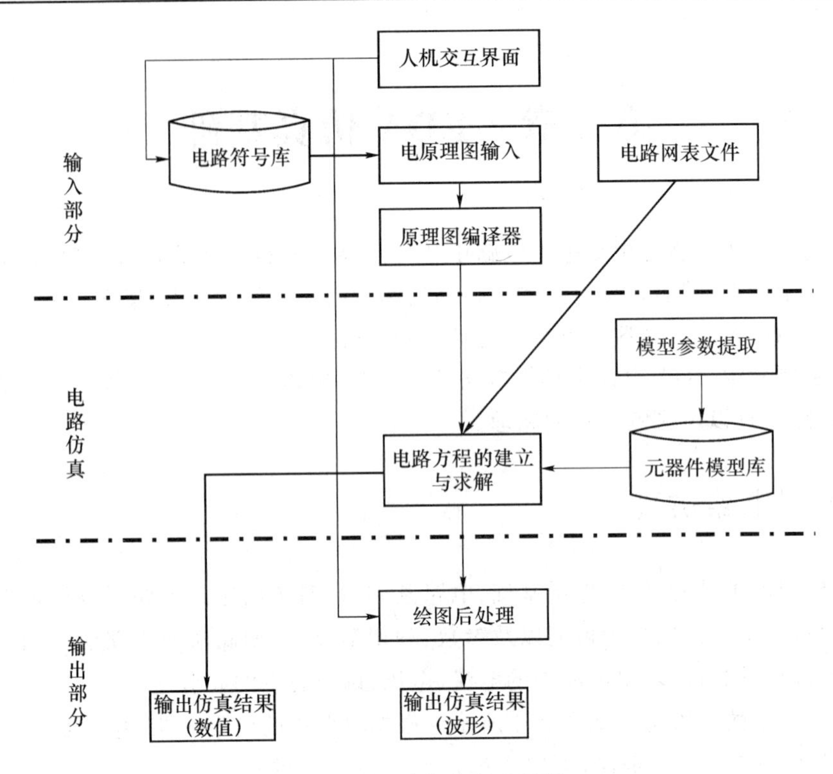

图 2.2　电路仿真程序框图

1. 人机交互界面

人机交互界面是计算机、软件程序与用户之间的桥梁。为了使仿真工具使用方便，简洁、直观，易于掌握的人机交互界面是非常必要的。人机交互界面一般由 3 部分组成：

(1) 菜单形式的命令集

各种操作命令都可以通过图形菜单、弹出式菜单或下拉菜单等实现，既简单明了，又直观、易于掌握，操作方便。

(2) 交互式图形输入

人机界面采用形象、直观的图形和文字式的对话方式，可以利用鼠标等输入设备，直接在屏幕上绘制电原理图。

(3) 多窗口、多进程作业方式

显示屏幕上可同时打开若干个窗口，进行不同的作业，极大地提高了设计效率。

2. 原理图输入方式

电路仿真时电原理图输入有原理图和网表两种输入方式。原理图方式输入比较简单、直观。输入时首先从电路符号库中调出所需的电路符号，并进行线路连接，组成电路图，由原理图编译器自动将原理图转化为电路网络表文件，并自动标上节点标号，提供给仿真工具进行仿真。

熟悉仿真输入语言，又不必有原理图存档的情况下，也可以直接输入网表文件。

3. 元器件模型的建立和处理

进行电路仿真需要构造电路元器件的数学模型，即用某种数学模型来代替具体的物理器件。该数学模型应能正确反映元器件的物理特性和电学特性,并能够在计算机上做数值计算。建立模型的过程称为建模,模型分为元件级模型和宏模型。建模工作在电路仿真软件中起着举足轻重的作用,模型建立的好坏直接影响整个电路仿真的精度和速度。一般的模型建立都是通过SPICE程序建立的。

模型的建立需要随着集成电路集成度的不断提高进行增加和改进。如由于集成度的不断提高和工艺的改进,MOS场效应管(MOSFET)的沟道长度越来越短,因此需要用高阶效应模型来描述,于是在SPICE中有了MOS1～MOS6不同精度的模型。

模型的精度并不是越高越好,因一般而言,模型的精度越高,其数学模型越复杂,需要越多的计算时间和存储空间,所以在电路仿真软件中应根据应用条件和分析目的来确定不同的模型种类。一般同一个器件,针对不同的分析要求采用不同的模型,如直流非线性模型、交流小信号模型、大信号瞬态模型等等。在确保模型正确的条件下,应尽可能采用简单的模型。

目前,随着VLSI的飞速发展,电路的规模越来越大,仅用元件级模型来构成电路,其电路方程将十分庞大,使计算机在时间和容量方面都难于接受。因此,建立电路的宏模型,是目前建模工作的一个发展趋势。

4. 电路方程的建立与求解

电路仿真中求解电路方程多采用数值方法。分析领域不同,电路方程的形式不同,求解方法也不同。例如,交流小信号分析,所列方程是线性代数方程,可采用高斯消元法和LU分解法。直流非线性分析,所列方程是非线性代数方程,通常采用牛顿拉夫逊法进行迭代求解;瞬态分析,所列方程是常微分方程,一般用变步长隐式积分法求解。另外,电路方程还有一些本身固有的特点,例如电路中元器件的参数值可能相差很大(可达10^6以上),因而求解线性代数方程的数值稳定性问题,及解微分方程的稳定性问题都要特别注意和处理。再则,由于电路中半导体器件的非线性特性,解非线性方程时遇到的不收敛问题,也是电路求解算法中的一大难题。

近年来,在求解大型的,特别是数字电路方程方面,解方程的算法又有了新的进展,各种新型算法(如松驰算法、撕裂算法及休眠技术等)对于提高计算速度和效率十分有效。总之,研究解线性、非线性方程以及微分方程的算法,对提高电路仿真软件的分析精度、加速分析速度、减少计算机存储容量等有很大的帮助。

5. 绘图处理

电路仿真工具大多都有一个独立的输出绘图处理软件包,它的作用是将电路仿真结果绘制成标准、直观的波形或曲线,便于观察、输出或存档。绘图可以是实时的,即边计算边绘出波形;也可以在仿真完成后统一做绘图处理,例如对不同输出节点的输出波形做算术运算,或对不同电路的输出结果在同一画面上进行比较等。

2.1.2 电路输入方式

电路输入方式有两种:电原理图输入和电路网表文件输入。

1. 电原理图输入

电原理路图输入方式指在 EDA 软件的电原理图编辑界面上绘制能完成特定功能的电路原理图，电原理图由各种元器件和连接线构成。如图 2.3 为在 EWB 环境下绘制的原理图。

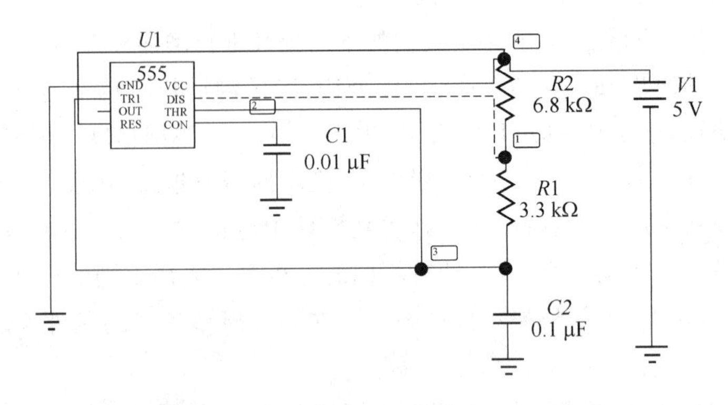

图 2.3 555 振荡电路

电原理图输入方式延续了用铅笔和纸张绘制电路图的过程，输入界面相当于绘制电路图的纸张，而鼠标相当于铅笔，利用鼠标从电路符号库中调出所需的电路元件，并进行导线连接，则完成了电原理图的绘制工作，这些电路图中包含了比纯图形符号更多的信息。经过原理图编译器自动将原理图转化为电路网表文件，并自动标上节点号，以便进行后续仿真。

电原理图输入方式因其与手工绘图过程类似，所以输入过程形象直观，易于理解和操作，对于较小的电路系统，其结构与实际电路十分接近，易于把握电路全局。

2. 电路网表输入

电路网表是一个采用文字说明来描述电路的文本文件，文件名后缀为 *.net、*.cir 或 *.sdf 等。电路网表的作用是把图形电路和仿真与实现联系起来。电路网表文件可以直接描述电路的结构组成和元器件参数值，以及模型的参数等，可以用文字编辑软件按规定的格式(电路结构描述语言)进行编辑。目前电路仿真分析软件多以 SPICE 模型为基础，一个 SPICE 网表就是一个用 SPICE 语法表示，并用来输入到以 SPICE 为基础的仿真工具中的文本文件。

网表包括定义电路拓扑和元件值的元件行，网表的第一行一般是不可处理的标题行，最后一行常常由指令“END”组成，中间行的顺序任意。

图 2.3 所示 555 振荡电路的 SPICE 网表文件中的描述如下，接地点节点号为 0。

```
* Battery(s)            ;注释
V1 4 0 DC 5             ;直流电压源连接在节点 4 和 0 之间，幅值 5 V
* Resistor(s)           ;以下为电阻元件
R1 1 3 3.3k             ;电阻 R1 连接在节点 1 和 3 之间，阻值为 3.3 kΩ
R2 4 1 6.8k
* Capacitor(s)          ;以下为电容元件
C2 3 0 100n             ;C2 连接在节点 3 和 0 之间，容值为 100 nF
```

```
C1 0 2 10n
 * Connector(s)                ;连接器
 * node = 2, label =           ;节点 2,未输入标签
 * node = 4, label =
 * node = 1, label =
 * node = 1, label =
 * 555 Timer(s)                ;555 定时器,以下为 555 描述
X555_U1 0 3 OPEN_1 4 2 3 1 4 555
Roc_OPEN_1 OPEN_1 0 1Tohm
 * Misc                        ;库名称
.SUBCKT 555 5 1 3 7 8 2 4 6    ;子电路 555 描述开始,管脚 1,2,3,4, 5,6,7,8
    R0 5 16 5 k                ;R0 连接在子电路的节点 5 和 16 之间
    R1 16 8 5 k
    R2 8 6 5 k
    R3 4 15 1
    E0 9 0 VALUE = {IF(V(16, 1)>0, 5, 0)}
    E1 10 0 VALUE = {IF(V(2, 8)>0, 5, 0)}
    S0 5 15 14 0 vcsw2         ;开关 S0 连接在节点 15,14 之间,模型名称为 vcsw2
    S1 3 6 13 0 vcsw1          ;开关 S1 连接在节点 15,14 之间,模型名称为 vcsw1
    UTBUF0 BUF3 $G_DPWR $G_DGND 12 7 13 D0_TGATE IO_STD
    UTBUF1 BUF3 $G_DPWR $G_DGND 11 7 14 D0_TGATE IO_STD
    URS_FF_0 SRFF(1) $G_DPWR $G_DGND
    + $D_HI $D_HI $D_HI 10 9 11 12 D0_GFF IO_STD ;'+'为前一行的扩展标志
.ENDS                          ;555 子电路模型描述结束
.MODEL vcsw2 VSWITCH(Von = 4.99998 Voff = 10u Ron = 1m Roff = 1G) ;模型描述
.MODEL vcsw1 VSWITCH(Von = 4.5 Voff = 500m Ron = 1m Roff = 1G)
.OPTIONS DIGINITSTATE = 0
.LIB                           ;库调用
.OPTIONS RELTOL = 0.01 ITL1 = 1000 ITL4 = 100 ;系统大小设置
.END                           ;电路描述结束
```

电路中的每个元件通过一行来说明,包括元件名称、连接节点和元件值。元件名称的第一个字母表示元件类型(如 R 表示电阻,C 表示电容等),其后可以跟随数字或字母以便与同类元件进行区别。用非负整数或字母表示节点,这些整数不必连续编号。参考节点的节点号总为 0,每个节点上至少连接两个元件。文件中另有一行(.MODEL)具体描述该模型中的各参数值。

2.1.3　元器件模型

电路系统的设计人员经常需要对系统中的部分电路作电压与电流关系的详细分析,

即按时间关系计算每一个节点的 I/V 关系。

一个理想的元器件模型,应该既能正确反映元器件的电学特性又适于在计算机上进行数值求解。一般来讲,器件模型的精度越高,模型本身也就越复杂,所要求的模型参数个数也越多。这样计算时所占内存量增大,计算时间增加。而集成电路往往包含数量巨大的元器件,因此器件模型复杂度的少许增加就会使计算时间成倍延长。反之,如果模型过于粗糙,会导致分析结果不可靠。因此所用元器件模型的复杂程度要根据实际需要而定。

建立元器件模型的方法大体有两种:物理模型法和宏模型法。

1. 物理模型法

依据器件的物理特性和电学特性而建立模型的方法,称为物理模型法,对应的模型称为元件级模型。该方法要求元器件本身的物理机理比较清楚,其物理特性和电学特性不是太复杂,一般用于单个电子元器件的模型建立,如电阻、电容、电感、电压源、晶体管等。

一般说,电子器件中发生的物理过程十分复杂,因而其模型也比较复杂,往往要用许多复杂的公式表示,而复杂的模型将占用计算机的大量存储空间,分析计算量大,计算机计算时间较多。此外,由于电子器件与其使用条件有关,例如温度变化、激励信号的幅度和频率都直接影响器件的工作特性,因此要使模型正确反映多种工况下的性能,模型的参数甚至结构也要相应改变,也就是说,一个给定的器件可以有许多不同的电路模型。

如 MOSFET 有 6 种模型,分别是 MOS1～MOS6。其中 MOS1、MOS2 是长沟道模型,适用于 2 μm 以上的 MOS 管,MOS1 是最简单的一维近似模型,MOS2 是一种二维模型,考虑到沟道对阈值电压的影响,表面电场对载流子迁移率的影响,载流子极限速度引起的饱和以及沟道长度调制等二阶效应。MOS3 是一种半经验模型,主要用于小尺寸短沟道的 MOS 器件。MOS4～MOS6 属于更小尺寸的 MOS 模型,MOS4、MOS5 也称为 BSIM1 和 BSIM2 模型,都是为适应亚微米器件模型的需要而建立的。

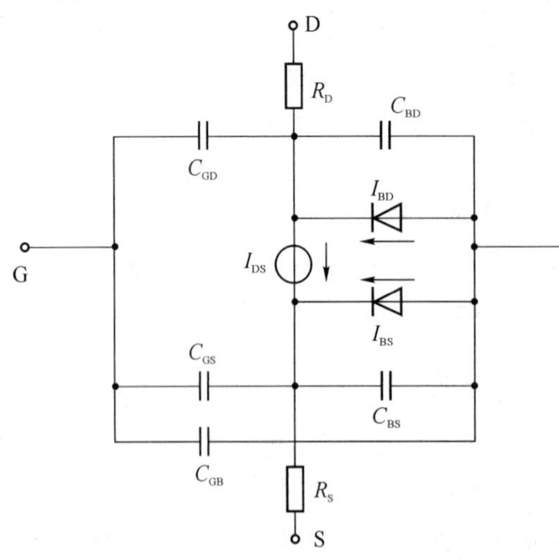

图 2.4 MOSFET 电路符号及模型

MOSFET 是一个四端元件,4 个端子分别为:栅极(G),漏极(D),源极(S)和衬底(B)。N 沟道 MOSFET 的 MOS1 模型如图 2.4 所示,其中 I_{DS} 为沟道电流,用非线性电流源表示,R_D 和 R_S 分别是漏极和源极的欧姆电阻,5 个电容反映 MOS 管的电荷存储效应,漏-衬底和源-衬底 PN 结分别用两个二极管表示。不同的工作区,I_{DS} 的表达式不同。

(1) 截止区:当 $U_{GS} \leqslant V_{TH}$ 时,$I_{DS}=0$。

(2) 线性区:$U_{GS}>V_{TH}$,且 $0<U_{DS}<U_{GS}-V_{TH}$,则

$$I_{DS}=K_p\frac{W}{L-2L_d}\left(U_{GS}-V_{TH}-\frac{U_{DS}}{2}\right)U_{DS}(1+\lambda U_{DS}) \tag{2.1}$$

$$V_{TH}=V_{To}+\gamma\left(\sqrt{2\varphi_p-V_{BS}}-\sqrt{2\varphi_p}\right) \tag{2.2}$$

其中：L_d 为横向扩散长度；V_{To}为 $U_{BS}=0$ 时阈值电压；K_p 为跨导参数；λ 为沟道长度调制系数；W 为沟道宽度；L 为沟道长度；γ 为体材料的阈值系数；φ_p 为费米势。

上述参数中 K_p，γ 和 φ_p 可作为模型参数直接输入，也可以利用下述公式计算：

$$K_p=\mu C'_{ox} \tag{2.3}$$

$$\gamma=\frac{\sqrt{2\varepsilon_s q N_{SUB}}}{C'_{ox}} \tag{2.4}$$

$$2\varphi_p=2\frac{kT}{q}\ln\frac{N_{SUB}}{n_i} \tag{2.5}$$

其中：μ 为沟道中载流子迁移率，C'_{ox}为单位面积栅氧化层电容，N_{SUB}为衬底杂质浓度，ε_s为硅的介电常数，n_i为硅的本征载流子浓度。

（3）饱和区：$U_{GS}>V_{TH}$，且 $U_{DS}>U_{GS}-V_{TH}$，则

$$I_{DS}=\frac{K_p}{2}\frac{W}{L-2L_d}(U_{GS}-V_{TH})^2\ (1+\lambda U_{DS}) \tag{2.6}$$

实际模型中，MOS1 模型的模型参数近似 40 个。直流分析时，模型中的电容可忽略不计；在瞬态分析时，需考虑电容，电容的数值可以通过相应的计算得到。

由于 SPICE 语句已成为国际上通用的电路仿真语言，大部分仿真工具都采用 SPICE 元器件模型，并以 SPICE 网表描述。一个典型的 MOS1 的 SPICE 模型的网表如下：

```
M20 6 7 4 0 MOD W - 250u L = 5u
.MODEL MOD NMOS (VTo = 0.5 PHI = 0.7 Kp = 1.0E - 6
+ GAMMA = 1.83 LAMBDA = 0.115 LEVEL = 1 CGSo = 1n
+ CGDo = 1n CBD = 50p CBS = 50p)
```

其中，M20 是 MOS 管名称，6，7，4，0 分别代表 MOS 管的漏、栅、源和衬底的节点号，MOD 是模型名称。

2. 宏模型法

根据输入、输出外特性来构成模型的方法，称为宏模型法，对应的模型称为宏模型。宏模型是电子电路或系统中的一个子网络或子系统的简化等效表示，它可以是一个等效电路，也可以是一组数学方程等。宏模型的拓扑结构简单，含元器件数较原电路少，同时在仿真原电路的静态和动态特性时满足精度要求。如集成运算放大器的宏模型的支路和节点数量约为原来的 1/6，宏模型的 8 个 PN 结相当于原电路的 60～80 个 PN 结。采用宏模型仿真运放、定时器等集成电路，可使计算时间减少为原来的 1/5～1/10。

宏模型法只关注器件或功能块的端口外部特性，避开了器件或集成电路内部的复杂构造，据以构成简单的等效电路，一个方程组或只是一个数值表。这可以根据器件或功能块的物理特性、测量数据、生产厂家给出的详细说明书或以上几部分的组合得到。宏模型对于一些复杂器件或对物理过程不完全了解的器件来说是一种有效的建模方法。可以用各种典型的测试信号对器件进行实验，记录器件在激励作用下所呈现出的性质，然后设法构造相应的教学模型及其对应的电路模型，并对模型进行分析，以确定它是否能近似地重现测量数据和观测性质。

建立宏模型的基本要求是：

- 按照精度要求，准确仿真原来电路的电特性；
- 宏模型本身的电路结构要尽可能简单；
- 建立宏模型的过程要尽可能简化。

常用的建立宏模型的方法主要有两种：一种是简化电路法(Simplification)；另一种是端口特性构造法(Build-up)。

(1)简化电路法

简化电路法是将原电路中对整个电路性能影响不大的元件去掉，从而简化原电路。电路的输出量对电路中各元件参数的灵敏度一般不同，因此，保留与去掉元件的依据是各元件的灵敏度。即首先计算每个元件的灵敏度，再比较各元件的灵敏度。当元件A的灵敏度高于元件B的灵敏度的10倍以上时，则去掉B，这样连续删除那些灵敏度低、对电路性能影响不大的元件，而保留灵敏度高、起主导作用的元件，使电路简化。

简化电路法操作简便，易于计算机实现，但在仿真精度要求较高的情况下，由于略去的实际元件较多，致使该法的精度下降。

(2)端口特性构造法

端口特性构造法是从端口参数出发，用一些理想元件(如电阻、电容、受控源等)构造一个等效电路，使其端口特性与原电路的端口特性一致。等效电路的内部结构与原器件的内部电路可以完全不同。

构造端口特性宏模型时，首先应分析原电路的工作原理和各部分的功能，按照功能将电路划分为若干子电路，用尽可能简单的电路形式和元器件去模拟和构造各子电路块的功能，最后将各部分子电路块有机地组合起来构成整个电路的宏模型。一般，在端口部分可以采用有源器件，以便更精确地模拟端口特性，子电路尽量少采用有源器件，以便降低模型的复杂程度。宏模型的具体构建方法请参考文献[1～3]。

2.1.4 模型参数的提取

如上所述，不管哪一种建模方法，都需要知道许多模型参数值，而模型参数与出厂参数又有很大差别。首先，模型参数主要是器件的物理参数、工艺参数，而非外特性参数；其次，这些模型参数要比器件手册上的参数多得多。确定模型参数的方法主要有测量法、优化拟合法。

1. 测量法

测量法是确定模型参数的最直接方法，其基本思想是分别测量与某个(些)特定参数有关的特性，然后通过相关公式进行计算或外推，最后从测得结果中得到该参数的具体数值。该方法的优点是物理概念直观、清楚，所得结果基本能满足使用要求。但测量法所需的测试仪器较多，价格昂贵，而且有些参数的测量精度较差，有的参数甚至很难确定。

2. 优化拟合法

该方法以晶体管手册参数的数据和特性曲线为初始数据，以晶体管的工作电流、极间电容等随端电压变化的数学公式为主要计算公式，以计算出的晶体管特性与手册中的测试特性之间的误差最小为目标函数进行优化拟合，最后提取有关的模型参数。

除上述方法外，还有器件的计算机模拟法用以确定模型参数。另外，目前一些电路仿真工具中包含有模型参数提取软件包和已提出的晶体管模型参数库，以供用户使用。如 Multisim 仿真软件中专门有一个参数提取工具——Model Makers 工具，能从元器件特性中提取模型参数，并能够自动生成元器件模型。

2.1.5　电路方程的建立

模拟电路分析时首先列写电路方程，然后进行求解，目的是研究电路中各支路的电流、电压等模拟量的数值以及其随时间的变化关系，其输入输出结果多数用波形或数值表示。利用 EDA 软件进行仿真分析时，同样也是分析各支路的电流、电压等模拟量的数值以及其随时间的变化关系，所以电路分析和设计的首要步骤是将一个实际的电路用一系列数学方程来描述，因而 EDA 设计软件首先要解决如何利用计算机自动地建立电路方程和如何求解电路方程。

“电路”课程中列写电路方程的方法有支路电流法、网孔电流法、回路电流法、节点电压法、列表法和状态变量法等。计算机中自动建立电路方程的方法很多，有节点法、改进节点法、表矩阵法(稀疏表格法)和双图法等等。这些方法列写电路方程时所选择的变量和数量不同，因而方程的形式和数目也不相同。但电路方程的建立都从原始数据出发，以网络拓扑结构和电路元件的支路方程为基础，经过方程变换实现。电路方程都以矩阵形式表达，清晰直观，易于在计算机中进行计算。

节点电压法是以各独立节点电压作为待求变量，按 KCL 列写方程。而电子电路中通常节点数要比支路数少两三倍，所以按照节点法所建立的方程组的维数较低，这为运算带来了方便，且列写方程的方式比较简单，易于编程。因此 EDA 软件中常用的列写电路方程的方法有节点电压法和改进的节点电压法。

1. 节点电压法

节点电压法列写的节点方程组为

$$\boldsymbol{Y}_k\boldsymbol{U}_k=\boldsymbol{I}_{sk} \tag{2.7}$$

其中：k 为电路对应的独立节点；$\boldsymbol{U}_k$ 为节点电压向量；$\boldsymbol{Y}_k$ 为节点导纳矩阵；$\boldsymbol{I}_{sk}$ 为节点电流源向量，指流入、流出节点独立电流源的代数和，流入为正，流出为负。

节点法列写方程时，先将电路各节点顺序编号，然后逐个扫视电路中的支路，写出节点导纳矩阵、节点电压向量和节点电流源向量，代入式(2.7)即可。

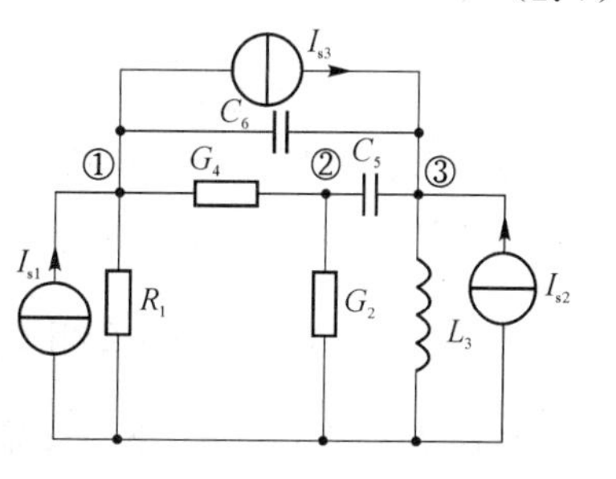

图 2.5　例 2.1 电路图

例 2.1　如图 2.5 所示电路，列写其节点电压方程组。

解：按照图 2.5 选择独立节点，其节点电压方程组如下：

$$\begin{pmatrix} \frac{1}{R_1}+G_4+sC_6 & -G_4 & -sC_6 \\ -G_4 & G_2+G_4+sC_5 & -sC_5 \\ -sC_6 & -sC_5 & sC_5+sC_6+\frac{1}{sL_3} \end{pmatrix}\begin{pmatrix} U_1 \\ U_2 \\ U_3 \end{pmatrix}=\begin{pmatrix} I_{s1}-I_{s2} \\ 0 \\ I_{s2}+I_{s3} \end{pmatrix} \tag{2.8}$$

节点法的缺点是不能直接处理独立电压源、零值阻抗元件等支路导纳值为无穷大的支路，也不能直接处理除 VCCS 以外的受控源（统称“困难支路”）。另外，支路电流变量不能直接作为节点方程组的未知变量，因而限制了节点法的应用范围。为了解决上述问题，通常采用改进节点法。

2. 改进的节点电压法

改进节点法是在节点法的基础上，克服了上述节点法所存在的一系列问题而提出的列写电路方程的一种方法。改进节点法除了以节点电压作为方程的待求变量外，还增加零阻抗支路的支路电流作为待求变量，相应地增添用节点电压表示的“困难支路”的支路电压补充方程。

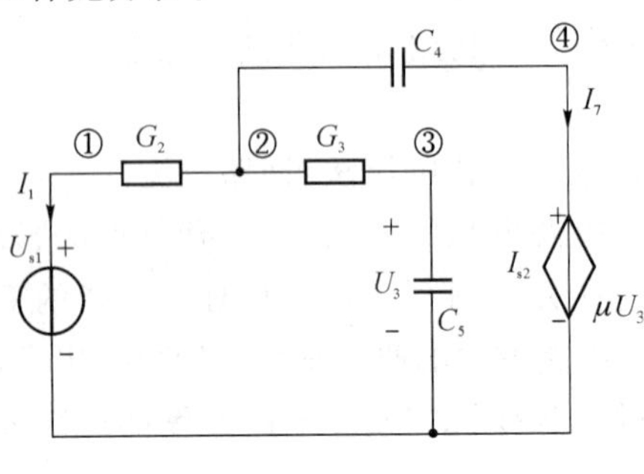

图 2.6　例 2.2 电路图

例 2.2　如图 2.6 所示电路，列写其改进的混合方程组。

解： 电路中出现了独立的电压源和受控电压源，用节点电压法无法处理，因此用改进的节点电压法列写电路方程组。因为电容 C_5 的端电压为 VCVS 的控制量，所以将其单独看做一条支路，独立的电压源和受控电压源也单独作为一条支路，所以该电路共有 4 个独立节点，如图 2.6 所示。其改进的节点电压方程组如下：

$$\left(\begin{array}{cccc:cc} G_2 & -G_2 & 0 & 0 & 1 & 0 \\ -G_2 & G_2+G_3+SG_4 & -G_3 & -sC_4 & 0 & 0 \\ 0 & -G_3 & G_3+sC_5 & 0 & 0 & 0 \\ 0 & -sC_4 & 0 & sC_4 & 0 & 1 \\ \hdashline 1 & 0 & 0 & 0 & 0 & 0 \\ 0 & 0 & -\mu & 1 & 0 & 0 \end{array}\right)\left(\begin{array}{c} U_{n1} \\ U_{n2} \\ U_{n3} \\ U_{n4} \\ \hdashline I_1 \\ I_7 \end{array}\right)=\left(\begin{array}{c} 0 \\ 0 \\ 0 \\ 0 \\ \hdashline U_{s1} \\ 0 \end{array}\right) \tag{2.9}$$

改进节点电压法是目前应用最为广泛的列方程方法，在 SPICE 程序中就是采用改进节点电压法，多数 EDA 软件都采用改进的节点电压法列写电路方程。

2.1.6　电路方程组的数值解法

电路方程建立以后，下一步需要解决的问题就是如何求解方程。方程的求解方法也不是电路中常用的解析解，而是数值解法。EDA 软件中常用的线性代数方程组的求解方法主要有高斯消元法和 LU 分解法（三角形分解法）；非线性代数方程组的求解方法主要有牛顿拉夫逊法。本节主要介绍高斯消元法和 LU 分解法。

1. 高斯消元法

高斯消元法的基本思想是：通过一系列的加减消元运算，也就是代数中的加减消去法，将线性代数方程化为上三角矩阵；然后，再逐一回代求解出节点电压向量。

例 2.3　试应用高斯消元法解三阶代数方程组。

$$\begin{cases} 3x_1+2x_2+x_3=6\cdots\cdots(1) \\ 2x_1+2x_2+2x_3=4\cdots\cdots(2) \\ 4x_1-2x_2-2x_3=2\cdots\cdots(3) \end{cases}$$

解:(1) 消元过程

第一步:将(1)式除以 3 使 x_1 的系数化为 1,得

$$x_1+\frac{2}{3}x_2+\frac{1}{3}x_3=2\cdots\cdots(1)^{(1)}$$

再将(2)、(3)式中 x_1 的系数都化为零,得

$$\frac{2}{3}x_2+\frac{4}{3}x_3=0\cdots\cdots(2)^{(1)}$$

$$-\frac{14}{3}x_2-\frac{10}{3}x_3=-6\cdots\cdots(3)^{(1)}$$

第二步:将$(2)^{(1)}$式除以 2/3,使 x_2 系数化为 1,得

$$x_2+2x_3=0\cdots\cdots(2)^{(2)}$$

再将$(3)^{(1)}$式中 x_2 系数化为零,即

$$\frac{18}{3}x_3=-6\cdots\cdots(3)^{(2)}$$

第三步:将$(3)^{(2)}$式除以 18/3,使 x_3 系数化为 1,得

$$x_3=-1\cdots\cdots(3)^{(3)}$$

经消元后,得到一个上三角代数方程组:

$$\begin{cases} x_1+\frac{2}{3}x_2+\frac{1}{3}x_3=2\cdots\cdots\cdots(1)^{(1)} \\ x_2+2x_3=0\cdots\cdots(2)^{(2)} \\ x_3=-1\cdots\cdots(3)^{(3)} \end{cases}$$

(2) 回代过程

由$(3)^{(3)}$式代入$(2)^{(2)}$式求出 x_2,再代入$(1)^{(1)}$式求出 x_1,所以,本题解为

$$x_1=2,x_2=2,x_3=-1$$

2. LU 分解法

求解线性代数方程组除了高斯消元法外,还常用 LU 分解法,它是高斯消元法的一种变形算法。LU 分解法的优点是当方程组左端系数矩阵不变,即网络元件参数不变,仅仅是方程组右端列向量改变,即外加激励信号变化时,能够方便地求解方程组。

设 n 阶线性方程组为

$$\boldsymbol{AX}=\boldsymbol{B} \tag{2.10}$$

假设能将方程组左端系数矩阵 $\boldsymbol{A}$ 分解成两个三角阵的乘积,即

$$\boldsymbol{A}=\boldsymbol{LU} \tag{2.11}$$

式中,$\boldsymbol{L}$ 为主对角线以上的元素均为零的下三角矩阵;$\boldsymbol{U}$ 为主对角线以下的元素均为零,且主对角线元素均为 1 的上三角矩阵。$\boldsymbol{L}$、$\boldsymbol{U}$ 为稀疏矩阵,原因是含有多个 0。

于是,式(2.10)可改写为

$$\boldsymbol{LUX}=\boldsymbol{B} \tag{2.12}$$

若令

$$UX = y \tag{2.13}$$

则

$$Ly = B \tag{2.14}$$

计算时先由式(2.14)计算出向量 $\boldsymbol{y}$,然后再按式(2.13),反向代入即可计算出待求向量 $\boldsymbol{X}$,LU 分解法中 $\boldsymbol{L}$、$\boldsymbol{U}$ 矩阵,$\boldsymbol{y}$,$\boldsymbol{X}$ 向量中各元素的计算公式见参考文献[3]。

例 2.4 利用 LU 分解法求解下述方程。

$$\underset{\boldsymbol{A}}{\begin{pmatrix} 3 & -1 & -1 \\ -1 & 2 & 0 \\ -1 & 0 & 2 \end{pmatrix}} \underset{\boldsymbol{X}}{\begin{pmatrix} x_1 \\ x_2 \\ x_3 \end{pmatrix}} = \underset{\boldsymbol{B}}{\begin{pmatrix} 1 \\ 0 \\ 0 \end{pmatrix}}$$

解:

$$\begin{pmatrix} 3 & -1 & -1 \\ -1 & 2 & 0 \\ -1 & 0 & 2 \end{pmatrix} = \begin{pmatrix} 3 & 0 & 0 \\ -1 & 5/3 & 0 \\ -1 & -1/3 & 8/5 \end{pmatrix} \begin{pmatrix} 1 & -1/3 & -1/3 \\ 0 & 1 & -1/5 \\ 0 & 0 & 1 \end{pmatrix} = \boldsymbol{LU}$$

$$\boldsymbol{Ly} = \boldsymbol{B},\ \begin{pmatrix} 3 & 0 & 0 \\ -1 & 5/3 & 0 \\ -1 & -1/3 & 8/5 \end{pmatrix} \begin{pmatrix} y_1 \\ y_2 \\ y_3 \end{pmatrix} = \begin{pmatrix} 1 \\ 0 \\ 0 \end{pmatrix} \Rightarrow \begin{pmatrix} y_1 \\ y_2 \\ y_3 \end{pmatrix} = \begin{pmatrix} 1/3 \\ 1/5 \\ 1/4 \end{pmatrix}$$

$$\boldsymbol{Ux} = \boldsymbol{y},\ \begin{pmatrix} 1 & -1/3 & -1/3 \\ 0 & 1 & -1/5 \\ 0 & 0 & 1 \end{pmatrix} \begin{pmatrix} x_1 \\ x_2 \\ x_3 \end{pmatrix} = \begin{pmatrix} 1/3 \\ 1/5 \\ 1/4 \end{pmatrix} \Rightarrow \begin{pmatrix} x_1 \\ x_2 \\ x_3 \end{pmatrix} = \begin{pmatrix} 1/2 \\ 1/4 \\ 1/4 \end{pmatrix}$$

3. 非线性代数方程组的解法

电子电路元器件参数大多是非线性的。用节点法等建立的方程一般是非线性代数(差分)方程组。非线性代数方程组的解法中,常用牛顿拉夫逊法(Newton Raphson Algorithm,NRA),这种方法是求解非线性方程中应用最广泛、最有效的一种方法。牛顿拉夫逊法只要初始值选择合理,收敛迅速运行稳定,已在 SPICE 等程序中得到广泛应用。

2.2 数字电路的逻辑仿真

按今天数字集成电路通常的复杂程度,可将数以百万计的晶体管放置在一块芯片上,因此必须尽可能早地识别出在电路设计过程中可能出现的各种错误,何处出现错误。借助于逻辑仿真,通过规定的激励源可以证实设计电路的逻辑功能。

逻辑电路是依工作要求用逻辑元件连接起来的电路,以 1 和 0 为输入信号,按元件的逻辑功能动作,一个个地产生 1 和 0 信号,驱动下一个逻辑元件产生或 1 或 0 的变化,直至最后输出。因此,有专门为逻辑电路设计的仿真程序对逻辑电路的逻辑关系进行仿真,它不需要寻求电路的等效电路和方程式的列写、求解来取得仿真的结果,只需按照各元件的逻辑功能，从输入端开始，按电路连接顺序和各元件功能的真值表逐个去判断每个元件应当有什么输出，顺次分析下去，最后就会找出输出端或某一节点的变化过程和结果。

逻辑仿真（也称门级仿真）指计算机根据给定数字电路的拓扑关系以及电路内部数字元器件的功能和延迟特性，分析计算整个数字电路的功能和特性。逻辑仿真在整个逻辑分析的过程中找出在不同输入下，所有元件的变化状况。

2.2.1　逻辑元件的仿真模型

逻辑元件的模型需给出各类元件的内部功能、参数及特性，如输入输出端个数、延迟时间、扇入扇出系数等，上述参数可以从元件的数据手册中查到。

元件的延迟时间一般定义为信号从元件输入端到该元件的输出端所需要的时间，实际电压或电流信号通过逻辑元件时都会产生延迟（滞后效应），考虑延迟的作用，可以更精确地反映逻辑电路的实际过程。所以在仿真（模拟）逻辑电路时，应当正确估计延迟时间，构造适当的延迟模型。

1. 延迟模型

延迟模型指考虑信号的传输延迟，将逻辑信号按一定规则简化为用一个或几个参数来表征，而成为的一种模型。延迟模型对逻辑仿真结果往往起主要作用，因此，仿真时经常根据仿真的实际需要而采用不同的延迟模型。几种常见的延迟模型有零延迟模型、单一延迟模型、标准延迟模型和模糊延迟模型。

（1）零延迟模型

零延迟模型即不考虑延迟的模型，所有元件的延迟时间均设置为 0。适用于验证逻辑电路逻辑关系的正确性，但仿真的结果与实际工作情况的差异较大。这是一种理想的情况，不符合实际情况，不便于在异步时序电路仿真中应用。

（2）单一延迟模型

单一延迟模型即规定所有逻辑元件的延迟都是一个相同的数值。延迟时间的数值可以采用电路元件的标准延迟或最大延迟。这也与实际情况不符，只能验证逻辑功能的正确性，但可以用于异步时序电路的逻辑验证。

（3）标准延迟模型

标准延迟模型即考虑各种逻辑元件延迟时间的不同，为每种元件规定一个标准延迟时间，通常以产品手册给定的数据为依据。该模型不考虑同类元件的参数分散性，与真实情况仍有差别。在逻辑电路仿真时，应使各元件的延迟更接近真实情况，得出较为精确的结果。由于在逻辑设计阶段不能确定参数分散情况，因而标准延迟模型对于大多数电路仿真精度已经足够精确。本书第 4 章介绍的 PROTEUS 软件采用的仿真模型就是标准延迟模型。

（4）模糊延迟模型

模糊延迟模型为了反映元件参数分散的情况，把延迟时间定为一个时间范围，即给出最大值和最小值。在该范围，其信号值不定，即存在一个模糊区域，所以称之为模糊延迟模型。

延迟时间还可以考虑得更细，例如区分信号上跳和下跳延迟的不同；另外有时还需要考虑负载值较大时产生的延迟、传输线长度导致的信号延迟等。因此，延迟模型可以有多种，以适应逻辑电路仿真分析不同问题的需要。延迟问题的考虑，增加了逻辑电路分析时的条件和作用结果，增加了问题分析的复杂性。

2. 基本逻辑元件模型

逻辑电路的模型分为基本逻辑门模型、三态门模型、功能块模型 3 类。

(1) 基本逻辑门模型

基本逻辑门模型有 8 种：与门(AND)、与非门(NAND)、或门(OR)、非门(NOT)、或非门(NOR)、异或门(XOR)、异或非门(NXOR)、缓冲器(BUF)。非门是单输入单输出。缓冲器是单输入双输出，其余都是多输入单输出逻辑门。扇入系数和扇出系数反映元件带负载的能力，扇入系数反映输入端的负载电流，扇出系数反映输出端的驱动电流。

(2) 三态门模型

三态门是带使能控制端的逻辑门。如 74LS373 是带有输出控制端 OC(Output Control)和使能端 G(Enable)的八 D 锁存器，当 OC=0，G=1 时，直通状态；OC=0，G=0 时，锁存状态；当 OC=1 时，高阻状态。

(3) 功能块模型

功能块指电路中具有一定功能的电路，功能块模型一般只给出输入输出关系，而不关心功能块的内部结构和组成。常见的有：寄存器、存储器、译码器、加法器、比较器等。当功能块内部含有记忆元件时，除了输入输出特性外，模型中还需要表示出记忆内部状态的内部信号。

2.2.2 逻辑信号值

逻辑仿真时需要按照一定的规律计算出仿真的逻辑信号值。一般逻辑电路的信号，主要是二值逻辑，即由 1 和 0 组成的逻辑关系。但实际中二值逻辑不能确切反映运行过程中的实际状况。

图 2.7 中，C 点输出信号为 D 点信号与 E 点信号的线与结果。当 A 点为 0，晶体管截止时，D 为高阻状态，C 点信号主要由 E 点信号决定，所以 $C=1$；当 A 点为高电平，晶体管导通时，$D=0$，$E=1$，因为是线与关系，所以 $C=0$。图中 B 点直接与电源相连，E 点通过一个电阻再连接到电源，虽然 B 点与 E 点具有相同的逻辑值 1，但 B 点与 C 点的驱动能力不一样。为了区分这类现象，信号还必须有另外一个特性——驱动强度(逻辑强度)。因此仿真时，常常根据实际需要把有关信号细化，使逻辑工作状态除 1 和 0 外，再增加一些状态或对同一信号增加不同的强度。当不同的逻辑信号作用于同一节点时，要按照逻辑信号值及其强度才能完全确定节点的状态。

目前逻辑仿真时常用的逻辑值有二值逻辑、三值逻辑、四值逻辑、五值逻辑、六值逻辑、九值逻辑、十二值逻辑、四十六值逻辑等。

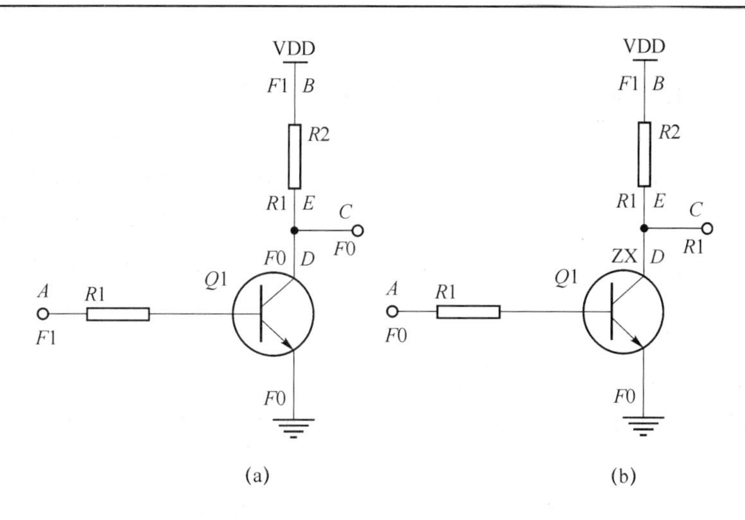

图 2.7　三极管逻辑电路

1. 三值逻辑

三值逻辑就是除 1 和 0 之外，增加一个未知信号值 X（0 或 1）。如单稳态触发器的初始状态，既可能是 0 也可能是 1，所以应表示为 X。

三值逻辑是二值逻辑的推广，在二值逻辑的基础上增加了有关未知信号 X 的运算。X 的运算规则如下：

$$X \cdot 0=0;\quad X \cdot 1=X;\quad X \cdot X=X$$

$$X+0=X;\quad X+1=1;\quad X+X=X;\quad \overline{X}=X$$

$\overline{X}=X$ 是一种不合理的情况，这主要是因为 X 包括的状况太广，不能进一步区分信号的上跳、下跳状态，所以三值逻辑的仿真精度不会很高。

2. 四值逻辑

在三值逻辑基础上再增加一个高阻态 Z 的逻辑关系称为四值逻辑，四值逻辑是三值逻辑的扩展。高阻态 Z 表示一个信号与其源断开后的状态，有可能保持原信号值，但又有可能无能为力长久保持原信号不变。在 CMOS 电路中，常有几个输出连接在一条线路上的情况，这时一般只允许一条线有输出，其余各线则处于高阻状态 Z。这种连接关系称为线或逻辑。在线或逻辑中，有输出的那条线决定输出值，其余各线均应为高阻态 Z。四值逻辑多用于 CMOS 电路的仿真中。

3. 五值逻辑

在三值逻辑中，为了明确表示跳变的不同情况，增加上跳和上跳两个状态，分别用 R 和 F 表示，则 0，1，R，F，X 组成了五值逻辑。

4. 六值逻辑

在五值逻辑的基础上，增加高阻状态，即用 0，1，R，F，X，Z 便组成了六值逻辑。

5. 九值逻辑

信号强度的差异在运行过程中会产生不同的逻辑状态，所以考虑信号强度时，逻辑值还需增加。九值逻辑由 3 种强度值和 3 种逻辑值(0，1，X)组成。如表 2.1 所示，九值逻辑能够反映强度的变化。

表 2.1　九值逻辑关系表

强度值	逻辑值		
	0	1	X
Z	Z0	Z1	ZX
R	R0	R1	RX
F	F0	F1	FX

强制级(*F*):表示该信号直接与电源或地相连,或者是一些输入激励。电路中信号通过处于导通状态下的三极管与电源或地相连,如果其电阻较小,则也认为是强制级。

高阻级(*Z*):3 种强度中最弱。电阻级(*R*):表示信号通过一个较大的电阻与电源或地相连,强度级别低于强制级。

图 2.7 中表示出了各节点的逻辑值。

另外,不同的仿真工具,逻辑值系统会有区别,IEEE Std 1164－1993 标准的九值逻辑如表 2.2 所示。

表 2.2　IEEE Std 1164—1993 标准的九值逻辑

逻辑值	说　明
0	Strong low 强低
1	Strong high 强高
L	Weak low 弱低,指通过上拉或下拉电阻实现的状态,可以被 0 和 1 改写
H	Weak high 弱高,指通过上拉或下拉电阻实现的状态
X	Strong unkown 强未知
W	Weak unkonw 弱未知
Z	High impedance 高阻
—	Don't care 忽略,表示逻辑状态不起作用
U	Uninitialized 未初始化,指该信号到目前为止还没有被分配值

2.2.3　逻辑电路输入

逻辑电路元件端口之间用信号线连接,连接关系可以用原理图表示,与模拟电路一样,也有原理图输入和网表输入两种方式。逻辑电路的网表与模拟电路一样,都以文本形式描述,但两者书写格式不同。

在逻辑电路中,如果知道元件的类型,如与门、或门等,以及每个元件端口所连接的信号,则可以唯一确定每个元件的逻辑输出,进而可以确定整个逻辑电路的输出。所以逻辑电路的网表中每个元件的描述包括:元件名 N、元件类型 M、输入信号对应节点号 PI 和输出信号对应的节点号 PO 四部分信息,即:N、M、PI、PO。PI、PO 可以包含多个节点。

图 2.8 为一位全加器电路,*X*、*Y*、*C* 为加数、被加数和低位进位,*S*、*O* 为和数和进位输出。其逻辑网表如下:

```
  * 2 - Input AND Gate(s)        ;注释
UAND_U4 AND(2) $G_DPWR $G_DGND 3 4 5 T_GATE_ideal IO_STD
;描述 U4 为二输入与门,节点 3,4 输入,5 输出,模型为 T_GATE_ideal
UAND_U3 AND(2) $G_DPWR $G_DGND 1 2 6 T_GATE_ideal IO_STD
  * 2 - Input OR Gate(s)
```

```
UOR_U5 OR(2) $G_DPWR $G_DGND 5 6 OPEN_8 T_GATE_ideal IO_STD
Uoc_OPEN_8 BUF $G_DPWR $G_DGND $D_LO OPEN_8 DO_GATE IO_STD
;描述 U5 为二输入或门,节点 5,6 输入,输出无连接,模型为 T_GATE_ideal
* 2 - Input XOR Gate(s)
UXOR_U1 XOR $G_DPWR $G_DGND 2 1 3 T_GATE_ideal IO_STD
UXOR_U2 XOR $G_DPWR $G_DGND 4 3 OPEN_7 T_GATE_ideal IO_STD
Uoc_OPEN_7 BUF $G_DPWR $G_DGND $D_LO OPEN_7 DO_GATE IO_STD
* Misc
.MODEL T_GATE_ideal UGATE   ;模型描述
+ ( TPLHMN = 10n TPLHTY = 10n TPLHMX = 10n
+ TPHLMN = 10n TPHLTY = 10n TPHLMX = 10n )
.LIB
.OPTIONS ITL4 = 25
.END
```

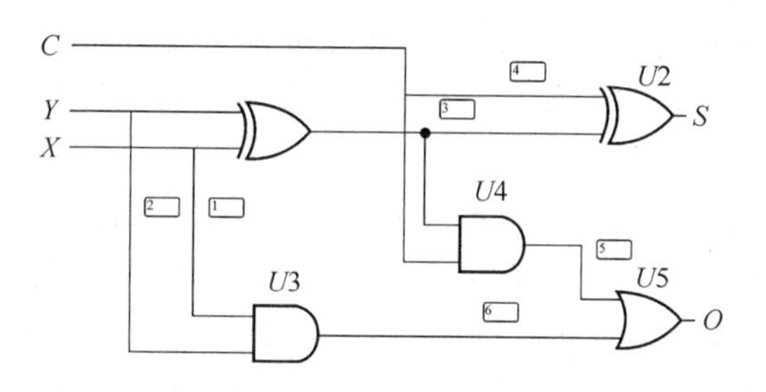

图 2.8 一位全加器逻辑图

在进行逻辑仿真时经常要查找每个信号后面所接的元件,称之为负载元件,当某个节点为开路时,表示没有负载元件。

2.2.4 逻辑仿真算法

逻辑仿真在有了逻辑电路有关文件和输入激励波形要求之后进行。仿真时,按逻辑电路的连接关系和逻辑运算的真值表与信号延迟存在的影响,按输入激励信号的时间顺序与作用,顺次找出各逻辑元件产生的输出变化即各节点的信号值。逻辑仿真算法有编排级数法、事件驱动法、时钟驱动法等。

1. 编排级数法

这是早期采用的仿真方法,采用二值逻辑和零延迟模型。首先针对各类逻辑元件编制各自的求值子程序;其次把电路连接状况,按作用顺序编排各元件的先后级数,把电路的输入端口定为 0 级,某个元件的级数等于其所有前级元件的最大级数加 1。对每个元件的运算生成可以直接执行的指令代码,即编译成计算机能够解释与执行的命令,然后由计算机按级别顺序执行指令代码,计算出电路各节点在各个时间的信号状态值。

2. 事件驱动法

事件驱动法也称表驱动法,是逻辑仿真的典型算法。把逻辑电路节点信号的每次变化称为一个“事件”。事件是在某一时间点的瞬时行为,从某种意义上来说,逻辑系统是由事件来驱动的。该方法是把逻辑电路的组成和各元件特性分列为若干互有联系的数据表格,即事件表,包括:

(1) 电路元件名称,类型,扇入、扇出的标识符;

(2) 各元件类型及其延迟时间;

(3) 各元件的扇入与扇出的关系;

(4) 信号线名,信号值和所连元件的标识符等。

把表格按一定数据结构存储在计算机中,仿真时按照规定程序和逻辑真值表等查找表格中的数据,并进行解释和执行。事件驱动法采用选择追踪技术,仿真时,只选择输入信号有变化的元件进行运算分析,不对所有元件都进行运算分析。一般每个仿真周期需要计算的元件不超过元件总数的 10%,运算分析量大为减少。产生一个事件时,就根据逻辑真值表和延迟情况等对该节点上的逻辑元件进行运算分析,确定其输出信号,找出新的事件并将事件列入“事件表”中备用。事件表好像一个记事本,干完一件事情后就把它从记事本中划掉,而把新的要完成的工作再登记到记事本的相应地方。按照这样的方式,仿真过程可以有条不紊地进行下去,逐级运算分析直到没有可运算分析的对象或达到指定结果为止。所以整个仿真过程就是一个一个事件的追踪运算分析。

3. 时钟驱动法

时钟驱动法是针对超大规模数字集成电路所采用的一种逻辑仿真算法,主要是为解决逻辑仿真时的快速收敛问题。该方法将超大规模集成电路看做一个复杂的同步时序逻辑电路,电路中有一个或几个时钟控制各子系统的运行。当时钟触发电路时,系统同步地从一种稳定状态转至另一种稳定状态。即将一个复杂的逻辑电路(数字系统)看做仅是系统时钟的函数,进而减少了计算量和存储量。

2.3 数字系统的芯片设计

半导体技术和计算机技术的飞速发展,使数字系统的设计理念和设计方法都发生了深刻的变化。以前,数字系统的设计大多采用搭积木的方式进行,即由一些功能固定的器件加上一定的外围电路构成模块,再由这些模块进一步形成各种功能的电路。构成系统“积木块”的是各种标准芯片,如 74/54 系列、4000/5000 系列等。芯片功能固定,设计时只能根据需要从中选择最适合的,并按照设计电路搭建系统。缺点是设计时几乎没有灵活性,而且设计一个系统所需的芯片种类多,数目大,结构复杂,查找错误难度大,印制电路板制作复杂等。

CPLD/FPGA 是 20 世纪 80 年代中后期出现的,其特点是具有可编程特性。PLD 等器件和 EDA 的出现改变了传统的设计思路,使人们可以通过芯片设计来实现各种不同的功能。新的设计方法能够由设计者自己定义器件的内部逻辑和引脚,将原来由电路板设计完成的大部分工作放在芯片设计中完成。此外,CPLD/FPGA 还具有静态可重复编程或在线动态重构特性,使硬件的功能可像软件一样通过编程来修改,不仅使设计修改和产品升级变得十分方便,而且极大地提高了电子系统的灵活性和通用能力。

芯片设计不仅可以实现多种逻辑功能，而且由于引脚定义的灵活性，减轻了原理图和印制板设计的工作量和难度，增加了设计的自由度和灵活性，提高了效率。同时基于芯片的设计减少了芯片的种类和数量，缩小了体积，降低了功耗，提高了系统的整体性能。

2.3.1 芯片设计方式

芯片设计有正向设计和逆向设计两种方式，但通常采用正向设计。正向设计是一种自上而下的设计方式，其流程如图 2.9 所示。

1. 系统描述(System Specification)

指在最高层对芯片进行规划，包括芯片的功能、性能、功耗、成本甚至尺寸大小等一系列指标，并确定选择的工艺。

2. 功能设计(Function Design)

常用的方法有原理图设计、程序语言设计、状态机设计、功能模块参数化设计、利用 IP 模块的设计、基于平台的设计。

3. 逻辑设计(Logic Design)

得到芯片的逻辑结构，并且要反复验证其正确性，然后，对设计进行综合和优化，以得到资源最省、速度最快的设计结果。

4. 电路设计(Circuit Design)

将设计转化成晶体管级(电路级)，同时要注意各种元件的电性能，通常用详细的原理图表示电路设计。

5. 版图设计(Layout Design)

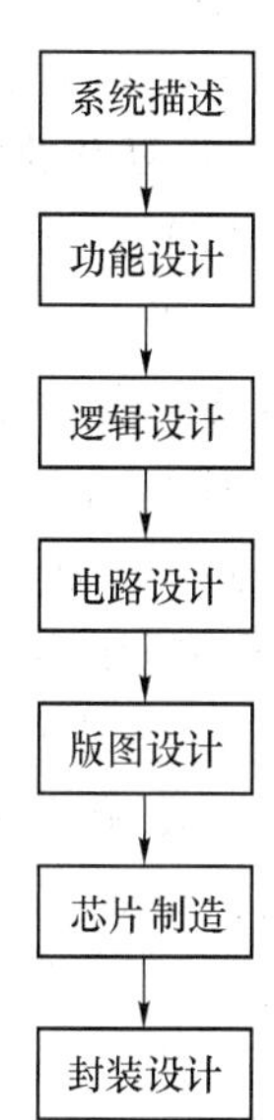

图 2.9 芯片正向设计流程

版图设计也称为物理设计(Physical Design)，是芯片设计中最费时的一步，需要将每个元件的电路表示转换成几何表示，同时，元件间的网表也被转换为几何连线图形，电路的几何表示即为版图。版图设计要符合制造工艺的设计规则，通常要进行物理设计规则检查(Design Rule Checking, DRC)，版图网表提取(Netlist Extraction, NE)，电气规则检查(Electrical Rule Checking, ERC)以及版图和原理图一致性比较(Layout Versus Schematic Comparing, LVS)等一系列检查，以确保版图设计的正确性。

6. 芯片制造(Fabrication)

芯片制造也称为流片，指把以上验证通过的版图送到半导体厂家定制芯片，一般经过硅片准备、注入、扩散和光刻等工艺。

7. 芯片的封装和测试(Package and Test)

根据需要将芯片封装成 DIP 或表面粘贴等。

在上述设计过程中，要不断进行仿真和验证，只有这样，才能保证设计正确。

逆向设计是以剖析别人已有的设计为基础，在得到实际芯片的版图、逻辑图、功能和工作原理后，再进行正向设计，以便实现或者改进该芯片的功能，一般作为辅助设计。

2.3.2 芯片功能的设计方法

数字系统的功能设计方式有：原理图设计、程序语言设计、状态机设计、功能模块参数化设计、利用IP模块的设计、基于平台的设计等。

1. 原理图设计

原理图设计方式指利用EDA工具提供的器件库资源，绘制电原理图，从而构成相应的系统或满足某些特定功能条件的系统或新元件。这种方式大多用在设计规模较小的电路或系统对时间特性要求较高的情况。其优点是易于仿真，便于信号的观察和电路的调整。但当系统功能较复杂时，该方式输入效率低。

2. 程序语言设计

原理图对于小规模和中规模的设计来说无疑是最好的方法，但由于集成电路的快速发展，有些复杂的电路可能会涉及到成百上千的元器件，再利用画原理图的方法就非常困难了。基于此，硬件描述语言(HDL)应运而生。

程序语言设计是利用HDL语言进行芯片设计。HDL语言设计是目前电子工程设计最重要的设计方法，常用的设计语言有ABEL、VHDL、Verilog等。

VHDL语言是随着集成电路的系统化和集成化发展起来的，是一种用于数字系统的设计和测试方法的描述语言。它是由美国国防部发起、开发并标准化，1989年公布为IEEE标准(IEEE STANDARD1076—1987)的超高速集成电路硬件描述语言。VHDL已成为EDA设计中信息交换的重要标准。

VHDL有许多突出的优点，如语言与工艺的无关性，可以使设计者在系统设计、逻辑验证阶段便确立方案的可行性；语言的公开可利用性，便于实现大规模系统的设计等；同时具有很强的逻辑描述和仿真功能，而且输入效率高，在不同的设计输入库之间转换非常方便。因此，VHDL语言设计目前应用最广泛。

2.4 混合电路仿真

如前所述，模拟电路的仿真分析和逻辑电路的逻辑仿真在计算方法和输出结果类型等方面都存在着较大的差异，前者是用数值计算方法求解电路方程组，计算的是节点电压和支路电流；而后者则采用事件表驱动法等算法分析计算电路节点的逻辑状态(如：0，1，X等)。因此早期的电路仿真和逻辑仿真一直在各自不同的仿真软件中进行。

随着电子技术的发展，在电路设计中同时包括有逻辑和模拟单元的情况越来越多，许多重要的电路由模拟和逻辑单元混合组成，如模拟-数字转换器(ADC)，数字-模拟转换器(DAC)或锁相环等。当需要对上述电路逻辑和模拟单元同时进行仿真时，就要求仿真软件能够同时具有仿真模拟电路和逻辑电路以及混合电路的功能，即数模混合电路仿真。

现在的仿真软件基本上都同时具有数模混合仿真能力。根据逻辑单元和模拟单元之间有无反馈连接关系，将数模混合仿真的主要技术分为："顺序仿真"和"混合仿真"。

2.4.1 顺序仿真

当逻辑和模拟单元之间无反馈连接关系，即可以将整个仿真系统分成模拟和逻辑单元时，利用顺序仿真方法实现数模混合电路仿真。数模混合电路中根据连接到各节点上的电路元件类型不同，存在着4种类型的电路节点。

- 数字节点:连接至数字节点的所有电路元件均是逻辑器件。
- 模拟节点:连接至模拟节点的所有电路元件均是模拟元件。
- A/D 节点:指从模拟元件转至逻辑元件的节点。
- D/A 节点:指从逻辑元件转至模拟元件的节点。

在数模混合电路中,关键问题是如何处理 A/D 节点和 D/A 节点。A/D 节点和 D/A 节点也称为接口。对于 A/D 节点,模拟电压通过 A/D 转换器接口转换为逻辑电平,即模拟电压值通过与阈值进行比较,归为可能的逻辑值 0,1,X 等。而逻辑信号通过 D/A 转换器转换为模拟电压,即有限的逻辑电平转换为无限的模拟值。

实际电路中 A/D、D/A 节点在电路中出现的情况如图 2.10 所示,有以下几种情况:

- 只包含 A/D 节点系统的仿真;
- 只包含 D/A 节点的系统仿真;
- A/D——D/A 或 D/A——A/D 多级数模混合系统的仿真。

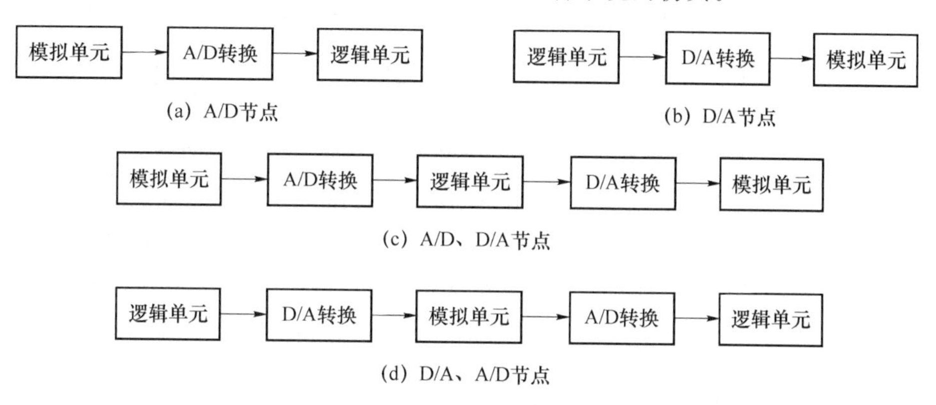

图 2.10　电路中出现 A/D、D/A 节点的几种情况

顺序仿真时,首先从 A/D 节点和 D/A 节点处将电路分成模拟单元和逻辑单元,然后利用单独的程序对模拟单元和逻辑单元分别仿真,各部分的仿真再通过 A/D 或 D/A 接口进行耦合、连接。如图 2.10(a)所示电路连接中,仿真程序首先计算模拟单元的电压值,然后将模拟电压传输给 A/D 接口。A/D 接口将模拟电压转换成逻辑电平。A/D 接口的输出作为逻辑单元的输入激励信号,利用逻辑仿真程序进行逻辑单元的仿真,从而完成模数混合电路的仿真工作。

对于图 2.10(c),同样可以应用顺序仿真的方法,只是进行逻辑仿真和模拟仿真的次数较多。在顺序仿真中,模拟仿真与逻辑仿真需要单独的程序。

2.4.2　混合仿真

若数模混合电路中不同部分之间存在反馈,很难明确地将电路分成模拟、逻辑单元,则不能采用顺序仿真的方法,需采用直接进行混合仿真的方法。在混合仿真中,模拟仿真与逻辑仿真用同一个程序进行,即总仿真程序,总仿真程序包括必需的模型、信号描述和相关计算方法。

2.5　系统仿真

系统仿真(System Simulation)是进行模型实验。它通过系统模型的实验来研究一个已经存在的或正在设计中的系统的过程。根据被研究的真实系统数字模型,结合所用的计算机建立仿真模型,然后,依据仿真模型在计算机上计算、分析和研究,从而获得真实系统的定量关系,加深对真实系统的认识和理解,为系统设计、调试或管理提供所需的信息、数据或资料。

系统仿真技术是在数字模型基础上,利用计算机进行实验研究的一种方法,是建立在系统科学、系统辨识、控制理论与计算机技术上的一门综合性很强的实验科学技术,是分析、综合各类系统的一种研究方法和有力工具。

第 3 章　电路设计与仿真软件——Multisim7

Multisim 是一款使用方便、操作直观的电路设计与仿真软件。Multisim 可对模拟电路、数字电路、数字/模拟混合电路和高频电路进行分析和仿真，几乎可以应用于电类专业的所有学科。本章以 Multisim7 版本为对象，在概述 Multisim7 的基础上，详细介绍 Multisim7的元件库和元件、虚拟测试仪器和仿真分析方法。

3.1　Multisim7 概述

3.1.1　EWB 与 Mulitisim

Muitisim 的前身是加拿大 IIT 公司于 1988 年推出的电路设计与仿真软件 EWB。EWB 以其界面直观、操作方便、分析功能强大、易学易用等特点，在电路设计和高校电类教学领域得到了广泛的应用。之后，为了拓宽 EWB 的印刷电路板 PCB 功能，IIT 公司推出了 PCB 设计软件模块 EWB Layout，可使 EWB 的电路图文件方便地转换为 PCB。

随着电子技术的飞速发展，EWB 的功能已不能满足电路设计与仿真的需要。IIT 公司从 EWB6.0 版本开始，对 EWB 进行了较大的改动，将电路设计与仿真软件模块更名为 Multisim，将 PCB 设计软件模块更名为 Ultiboard。同时，为了加强 Ultiboard 的布线功能，又开发了 Ultiroute 布线引擎。此外，IIT 公司还推出了一个专门用于通信电路分析与设计的软件模块 Commsim。目前，EWB 由 Multisim、Ultiboard、Ultiroute 和 Commsim 4 个软件模块组成，能完成从电路的仿真设计到 PCB 版图生成的全过程；同时，这 4 个软件模块彼此又相互独立，可以分别使用。其中最具特色的仍然是电路设计与仿真软件 Multisim。2001 年，Multisim 升级为 Multisim2001。2003 年，IIT 公司又对 Multisim2001 进行了较大的改进，升级为 Multisim7。

概括来讲，Multisim7 主要具有以下几个特点：

1. 系统高度集成，界面直观，操作方便

Multisim7 沿袭了 EWB 界面的特点，将电路原理图的创建、电路的仿真分析和分析结果的输出都集成在一个窗口。整个操作界面就像一个实验平台，绘制电路图需要的元器件、电路仿真需要的虚拟测试仪器均可直接从屏幕上选取，操作简单易学。

2. 类型齐全的仿真

Multisim7 既可以分别对模拟电路和数字电路进行仿真，也可以对数字/模拟混合电路进行仿真，还可以对射频(RF)电路进行仿真。此外，利用 MultiHDL 模块(需另外单独安装)，Multisim7 还支持 VHDL/Verilog 语言的电路仿真，使得大规模可编程逻辑器件的仿真与模拟电路、数字电路的仿真融为一体。

3. 丰富的元件模型

Multisim7 提供了一个拥有 16 000 个元件的元件数据库。尽管元件库十分庞大，但由于元件被分门别类的分成 13 个元件族(Group)，如信号源族(Source)、基本元件族(Basic)等，故可以方便地找到所需要的元件。同时，IIT 公司的 EDApart. com 网站，提供元件模型库的扩充和技术支持，还可以利用元器件编辑器自行创建和修改元件。

4. 强大的虚拟测试仪器

Multisim7 提供了 18 种虚拟测试仪器，既包括数字万用表、示波器、信号发生器等常用仪器，也包括逻辑分析仪、网络分析仪、频谱分析仪等高档仪器。特别是根据安捷伦(Agilent)公司的现实仪器设计的安捷伦虚拟测试仪器，其功能和面板设置与现实仪器一样。通过这些虚拟测试仪器，即免去了购买现实仪器的昂贵费用，又可以毫无风险地使用仪器，提升了软件的功能。

5. 强大的仿真分析方法

Multisim7 提供了 19 种电路仿真分析方法，如直流工作点分析、交流分析、瞬态分析、傅里叶分析等，这些分析方法可以满足电路分析设计的要求。

6. 输入输出接口具有广泛的兼容性

Multisim7 可以输入由 PSPICE 等其他电路仿真软件所创建的 SPICE 网表文件，并自动形成相应的电路原理图；也可以把 Multisim7 环境下创建的电路原理图文件输出给 PROTEL等常见的 PCB 软件进行 PCB 版图设计。Multisim7 还可以将仿真结果导出为 Excel 或 MathCAD 文件，方便进行数据分析。

针对不同的需求，Multisim7 发行了多个版本，包括增强专业版(Power Professional)、专业版(Professional)、个人版(Personal)、教育版(Education)、学生版(Student)和演示版(Demo)。本章以 Multisim7 教育版为基础进行详细介绍。

3.1.2 Multisim7 的安装

Multisim7 的安装可分为单机用户版和网络版安装。单机用户版安装过程如下：将 Multisim 7 安装光盘放入光驱，光盘自启动，按提示完成安装。Multisim7 安装后如果不启动输入交付码(Release Code)，将受到 15 天的使用限制，即使重新安装也于事无补，交付码可通过软件代理商或网上付款获取。因此，安装后应尽快启动并输入交付码，出现 Multisim7 启动画面后单击“Enter Release Code”输入交付码，即可进入 Multisim7 的基本界面。

3.1.3 Multisim7 的基本界面

Multisim7 的基本界面如图 3.1 所示，主要由菜单栏、标准工具栏、仿真开关、图形注释工具栏、元件工具栏、虚拟工具栏、仪器工具栏和电路窗口等组成。

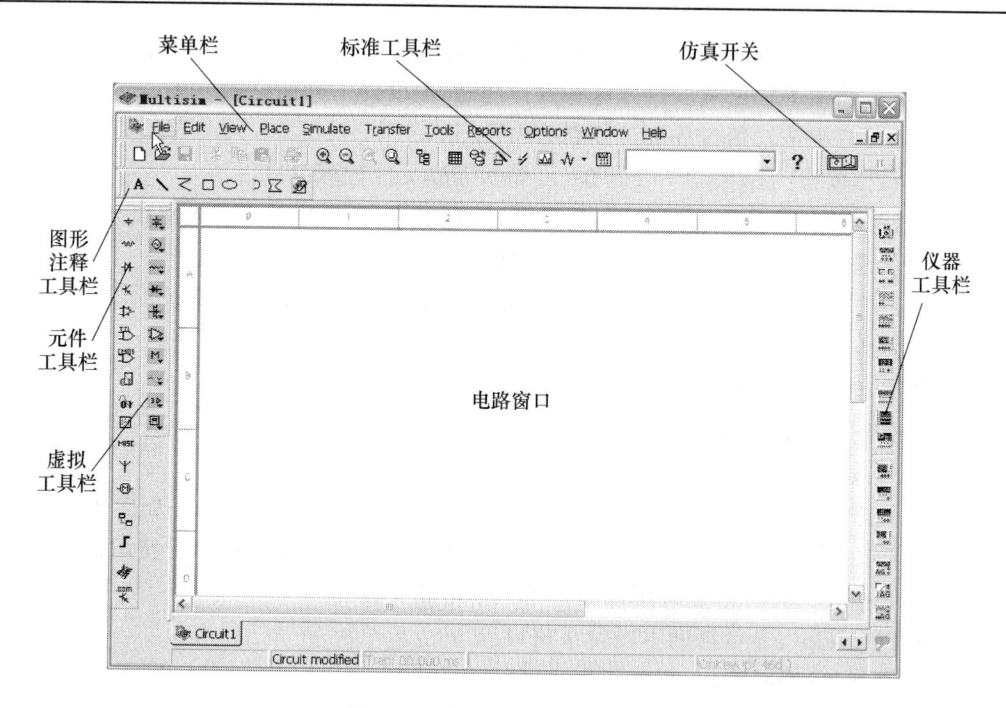

图 3.1　Multisim7 的基本界面

1. 菜单栏(Menu Bar)

与所有的 Windows 应用软件类似,菜单栏提供了 Multisim7 的几乎所有的操作功能命令。Multisim7 菜单栏包含 11 个主菜单,如图 3.2 所示,在每个主菜单下都有一个下拉菜单,可以从中找到各项操作功能的命令。每个下拉菜单的具体说明请参看本章附录。

图 3.2　菜单栏

2. 标准工具栏(Standard Toolbar)

标准工具栏如图 3.3 所示,包括常用的系统工具栏和设计工具栏。常用的系统工具栏如图 3.4 所示,从左到右依次为文件的新建、打开、保存、剪切、复制、粘贴、打印、放大、缩小、100%放大和全屏显示。设计工具栏如图 3.5 所示。

图 3.3　标准工具栏

图 3.4　系统工具栏

图 3.5　设计工具栏

设计工具栏是 Multisim7 的核心部分，用于进行电路的建立、仿真、分析并最终输出设计数据。虽然菜单栏也可以执行这些设计功能，但设计工具栏更加方便。

设计工具栏中从左到右各按钮分别为：

- 项目栏按钮(Toggle Project Bar)：显示工程文件管理窗口。
- 电路元件属性窗口按钮(Toggle Spreadsheet View)：显示当前电路窗口中所有元件属性的统计窗口，可通过该窗口改变部分或全部元件的某一属性。
- 元件库管理按钮(Database Management)：显示元件数据库管理窗口。
- 元件编辑器按钮(Create Component)：显示元件创建向导窗口。
- 仿真按钮(Run/Stop Simulate)：启动、停止或暂停电路仿真。
- 分析图表按钮(Show Grapher)：显示分析后的图表结果。
- 分析按钮(Analysis)：选择要进行的仿真分析方法。
- 后处理器按钮(Postprocessor)：显示后处理窗口，对仿真结果进一步操作。
- 使用的元件列表(In Use list)：通过下拉菜单显示当前电路窗口所使用的元件，可以选中某一元件重复调用该元件到当前电路文件。
- 帮助(Help)：显示帮助主题目录窗口。

3. 仿真开关(Simulation Switch)

仿真开关如图 3.6 所示，用于启动、停止或暂停电路仿真。

4. 图形注释工具栏(Graphic Annotation Toolbar)

图形注释工具栏如图 3.7 所示，用于绘制不具有电气含义的图形和输入文字。从左到右依次为输入文字、画直线、画折线、画矩形、画椭圆、画弧形、画多边形和粘贴图片。

图 3.6　仿真开关

图 3.7　图形注释工具栏

5. 元件工具栏(Component Toolbar)

Multisim7 把所有的元件模型分成 13 个族，再加上放置层次电路块、放置总线和登陆网站共同组成元件工具栏，如图 3.8 所示。从左到右依次为信号源族、基本元件族、二极管族、晶体管族、模拟元件族、TTL 元件族、CMOS 元件族、其他数字元件族、混合元件族、指示元件族、其他元件族、射频元件族、机电类元件族、放置层次电路块、放置总线、登陆 www. ElectronicsWorkbench. com 和登陆 www. EDApart. com。

图 3.8　元件工具栏

6. 虚拟工具栏(Virtual Toolbar)

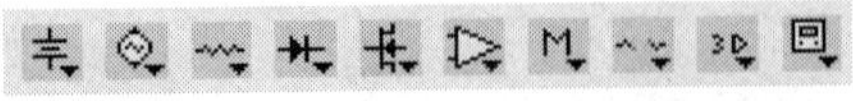

图 3.9　虚拟工具栏

虚拟工具栏如图 3.9 所示。单击每个按钮可以打开相应的虚拟元件工具栏，用于放置各种虚拟元件。从左到右依次弹出电源元件工具栏、信号源元件工具栏、基本元件工具栏、二极管元件工具栏、晶体管元件工具栏、模拟元件工具栏、其他元件工具栏、额定元件工具栏、3D 元件工具栏和测量元件工具栏。

7. 仪器工具栏(Instruments Toolbar)

仪器工具栏包括 Multisim7 提供的 18 种虚拟测试仪器,如图 3.10 所示。从左到右依次为数字万用表、函数信号发生器、瓦特表、双踪示波器、四通道示波器、波特图仪、频率计数器、字信号发生器、逻辑分析仪、逻辑转换仪、伏安特性分析仪、失真分析仪、频谱分析仪、网络分析仪、安捷伦函数信号发生器、安捷伦数字万用表、安捷伦示波器和动态测量探针。

图 3.10　仪器工具栏

8. 电路窗口

电路窗口是进行电路原理图编辑的窗口。

3.1.4　Multisim7 的仿真示例

1. 电路原理图仿真流程

电路设计的最终目的是得到可用于生产的 PCB 设计文件,这大致经过如图 3.11 所示的几个步骤。其中在 Multisim7 中创建、仿真和管理电路原理图可参考图 3.12 所示的流程进行。

2. 仿真示例

下面通过一个电路仿真示例,简要说明 Multisim7 的电路仿真流程,初步了解 Multisim7 的应用。

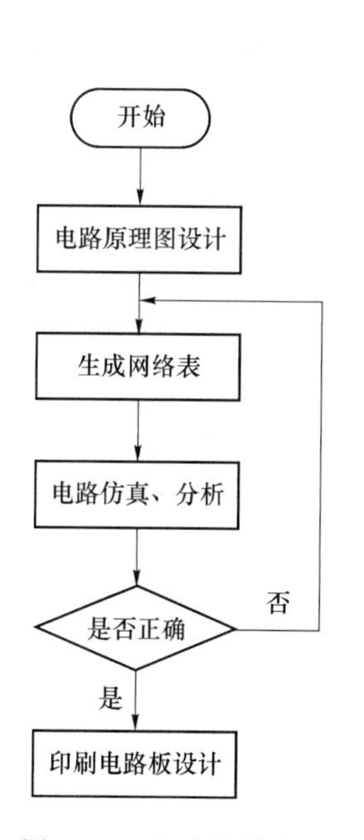

图 3.11　电路设计流程

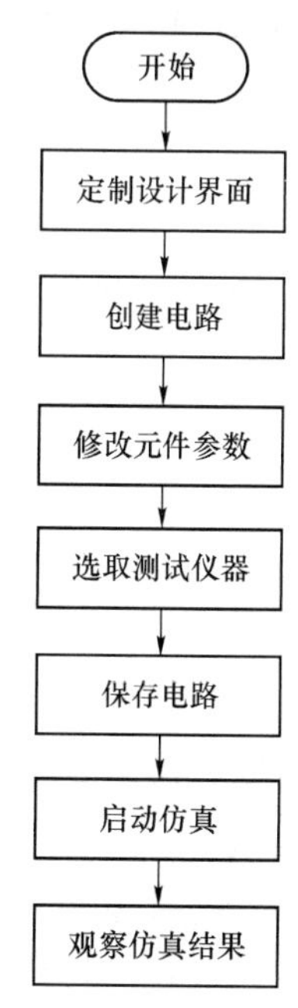

图 3.12　Multisim7 电路仿真流程

例 3.1　创建如图 3.13 所示二极管限幅电路，要求测定 Vo 的波形。理解二极管的限幅作用。

(1) 定制设计界面

通常在创建电路之前，首先根据电路的具体要求和个人习惯定制个性化的设计界面。单击菜单栏 Options/Preferences，弹出 Preferences 对话框，如图 3.14 所示。

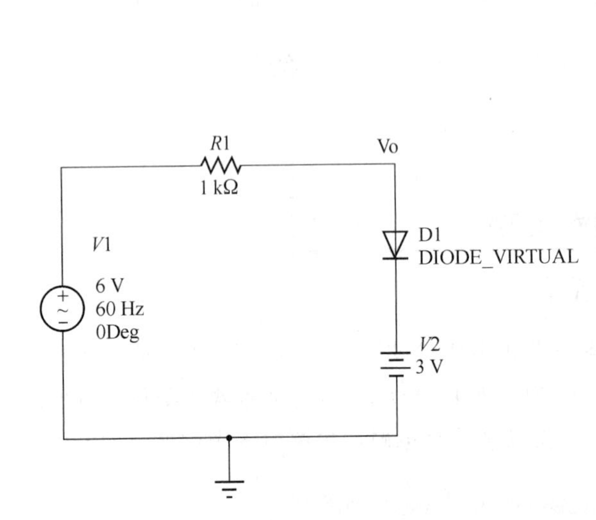

图 3.13　二极管限幅电路

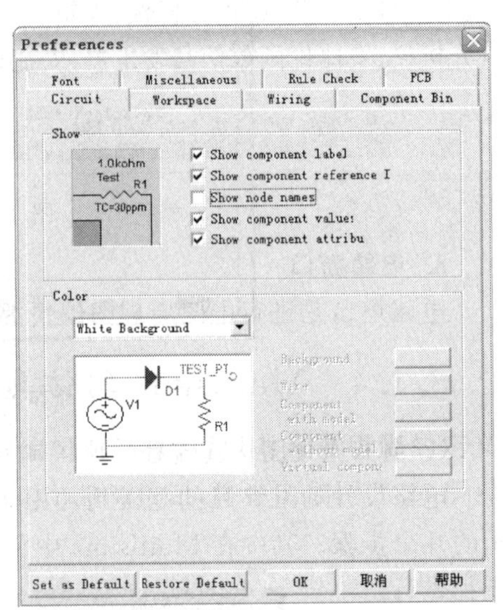

图 3.14　Preferences 对话框

Preferences 对话框包括 Circuit、Workspace、Wiring、Component Bin、Font、Miscellaneous、Rule Check 和 PCB 8 个标签页，每个标签页的功能简要介绍如下。

- Circuit 标签页：设置电路窗口内电路图的显示和设计要素(如导线、元件等)的颜色。
- Workspace 标签页：设置电路窗口的图纸大小、显示等参数。
- Wiring 标签页：设置导线的宽度和连线的方式。
- Component Bin 标签页：设置元件的符号标准以及从元件栏选取元件的形式等。
- Font 标签页：设置元件的标识、参数值、节点、引脚名称、原理图文本和元件属性等。
- Miscellaneous 标签页：设置电路自动备份时间、默认存盘路径和数字电路仿真速度等参数。
- Rule Check 标签页：设置对电路图电气检查的规则。
- PCB 标签页：与 PCB 文件相关的设置。

(2) 创建电路

首先放置元件。根据电路要求，单击菜单栏 Place/Component，弹出元件选择对话框(Select a Component)，如图 3.15 所示，从元件库中调用所需要的元件。有关元件库的详细内容请参看 3.2 节。

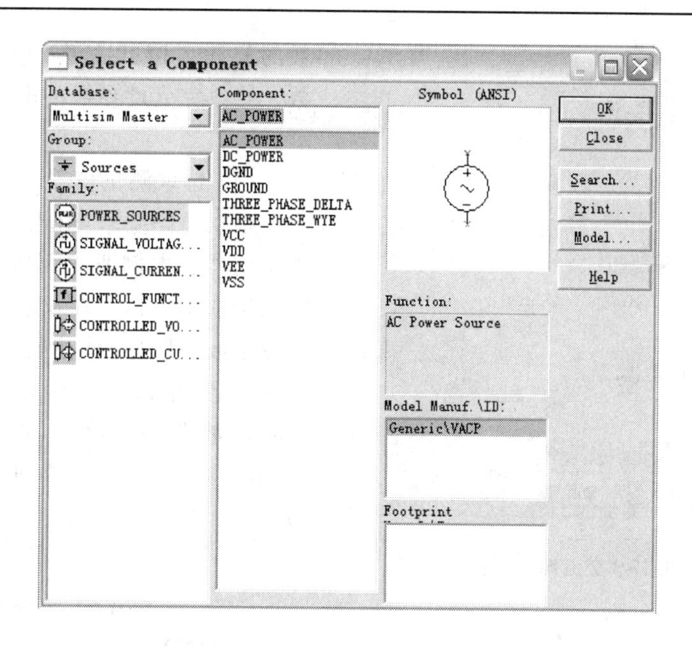

图 3.15　元件选择对话框

交流源 $V1$、直流源 $V2$ 和接地端在信号源族中，电阻 $R1$ 在基本元件族中，二极管 D1 在二极管族中，分别单击选定元件库中的相应元件。选定后，单击 OK 按钮，移动鼠标，将该元件放入电路窗口。元件放置完毕后，可根据具体情况，调整某些元件的摆放状态。如本例中，要调整二极管 D1 使其垂直摆放，可右键单击该元件，在弹出的菜单中单击 90 Clockwise，使其垂直摆放。最终放置情况如图 3.16 所示。

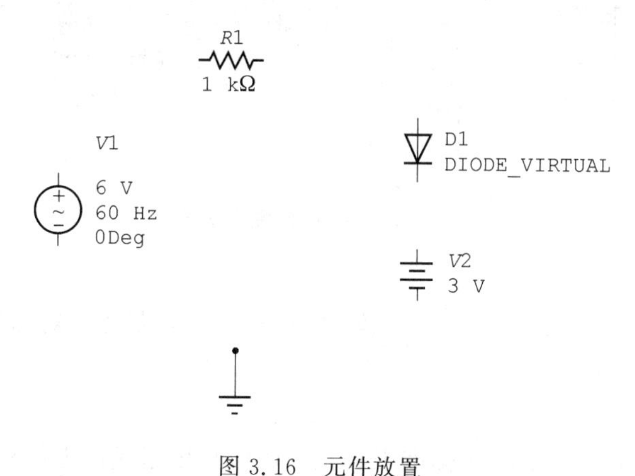

图 3.16　元件放置

元件摆放完，开始连接导线。将鼠标指向交流源 $V1$ 的一端，鼠标变成“✚”状，此时单击鼠标，移动鼠标至电阻的一端，当鼠标再次变成“✚”状后，单击则结束导线的连接。照此方法，连接其他导线。

(3) 修改元件参数

电路创建完成，需要根据电路要求修改某些元件的参数。以交流源 $V1$ 为例，双击交流源 $V1$，弹出如图 3.17 所示对话框，按图进行设置，单击“确定”按钮，完成交流源 $V1$ 参

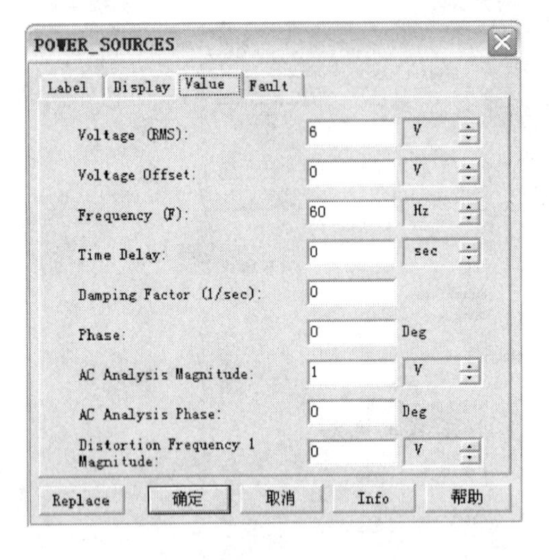

图 3.17　交流源对话框

数的修改。照此方法,修改其他元件参数。修改完元件参数的电路如图 3.13 所示。

(4) 选取测试仪器

根据电路要求,恰当选择仿真用虚拟测试仪器。本例要求测定 Vo 电压波形,应当选取示波器。在仪器工具栏中,单击双踪示波器图标,移动鼠标至电路窗口合适的位置,单击即可放置一个示波器,最后将示波器接入电路,如图 3.18 所示。有关虚拟测试仪器的详细使用请参看 3.3 节。

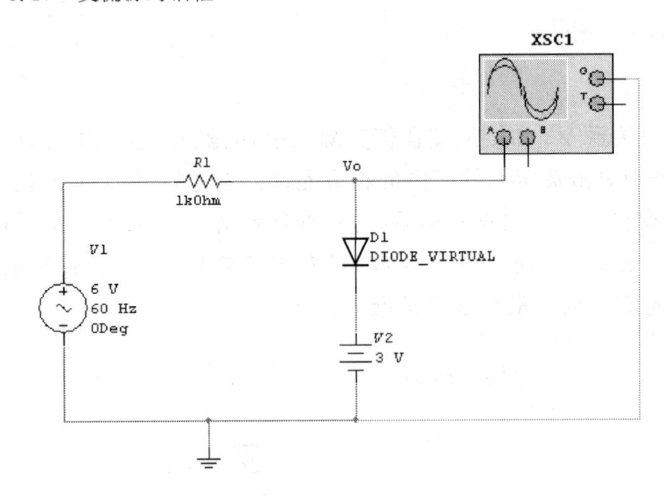

图 3.18　接入双踪示波器

(5) 保存电路

单击菜单栏 File/Save,弹出一个标准的 Windows 保存文件对话框,选择文件夹,给定文件名,单击保存即可。

(6) 启动仿真

单击菜单栏 Simulate/run 或标准工具栏中的仿真按钮或单击仿真开关或按 F5,均可启动电路的仿真。

(7) 观察仿真结果

双击示波器,弹出示波器的操作面板。调整时基和 A 通道参数,可得到清晰的 Vo 电压波形,如图 3.19 所示。观察仿真波形,可以发现波形正向峰值电压约为 3.7 V,负向峰值电压约为 8.5 V(有效值 6 V),正向波形受二极管限幅作用,被箝压。

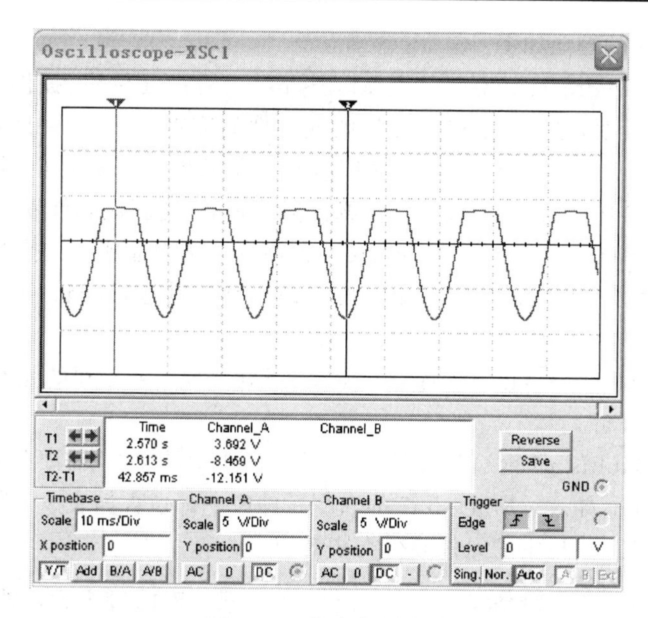

图 3.19　仿真电压波形

3.2　Multisim7 的元件库和元件

3.2.1　元件库

元件是构成电路的基本单元，Multisim7 的元件存储在主元件库、合作元件库和用户元件库中。单击菜单栏 Tools/Database Management，弹出数据库管理对话框，如图 3.20 所示。

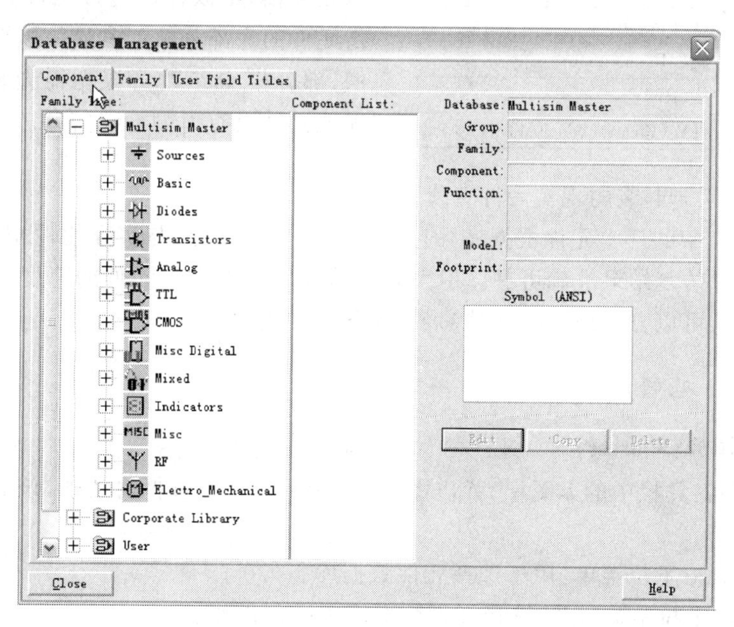

图 3.20　数据库管理对话框

这 3 种元件库的功能如下：

- 主元件库(Multisim Master)：是 Multisim7 自带的元件库，提供了大量且较为精确的元件模型，并且为了保证元件电气特性的完整性，该元件库不允许修改。随着 Multisim7 版本的不同，该元件库含有的仿真元件的数量也不同。IIT 公司通过其网站和代理商不定期的、有偿或无偿的扩充、更新该元件库。
- 合作元件库(Corporate Library)：该元件库存放被企业或个人修改、创建和选择的元件，选择该元件库的企业或个人可以使用和对其进行编辑，可方便企业的设计团队共享一些特定的元件。
- 用户元件库(User)：该元件库存放由个人修改、导入或创建的元件，仅能由用户个人使用和编辑。

第一次使用 Multisim7 时合作元件库和用户元件库是空的，需要经过编辑和创建或通过 EDAparts. com 导入。Multisim7 的 3 个元件库中都包含如表 3.1 所示的 13 个元件族。其分类与元件工具栏中的元件族分类相对应。

表 3.1 元件库的元件族表

1	信号源族(Sources)
2	基本元件族(Basic)
3	二极管族(Diodes)
4	晶体管族(Transistors)
5	模拟元件族(Analog)
6	TTL 元件族(TTL)
7	CMOS 元件族(CMOS)
8	其他数字元件族(Miscellaneous Digital)
9	混合元件族(Mixed)
10	指示元件族(Indicators)
11	其他元件族(Miscellaneous)
12	射频元件族(RF)
13	机电类元件族(Electro_Mechanical)

主元件库的每个元件族中，还包含有多个元件箱(Family)，各种元件放在元件箱中供创建电路原理图时调用。如信号源族包含 6 个元件箱，其中的电源元件箱(POWER_SOURCES)中包含 10 个元件。合作元件库和用户元件库仅包含元件族，而元件箱和元件需要自行创建。

在主元件库的某些元件族中，还包含虚拟元件箱，用以存放虚拟元件。虚拟元件是指元件的大部分模型参数是该类元件的典型值，部分模型参数可根据需要而自行确定。虚拟元件没有引脚封装信息，在绘制 PCB 文件时需要用有引脚封装的现实元件替代。

Multisim7 中的现实元件根据实际存在的元件参数设计，与实际元件相对应，有引脚封装信息，而且仿真结果准确可靠。但大多数情况下选取虚拟元件的速度比选取现实元件快得多，并且可以方便地改变元件参数，因此经常用到虚拟元件。

3.2.2 元件

1. 信号源族(Sources)

单击元件工具栏中的图标，弹出图 3.15 所示的元件选择对话框，该对话框的功能说明如下。

- Database 下拉菜单：用于选择元件数据库。
- Group 下拉菜单：用于选择元件数据库中的元件族。
- Family 栏：显示元件族包含的元件箱。

- Component 栏：显示元件箱包含的元件。
- Symbol(ANSI)栏：显示所选元件的符号，采用的是 ANSI 标准。
- Function 栏：显示所选元件的功能描述。
- Modle Manuf. /ID 栏：显示所选元件的生产厂商。
- Footprint Manuf. /Type 栏：显示所选元件的引脚封装信息。
- OK 按钮：单击该按钮将所选元件放入电路窗口。
- Close 按钮：单击该按钮关闭当前对话框。
- Search 按钮：单击该按钮，弹出图 3.21 所示的元件搜索对话框(Search Component)，根据元件所属的元件族名(Group Name)、元件箱名(Family Name)和元件名(Component Name)等信息搜索所需的元件。

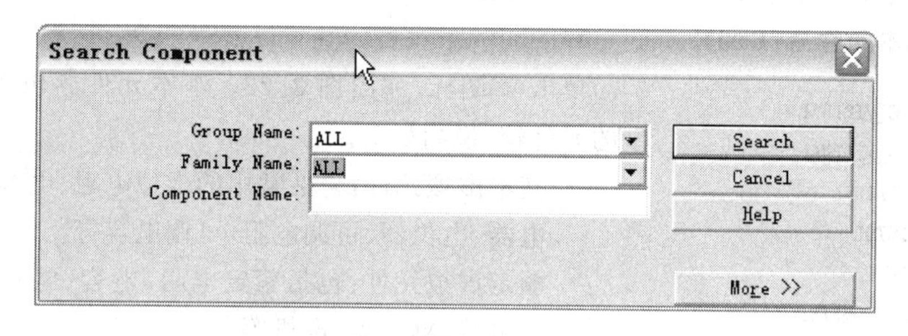

图 3.21　元件搜索对话框

- Print 按钮：单击该按钮打印所选元件的详细报告。
- Model 按钮：单击该按钮显示所选元件的模型报告。
- Help 按钮：单击该按钮获得帮助信息。

其他元件族的元件选择对话框的设置和按钮功能与图 3.15 基本一样，后叙就仅对元件族的元件选择对话框的 Family 栏中的内容进行说明。

信号源族的 Family 栏中包含 6 种类型的元件箱，下面分别介绍。

- 电源(POWER_SOURCES)：包括交流电源、直流电源、数字地、地、角形连接三相电源、星形连接三相电源、VCC、VDD、VEE、VSS。
- 电压信号源(SIGNAL_VOLTAGE_SOURCES)：包括交流、时钟、脉冲、指数、分段线性、调频(FM)、调幅(AM)、白噪声等多种形式的电压信号源。
- 电流信号源(SIGNAL_CURRENT_SOURCES)：包括交流、直流、时钟、脉冲、指数、分段线性、FM、磁通量等多种形式的电流信号源。
- 控制函数块(CONTROL_FUNCTION_BLOCKS)：包括除法器、乘法器、积分、微分等多种形式的功能块。
- 受控电压源(CONTROLLED_VOLTAGE_SOURCES)：包括各种控制的电压源，如电压控制电压源、电流控制电压源等。
- 受控电流源(CONTROLLED_CURRENT_SOURCES)：包括电流控制电流源和电压控制电流源。

信号源族的所有元件，均为虚拟元件，在使用中应注意以下几点：

(1) 交流电源所设置的电源值均为有效值。

(2) 许多数字元件没有明确的数字接地端,但必须接上地才能正常工作。

(3) 地是电路的公共参考点,电路中所有的电压都是相对于地的电位差。在一个电路中,一般来讲应当有且只有一个地。在 Multisim7 仿真中,可以同时调用多个接地端,但它们的电位均为 0 V。并非所有电路都需要接地,但在以下情形应考虑接地。

① 运算放大器、变压器、各种受控源、示波器、波特图仪和函数发生器等必须接地。对于示波器,如果电路中已有接地,示波器的接地端可以不接地。

② 含模拟和数字元件的混合电路必须接地。

(4) VCC 电压源常作为没有明确电源引脚的数字元件的电源,它必须放置在电路图上,一个电路只能有一个 VCC。VCC 电压源还可以用作直流电压源,通过其属性对话框可以改变电源电压的大小,而且可以为负值。

2. 基本元件族(Basic)

单击图标,弹出图 3.22。基本元件族包含 16 种类型的元件箱,说明如下。

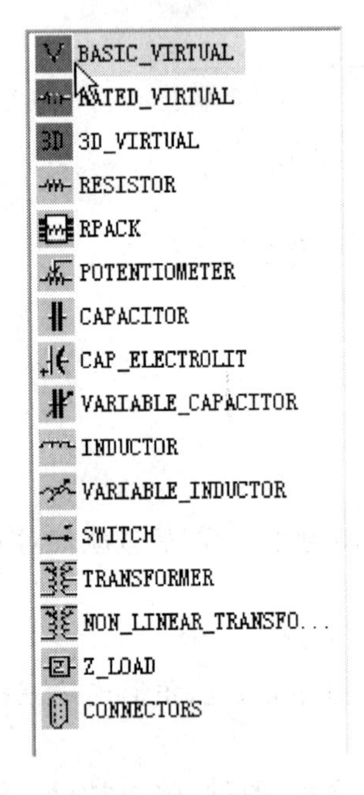

图 3.22　基本元件族

- 基本虚拟元件:包括常用的虚拟电阻、电容、电感、继电器、电位器、可调电阻、可调电容等。
- 额定虚拟元件:包括额定电阻、电容、电感、二极管、三极管、继电器、电机等。
- 3D 虚拟元件:包括三维真实形式显示的电阻、电容、电感、二极管、三极管、场效应管、发光二极管、运算放大器、电位器、开关等。
- 电阻:根据实际电阻元件设计的标称电阻,其阻值不能改变。
- 电阻排:多个电阻并列封装在一起。
- 电位器:即可调电阻,可通过键盘动态调节电阻。
- 电容器:无极性电容,不可改变参数,未考虑误差和耐压。
- 电解电容:有极性电容。
- 可变电容:使用情况和电位器类似。
- 电感:使用情况和电阻电容类似。
- 可调电感:使用情况和电位器类似。
- 开关:包括电流控制开关、电压控制开关、单刀双掷开关、单刀单掷开关和延时开关等。
- 变压器:有中心抽头线性变压器。
- 非线性变压器:考虑铁心饱和效应的变压器,可以构造初次级线圈间损耗、漏感、铁心尺寸大小等物理效果。
- 负载阻抗:包括如 RLC 串联、RLC 并联等阻抗负载,可修改其中电阻、电容、电感等参数。

• 连接器:作为输入输出的连接端,不影响仿真结果,主要为 PCB 设计使用。

双击放置在电路窗口中的仿真元件,则弹出该元件的对话框。如图 3.23 为虚拟电阻的元件对话框,单击各标签页和按钮,可编辑元件,并可获得该元件的在线技术帮助和使用指导。有关编辑元件的方法请参看 3.2.3 节。

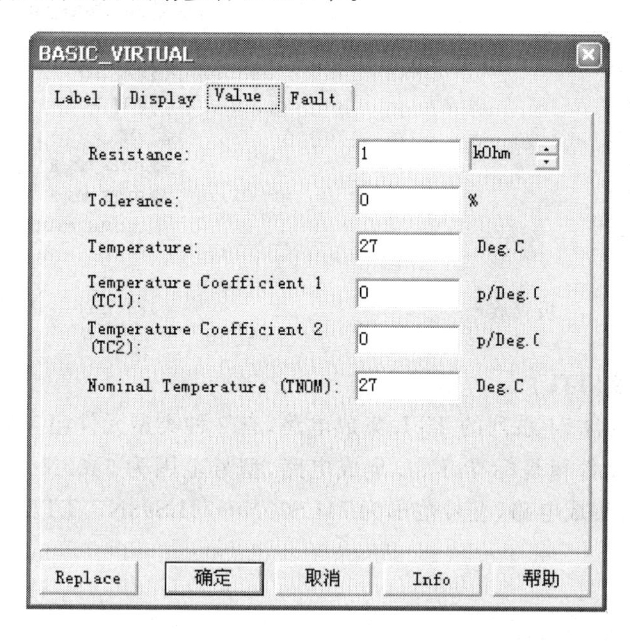

图 3.23　虚拟电阻元件对话框

3. 二极管族(Diodes)

二极管族包含 7 种类型元件箱。单击元件工具栏中图标,弹出图 3.24。从上至下元件箱分别为:虚拟二极管、二极管、稳压二极管、发光二极管、全波桥式整流器、可控硅整流器、三端可控硅开关。其中,除虚拟二极管外,其余元件箱包含的元件均为现实元件,包括国外多家生产厂商的产品,现实元件的详细特性参数可查阅相关实际产品手册。

4. 晶体管族(Transistors)

晶体管族包含 12 种类型元件箱。单击图标,弹出图 3.25。从上至下元件箱分别为:虚拟晶体管、双极型 NPN 晶体管、双极型 PNP 晶体管、达林顿 NPN 晶体管、达林顿 PNP 晶体管、3 端 N 沟道增强型 MOSFET、3 端 P 沟道增强型 MOSFET、N 沟道 JFET、P 沟道 JFET、N 沟道功率 MOSFET、P 沟道功率 MOSFET 和带有热模型的 NMOSFET。同样,除虚拟晶体管外,其余元件箱包含的元件均为现实元件。

5. 模拟元件族(Analog)

模拟元件族主要包括运算放大器和比较器,有 5 种类型元件箱。单击图标,弹出图 3.26。从上至下元件箱分别为:虚拟模拟元件、运算放大器、诺顿运算放大器(即电流差分放大器)、比较器和宽带放大器。同样,除虚拟模拟元件外,其余元件箱包含的元件均为现实元件。

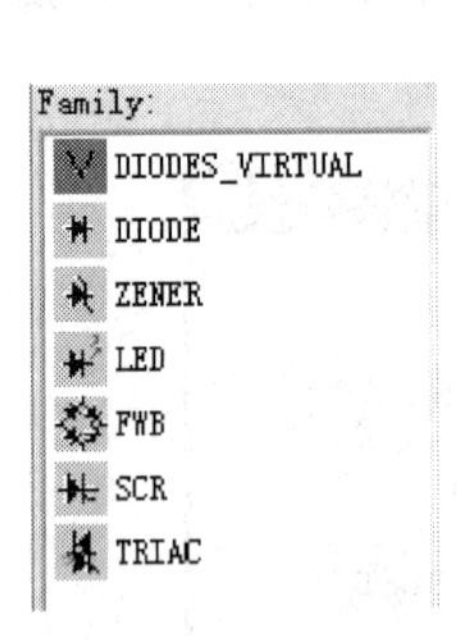

图 3.24 二极管族

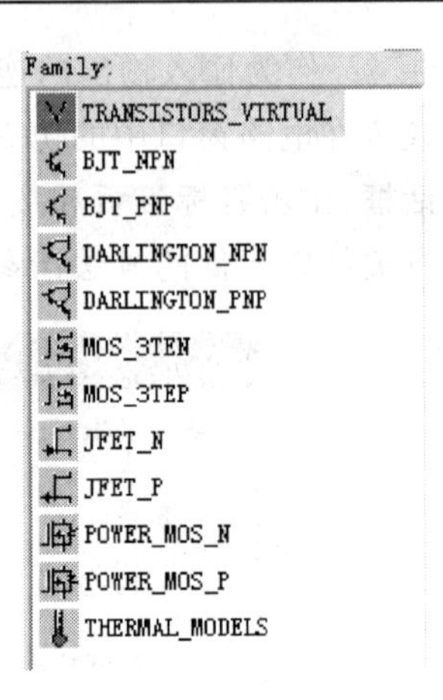

图 3.25 晶体管族

6. TTL 元件族(TTL)

TTL 元件族包含 74 系列的 TTL 集成电路,有 2 种类型元件箱。单击图标,弹出图 3.27。74STD 元件箱是标准 TTL 集成电路,型号范围为 7400N～7493N;74LS 元件箱是低功耗肖特基集成电路,型号范围为 74LS00N～74LS93N。TTL 元件族中包含的元件均为现实元件。

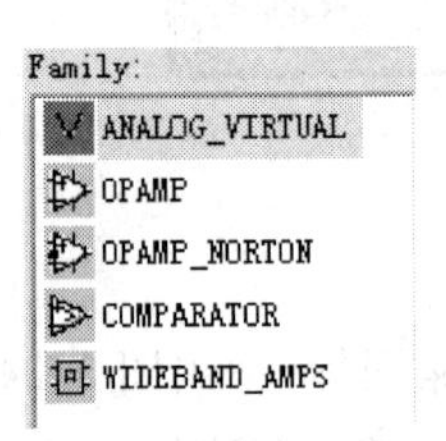

图 3.26 模拟元件

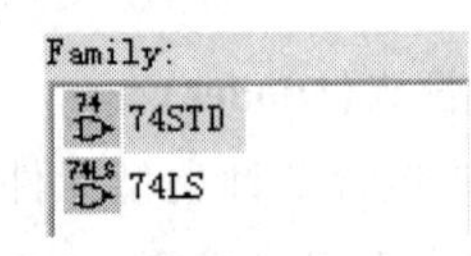

图 3.27 TTL 元件族

7. CMOS 元件族(CMOS)

CMOS 元件族包含 2 种类型元件箱。单击图标,弹出图 3.28。CMOS_10V 元件箱包含 10V4XXX 系列 CMOS 集成电路;74HC_4V 包含 4V74HC 系列低压高速 CMOS 集成电路。CMOS 元件族中包含的元件均为现实元件。

无论是 TTL 元件族还是 CMOS 元件族集成电路,使用时都应注意以下几点:

(1) 对于选用复合结构的集成电路(即同一封装芯片内集成了数个功能完全相同的单元电路,如 74LS06)时,会出现选择框,可从数个单元电路中任选其一;

(2) 对含有集成电路的电路进行仿真时,电路中必须含有 VCC 和数字地,但它们可以不做任何电气连接;

(3) 集成电路的逻辑关系,可查阅相关实际产品手册,也可以单击该元件对话框中的 Info 按钮,从弹出的对话框中查阅。

8. 其他数字元件族(Miscellaneous Digital)

其他数字元件族包含 3 种类型元件箱。单击图标,弹出图 3.29。

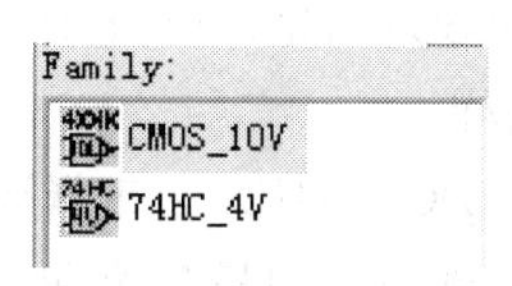

图 3.28　CMOS 元件族

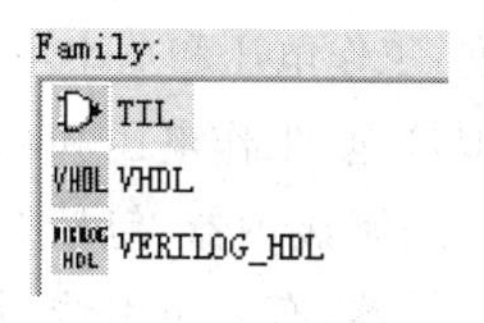

图 3.29　其他数字元件族

- TIL:包括与门、或门、非门、异或门、同或门、三态门等数字元件。该元件箱中元件是按照功能存放的,没有提供 PCB 设计用的封装信息。
- VHDL:包括用硬件描述语言 VHDL 编写的常见集成电路。
- VERILOG_HDL:包括用硬件描述语言 VERILOG_HDL 编写的常见集成电路。

需要注意的是:VHDL 和 VERILOG_HDL 元件箱内的元件,在 Mulitisim7 的电路窗口中可以调用,但不能仿真。如要仿真,必须另外购买 VHDL 和 VERILOG_HDL 模块。

9. 混合元件族(Mixed)

混合元件族包含 4 种类型的元件箱。单击 图标,弹出图 3.30。

- 混合虚拟元件:包括理想化的 555 定时器、单稳态触发器、模拟开关和锁相环。
- 定时器:包括不同型号的 555 定时器。
- A/D 和 D/A 转换器:包括一个 A/D 转换器和两个 D/A 转换器,精度为 8 位。这些转换器均为虚拟元件,只作仿真用,无封装信息。
- 模拟开关:通过控制信号控制开关的通断。

10. 指示元件族(Indicators)

指示元件族包含 8 种类型元件箱。单击 图标,弹出图 3.31。

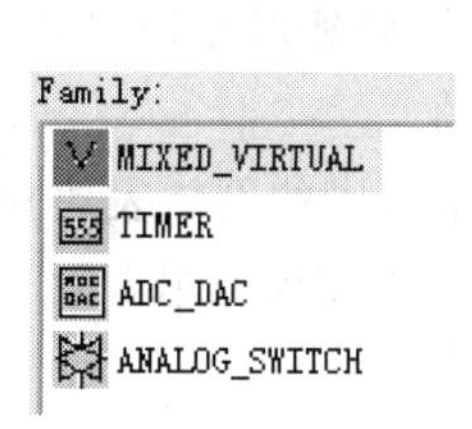

图 3.30　混合元件

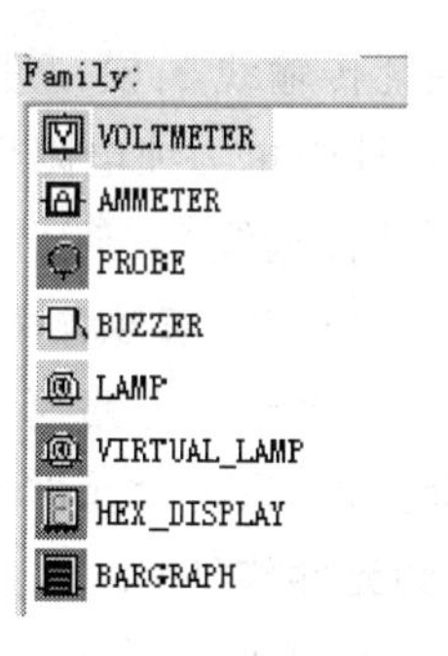

图 3.31　其他元件族

- 电压表:可测量交直流电压,测量范围为无限大。
- 电流表:可测量交直流电流,测量范围为无限大。
- 探测器:相当于一个 LED,使用时将其与电路中某点相连,当该点到达高电平时,探测器发光。
- 蜂鸣器:该元件使用计算机自带的扬声器模拟理想的压电蜂鸣器,当加在端口上的电压超过设定电压值时,蜂鸣器按设定的频率响应。

- 灯泡:工作电压和功率不可设置,直流电时灯泡发出稳定的光,交流电时灯泡闪烁。
- 虚拟灯泡:工作电压和功率可设置,其余和灯泡一样。
- 十六进制显示器:包括3个7段数码显示器,其中DCD_HEX为带译码的7段数码显示器,有4条引线,从左到右分别对应4位二进制数的最高位和最低位。其余两个为不带译码的7段数码显示器,使用时需外加译码电路。
- 条形光柱:相当于同相排列的10个LED,左侧为阳极,右侧为阴极。

11. 其他元件族(Miscellaneous)

Multisim7把不能划分为某一具体类型的元件另归一类,称为其他元件族,共包含11种类型元件箱。单击MISC图标,弹出图3.32。

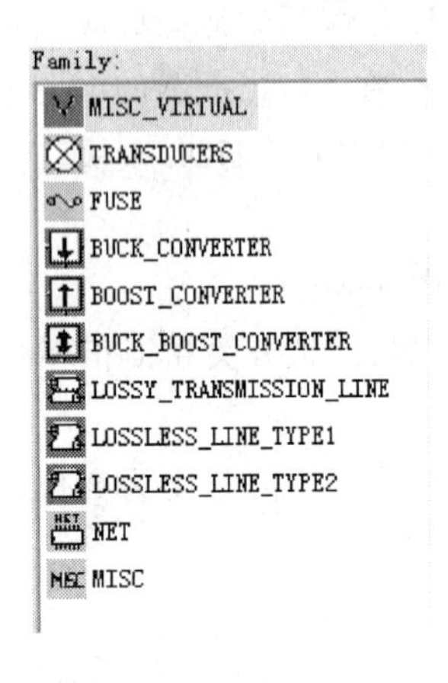

图3.32　其他元件族

- 其他虚拟元件:包括晶振、保险、电机、光耦等虚拟元件。
- 传感器:包括位置检测器、霍尔效应传感器、光敏三极管、发光二极管、压力传感器等。
- 保险:包括不同电流规格的保险丝。
- 降压变换器:用于对直流电压降压变换。
- 升压变换器:用于对直流电压升压变换。
- 升降压变换器:用于对直流电压升降压变换。
- 有损耗传输线:相当于模拟有损耗媒介的二端口网络,能模拟有特性阻抗和传输延迟导致的电阻损耗。当其电阻和电导参数设置为零时,就成了无损耗传输线了。
- 无损耗传输线1:模拟理想状态下传输线的特性阻抗和传输延迟等特性,无传输损耗,特性阻抗为纯电阻性。
- 无损耗传输线2:与无损耗传输线1不同之处在于传输延迟是通过在其元件对话框中设置传输信号频率和线路归一化长度来确定的。
- 网络:一个建立电路模型的模板,允许输入2～20个引脚的网络表建立模型。
- 其他元件:只包含元件MAX2740EMC,该元件是集成GPS接收机。

12. 射频元件族(RF)

当电路工作于射频状态时,由于电路的高工作频率将导致元件模型发生很多变化,在低频下的模型将不能适用于射频工作状态。Multisim7提供了专门适合射频电路的元件模型。射频元件族包含6种类型元件箱。单击Y图标,弹出图3.33,从上至下元件箱依次为:射频电容、射频电感、射频NPN晶体管、射频PNP晶体管、射频、带状传输线。

13. 机电类元件族(Electro_Mechanical)

机电类元件族包含8种类型元件箱。单击元件工具栏中-M-图标,弹出图3.34。

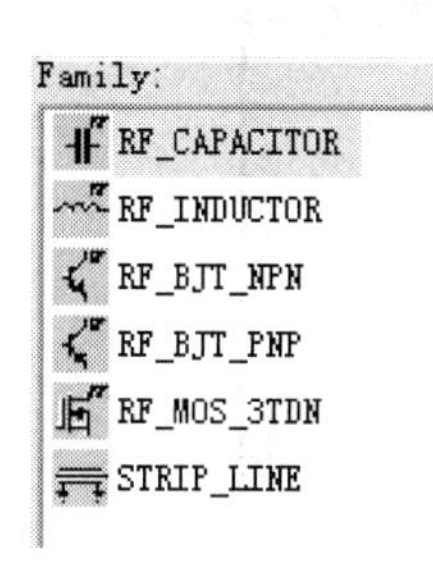

图 3.33　射频元件族

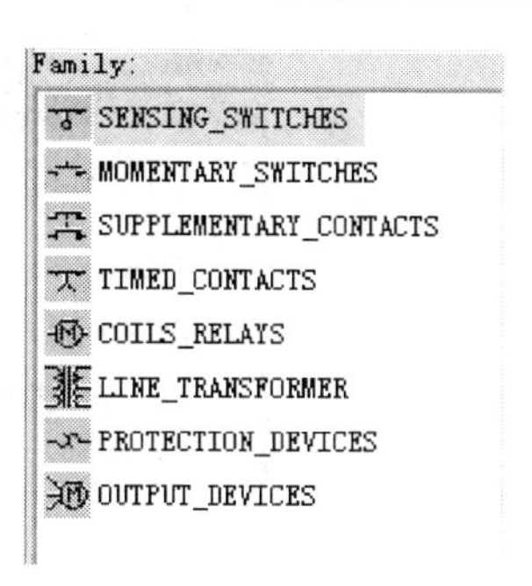

图 3.34　机电类元件族

- 感测开关：可通过键盘控制该类开关的闭合。
- 瞬时开关：操作与感测开关类似，只是当其动作后马上又恢复原来状态。
- 附加触点接触器：操作与感测开关类似。
- 定时接触器：通过设置延迟时间控制其闭合。
- 线圈与继电器：包括电机启动线圈、前向或快速启动线圈、反向启动线圈、慢启动控制线圈、控制继电器、时间延迟继电器。
- 线性变压器：包括各种空芯类和铁芯类电感器和变压器。
- 保护装置：包括熔断丝、过载保护器、热过载保护器、磁过载保护器、梯形逻辑过载保护器等。
- 输出设备：包括三相电机、直流电机、加热器、指示器、电机、螺线管等。

3.2.3　元件的编辑和创建

尽管 Multisim7 中含有众多元件，但难免也会遇到缺少仿真元件的问题，通常有两种解决方法：一是购买模型扩充包或在 www.EDApart.com 网站搜索并购买所需的模型；二是对现有元件模型进行修改或创建一个新元件。要创建一个新元件是一项复杂的工程，不仅需要一定的元件建模方面的知识，还需要获得所创建元件的许多技术参数，有些参数甚至需要元件生产厂家提供。因此应尽可能地使用元件属性对话框去修改已存在的相似元件，而不是去创建一个新元件。下面分别介绍如何编辑和创建仿真元件。

1. 编辑元件

双击 Multisim7 电路窗口中的任意元件时，均会弹出该元件的元件对话框，如图3.35所示（以运算放大器 UA748CP 为例）。该对话框包括 4 个标签页。

- Label 标签页：修改元件序号、标识。
- Display 标签页：设置元件标识是否显示。
- Value 标签页：设定元件参数值。
- Fault 标签页：设定元件故障。

其中，Value 标签页中除显示该元件的型号（Value）、封装（Footprint）、生产厂商（Manufacturer）和功能（Function）信息外，还包括 3 个按钮。单击编辑模型（Edit Model）按钮，将弹出用 SPICE 语言编写的元件模型对话框，可以在此直接修改元件模型。单击

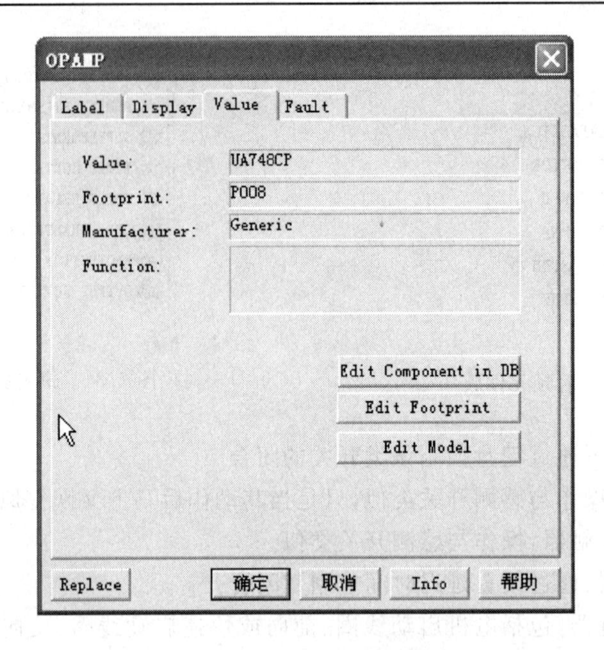

图 3.35　元件对话框

编辑引脚(Edit Footprint)按钮,将弹出元件引脚编辑对话框,可以对元件引脚的定义进行修改。单击编辑元件库中元件(Edit Component in DB)按钮,将弹出如图 3.36 所示的元件属性对话框。该对话框包括 6 个标签页。

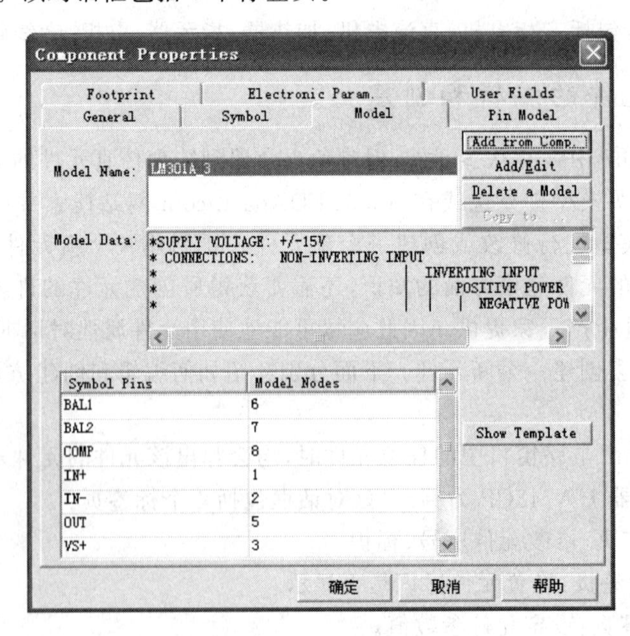

图 3.36　元件属性对话框

- General 标签页:包含元件的一般属性,如元件名、生产厂商、功能描述等。
- Symbol 标签页:如图 3.37 所示,用于对元件在电路图中的显示外形进行编辑。单击该页中的 Edit 按钮,将启动 Multisim7 的符号编辑器(Symbol Editor)。

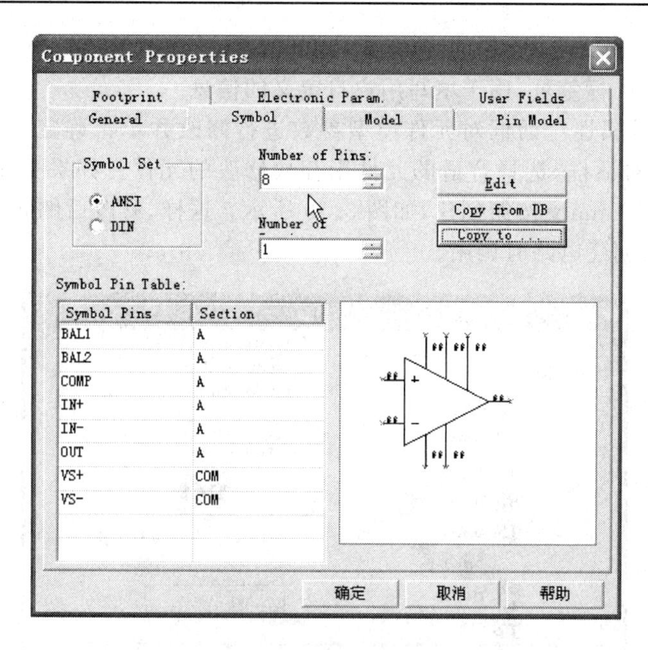

图 3.37　Symbol 标签页

- Model 标签页：如图 3.36 所示，包含元件模型名称、模型数据、引脚数目等信息。单击 Add from Comp. 按钮可以从元件库中加入新的元件模型；单击 Add/Edit 按钮可以从元件库中复制已有的元件模型。
- Pin Model 标签页：包含元件引脚模型信息。
- Footprint 标签页：如图 3.38 所示，包含元件的封装类型、引脚号、引脚定义等信息。

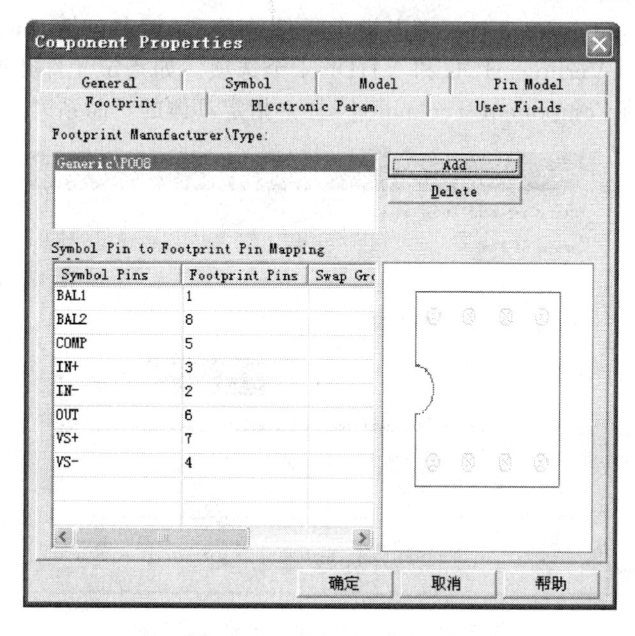

图 3.38　Footprint 标签页

- Electronic Param. 标签页:包含元件电气参数的描述信息。
- User Fields 标签页:用于填写用户自定义的信息。

通过上述元件属性对话框对元件模型参数进行修改并单击确定后,将弹出 User 库中的元件箱选择对话框,选择合适的元件箱存放修改的元件。如果 User 库中没有元件箱,则需单击 Add Family 按钮创建,如图 3.39 所示。这样,修改后的元件就存入了 User 库的元件箱中,供创建电路时调用。

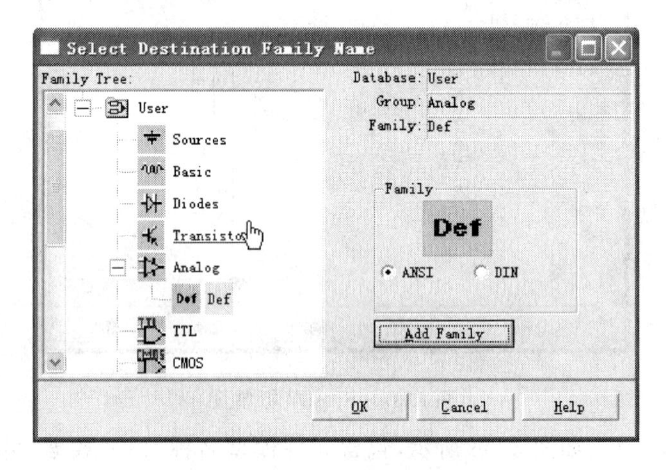

图 3.39 元件箱选择对话框

2. 创建元件

下面通过元件创建向导介绍创建一个集成电路元件的步骤。

(1) 单击菜单栏中 Tools/Component Wizard,弹出元件创建向导步骤 1 对话框,如图 3.40 所示。在 Component Name、Author Name 栏中分别输入所要建立元件的名称,制造厂商名称,在 Component Type 栏内指定元件的类型,其中包括 Analog(模拟元件)、Digital(数字元件)、Verilog_HDL 和 VHDL 4 个选项。如指定元件类型为 Digital,则还需在其右侧弹出的 Component Technology 栏中指定具体的产品系列。

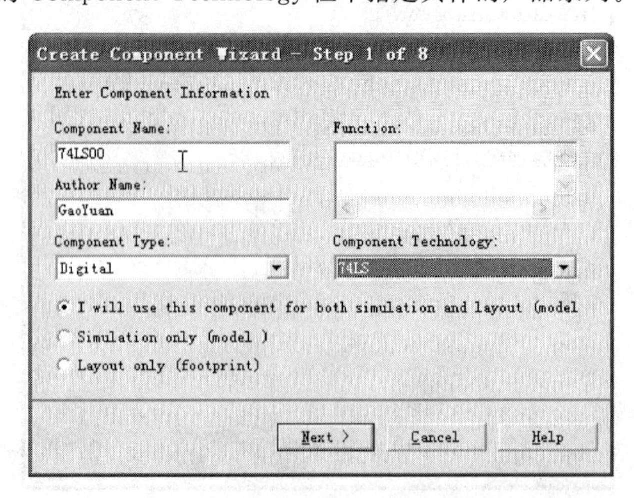

图 3.40 元件创建向导步骤 1 对话框

(2) 单击 Next 按钮,弹出图 3.41。该对话框的功能是定义元件封装。

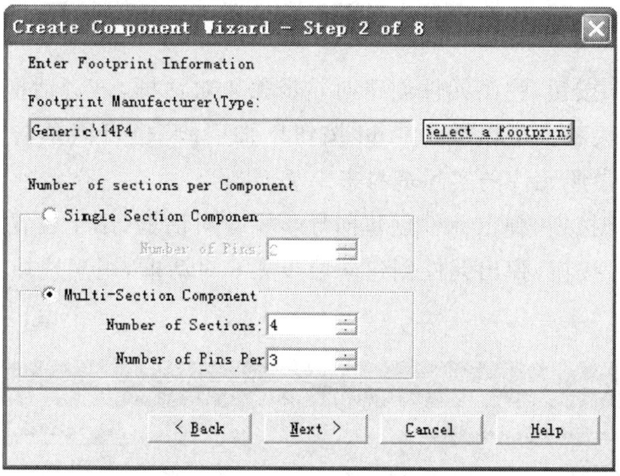

图 3.41　元件创建向导步骤 2 对话框

单击 Select a Footprint 按钮,弹出元件封装选择对话框,如图 3.42,例如此处选择新创建的集成电路的封装为 DIP14。

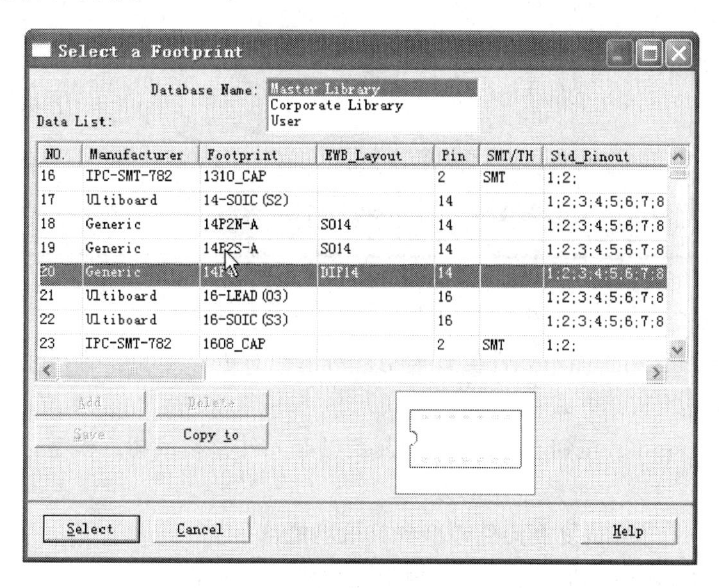

图 3.42　元件封装选择对话框

图 3.41 中 Single Section Component 选项用来设定该元件封装内只有一个功能部件,选中后需要指定元件引脚数量(Number of Pins);Multi-Section Component 选项用来设定该元件封装内有多个功能部件,选中后,需要指定功能部件数(Number of Sections)和每个功能部件的引脚数量(Number of Pins Per)。例如此处选定新创建的集成电路有 4 个功能部件,每个功能部件的引脚数量为 3。

(3) 单击 Next 按钮,弹出元件创建向导步骤 3 对话框。该对话框用于定义元件的符号,其中自动设置了一个简易符号,如不满意,可单击 Edit 按钮进入符号编辑器(Symbol

Editor)进行修改，也可单击 Copy from DB 按钮从数据库中复制已有的符号。对话框中还有 Hidden Power pins 和 Hidden Ground Pins 两个区，分别用于定义隐藏的电源引脚和接地引脚。

(4) 单击 Next 按钮，弹出元件创建向导步骤 4 对话框，该对话框用于定义元件符号与元件引脚的对应关系。可以单击 Add 按钮增加引脚，也可以单击 Delete 按钮删除引脚。注意此处必须参照元件的实际资料来定义。

(5) 单击 Next 按钮，弹出元件创建向导步骤 5 对话框，用于设置元件的引脚信息。

(6) 单击 Next 按钮，弹出元件创建向导步骤 6 对话框，用于选择元件的仿真模型，如图 3.43 所示。

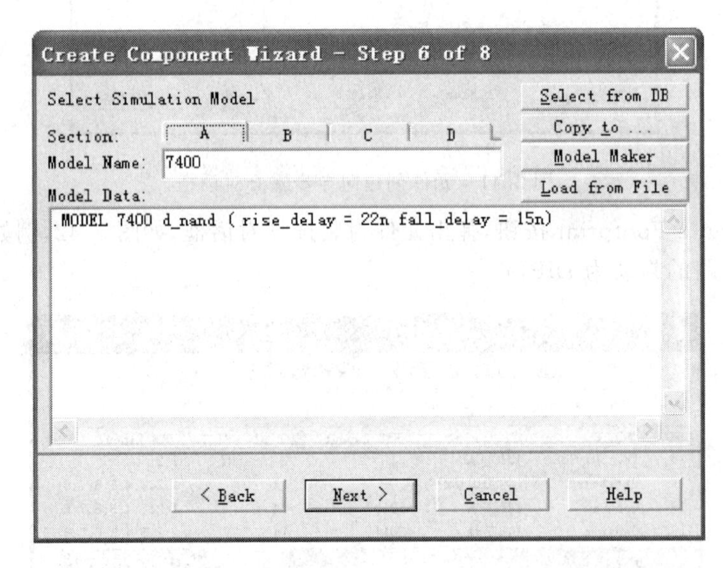

图 3.43　元件创建向导步骤 6 对话框

Model Date 区用于显示元件仿真模型。对话框右边的 4 个按钮，分别对应 4 种不同的元件仿真模型的制作方式。

- Select from DB 按钮：从元件库中复制已有元件模型或相近模型，然后适当修改部分参数。这是一种最常用的方式。
- Copy to... 按钮：复制元件模型到其他功能部件。
- Model Maker 按钮：提供 16 个模拟元件模型生成器。
- Load from File 按钮：从模型程序加载元件模型。

(7) 单击 Next 按钮，弹出元件创建向导步骤 7 对话框，该对话框用于设置元件的元件符号与仿真模型引脚映射信息。

(8) 单击 Next 按钮，弹出元件创建向导步骤 8 对话框，如图 3.44 所示，该对话框用于指定创建的仿真元件存入用户元件库的位置。由于用户元件库没有元件箱，需单击 Add Family 按钮创建元件箱。例如此处创建的元件箱名为 74LS。单击 Finish 按钮则将新创建的元件 74LS00 加入到用户元件库中的 TTL 元件族下的 74LS 元件箱中。

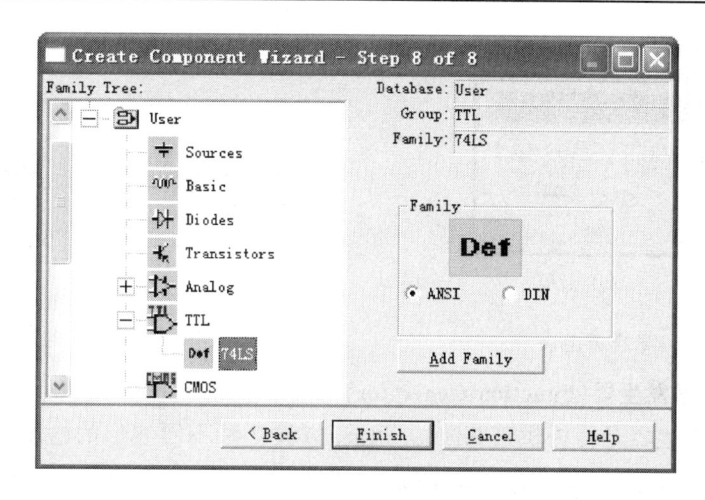

图 3.44　元件创建向导步骤 8 对话框

创建元件成功后，单击元件工具栏中图标，弹出 TTL 元件族选择对话框，在用户元件库中的 TTL 元件族下的 74LS 元件箱中就可以找到新创建的元件 74LS00，供创建电路时调用。

3.3　Multisim7 的虚拟测试仪器

Multisim7 提供 18 种虚拟测试仪器。使用虚拟测试仪器时只需在仪器工具栏中单击选用仪器的图标，将其拖入电路窗口，连接该仪器的连接端与相应的电路连接点即可。双击该仪器，打开该仪器的控制面板，根据需要，使用鼠标操作仪器面板上相应的按钮及参数设置对话框窗口，如同使用真实的设备一样。

3.3.1　通用虚拟仪器

1. 数字万用表(Multimeter)

数字万用表是一种自动调整量程的，可数字显示交直流电压、电流，电阻及电路中两点之间的分贝损耗的仪器。双击图 3.45(a)图标，则弹出图 3.45(b)所示的万用表面板。

其中，“A”、“V”、“Ω”、“dB”用于选择测量电流、电压、电阻和分贝损耗。“～”和“－”用于交流、直流测量选择。单击 Set... 按钮，弹出参数设置对话框，可以进行如电流表内阻、电压表内阻、欧姆表电流及测量范围等参数的设置。

2. 电压表和电流表

电压表和电流表用于测量交直流电压和电流，在指示元件库中。图标如图 3.46 所示，双击该图标，可通过弹出的对话框设置标识、显示、数值等参数。

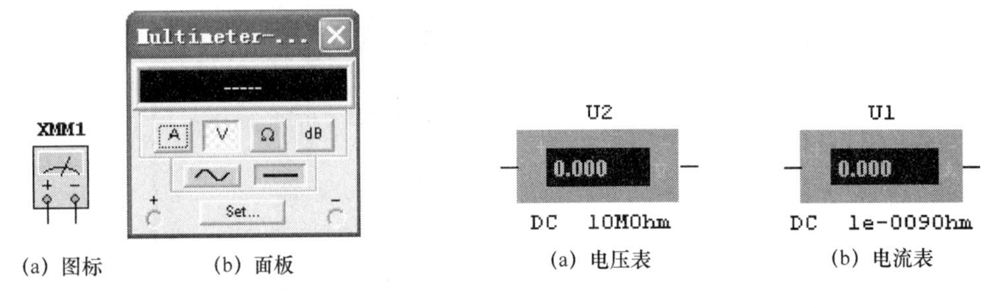

(a) 图标　(b) 面板

图 3.45　数字万用表

(a) 电压表　(b) 电流表

图 3.46　电压表和电流表图标

3. 函数信号发生器(Function Generator)

函数信号发生器是可提供正弦波、三角波、方波 3 种不同波形的电压信号源,其图标和面板如图 3.47 所示。图标中端子“+”、“—”和 Common 分别表示函数信号发生器的正极、负极和公共输出级。在其面板的相应窗口可以设置发生信号的输出波形、工作频率、占空比、幅度和直流偏置等参数。单击 Set Rise/Fall Time 按钮,可通过弹出窗口设置方波的上升和下降时间。

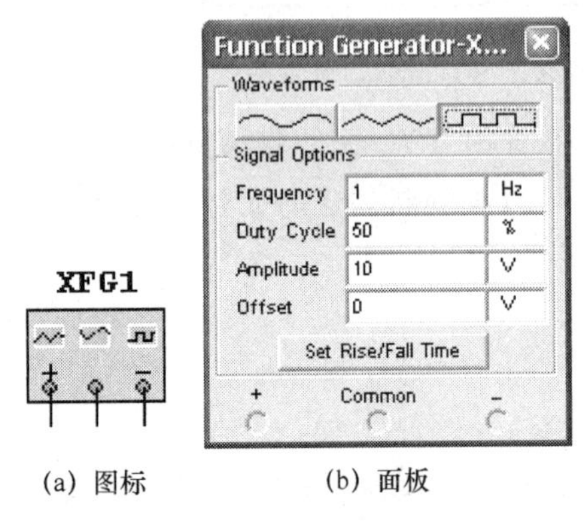

(a) 图标　(b) 面板

图 3.47　函数信号发生器

4. 瓦特表(Wattmeter)

瓦特表用来测量电路交、直流的有功功率,其图标如图 3.48 所示。瓦特表面板可显示功率和功率因数。

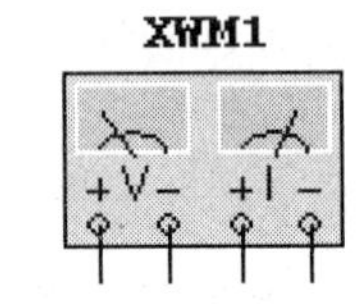

图 3.48　瓦特表图标

5. 双踪示波器(Oscilloscope)

双踪示波器是用来显示电压信号波形的形状、大小、频率等参数的仪器。图标和面板如图 3.49 所示,A、B 表示两个输入通道;T 为外触发信号输入端;G 为接地端。与实际双踪示波器不同的是,A、B 通道只有一根线与被测点相连,测量该点与地之间的波形。另外,当电路图中有接地端时,双踪示波器的接地端可以不接。

双踪示波器的面板主要包括以下功能区。

(1) 时基(Timebase)区:设置 X 轴的扫描时间基准。

- 刻度(Scale):设置 X 轴每一大格所表示的时间。
- X 轴位置(X position):设置 X 轴时间基准的起点。
- 显示方式选择:Y/T 方式指 X 轴显示时间,Y 轴显示输入信号;A/B 方式指 X 轴显示 A 通道输入信号,Y 轴显示 B 通道输入信号;B/A 方式与 A/B 方式相反;Add 指 X 轴显示时间,Y 轴显示 A 通道和 B 通道输入信号之和。

(2) 通道 A(Channel A)区。

- 刻度:设置 Y 轴刻度。

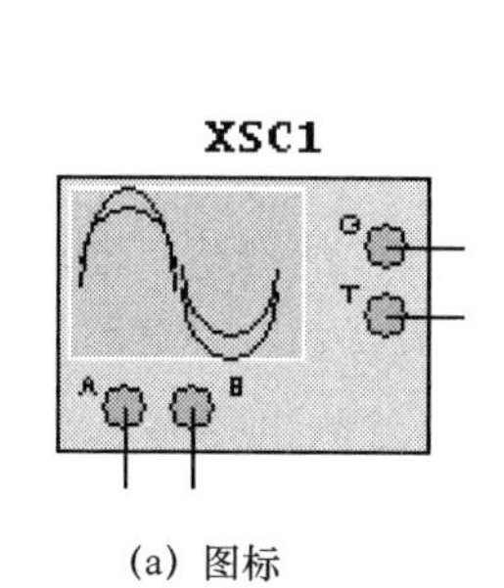

(a) 图标

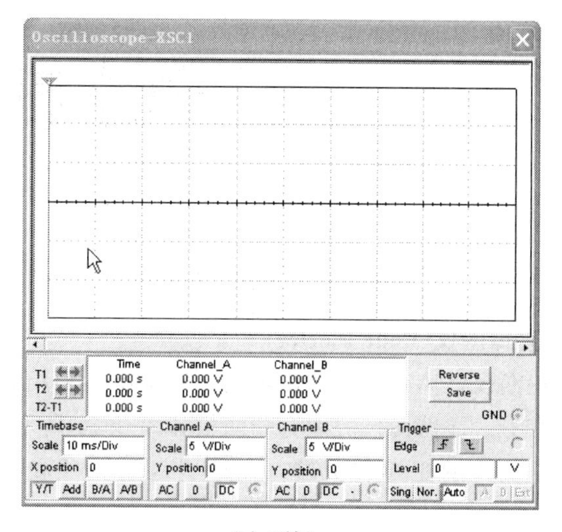

(b) 面板

图 3.49 双踪示波器

- Y 轴位置(Y position):设置 Y 轴的起始点。当 Y position 设为 0 时,Y 轴的起始点位于示波器屏幕中线;当 Y position 设为 1 时,Y 轴起始点位置从示波器屏幕中线向上移一大格,以此类推。
- Y 轴输入方式选择:当选择 AC 耦合时,示波器显示通道 A 信号的交流分量;当选择 DC 耦合时,示波器显示通道 A 信号的交流和直流分量之和;当选择 0 时,通道 A 输入信号被短路。

(3) 通道 B(Channel B)区:设置通道 B 信号的刻度、Y 轴位置和 Y 轴输入方式选择。设置方法同通道 A。

(4) 触发(Trigger)区:设置示波器的触发方式。

- 触发方式选择:依靠计算机自动提供触发脉冲采样的方式称为自动触发(Auto)方式,通常采用该方式;当触发电平高于所设置的触发电平时,示波器采样一次后就停止采样的方式称为单次触发(Single)方式;只要触发电平高于所设置的触发电平后,示波器就采样的方式称为普通触发(Normal)方式。
- 触发源选择:当触发方式为单次触发或普通触发时,A、B 和 EXT 分别表示采用示波器通道 A 信号、通道 B 信号和外触发信号输入端 T 信号作为触发信号。
- 触发沿(Edge):选择触发信号的上升沿或下降沿触发采样。
- 触发电平(Level):设置触发电平的大小。

另外,单击 Reverse 按钮,可以改变示波器波形显示区的背景颜色(黑或白)。单击 Save 按钮可以保存示波器波形。改变示波器通道 A 或 B 的输入信号连线的颜色即可改变示波器显示波形的颜色。

6. 四通道示波器(4 Channel Oscilloscope)

四通道示波器可同时测量 4 个通道的信号,图标如图 3.50 所示。四通道示波器的连接、设置和双踪示波器几乎完全一样,这里就不再介绍。

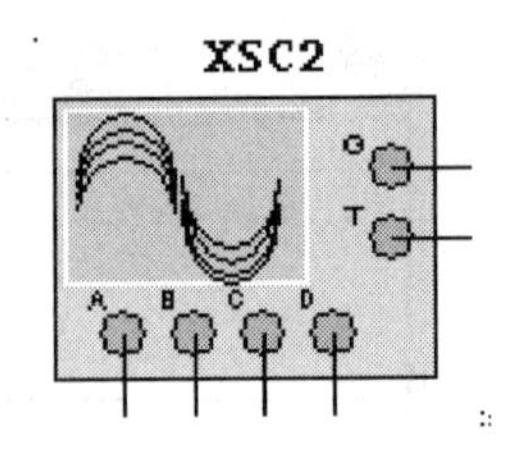

图 3.50　四通道示波器图标

7. 波特图仪(Bode Plotter)

波特图仪是用来测量和显示电路幅频特性和相频特性的仪器,能产生一个频率很宽的扫频信号。波特图仪的图标和面板如图 3.51 所示,其中 IN 端口的“+”和“-”分别接被测电路输入的正端和负端;OUT 端口的“+”和“-”分别接被测电路输出的正端和负端。

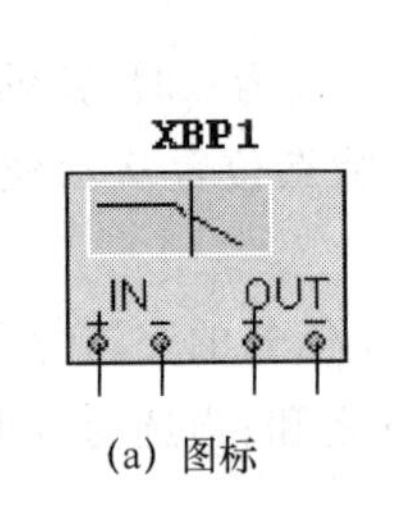

(a) 图标

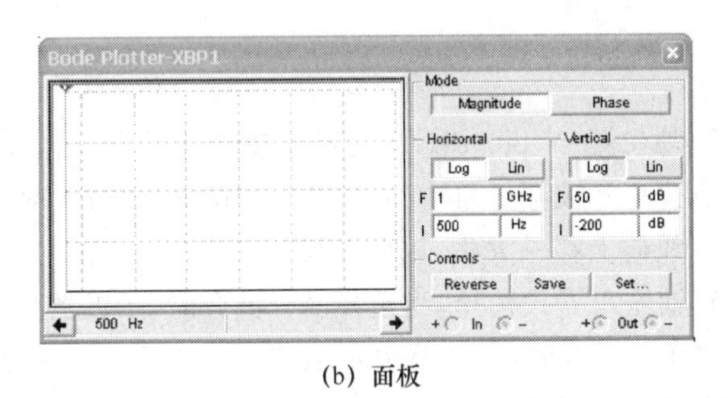

(b) 面板

图 3.51　波特图仪

波特图仪的面板主要包括以下功能区。

(1) Mode 区:单击 Magnitude 按钮,面板左侧的波形显示区显示被测电路的幅频特性;单击 Phase 按钮,波形显示区显示被测电路的相频特性。

(2) Horizontal 区:单击 Log 按钮,设置水平坐标即 X 轴为对数坐标;单击 Lin 按钮,设置 X 轴为线性坐标。X 轴显示频率值,可在 F 栏和 I 栏分别设置终值和初始值。

(3) Vertical 区:单击 Log 按钮,设置垂直坐标即 Y 轴为对数坐标;单击 Lin 按钮,Y 轴为线性坐标。可在 F 栏和 I 栏设置 Y 轴的终值和初始值。

(4) Controls 区:Reverse 按钮和 Save 按钮的功能和双踪示波器中的两个相同按钮功能相同。单击 Set... 按钮,弹出 Settings Dialog 对话框,用于设置扫描的分辨率,设置的数值越大,分辨率越高。

另外,移动波特图仪波形显示区中的垂直游标,可以获得任意一点频率所对应的增益和相位角,显示在波形显示区下的读数栏中。

例 3.2　采用示波器和波特图仪测量如图 3.52 所示的三极管共发射极放大电路的输入输出电压波形和波特图。

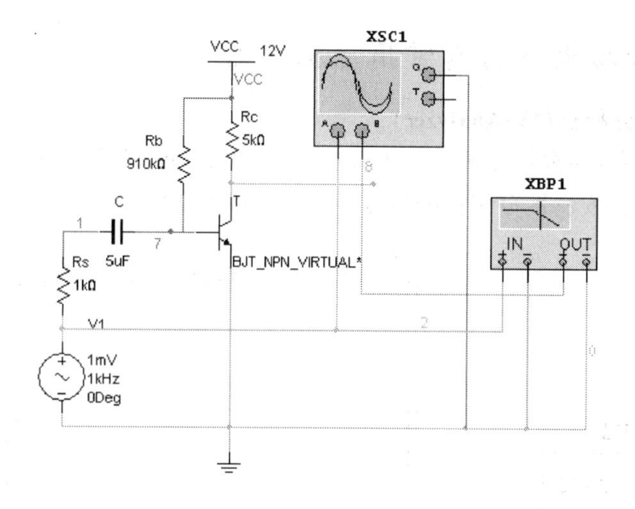

图 3.52　三极管共发射极放大电路

仿真结果:输入输出电压波形如图 3.53 所示,波特图如图 3.54 所示。

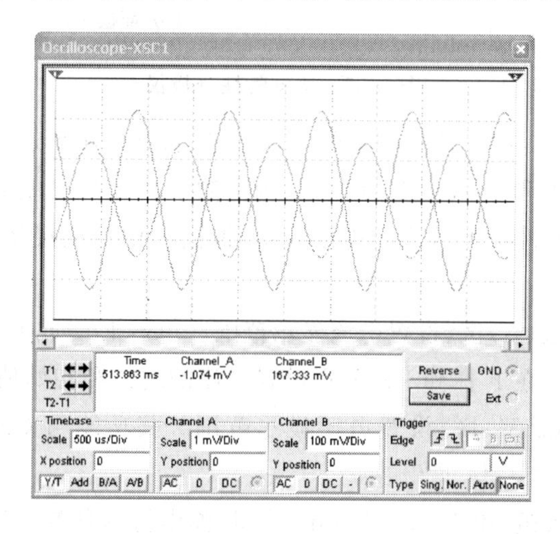

图 3.53　三极管共发射极放大电路输入输出电压波形

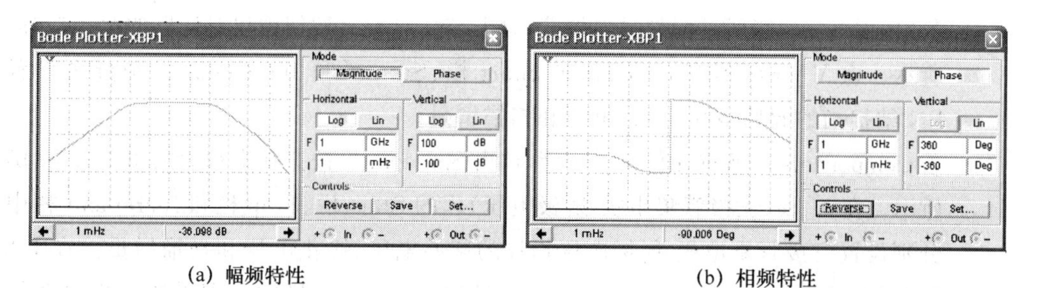

(a) 幅频特性　　　　(b) 相频特性

图 3.54　三极管共发射极放大电路波特图

3.3.2　模拟电路仿真常用虚拟仪器

1. 伏安特性分析仪(IV-Analyzer)

伏安特性分析仪主要用于测量二极管、三极管和 MOS 管的伏安特性,其图标和面板如图 3.55 所示。伏安特性分析仪的面板主要包括以下功能区。

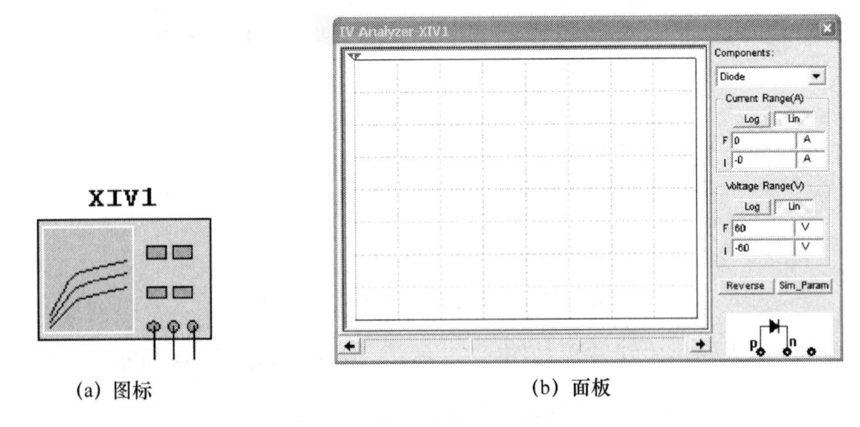

(a) 图标　　(b) 面板

图 3.55　伏安特性分析仪

(1) Components 区:用于选择测量的元件类型,包括二极管、PNP 型三极管、NPN 型三极管、P 沟道 MOS 管和 N 沟道 MOS 管。确定测量的元件类型后,会在伏安特性分析仪面板下方出现所选元件类型对应的连接方式,根据该提示连接伏安特性分析仪图标中的 3 个接线端子即可。

(2) Current Range(A)区:设置电流显示范围。单击 Log 或 Lin 按钮,分别设置对数坐标或线性坐标显示。在 F 栏和 I 栏分别设置电流的终值和初始值。

(3) Voltage Range(V)区:设置电压显示范围。其功能与 Current Range(A)区相似。

(4) Sim_Param 按钮:单击 Sim_Param 按钮,弹出仿真参数设置对话框。根据 Components 区所选的元件不同,弹出对话框中需要设置的参数也不同。

- 若 Components 区所选元件是二极管,单击 Sim_Param 按钮弹出对话框如图 3.56(a)所示。在 V_pn(PN 结电压)区的 Start 栏、Stop 栏和 Increment 栏中分别设置 PN 结扫描的起始电压、终止电压和扫描增量。
- 若 Components 区所选元件是三极管,单击 Sim_Param 按钮弹出对话框如图 3.56(b)所示。在 V_ce(三极管集电极-射极电压)区的 Start 栏、Stop 栏和 Increment 栏中分别设置三极管集电极-射极电压扫描的起始电压、终止电压和扫描增量。在 I_b(三极管基极电流)区的 Start 栏、Stop 栏和 Increment 栏中分别设置三极管基极电流扫描的起始电压、终止电压和扫描增量。
- 若 Components 区所选元件是 MOS 管,单击 Sim_Param 按钮弹出的对话框和参数设置与三极管的相似。区别在于将 V_ce 改为 V_ds(MOS 管漏极-源极电压),

将 I_b 改为 V_gs(MOS 管栅极-源极电压)。

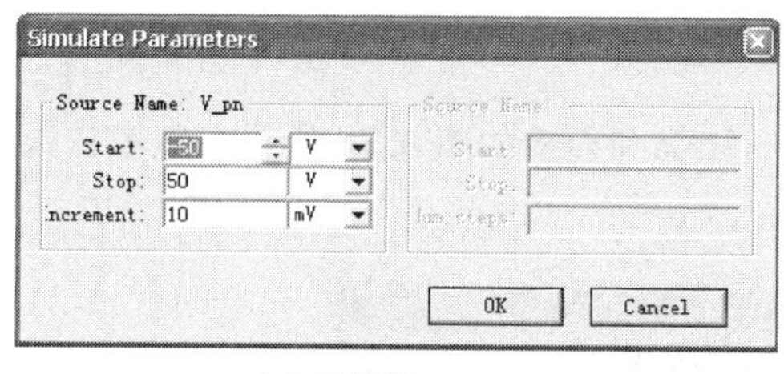

(a) 二极管

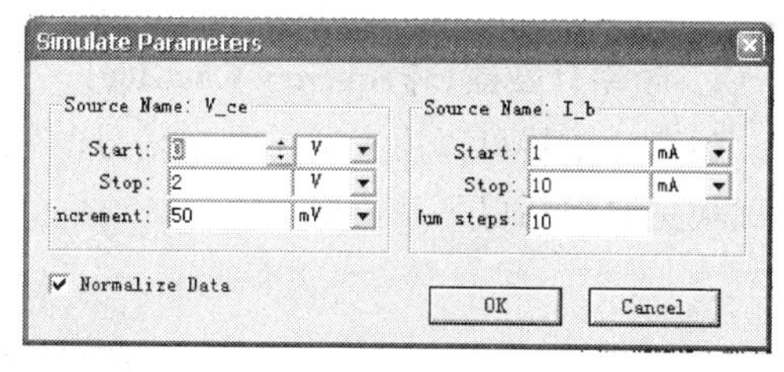

(b) 三极管

图 3.56　伏安特性分析仪仿真参数对话框

另外,移动伏安特性分析仪波形显示区中的垂直游标,可以准确测量波形数据,显示在波形显示区下的读数栏中。

2. 失真度分析仪(Distortion Analyzer)

失真度分析仪是用来测量电路总谐波失真(THD)和信噪比(S/N)的仪器,其图标和面板如图 3.57 所示。失真度分析仪的面板主要包括以下功能区。

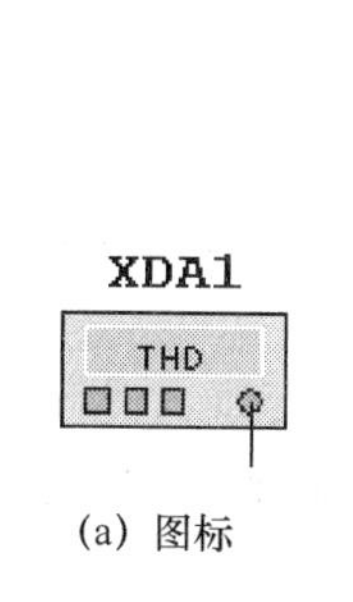

(a) 图标

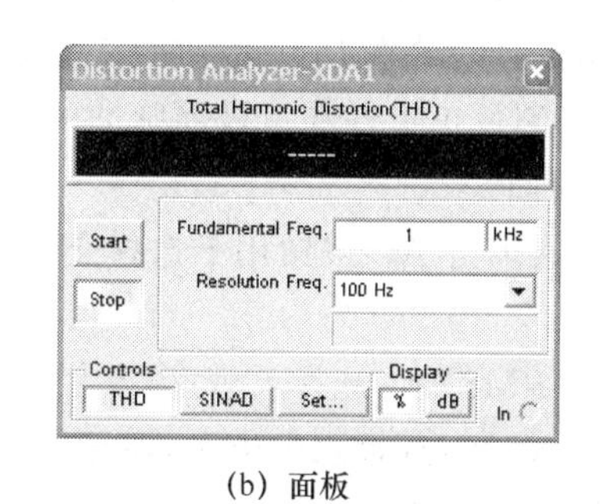

(b) 面板

图 3.57　失真度分析仪

(1) 测量数据显示区:位于面板的上部,用于显示测量结果,可通过面板下部的 Display 区的%按钮和 dB 按钮设置测量结果的百分数和分贝数表示。

(2) 参数设置区:在 Fundamental Freq. 栏中设置基频。在 Resolution Freq. 栏中设置求解精度。该精度与基频相对应,最小值为基频的 1/10。

(3) Controls 区:包括 THD 按钮、SINAD 按钮和 Set... 按钮。

- THD 按钮:测量总谐波失真,即 THD。
- SINAD 按钮:测量信噪比,即 S/N。
- Set... 按钮:单击 Set... 按钮,在弹出的对话框中的 THD Definition 栏中选择总谐波失真(THD)定义为电气和电子工程师协会(IEEE)或美国国家标准协会/国际电工委员会(ANSI/IEC)标准。在 Harmonic NUM 栏中设置谐波分析次数。在 FFT Points 栏中设置快速傅里叶变换(FFT)分析点数。

另外,Start 和 Stop 按钮分别控制测量开始和停止。

3.3.3　数字电路仿真常用虚拟仪器

1. 频率计数器(Frequency Counter)

频率计数器可以用来测量数字信号的频率，图标和面板如图 3.58 所示。频率计数器的面板主要包括以下功能区。

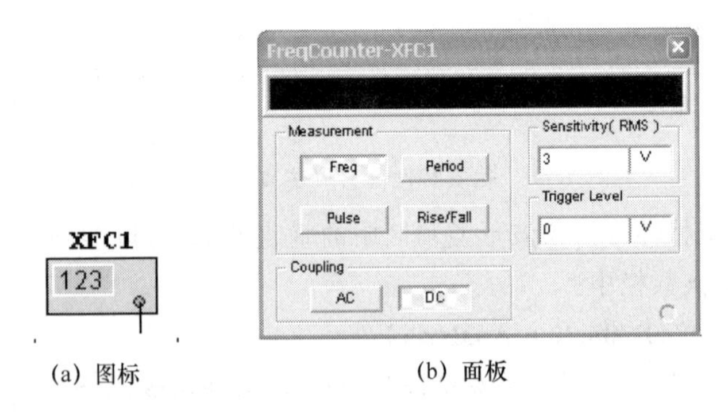

(a) 图标　　(b) 面板

图 3.58　频率计数器

(1) Measurement 区：单击 Freq 按钮用于测量频率；单击 Period 按钮用于测量周期；单击 Pulse 按钮用于测量正极性和负极性脉冲的持续时间；单击 Rise/Fall 按钮用于测量脉冲的上升和下降时间。

(2) Coupling 区：单击 AC 按钮用于选择交流耦合方式；单击 DC 按钮用于选择直流耦合方式。

(3) Sensitivity(RMS)区：选择灵敏度，左栏输入灵敏度值，右栏选择单位。

(4) Trigger Level 区：选择触发电平，左栏输入触发电平值，右栏选择单位。

2. 字信号发生器(Word Generator)

字信号发生器是能产生 32 路同步逻辑信号的多路逻辑信号源，常用于数字电路的连接测试。图标和面板如图 3.59 所示。图标中包括 32 路同步逻辑信号输出端(0～31)、信号准备好端(R)和外部触发信号端(T)。字信号发生器的面板主要包括以下功能区。

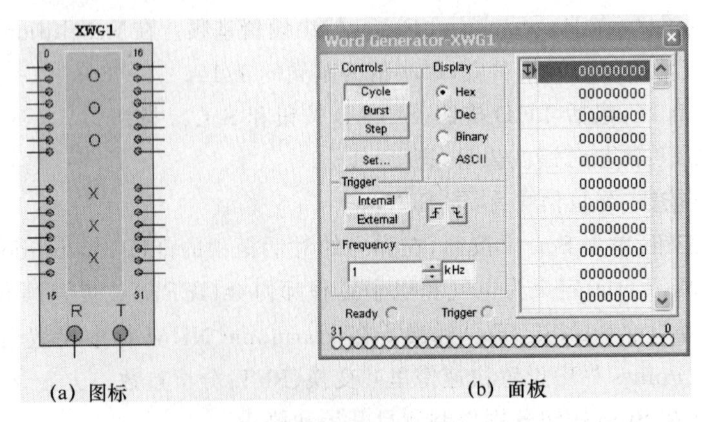

(a) 图标　　(b) 面板

图 3.59　字信号发生器

(1) 字信号缓冲区：该功能区位于面板右侧，用以显示 32 位字信号。字信号的显示形式可以通过 Display 区选择，包括 Hex、Dec、Binary 和 ASCII 码。单击字信号缓冲区中某一条字信号，可以对其定位和改写；右击某条字信号，可以对其设置指针(Cursor)、断点(Break-Point)、初始位置(Initial Position)和终止位置(Final Position)。

(2) Controls 区：包括 Cycle 按钮、Burst 按钮、Step 按钮和 Set... 按钮。

- Cycle 按钮：设定字信号在初始位置和终止位置间循环输出。
- Burst 按钮：设定字信号从初始位置开始，逐条输出到终止位置为止。
- Step 按钮：设定单击按钮一次，输出一条字信号。
- Set 按钮：单击 Set 按钮，弹出字信号设置对话框，用来设置和保存字信号变化的规律或调用以前字信号变化规律的文件。

(3) Trigger 区：设置触发方式，包括内部触发(Internal)、外部触发(External)、上升沿触发和下降沿触发。

(4) Frequency 区：设置字信号发生器的时钟频率。

3. 逻辑分析仪(Logic Analyzer)

逻辑分析仪用于对数字逻辑信号的时序进行分析，可以同步记录和显示 16 路数字信号，常用于数字逻辑电路的时序分析。逻辑分析仪的图标和面板如图 3.60 所示。图标中包括 16 路信号输入端(1～F)、外部时钟输入端(C)、时钟控制输入端(Q)和触发控制输入端(T)。逻辑分析仪的面板主要包括以下功能区。

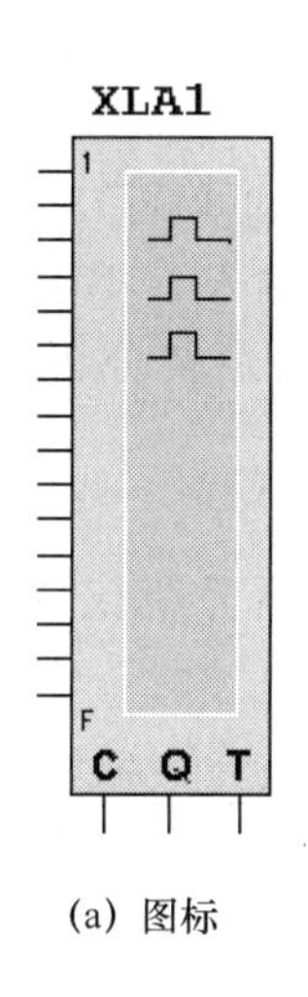

(a) 图标

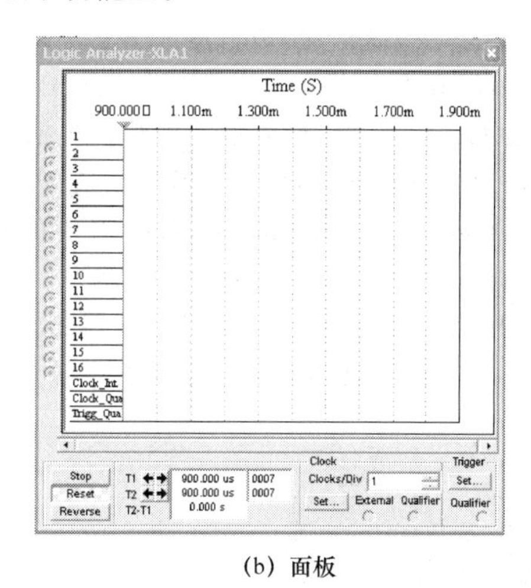

(b) 面板

图 3.60　逻辑分析仪

(1) 波形显示区：显示 16 路输入信号的波形。

(2) 显示控制区：包括 3 个按钮，Stop 按钮停止逻辑分析仪的波形显示；Reset 按钮清除逻辑分析仪已显示的波形；Reverse 按钮改变波形显示区背景的颜色。

(3) 游标控制区：显示游标测量的参数。其中 T1 栏显示游标 1 所指位置的时间数值；T2 栏显示游标 2 所指位置的时间数值；T2－T1 栏显示游标 1 与游标 2 时间数值差。

(4) Clock 区：设置时钟参数。其中 Clock/Div 栏用于设置水平刻度显示时钟脉冲个数。单击 Set... 按钮，弹出如图 3.61 所示的时钟参数设置对话框。

- Clock Source 区：设定时钟脉冲源。可选择外部给定(External)或内部给定(Internal)时钟脉冲源。

- Clock Rate 区:设定时钟脉冲的频率。
- Sampling Setting 区:设定采样方式。其中 Pre-trigger Samples 栏用于设定触发信号到来前的采样点数;Post-trigger Samples 栏用于设定触发信号到后的采样点数;Threshold Volt(V)栏用于设定门槛电压。

(5) Trigger 区:设置触发方式。单击 Set... 按钮,弹出如图 3.62 所示的触发方式设置对话框。

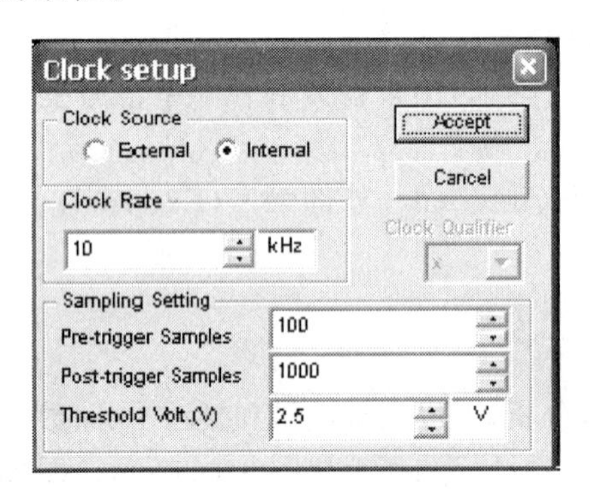

图 3.61　逻辑分析仪时钟参数设置对话框

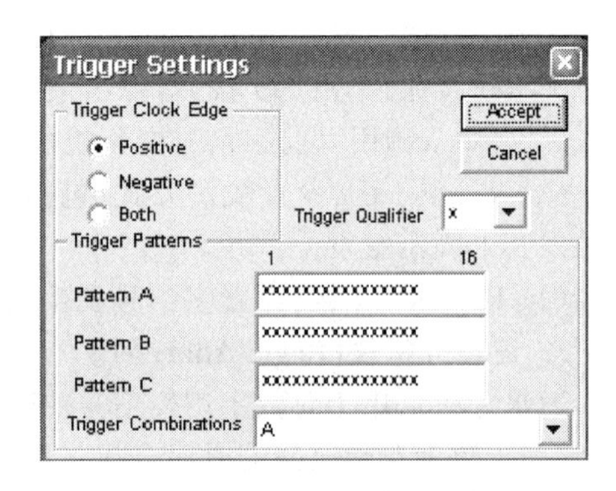

图 3.62　逻辑分析仪触发方式设置

- Trigger Clock Edge 区:设置触发方式。包括上升沿触发(Positive)、下降沿触发(Negative)和上升下降沿均可触发(Both)。
- Trigger Qualifier 栏:设置触发检验。包括 0,1 和 X(0,1 均可)3 个选项。
- Trigger Patterns 区:设定触发模式。在对话框中可以输入 A,B,C 3 个触发字,然后在 Trigger Combinations 栏选择需要的触发字。当逻辑分析仪读到 Trigger Combinations 栏中选择的触发字后触发。

例 3.3　用逻辑分析仪观察字信号发生器的输出信号。

建立如图 3.63 的仿真电路,字信号发生器的设置与逻辑分析仪的仿真结果如图 3.64 所示。

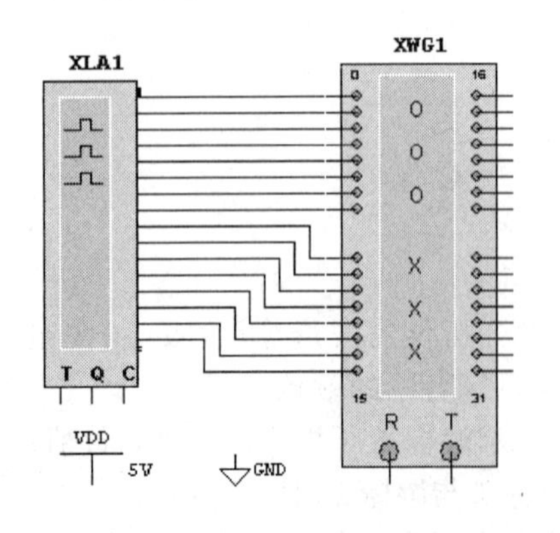

图 3.63　例 3.3 仿真电路

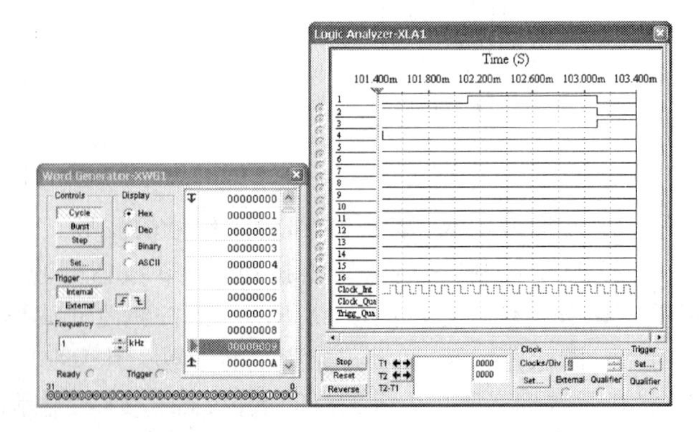

图 3.64　例 3.3 仿真结果

4. 逻辑转换仪(Logic Converter)

逻辑转换仪是 Multisim 特有的仪器，能够完成真值表、逻辑表达式和逻辑电路三者之间的相互转换，现实中不存在与其相对应的仪器。逻辑转换仪的图标和面板如图 3.65 所示。图标中共有 9 个端子，左侧 8 个用来连接电路输入端节点，最右边的为输出端子。通常只有在将逻辑电路转化为真值表时，才将逻辑转换仪的图标与逻辑电路连接起来。

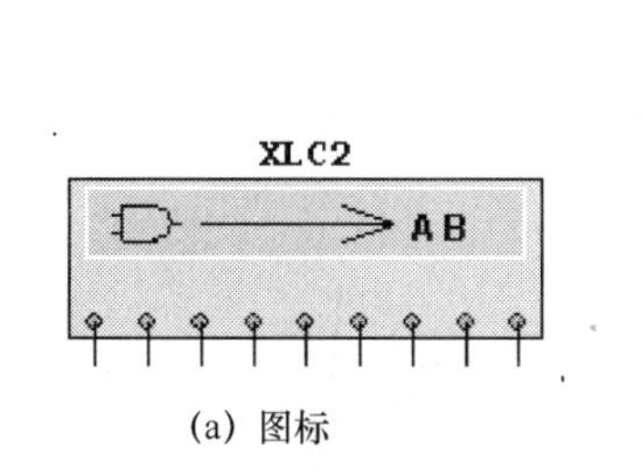

(a) 图标

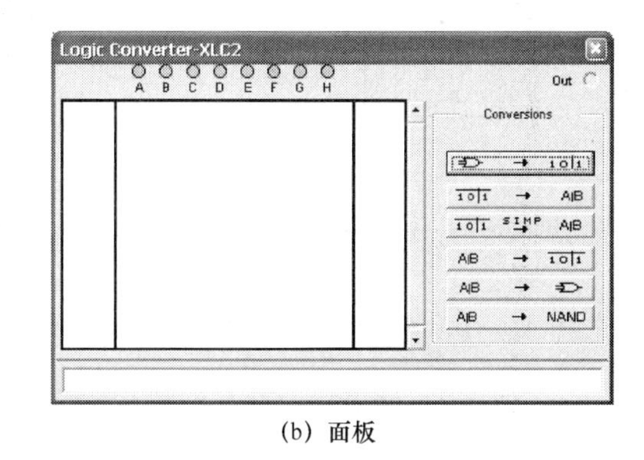

(b) 面板

图 3.65　逻辑转换仪

逻辑转换仪的面板主要包括以下功能区。

(1) 变量选择区：该区位于面板的最上面，罗列了可供选择的 8 个变量，单击某个变量，该变量就自动添加到面板的真值表中。

(2) 真值表区：该区在变量选择区的下面，分为 3 个栏。左边栏中显示输入组合变量取值所对应的十进制数；中间栏显示输入变量的各种组合；右边栏显示逻辑函数的值。

(3) 转换类型选择区(Conversions)：包括 6 个按钮。

- [→ 1011]：单击该按钮，将逻辑电路转换为真值表。
- [1011 → AIB]：单击该按钮，将真值表转化为逻辑表达式。
- [1011 SIMP AIB]：单击该按钮，将真值表转化为最简逻辑表达式。
- [AIB → 1011]：单击该按钮，将逻辑表达式转化为真值表。
- [AIB →]：单击该按钮，将逻辑表达式转化为逻辑电路。
- [AIB → NAND]：单击该按钮，将逻辑表达式转化为与非门逻辑电路。

(4) 逻辑表达式显示区：该区位于面板的最下面，执行相关的转换功能时，可在该区显示逻辑表达式。

例 3.4　求如图 3.66 所示电路的逻辑表达式。

将逻辑转换器接入电路，单击[→ 1011]按钮，将逻辑电路转化为真值表显示，如图 3.67 所示。再单击[1011 → AIB]按钮，就可以得到该真值表的逻辑表达式，如图3.68 所示。若单击[1011 SIMP AIB]按钮，就可以得到该真值表的最简逻辑表达式。

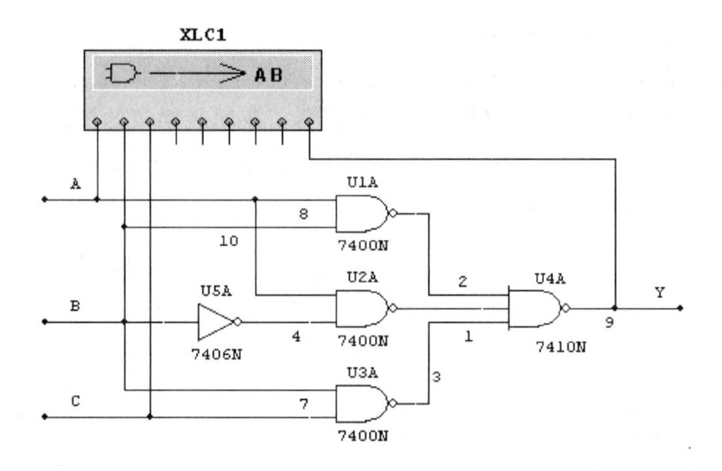

图 3.66　逻辑电路图

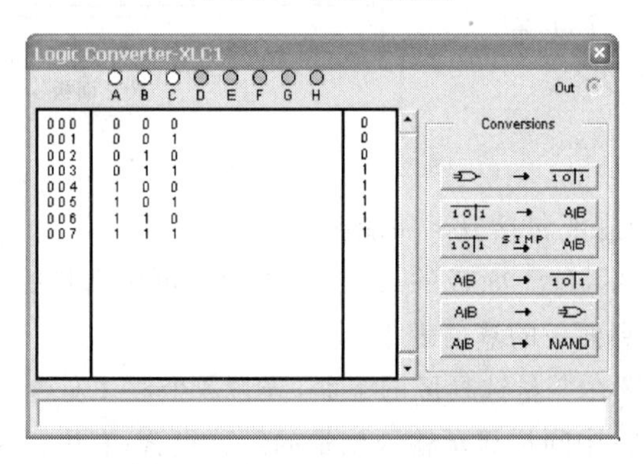

图 3.67　将逻辑电路转换为真值表

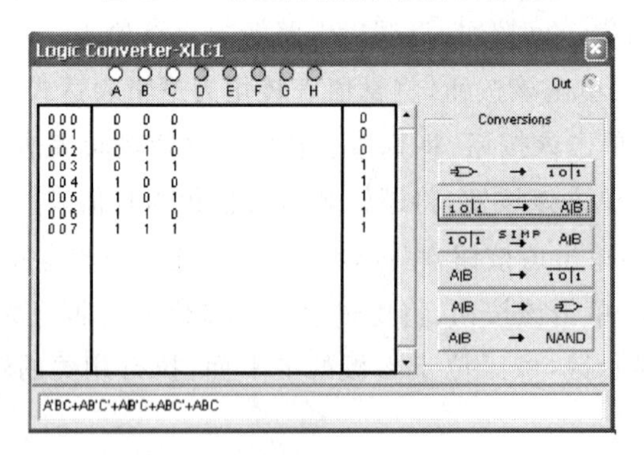

图 3.68　将真值表转换为逻辑表达式

3.3.4　高频电路仿真常用虚拟仪器

1. 频谱分析仪(Spectrum Analyzer)

频谱分析仪主要用于测量信号所包含的频率和对应的幅度。频谱分析仪的图标和面板如图 3.69 所示。图标中输入端子 IN 与电路的输出信号相连,T 端子与外触发信号相连。

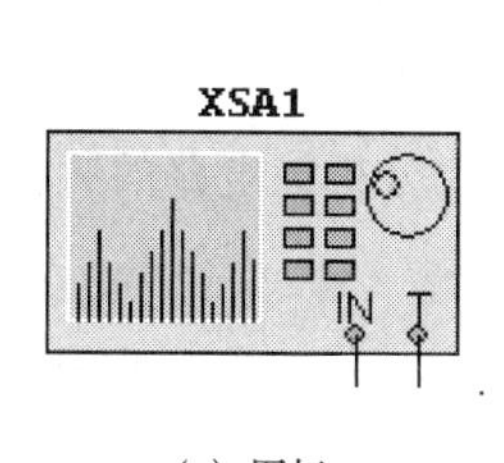

(a) 图标

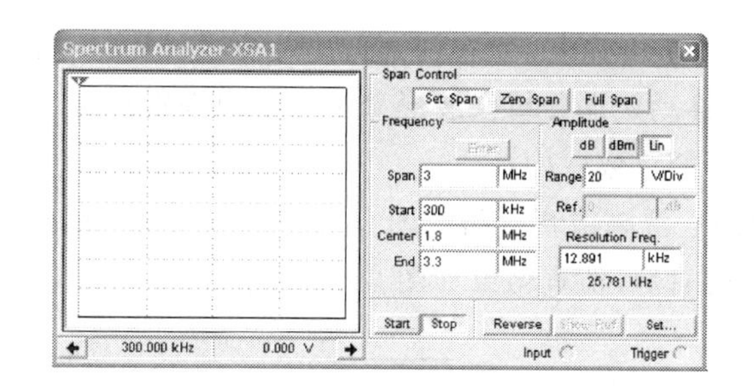

(b) 面板

图 3.69　频谱分析仪

频谱分析仪的面板主要包括以下功能区。

(1) Span Control 区：包括 3 个按钮，选择显示频率变化范围的方式。

- Set Span 按钮：表示频率范围由 Frequency 区设定。
- Zero Span 按钮：表示频率范围由 Frequency 区的 Center 栏设定的中心频率确定。仿真结果是以该频率为中心的曲线。
- Full Span 按钮：表示频率范围为全部范围，即 0～4 GHz。

(2) Frequency 区：设置频率范围。

- Span 栏：设置频率的变化范围。
- Start 栏：设置起始频率。
- Center 栏：设置中心频率。
- End 栏：设置终止频率。

(3) Amplitude 区：包括 3 个按钮和两栏参数设置，用于选择频谱纵坐标的刻度。

- dB 按钮：纵坐标单位为 dB，即以 20log(v)为刻度。
- dBm 按钮：纵坐标单位为 dBm，即以 20log(v/0.775)为刻度。主要用在终端电阻是 600 Ω 的场合，如电话线，直接读 dBm 较为方便。
- Lin 按钮：纵坐标刻度为线性。
- Range 栏：用来设置显示窗口每格的幅值。
- Ref. 栏：用来设置纵坐标参考标准。

(4) Resolution Frequency 区：用于设定频率分辨率，即能够分辨的最小谱线间隔。

(5) 控制区：控制区包括 5 个按钮：启动分析按钮(Start)、停止分析按钮(Stop)、背景颜色变化按钮(Reverse)、显示参考值按钮(Show-Ref.)、参数设置按钮(Set...)。单击 Set... 按钮，弹出参数设置对话框，如图 3.70 所示。

- 触发源区(Trigger Source)：包括内部触发、外部触发。
- 触发模式区(Trigger Mode)：包括连续触发(Continous)、单次触发(Single)。
- Threshold Volt. 栏：设置阈值电压。

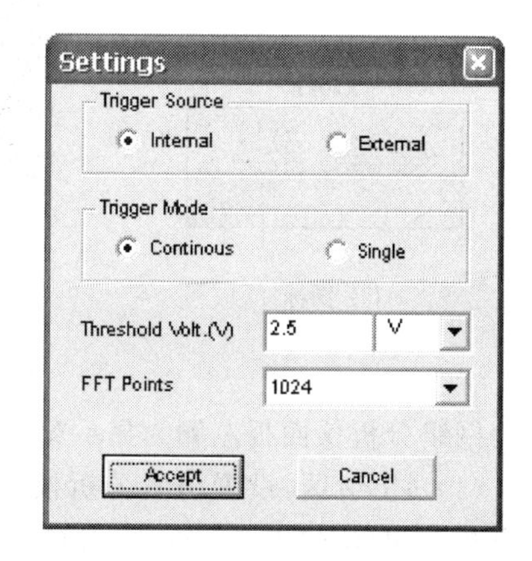

图 3.70　频谱分析仪参数设置对话框

• FFT Points 栏：设置快速傅里叶变换(FFT)分析点数。

另外，移动频谱分析仪波形显示区中的垂直游标，可以准确测量波形数据，显示在波形显示区下的读数栏中。

例 3.5　混频仿真电路如图 3.71 所示，采用频谱分析仪分析该电路的频谱。

启动仿真后，仿真结果如图 3.71 所示。

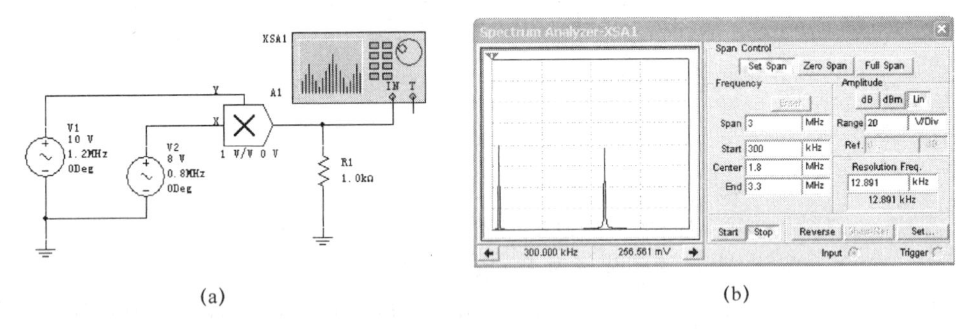

(a)　　　　　　　　　　　　(b)

图 3.71　混频仿真电路及仿真结果

2. 网络分析仪(Network Analyzer)

网络分析仪是一种测试两端口网络 S 参数的仪器。Multisim7 所提供的网络分析仪不但可测试 S 参数，还可测试 H、Y 和 Z 参数。网路分析仪的图标和面板如图 3.72 所示。图标中端子 P1 和 P2 分别连接被测电路的输入和输出端口。当进行仿真时，网络分析仪自动对电路进行两次交流分析，第一次用来测量输入端参数 S11 和 S12，第二次用来测量输出端参数 S21 和 S22。

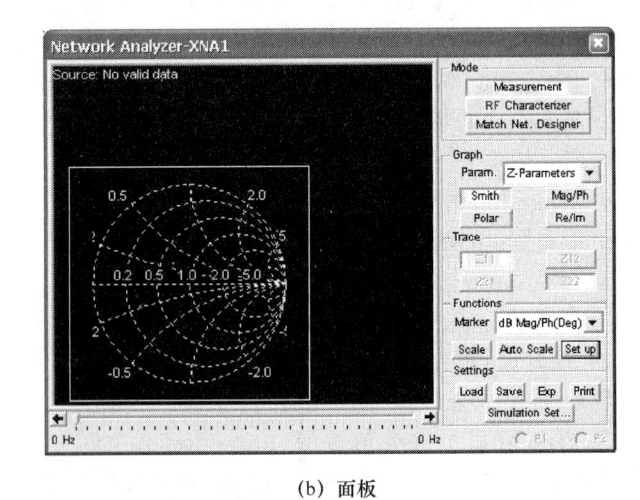

XNA1

P1 P2

(a) 图标　　　　　　　　　　　　(b) 面板

图 3.72　网络分析仪

网络分析仪面板左侧为显示窗口，右侧包括 5 个功能区。

(1) Mode 区：设置仿真分析模式。包括测量模式按钮(Measurement)、射频电路特性分析按钮(RF Characterizer)和高频电路设计工具(Match Net. Designer)。单击 Match Net. Designer 按钮，弹出高频电路设计工具对话框。

(2) Graph 区:设置仿真分析的参数工具。

- Param.栏:在 Measurement 模式下,Param.栏的参数有 S 参数(S-Parameters)、Y 参数(Y-Parameters)测量模式、H 参数(H-Parameters)、Z 参数(Z-Parameters)和稳定因子(Stability Factor)。在 RF Characterizer 模式下,Param.栏的参数有功率增益(Power Gains)、电压增益(Gains)和阻抗(Impedance)。
- Graph 区中还有 4 个按钮,用于设置仿真结果的显示方式,包括以史密斯(Smith)格式显示、以幅频特性曲线和相频特性曲线(Mag/Ph)显示、以极坐标图(Polar)显示和以实部和虚部(Re/Im)显示。

(3) Trace 区:与 Mode 区和 Graph 区的 Param.栏配合使用,设置所选的具体参数。

(4) Functions 区:设置所要分析的参数类型。

- Marker 栏:设置显示窗口数据显示模式,包括 Re/Im、Mag/Ph 和 dB Mag/Ph 模式。
- Functions 区还有 3 个按钮,包括设定纵轴刻度(Scale)、自动调整刻度(Auto Scale)和 Set up 按钮。单击 Set up 按钮,弹出 Preferences 对话框。通过该对话框可以设置曲线(Trace)、网格(Grids)和其他(Miscellaneous)等属性。

(5) Settings 区:包括加载数据按钮(Load)、保存数据按钮(Save)、输出数据按钮(Exp)、打印数据按钮(Print)和仿真设置按钮(Simulation Set)。单击 Simulation Set 按钮,弹出 Measurement Setup 对话框,利用该对话框,可以设置仿真的起始频率、终止频率、扫描类型、每十倍坐标刻度的点数和特性阻抗等。

3.3.5　安捷伦虚拟仪器

Multisim7 提供了安捷伦虚拟仪器,包括安捷伦函数信号发生器 Agilent33120A、安捷伦万用表 Agilent34401 和安捷伦示波器 Agilent54622D。这些虚拟仪器都是根据安捷伦公司的现实仪器而设计的虚拟仪器,其功能和面板设置和现实仪器一样,使用十分方便。

1. 安捷伦函数信号发生器(Agilent Function Generation)

安捷伦函数信号发生器 Agilent33120A 的图标如图 3.73 所示。Agilent33120A 图标中有两个端子,上面的是同步方式(SYNC)输出端;下面的是普通信号输出端,一般情况下使用该端子作为输出。Agilent33120A 除能产生普通的正弦、方波、三角波、锯齿波、噪声源和直流电压 6 种标准波形外,还能产生按指数下降、按指数上升、负斜坡、Sin 函数和 Cardiac(心律波)5 种内置特殊波形,并能自定义 8～256 点的任意波形。Agilent33120A 的详细使用说明可参阅安捷伦公司的现实产品手册。

2. 安捷伦万用表(Agilent Multimeter)

安捷伦万用表 Agilent34401 是一种 6 位半高性能数字万用表,图标如图 3.74 所示。Agilent34401 除具有万用表的测试功能外,还具有某些高级功能,如数字运算功能、dB、dBm、界限测试和最大/最小/平均等功能。

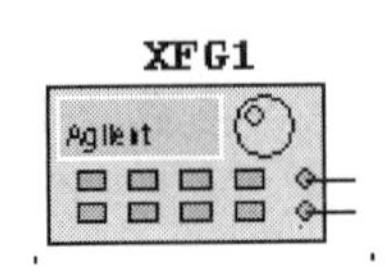

图 3.73　Agilent33120A 图标

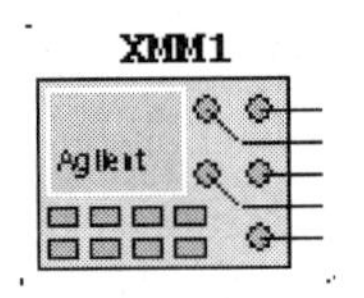

图 3.74　Agilent34401 图标

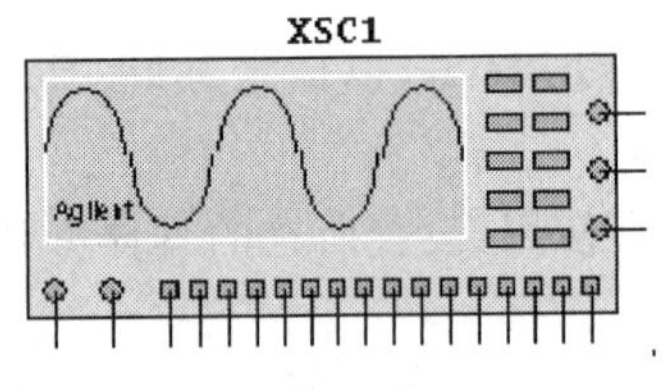

图 3.75　安捷伦示波器

3. 安捷伦示波器(Agilent Oscilloscope)

安捷伦示波器 Agilent54622D 是带宽 100 MHz，具有两个模拟通道和 16 个数字逻辑通道的高性能示波器，其图标如图 3.75 所示。图标中从左向右分别是两个模拟通道和 16 个数字逻辑通道，右侧从上到下分别是触发端、数字地和探头补偿端。

3.4　Multisim7 的仿真分析

Multisim7 提供了 19 种电路分析方法，单击菜单栏 Simulate /Analyses 或标准工具栏中图标的下拉菜单，均可进行选择。19 种电路分析方法包括直流工作点分析、交流分析、瞬态分析、傅里叶分析、噪声分析、噪声系数分析、失真分析、直流扫描分析、灵敏度分析、参数扫描分析、温度扫描分析、零极点分析、传递函数分析、最坏情况分析、蒙特卡罗分析、布线宽度分析、批处理分析、用户自定义分析和射频分析。

下面将以图 3.76 所示的三极管单管放大电路为例，介绍 Multisim7 的仿真分析方法。

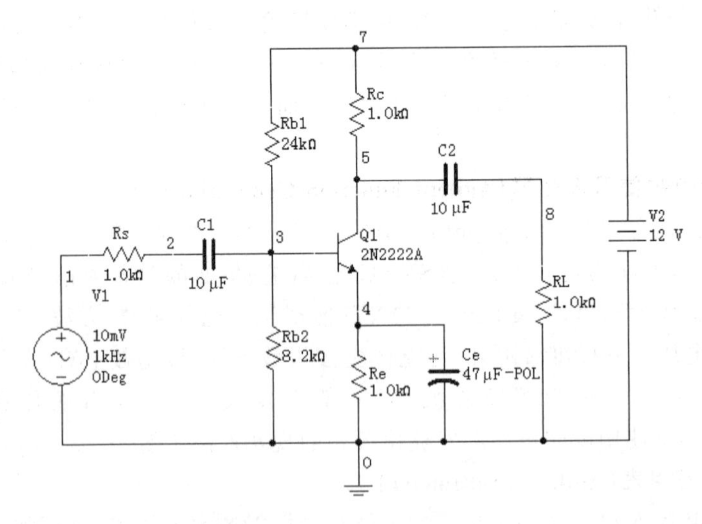

图 3.76　三极管单管放大电路

3.4.1 基本仿真分析

1. 直流工作点分析(DC Operating Point Analysis)

直流工作点分析是求解电路仅受电路中直流电压源或电流源作用时,每个节点上的电压及流过的电流。对电路进行直流工作点分析时,交流电压源短路、交流电流源开路、电感短路、电容开路和数字器件高阻接地。

选择直流工作点分析后,弹出如图 3.77 所示的直流工作点分析对话框。该对话框包括 3 个标签页。

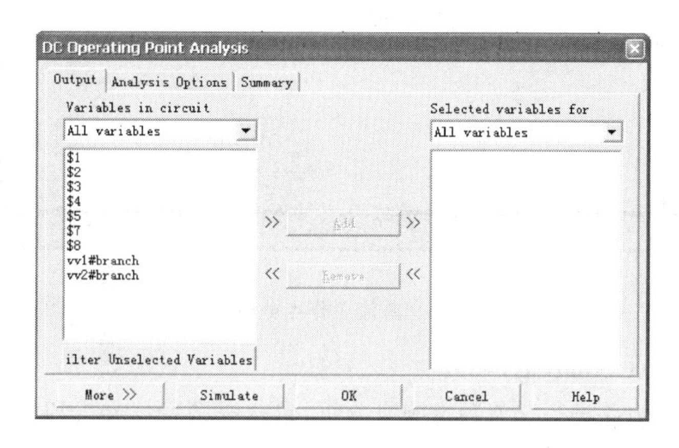

图 3.77 直流工作点分析对话框

(1) Output 标签页:设置需要分析的节点或变量。

- Variables in circuit 栏:该栏列出了将要仿真电路的可用来分析的电路节点、流过电压源的电流等变量。
- Selected variables for 栏:显示将要分析的节点或变量,默认状态为空,可通过 Add 或 Remove 按钮添加或移回将要分析的节点或变量。
- Filter Unselected Variables 按钮:单击该按钮弹出选择节点(Filter Nodes)对话框。由于电路有些内部节点等没出现在 Variables in circuit 栏,可通过该对话框进行选择。
- 单击直流工作点分析对话框底部 More 按钮,直流工作点分析对话框将添加 More Options 功能区。该功能区中包括 4 个按钮,分别是添加元件/模型参数(Add device/model parameter)、删除通过 Add device/model parameter 按钮添加到 Selected Variables for 栏的节点和变量(Delete Selected Variables)、筛选通过 Filter Unselected Variables 按钮加到 Selected Variables for 栏的节点和变量(Filter Unselected Variables)。

(2) Analysis Options 标签页:设置与仿真分析有关的其他分析选项。其中大部分采用默认值。如需改变其中某一个分析选项,选中该项后再选中 Use this option 选项,在其右侧出现的文本栏中指定新的参数。

(3) Summary 标签页:对分析设置进行总结确认。可通过该标签页确认并检查前两标签页的设置是否正确，确认无误后，单击 Simulation 按钮进行直流工作点仿真分析。

对图 3.76 所示电路，如设置 3，4 和 5 为要分析的节点，单击 Simulation 按钮，弹出该三极管放大电路的直流工作点分析结果，如图 3.78 所示。

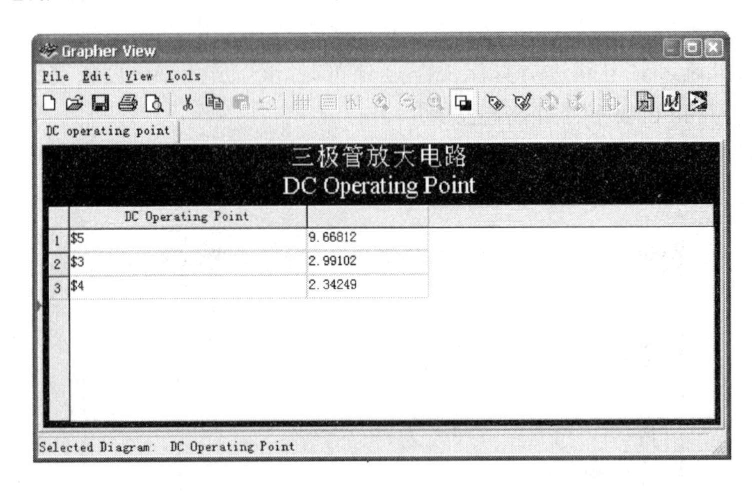

图 3.78　直流工作点分析结果

2. 交流分析(AC Analysis)

交流分析是对电路进行交流频率响应分析，包括幅频特性分析和相频特性分析。进行交流分析时，Multisim7 将首先自动进行直流工作点分析，以建立非线性元件的交流小信号模型。交流分析时，电路的输入信号源都被认为是正弦波信号。

选择交流分析后，弹出如图 3.79 所示的交流分析对话框。该对话框包括 4 个标签页，只有 Frequency Parameters 标签页的设置与直流工作点分析设置不同，所以只介绍 Frequency Parameters 标签页。(以下各种分析也只介绍 Frequency Parameters 标签页)。

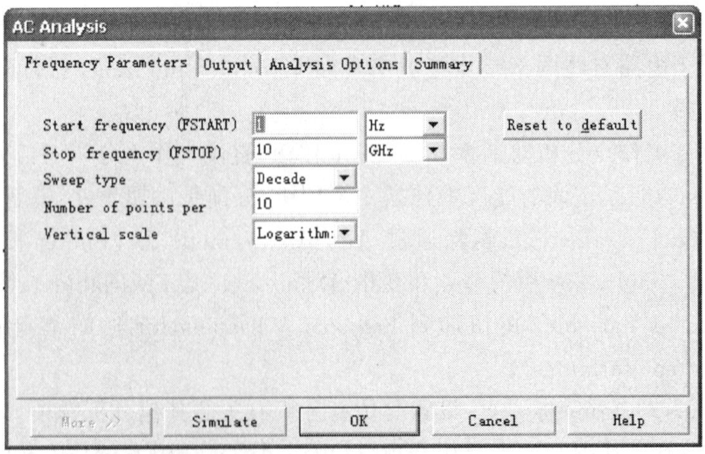

图 3.79　交流分析对话框

Frequency Parameters 标签页设置 AC 分析时的频率参数。

- Start frequency 栏：设定交流分析的起始频率。
- Stop frequency 栏：设定交流分析的终止频率。
- Sweep type 栏：设定交流分析的扫描方式，包括 10 倍程扫描(Decade)、8 倍程扫描(Octave)和线性扫描(Linear)。通常采用 Decade，以对数方式展现。
- Number of points per 栏：设定每 10 倍频中计算的取样点数。
- Vertical scale 栏：设置纵坐标的刻度。包括分贝刻度(Decibel)、8 倍刻度(Octave)、线性刻度(Linear)和对数刻度(Logarithmic)。通常采用 Decibel 和 Logarithmic。
- Reset to default 按钮：把所有设定恢复为程序缺省值。

对图 3.76 所示电路，按图 3.79 设置，另外，在 Output 标签页中，选定 8 节点作为分析节点。图 3.80 所示为该电路的幅频特性和相频特性。

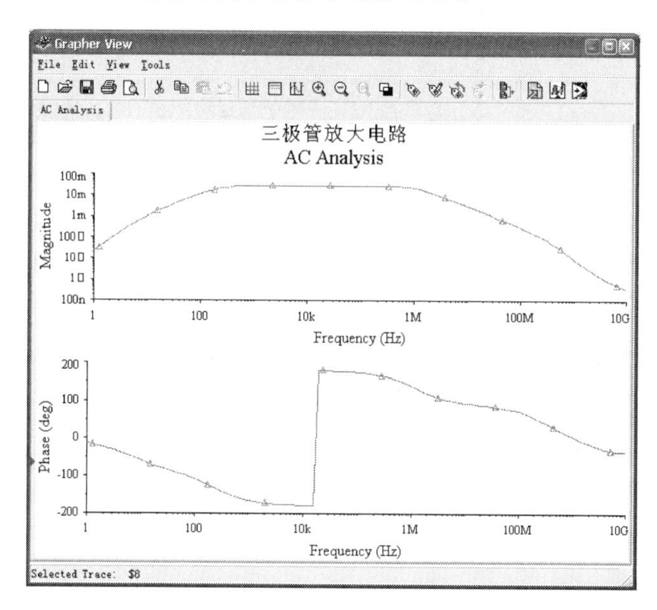

图 3.80　交流分析结果

3. 瞬态分析(Transient Analysis)

瞬态分析也称为时域暂态分析，是指对所选定的电路节点的时域响应进行分析，通常以节点电压波形作为瞬态分析的结果，其结果与示波器分析结果相同。选择瞬态分析后，弹出如图 3.81 所示的瞬态分析对话框。

Analysis Parameters 标签页主要用于设置瞬态分析的时间参数。

(1) Initial Conditions 区：设置初始条件，包括由程序自动设置初始值(Automatically determine initial conditions)、将初始值设为 0(Set to zero)、由自定义初始值(User defined)和由直流工作点计算(Calculate DC Operating Point)。

(2) Parameters 区：设置分析的时间参数。

- Start time 栏：设置分析的起始时间。

- End time 栏：设置分析的终止时间。
- Maximum time step settings 复选项：设置最大时间步长。其中包括以时间内的取样点数设置分析的步长(Minimum number of time points)、以时间间距设置分析的步长(Maximum time step)、由程序自动设置步长(Generate time steps automatically)。

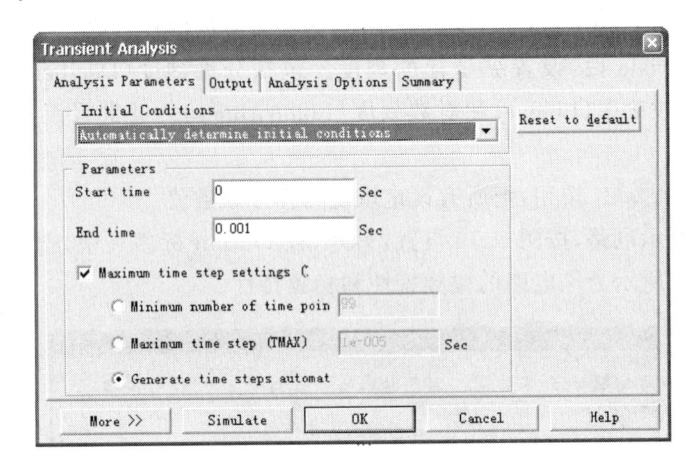

图 3.81　瞬态分析对话框

对图 3.76 所示电路，按图 3.81 进行设置。另外，在 Output 标签页中，选定 8 节点作为分析节点。图 3.82 为该三极管放大电路的瞬态分析结果。

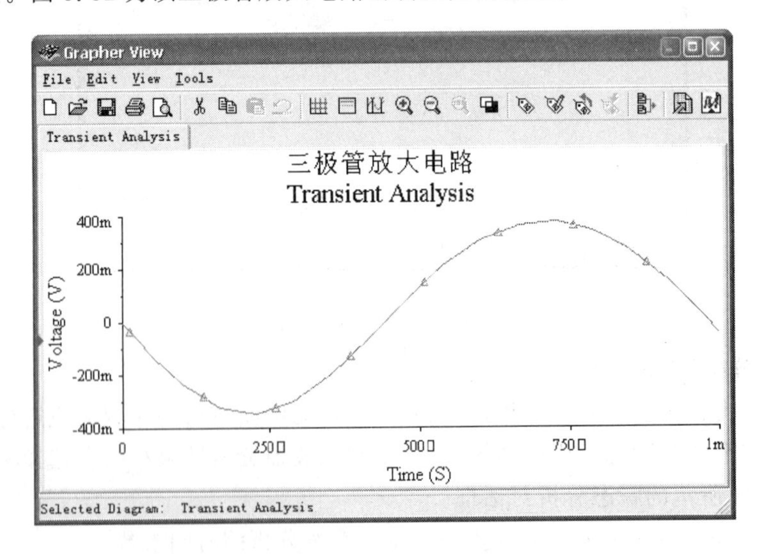

图 3.82　瞬态分析结果

4. 傅里叶分析(Fourier Analysis)

傅里叶分析就是求解一个时域信号的直流分量、基波分量和各次谐波分量的幅度，即进行离散傅里叶变换。选择傅里叶分析后，弹出如图 3.83 所示对话框。

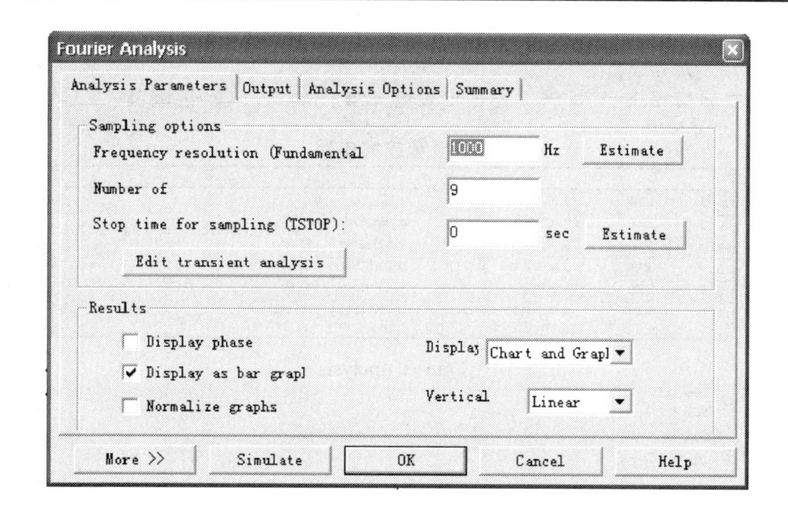

图 3.83　傅里叶分析对话框

Analysis Parameters 标签页包括以下几个功能区。

(1) Sampling options 区:设置分析参数选项。

- Frequency resolution 栏:设定基本频率。可单击 Estimate 按钮由程序给定。
- Number of 栏:设定需要分析的谐波次数。默认值为 9。
- Stop time for sampling 栏:设定停止取样时间。可单击 Estimate 按钮由程序给定。
- Edit transient analysis 按钮:单击该按钮,弹出瞬态分析对话框,用于设置瞬态分析参数。

(2) Results 区:设置结果显示方式。

- Display phase:显示傅里叶分析的相频特性。
- Display as bar graph:以线条形式来描绘频谱图。
- Normalize graphs:显示归一化频谱图。
- Display:设定所有显示的项目,包括表(Chart)、图(Graph)、表和图(Chart and Graph)3 个选项。
- Vertical:设定纵坐标刻度类型,包括线性(Linear)、对数(Log)和分贝(Decibel)。

对图 3.76 所示电路,如 Frequency resolution 栏和 Stop time for sampling 栏均单击 Estimate 按钮,由程序给定;其他按图 3.83 进行设置。同样选定 8 节点作为分析节点。图 3.84 为该三极管放大电路的傅里叶分析结果。

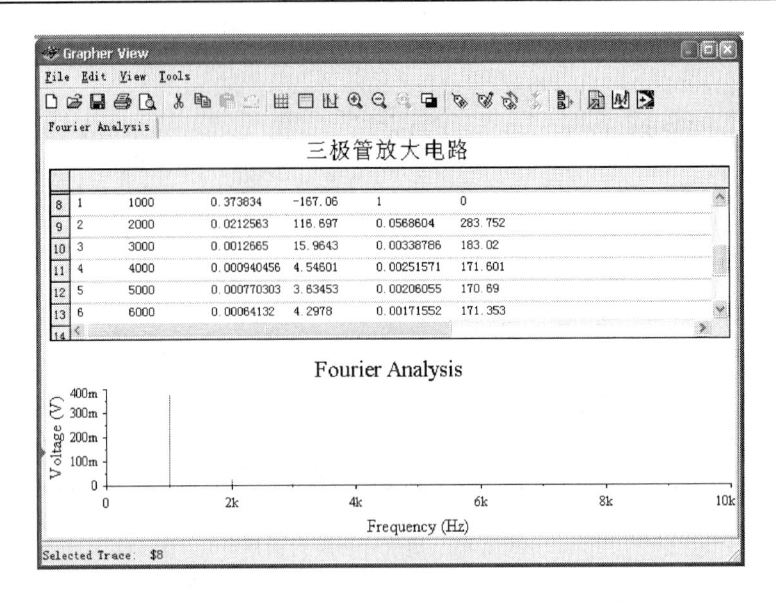

图 3.84 傅里叶分析结果

3.4.2 电路性能分析

1. 噪声分析(Noise Analysis)

噪声分析用于检测电路输出信号噪声功率的幅度大小，分析和计算电路中各种元件所产生噪声的效果。分析时，假定电路中各噪声源互不相关，数值不规则，因此数值可以分开计算。总的噪声是各噪声在该节点的和（用有效值表示）。

选择噪声分析后，弹出图 3.85 对话框，Analysis Parameters 标签页包括如下几栏。

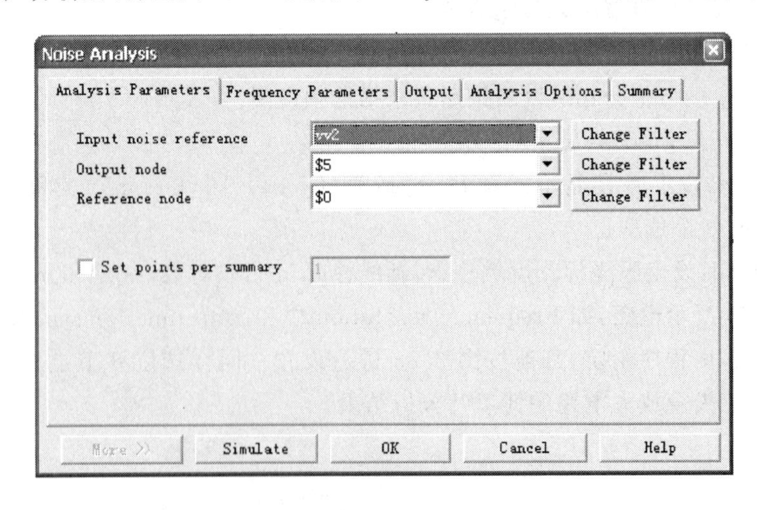

图 3.85 噪声分析对话框

- Input noise reference 栏：设定输入噪声的交流参考源。
- Output node 栏：设定所要测量噪声的输出点。

- Reference node 栏：设定参考电压的节点，通常为接地点。
- Set points per summary 栏：设定每个汇总的采样点数。

对图 3.76 所示电路，如 Input noise reference 栏选 vv1，Output node 栏选 5，Reference node 栏选 0，Set points per summary 栏设定为 10。另外，在 Output 标签页中，选定 innoise-spectrum（输入噪声频谱）和 onoise-spectrum（输出噪声频谱）作为分析变量。单击 Simulation 按钮，弹出该三极管放大电路的噪声分析结果，如图 3.86 所示。上面的曲线为输入噪声频谱，下面的曲线为输出噪声频谱。

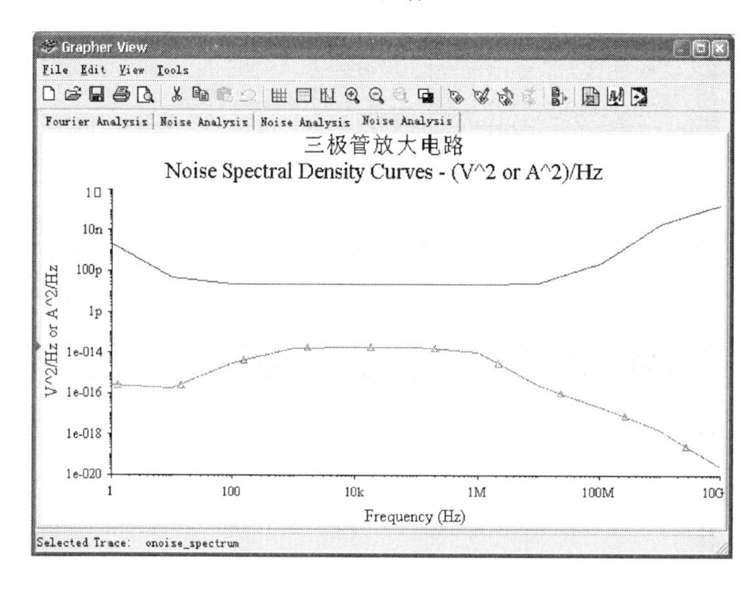

图 3.86　噪声分析结果

2. 噪声系数分析(Noise Figure Analysis)

信噪比是衡量一个信号质量好坏的重要参数，而将输入信噪比与输出信噪比之比定义为噪声系数 F。在 Multisim7 里根据下式计算噪声系数：

$$F = \frac{N_o}{GN_s}$$

其中，N_o 为输出噪声的功率，N_s 为电阻器产生的热噪声，G 为该电路的交流增益。在 Multisim7 计算噪声系数时的单位为 dB，即 $10 \lg F$。

选择噪声分析后，弹出如图 3.87 所示的对话框。Analysis Parameters 标签页包括以下几栏。

- Input noise reference source 栏：指定输入噪声的交流参考源。
- Output node 栏：指定所要测量噪声的输出点。
- Reference node 栏：设定参考电压的节点，通常为接地点。
- Frequency 栏：设定频率。
- Temperature 栏：设定温度。

对图 3.76 电路，按图 3.87 进行设置，则该电路的噪声系数分析结果如图 3.88 所示。

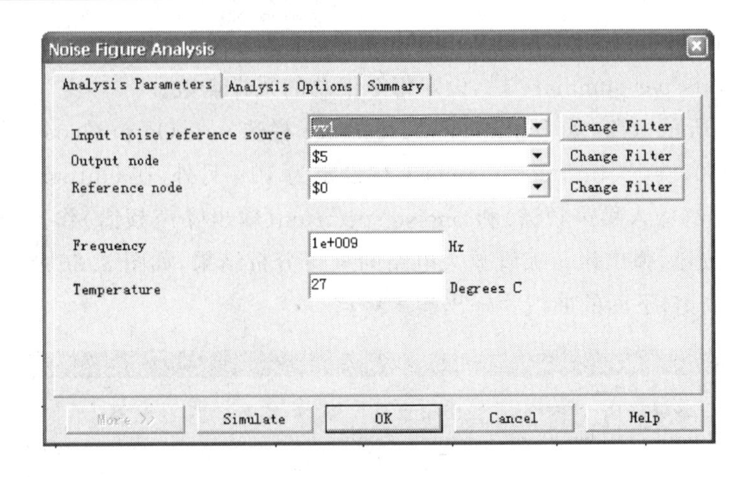

图 3.87　噪声系数分析对话框

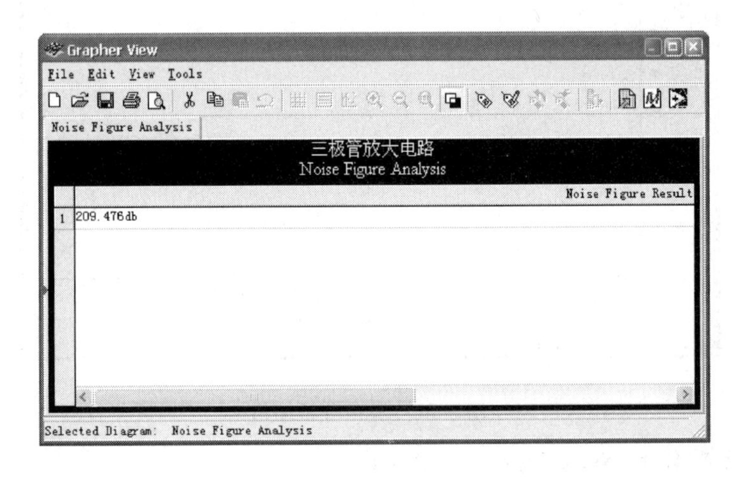

图 3.88　噪声系数分析结果

3. 失真分析(Distortion Analysis)

失真分析是分析电路中的谐波失真和内部调制失真的方法，主要用于观察在瞬态分析中无法看到的、比较小的失真。若电路中有一个交流信号源，该分析能确定电路中每一个节点的 2 次和 3 次谐波的失真。若电路有两个不同频率的交流信号源 F_1、F_2，该分析能确定电路变量在 3 种不同频率处的失真，即 F_1+F_2、F_1-F_2 以及 $2F_1-F_2$。

选择噪声分析后，弹出如图 3.89 所示对话框。Analysis Parameters 标签页包括以下几栏。

- Start frequency 栏：设定分析的起始频率。
- Stop frequency 栏：设定分析的终止频率。
- Sweep type 栏：设定交流分析的扫描方式，包括 10 倍程扫描(Decade)、8 倍程扫描(Octave)和线性扫描(Linear)。
- Number of points per 栏：设定每 10 倍频中计算的取样点数。
- Vertical scale 栏：设置纵坐标的刻度，包括分贝刻度、8 倍刻度、线性刻度和对数刻度。通常采用分贝刻度和对数刻度。

- F2/F1 ratio 栏：若电路有两个不同频率交流信号源，如选取本栏，在该栏指定一个在 0～1.0 间 F_1/F_2 的值。其中 F_1 为起始频率和终止频率间的扫描频率，F_2 为 F_1 与指定的 F_1/F_2 乘积；如不选本栏，表示分析结果为 F_1 作用时产生的 2 次和 3 次谐波失真。

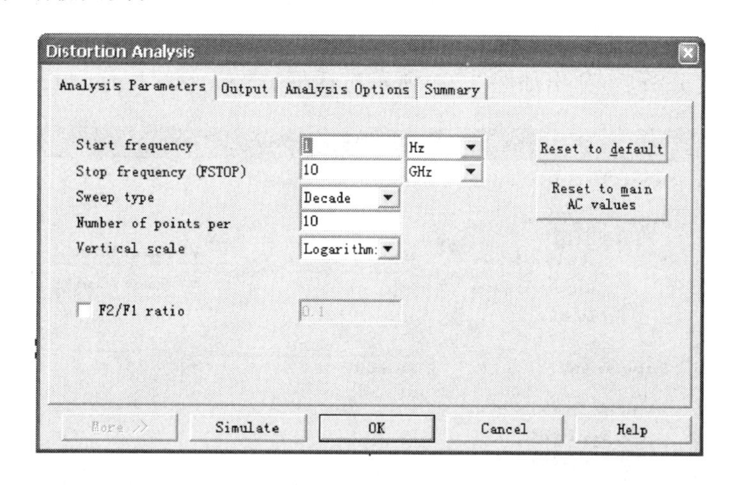

图 3.89　失真分析对话框

对图 3.76 所示电路，按图 3.89 设置；另外，双击信号源，将 Distortion Frequency Magnitude 栏设为 1V；并在 Output 标签页中，选定 8 节点作为分析节点。单击 Simulation 按钮，弹出该三极管放大电路的 2 次和 3 次谐波失真分析结果，图 3.90 为 3 次谐波失真分析结果。

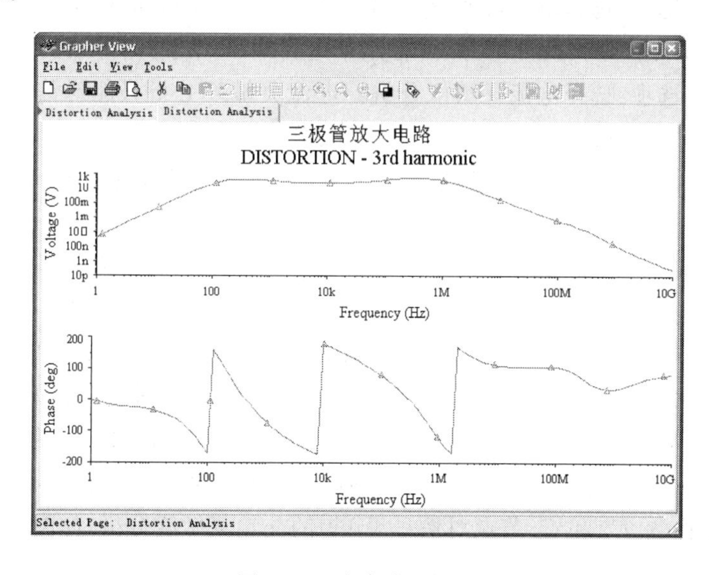

图 3.90　失真分析结果

4. 灵敏度分析(Sensitivity Analysis)

灵敏度是指电路中节点电压或支路电流对电路中元件参数变化的敏感程度，即电路中元件参数的变化引起电路中电压或电流变化的程度。灵敏度分析包括直流灵敏度分析和交流灵敏度分析。进行直流灵敏度分析时，首先要进行一次直流工作点分析，然后完成灵敏度分析，以分析电路中所有元件参数变化对电路的影响，分析结果以数值形式显示。交流分析则直接计算交流小信号的灵敏度，以分析某个元件的参数变化对电路的影响，分析结果则绘出相应的曲线。灵敏度分析方法只适合模拟电路的小信号电路模型。

选择灵敏度分析后，弹出如图 3.91 所示对话框。Analysis Parameters 标签页包括：

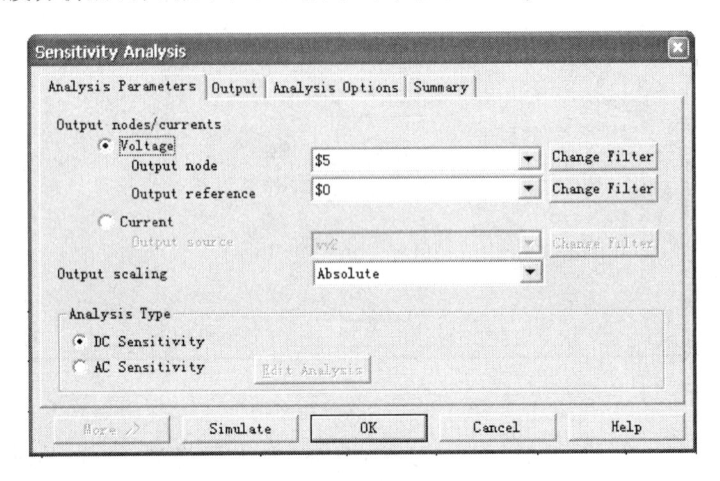

图 3.91 灵敏度分析对话框

(1) Output nodes/current 功能区

- Voltage 选项：选择电压灵敏度分析。其中 Output node 栏用来选定要分析的输出电压节点。Output reference 栏用来选择输出端的参考节点。
- Current 选项：选择电流灵敏度分析。电流灵敏度分析只能对信号源的电流进行分析，其中 Output source 栏用来选择要分析的信号源。
- Output scaling 栏：选择灵敏度输出格式，包括绝对灵敏度(Absolute)和相对灵敏度(Relative)。

(2) Analysis Type 区

选择灵敏度分析是 DC Sensitivity 还是 AC Sensitivity。

电路如图 3.76 所示，按图 3.91 进行设置；另外，在 Output 标签页中，选定 R_{b1}，R_{b2}，R_c和 R_e。该电路中 R_{b1}，R_{b2}，R_c 和 R_e 对 5 节点电压的直流灵敏度分析如图 3.92 所示。

对图 3.76 所示电路，如将 Output node 设为 vv1，Analysis Type 设为 AC Sensitivity。另外，在 Output 标签页中，选定 C_1，C_2 和 C_e 节点。单击 Simulation 按钮，弹出该三极管放大电路中 C_1，C_2 和 C_e 节点对信号源 $V1$ 的交流灵敏度分析，如图 3.93 所示。

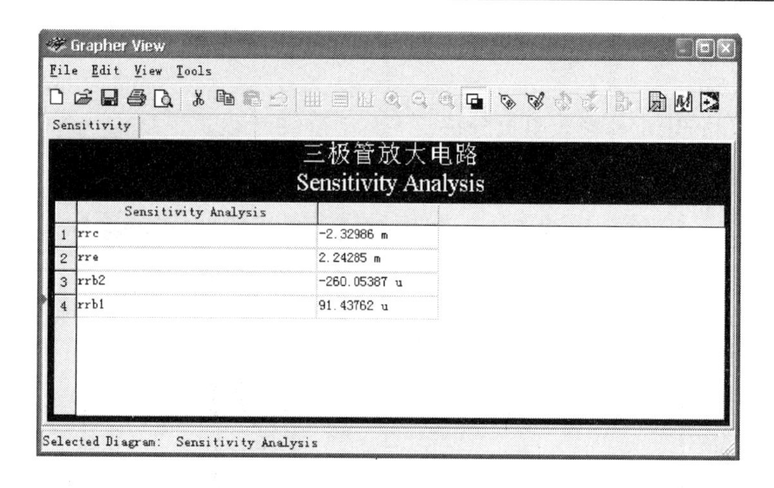

图 3.92　直流灵敏度分析结果

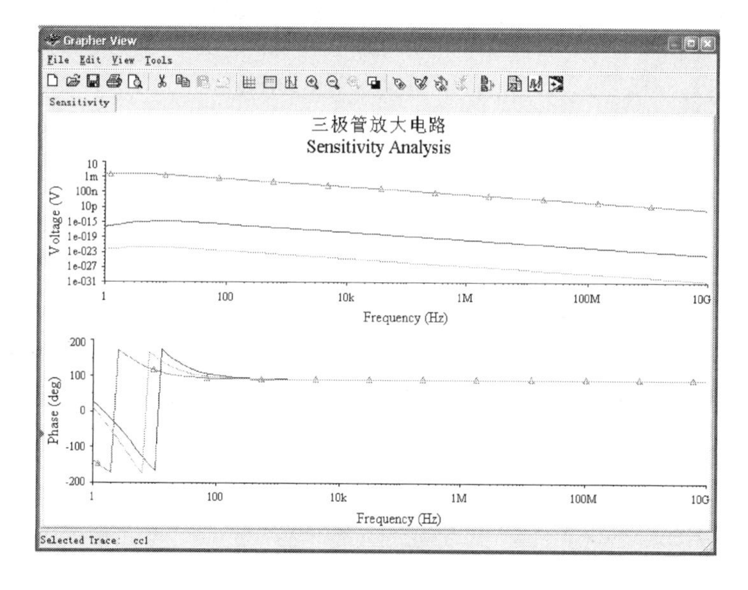

图 3.93　交流灵敏度分析结果

5. 零极点分析(Pole-Zero Analysis)

零极点分析是一种对电路的稳定性分析相当有用的工具。该分析方法可用来求解交流小信号电路传递函数中零点和极点。该分析方法通常从直流工作点分析开始，对非线性器件求得其线性化的小信号模型，在此基础上再进行传输函数的零极点分析。零极点分析主要用于模拟小信号电路的分析，数字器件将被视为高阻接地。

选择零极点分析后，弹出如图 3.94 所示对话框。Analysis Parameters 标签页包括以下内容。

(1) Analysis Type 区：用于选择分析类型。

- Gain Analysis(output voltage/input voltage)：电路增益分析，即输出电压/输入电压。

- Impedance Analysis(output voltage/input current):电路阻抗分析,即输出电流/输入电流。
- Input Impedance:输入阻抗分析。
- Output Impedance:输出阻抗分析。

图 3.94　零极点分析对话框

(2) Nodes 区:用于选择输入输出的节点正负端,包括输入节点正端(Input(+))、输入节点负端(Input(-))、输出节点正端(Output(+))、输出节点负端(Output(-))。

(3) Analyses 区:用于选择所要分析的项目。包括同时求出零点和极点(Pole And Zero Analysis)、仅求出极点(Pole Analysis)和仅求出零点(Zero Analysis)。

对图 3.76 所示电路,如将 Analysis Type 设为 Gain Analysis(output voltage/input voltage),Nodes 中 Input(+)设为 1,Output(+)设为 8,Input(-)和 Output(-)设为 0,Analyses 设为 Pole And Zero Analysis。单击 Simulation 按钮,弹出该三极管放大电路中以 1 为输入 8 为输出时电压增益的零极点,如图 3.95 所示,可见共有 5 个零点和 5 个极点。

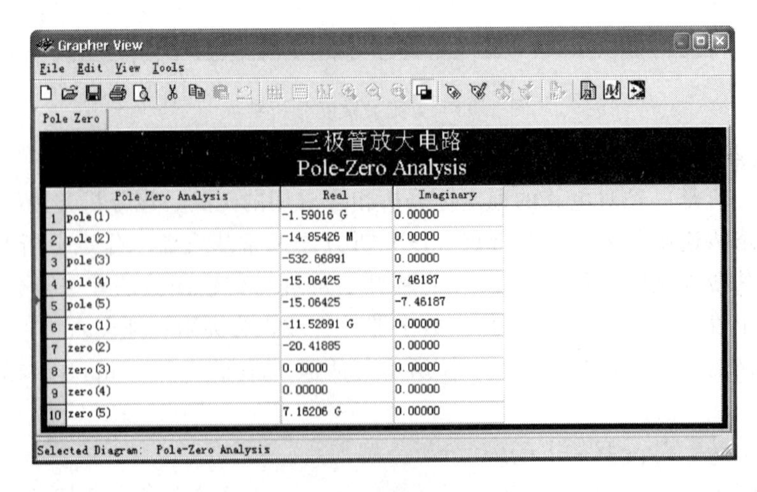

	Pole Zero Analysis	Real	Imaginary
1	pole(1)	-1.59016 G	0.00000
2	pole(2)	-14.85426 M	0.00000
3	pole(3)	-532.66891	0.00000
4	pole(4)	-15.06425	7.46187
5	pole(5)	-15.06425	-7.46187
6	zero(1)	-11.52891 G	0.00000
7	zero(2)	-20.41885	0.00000
8	zero(3)	0.00000	0.00000
9	zero(4)	0.00000	0.00000
10	zero(5)	7.16206 G	0.00000

图 3.95　零极点分析结果

6. 传递函数分析(Transfer Function Analysis)

传递函数分析可以分析一个输入源与两个输出节点的输出电压之间，或与一个电流输出变量之间的直流小信号传递函数，还可用于计算电路输入和输出阻抗。该分析首先将任何非线性模型在直流工作点基础上线性化，求得其线性化的模型，然后再进行小信号分析。输出变量可以是任何节点电压，但输入必须是独立源。

选择传递函数分析后，弹出如图 3.96 所示对话框。Analysis Parameters 标签页包括以下内容。

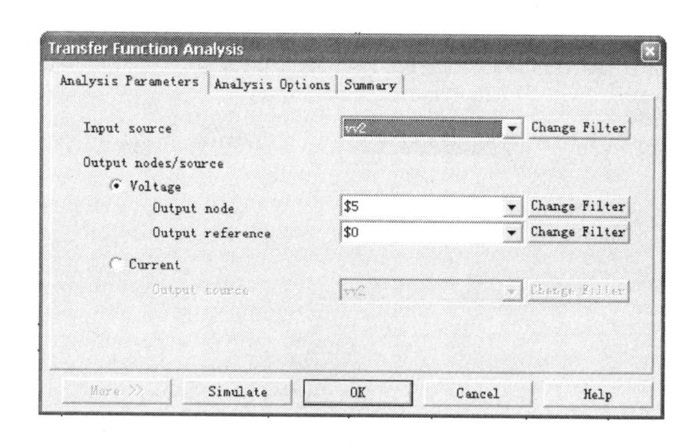

图 3.96　传递函数分析对话框

(1) Input source 栏：选择所要分析的输入端。

(2) Output nodes/source 区：选择电压(Voltage)或电流(Current)作为输出变量。其中在 Voltage 选项中，在 Output node 栏指定输出节点；在 Output reference 栏指定参考节点。

对图 3.76 所示电路，如将 Input source 设为 vv1，Output nodes/source 中 Voltage 的 Output node 设为 8，Output reference 设为 0。单击 Simulation 按钮，弹出该三极管放大电路传递函数分析结果，如图 3.97 所示。

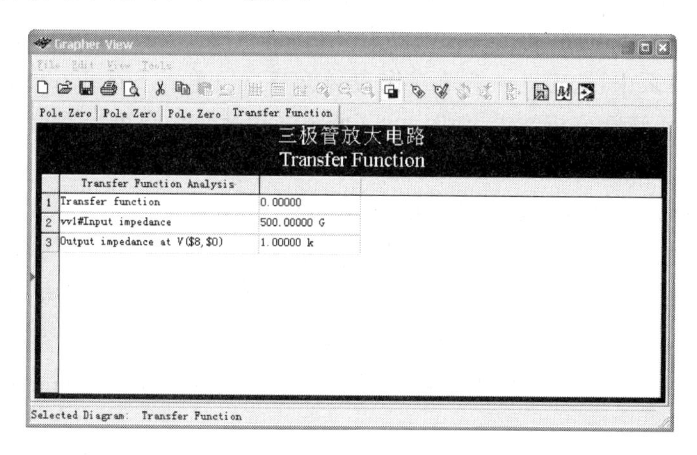

图 3.97　传递函数分析结果

3.4.3 扫描分析

1. 直流扫描分析(DC Sweep Analysis)

直流扫描分析是分析电路中某一节点的直流工作点随电路中一个或两个直流电源变化的情况。利用直流扫描分析的直流电源变化范围可以快速确定电路的直流工作点。

选择直流扫描分析后,弹出如图 3.98 所示对话框。Analysis Parameters 标签页包括以下内容。

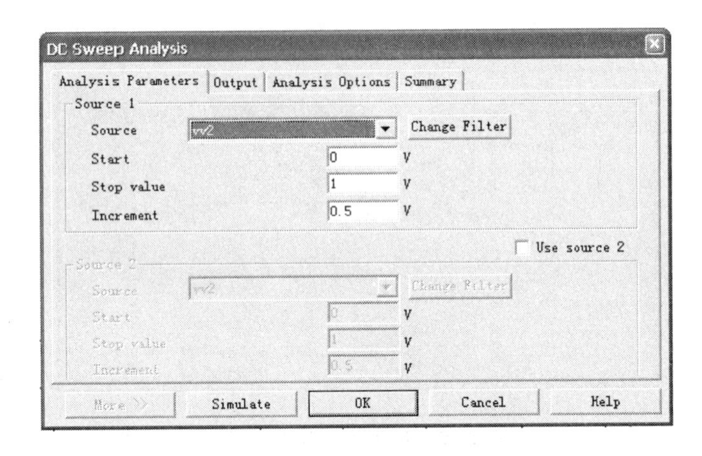

图 3.98 直流扫描分析对话框

(1) Source1 区:对直流电源 1 的各种参数进行设置。

- Source 栏:选择所要扫描的直流电源。
- Start value 栏:设置电源扫描的初始值。
- Stop value 栏:设置电源扫描的终止值。
- Increment 栏:设置电源扫描的增量。

(2) Source2 区:对直流电源 2 的各种参数进行设置,设置方法同 Source1 区。

对于图 3.76 所示电路,将 Source1 设为 vv2,vv2 的变动范围是 0～12 V,增量是1 V。并在 Output 标签页中,选定 3,4,5 节点作为分析节点。单击 Simulation 按钮,弹出该三极管放大电路传递函数分析结果,如图 3.99 所示。通过该结果可以看出三极管 3,4,5 节点的直流工作点电压随着电源 $V2$ 的变化情况。

2. 参数扫描分析(Parameter Sweep Analysis)

参数扫描分析是检测电路中某个元件的参数,在一定取值范围内变化时对电路直流工作点、瞬态特性、交流频率特性的影响。在实际电路设计中,可以针对电路性能进行优化。在进行参数扫描分析时,数字器件被视为高阻接地。

选择参数扫描分析后,弹出图 3.100 所示对话框。Analysis Parameters 标签页包括以下内容。

(1) Sweep Parameters 区:选择扫描的元件及参数。在 Sweep Parameter 栏下可选择扫描参数的类型,包括元件参数(Device Parameter)和模型参数(Model Parameter)。

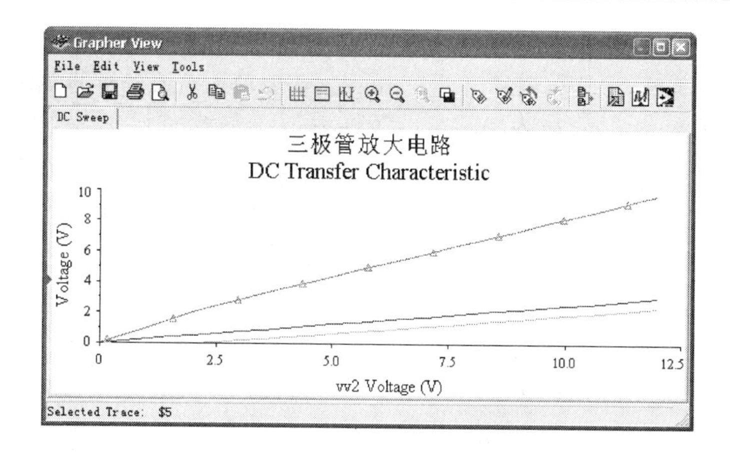

图 3.99　直流扫描分析结果

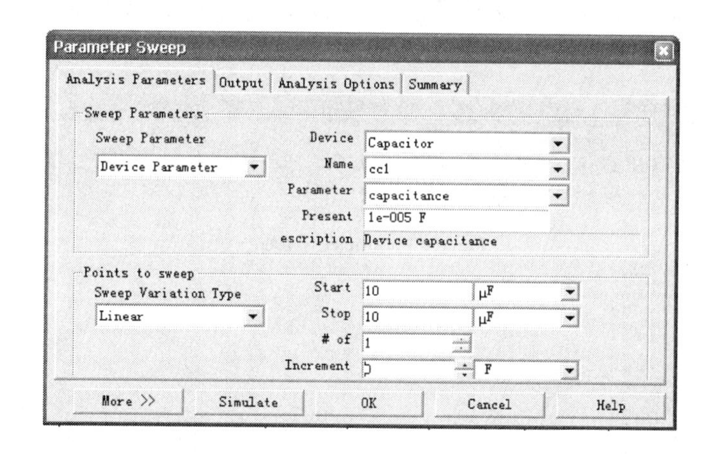

图 3.100　参数扫描分析对话框

如选中 Device Parameter 后，在该功能区右侧的 5 个栏显示与元件参数有关的信息。

- Device：选择所要扫描的元件种类，如三极管、电压源等。
- Name：选择所要扫描元件的序号。
- Parameter 栏：选择所要扫描元件的参数。不同种类的元件参数不同。参数含义在 Description 栏内说明；Present 栏显示目前该参数的设置值。

如选中 Model Parameter 后，此时右侧的 5 个栏不仅与电路有关，而且与选择 Device Parameter 对应的选项有关。

(2) Point to sweep 区：选择扫描方式。在 Sweep Variation Type 栏中可以选择扫描方式，有 10 倍程(Decade)、线性(Linear)、8 倍程(Octave)和取列表值扫描(List)4 种。如选择了 Decade、Linear 或 Octave 选项，则在该区右侧还有需进一步选择的条形框。

- Start 栏：设置所要扫描分析元件的起始值。
- Stop 栏：设置所要扫描分析元件的终止值。
- ＃ of 栏：设置扫描的点数。

- Increment 栏：设置扫描的增量值。

若选择 List 选项，在其右侧将出现 Value 栏，需要填入需要分析的参数。

(3) More Options 区：单击 Analysis Parameters 标签页底部的 More 按钮，弹出 More Options 对话框。在 Analysis to 栏中选择分析类型，包括直流工作点分析、交流分析和瞬态分析。选定分析类型后，单击 Edit Analysis 按钮，在弹出的对话框内对该项分析进行进一步的设置，设置方法与其对应分析类型设置相同。另外，选中 Group all traces on one plot 选项，可以将所要分析曲线放置在同一个图中显示。

对于图 3.76 所示电路，如选择电阻 R_{b1} 为分析元件，分析其阻值变化对电路输出波形的影响。设置 Sweep Variation Type 为 Linear；扫描范围为 10～30 kΩ；扫描点数为 3，即 R_{b1} 分别为 10 kΩ，20 kΩ 和 30 kΩ；并在 Output 标签页中，选定 8 节点作为分析节点。单击 Simulation 按钮，弹出该三极管放大电路参数扫描分析结果，如图 3.101 所示。通过该结果可以看出，当电阻 R_{b1} 阻值不同时，静态工作点不同，因此 8 节点输出波形不同。其中 R_{b1} 为 10 kΩ 时，失真最明显，正负峰值相差最大。

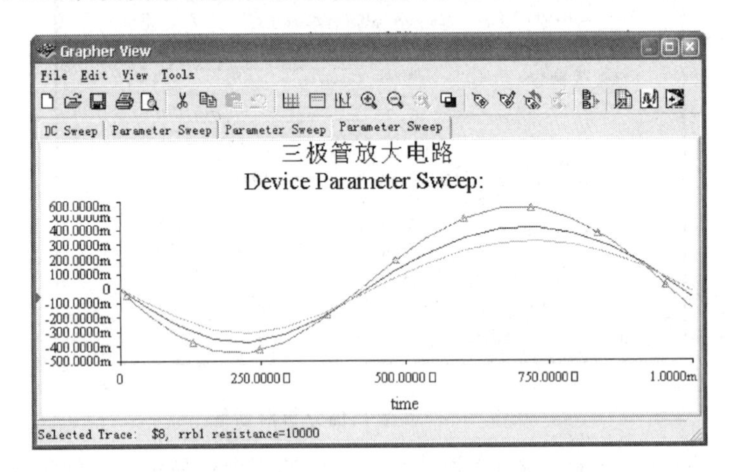

图 3.101　参数扫描分析结果

3. 温度扫描分析(Temperature Sweep Analysis)

温度扫描分析通过仿真在不同温度下的电路，来快速校验电路的运行，可以同时观察到在不同温度条件下的电路特性，相当于该元件每次取不同的温度值进行多次仿真。如果未使用温度扫描分析，则电路将默认温度为 27 ℃进行仿真。在进行温度扫描分析时，数字器件被视为高阻接地。

选择温度扫描分析后，弹出如图 3.102 对话框。Analysis Parameters 标签页包括以下内容。

- Sweep Parameters 区：选择扫描的参数为 Temperature，默认值为 27 ℃。
- Points to sweep 区：选择扫描方式。设置方法同参数扫描分析中的 Points to sweep 区。
- More Options 区：设置方法同参数扫描分析中的 More Options 区。

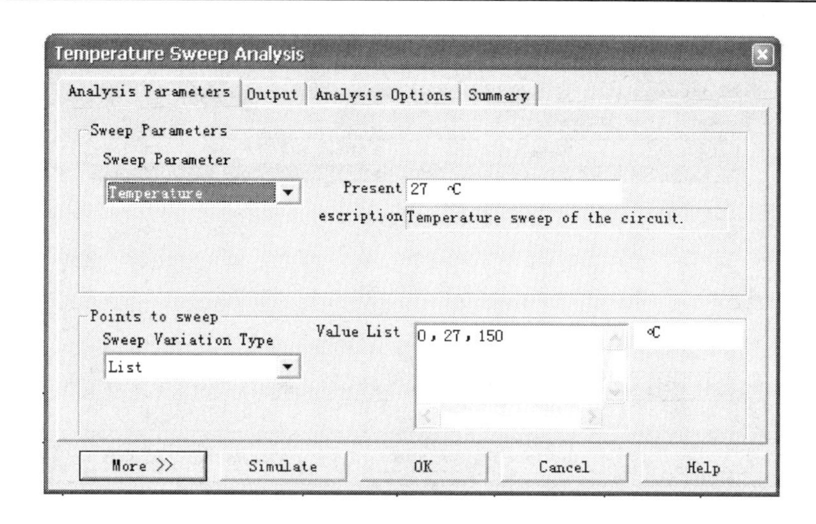

图 3.102　温度扫描分析对话框

对于图 3.76 所示电路，分析温度变化对电路输出波形的影响。按图 3.102 设置。仿真后的三极管放大电路温度扫描分析结果如图 3.103 所示。从仿真结果可以看出，温度变化将导致电路的静态工作点不同，因此输出波形不同，随温度升高，输出幅值减小。

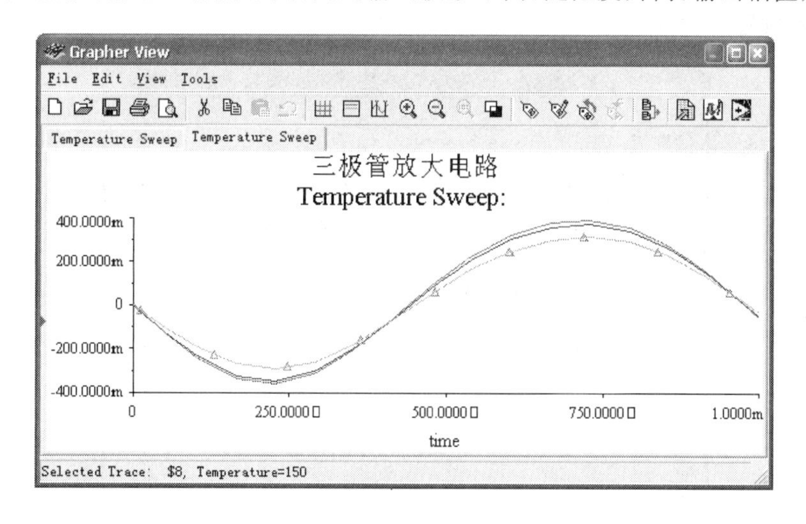

图 3.103　温度扫描分析对结果

3.4.4　统计分析

1. 最坏情况分析(Worst Case Analysis)

最坏情况分析是一种统计分析方法，适合对模拟电路、直流和交流小信号电路进行分析。所谓最坏情况分析是指在给定电路元件参数误差的情况下，估算出电路性能相对于标称值时的偏差。

选择最坏情况分析后，弹出如图 3.104 所示对话框。Model tolerance list 和 Analysis Parameters 标签页与直流工作点分析标签页的设置不同，其他详见 3.4.1 节。

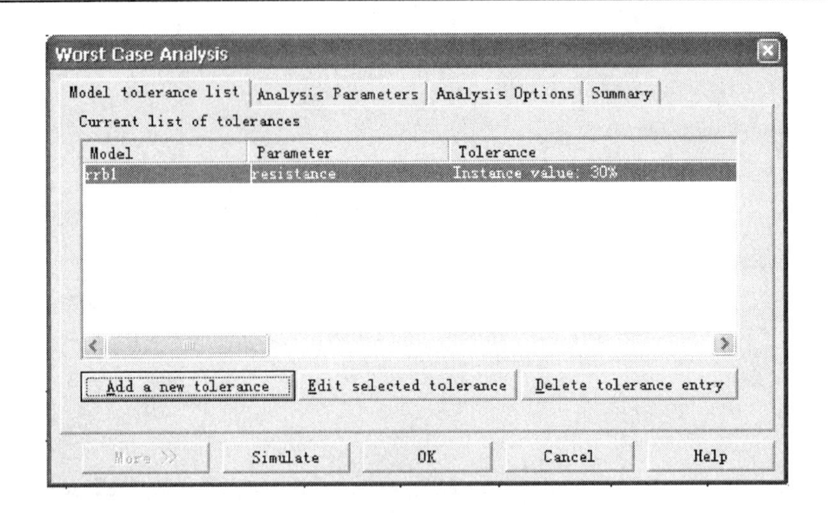

图 3.104　最坏分析对话框

（1）Model tolerance list 标签页：主要显示和编辑当前电路元件的误差。在 Current list of tolerances 区列出目前的元件参数模型，在该功能区下有 3 个按钮，可分别对元件的误差进行添加、编辑和删除等操作。单击 Add a new tolerance 按钮，弹出如图 3.105 所示的误差设置对话框。

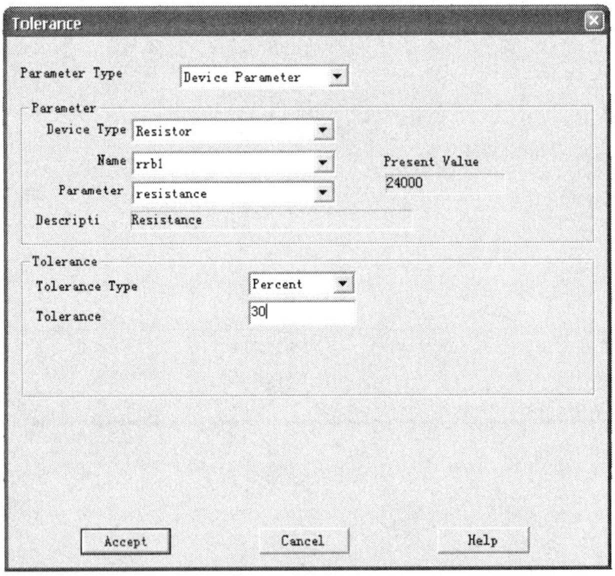

图 3.105　误差设置对话框

- Parameter Type 栏：选择所要设置的元件是元件参数（Device Parameter），还是模型参数（Model Parameter）。
- Parameter 区：其中 Device Type 栏选择所要分析的元件种类；Name 栏选择所要分析元件的序号；Parameter 栏选择所要分析元件的参数，不同种类的元件会有不同的参数；Parameter Value 栏显示选定分析元件参数的设定值；Description 栏显示对所要分析参数的说明。

- Tolerance 区：主要确定误差的方式。其中 Tolerance Type 栏选择误差的形式，包括绝对值(Absolute)和百分比(Percent)；Tolerance 栏中根据所选的误差形式，设置误差值。

当误差设置对话框设置完成后，单击 Accept 按钮即可。

此外，单击 Edit selected tolerance 按钮，也弹出如图 3.105 所示的 Tolerance 对话框，可对某个选中的误差项目进行编辑。单击 Delete tolerance entry 按钮，可以删除所选定的误差项目。

(2) Analysis Parameters 标签页：单击 Analysis Parameters 标签页，弹出如图 3.106 所示的分析参数设置对话框。

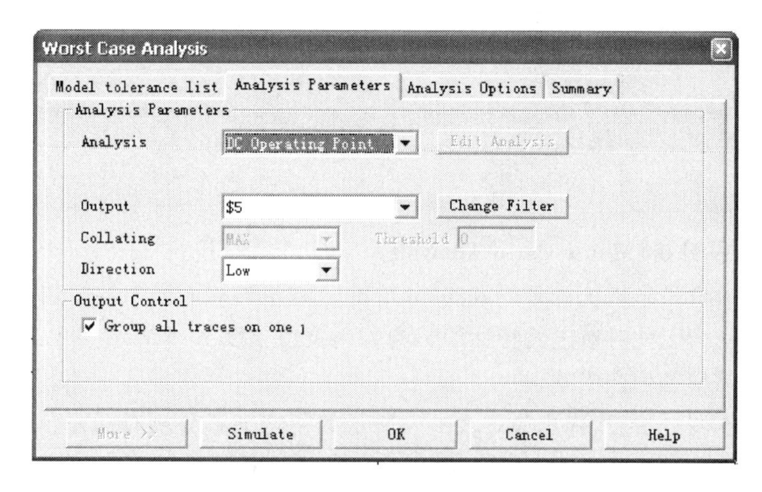

图 3.106　分析参数设置对话框

- Analysis 栏：选择所要进行的分析，包括交流分析和直流工作点分析选项。
- Output 栏：选择所要分析的输出节点。
- Collating 栏：选择分析方式，包括最大(MAX)、最小(MIN)、上升沿(RISE_EDGE)和下降沿(FALL_EDGE)选项。RISE_EDGE 和 FALL_EDGE 选项还需指定门槛电压(Threshold)。
- Direction 栏：选择误差变化方向，包括默认(Default)、低(Low)和高(High)。
- 选择 Group all traces on one plot 选项将所有仿真分析结果记录在一个图形中显示。

对于图 3.76 所示电路，如要分析 R_{b1} 的阻值对静态时 5 节点电位的影响，设 R_{b1} 阻值的误差为 30%，设置参数分别如图 3.105 和图 3.106 所示。单击 Simulate 按钮，弹出该三极管放大电路 R_{b1} 阻值对静态时 5 节点电位影响的最坏情况分析结果，如图 3.107 所示。从图3.107的最坏分析结果可以看出：当 R_{b1} = 24 kΩ 时，5 节点电位为 9.668 12 V；当 R_{b1} 阻值达到 30%误差，即最坏值 R_{b1} = 16.8 kΩ 时，5 节点电位为 8.816 90 V ，降低了 0.851 223 V(额定值的 8.443%)。

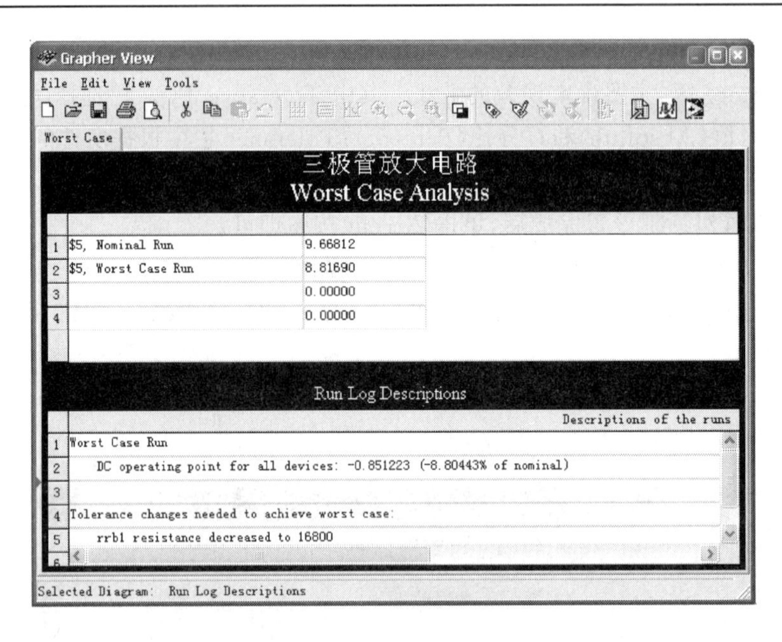

图 3.107 最坏分析结果

2. 蒙特卡罗分析(Monte Carlo Analysis)

蒙特卡罗分析是采用统计分析方法,分析给定电路中的元件参数按选定的误差分布类型在一定范围内变化时对电路特性的影响。用蒙特卡罗分析结果,可以预测电路在批量生产时的成品率和生产成本。

选择蒙特卡罗分析后,弹出如图 3.108 所示的蒙特卡罗分析对话框。该对话框包括 4 个标签页,除了 Model tolerance list 和 Analysis Parameters 标签页外,其余两个标签页的设置与直流工作点分析相同标签页的设置一样,详见 3.4.1 节,这里介绍 Model tolerance list 和 Analysis Parameters 标签页。

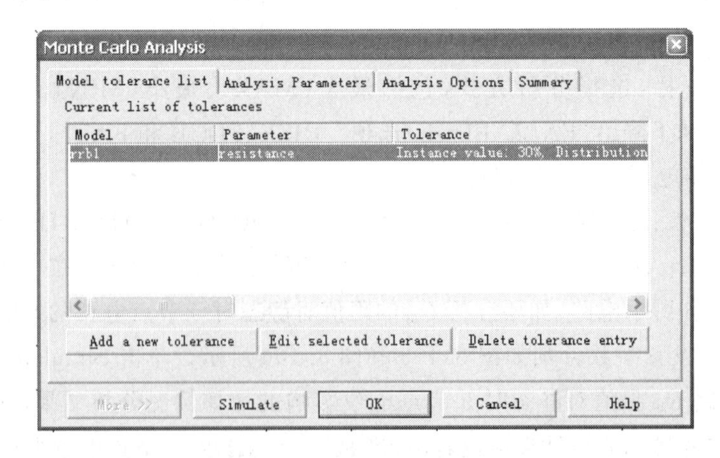

图 3.108 蒙特卡罗分析对话框

(1) Model tolerance list 标签页:主要显示和编辑当前电路元件的误差。在 Current list of tolerances 区列出目前的元件参数模型。在该区下有 3 个按钮,可分别对元件的误差进行添加、编辑和删除等操作。单击 Add a new tolerance 按钮,弹出如图3.109所示的 Tolerance 对话框。

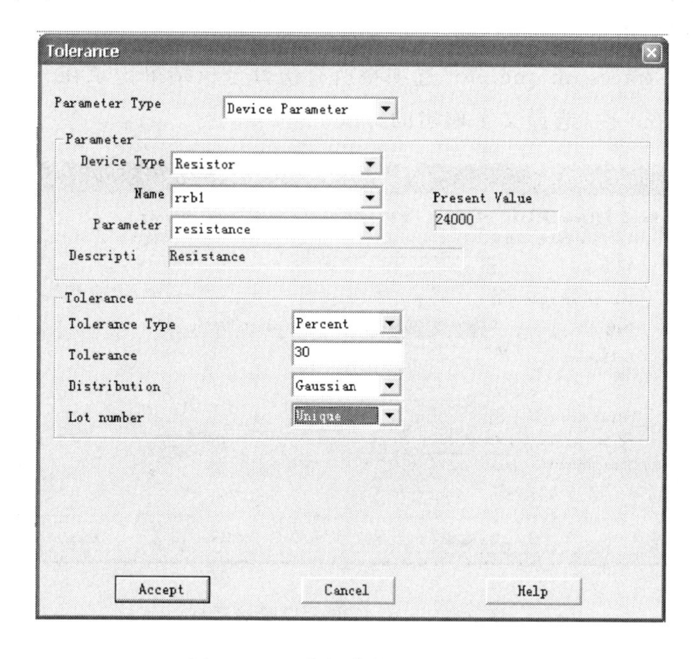

图3.109 分析参数设置对话框

- Parameter Type 栏:选择所要设置的元件是元件参数,还是模型参数。
- Parameter 功能区:其中 Device Type 栏选择所要分析的元件种类;Name 栏选择所要分析元件的序号;Parameter 栏选择所要分析元件的参数,不同种类的元件会有不同的参数;Parameter Value 栏显示选定分析元件参数的设定值;Description 栏显示对所要分析参数的说明。
- Tolerance 区:主要用于确定误差的方式。其中 Tolerance Type 栏选择误差的形式,包括绝对值和百分比;Tolerance 栏中根据所选的容差形式,设置误差值;Distribution 栏用于选择元件参数误差的分布类型,包括高斯分布和均匀分布。由于元件参数误差分布多呈现高斯曲线的分布形式,因此高斯分布更符合实际情况。
- Lot number 栏:选择误差随机数出现方式,包括 Lot 和 Unique。Lot 表示对各种元件参数都有相同的随机产生的误差率,较适合于集成电路;Unique 表示每一个元件参数随机产生的误差率各不相同,较适合于分立元件电路。

当 Tolerance 对话框设置完成后,单击 Accept 按钮即可。

此外,单击 Edit selected tolerance 按钮,也弹出如图3.109所示的 Tolerance 对话框,可对某个选中的误差项目进行编辑。单击 Delete tolerance entry 按钮,可以删除所选定的误差项目。

单击 Analysis Parameters 标签页,弹出如图3.110所示的分析参数设置对话框。

- Analysis 栏:选择所要进行的分析,包括直流工作点分析、交流分析和瞬态选项。
- Number of runs 栏:设定蒙特卡罗分析次数,必须大于等于2。

- Output 栏：选择所要分析的输出节点。
- Collating 栏：选择分析方式，包括最大、最小、上升沿和下降沿选项。上升沿和下降沿选项需指定门槛电压。
- Group all traces on one plot 选项将所有仿真分析结果记录在一个图形中显示。
- Text Output 栏：选择文字输出的方式。

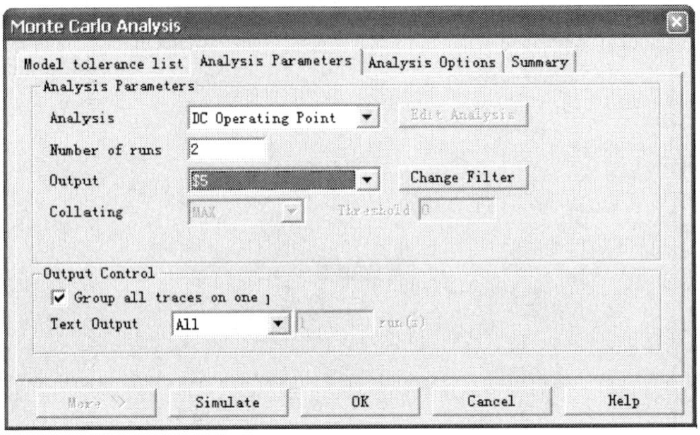

图 3.110 分析参数设置对话框

对于图 3.76 所示电路，如要分析 R_{b1} 的阻值对 8 节点输出电压的影响，设 R_{b1} 阻值的误差为 30%，参数误差呈高斯分布，设置参数分别如图 3.109 和图 3.110 所示。单击 Simulate 按钮，弹出该三极管放大电路 R_{b1} 阻值对 8 节点输出电压影响的蒙特卡罗分析结果，如图 3.111 所示。从图 3.111 的蒙特卡罗分析结果可以看出：当 R_{b1} 按所设定的参数误差分布时，8 节点输出电压波形变化不大。

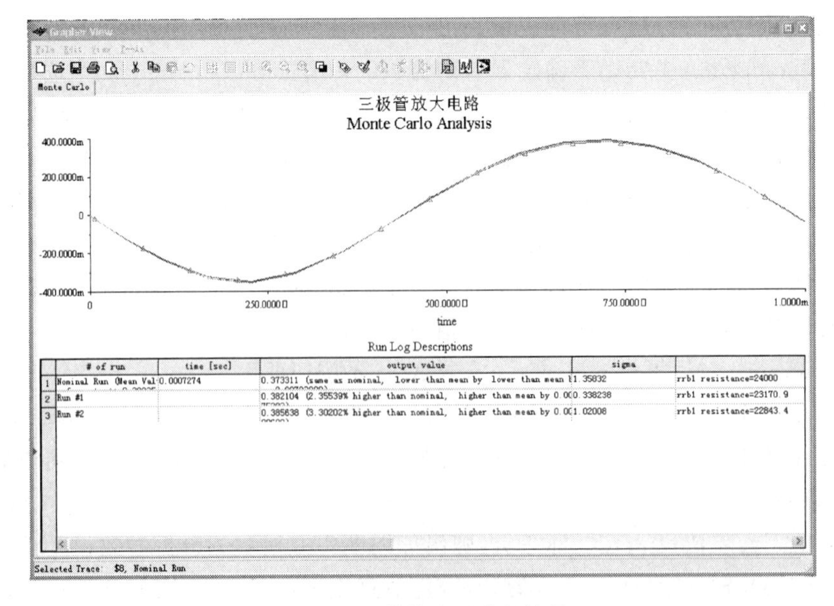

图 3.111 蒙特卡罗分析结果

3.4.5　其他分析

1. 布线宽度分析(Trace Width Analysis)

布线宽度分析是在制作PCB板时对走线(覆铜)有效地传输电流所允许最小宽度的分析。PCB板走线散发的功率不仅与其流过电流有关,还与走线的电阻有关,而走线电阻又与走线的横截面积有关。在制作PCB板时,走线的厚度受板材的限制,因此走线电阻主要取决于PCB设计者对走线宽度的设置。

选择布线宽度分析后,弹出如图3.112所示的布线宽度分析对话框。其中,Analysis Options和Summary标签页的设置与直流工作点分析标签页的设置一样,详见3.4.1节;Analysis Parameters标签页的设置与瞬态分析相同标签页的设置一样。

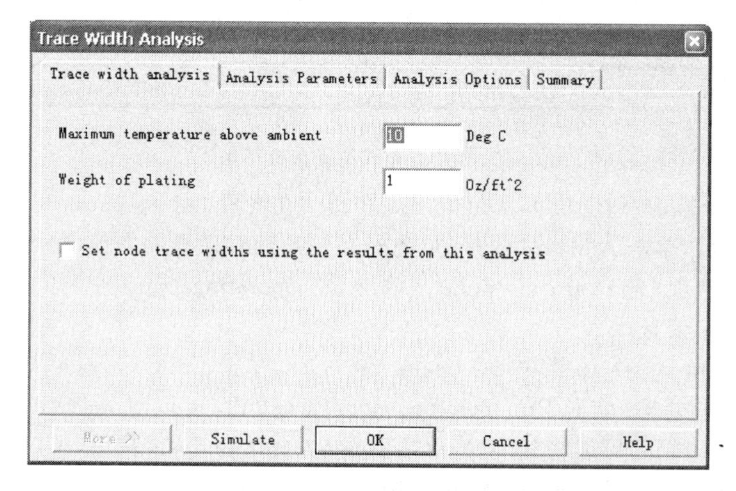

图3.112　布线宽度分析对话框

- Maximum temperature above ambient栏:设置布线温度超过环境温度的最大值。
- Weight of plating栏:设置布线宽度分析时所选布线的厚度。
- Set node trace widths using the results from this analysis栏:设置是否使用分析的结果来建立导线的宽度。

对于图3.76所示电路,如设置Maximum temperature above ambient为20,Weight of plating为1。单击Simulate按钮,弹出该三极管放大电路的布线宽度分析结果,如图3.113所示。

2. 批处理分析(Batched Analysis)

批处理分析是将同一电路的不同分析或不同电路的同一分析放在一起依次执行。例如图3.76所示的三极管放大电路,为了更好地理解电路的性能,常常需要通过直流工作点分析来确定电路的静态工作点,通过交流分析来观测其频率特性,通过瞬态分析来观测其输出波形。此时,利用批处理分析将会更加简捷方便。

选择批处理分析后,弹出如图3.114所示对话框。在对话框左侧Available栏选择所要执行的分析,选中后单击Add analysis按钮,则弹出所选分析类型的对话框。例如选择DC operating point后,单击Add analysis按钮,则弹出DC operating point analysis对话框。该对话框与直流工作点分析对话框(图3.77)基本相同,操作也一样,所不同的是图

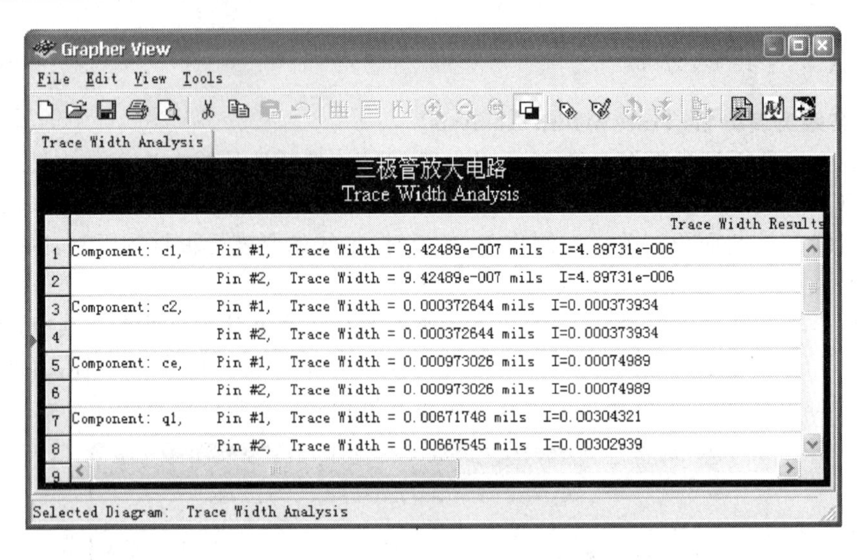

图 3.113　布线宽度分析结果

3.77 的 Simulation 按钮变成了 Add to list 按钮。在设置 DC operating point analysis 对话框各种参数后，单击 Add to list 按钮，此时在批处理对话框的右侧 Analyses to 栏中出现将要分析的选项 DC operating point。单击 DC operating point 左侧的“+”号，则显示出该分析的总结信息。

选中右侧 Analyses to 栏中 DC operating point，单击 Edit analysis 按钮，可以对其分析参数进行编辑处理；单击 Run Selected Analysis 按钮，可以对其进行仿真分析；单击 Delete Analysis 按钮，可以将其删除；单击 Remove all Analysis 按钮，可以将 Analyses to 栏选项全部删除；单击 Accept 按钮，可以保留 Analyses to 栏中所要选择设置。其他类型分析的操作相同。全部选择完后，单击 Run All Analysis 按钮，将依次完成所选分析的仿真。

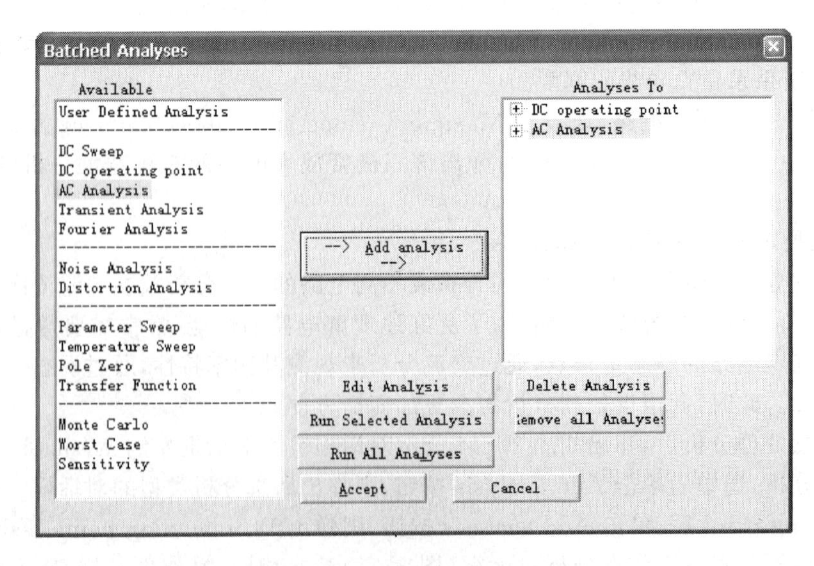

图 3.114　批处理分析对话框

3. 用户自定义分析(User Defined Analysis)

用户自定义分析可以由用户扩充仿真分析功能。选择用户自定义分析后，弹出如图3.115所示的批处理分析对话框。用户可在Commands文本框中输入可执行的SPICE命令，单击Simulate按钮即可执行此项分析。其余两个标签页的设置与直流工作点分析相同标签页的设置一样。

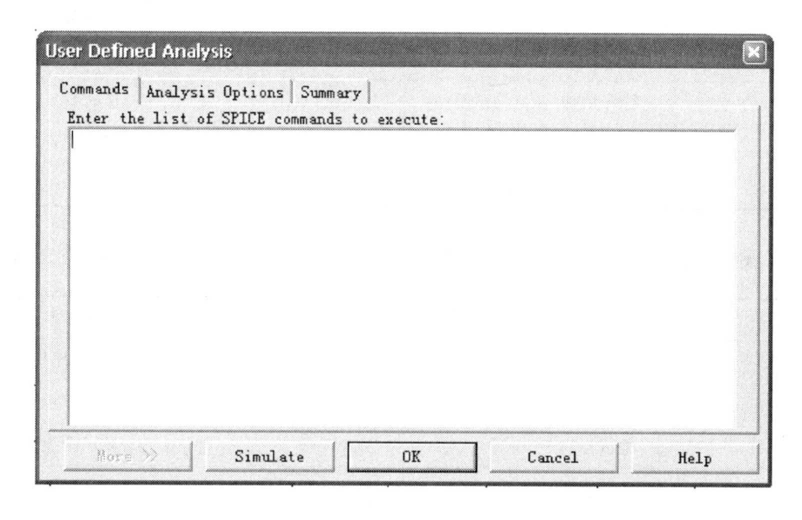

图3.115　用户自定义分析对话框

4. 射频分析(RF Analysis)

射频分析用于分析RF电路的电压增益、功率增益和输入/输出阻抗等参数。选择射频分析后，将弹出Use RF Network Analyses for RF Analyses对话框，单击确定后，弹出网络分析仪，使用网络分析仪可以完成电路的RF分析功能。关于网络分析仪的使用方法详见3.3.4节。

本章附录

1. File(文件)菜单：用于所创建电路文件的管理。

New	新建文件	Close Project	关闭工程
Open	打开文件	Print Circuit	打印电路
Close	关闭文件	Print Setup	打印设置
Save	保存文件	Print Circuit Setup	打印电路设置
Save as	另存为	Print Instruments	打印仪器波形图
New Project	新建工程	Print Preview	打印预览
Open Project	打开工程	Recent Files	最近打开的文件
Save Project	保存工程	Recent Projects	最近打开的工程

2. Edit(编辑)菜单:用于在电路绘制过程中,对电路和元件进行各种技术性处理。

Undo	撤销	Select All	全选
Redo	重做	Find	搜寻
Cut	剪切	Flip Horizontal	水平翻转
Copy	复制	Flip Vertical	垂直翻转
Paste	粘贴	90 Clockwise	顺时针旋转
Paste Special	特殊粘贴(如仅粘贴元件)	90 CounterCW	逆时针旋转
Delete	删除	Properties	打开属性对话框
Delete Multi-Page	删除多页面文件的一页		

3. View(窗口显示)菜单:用于确定仿真界面上显示的内容以及电路图的缩放。

Toolbars	工具栏	Zoom Out	缩小
Show Gird	显示栅格	Zoom Area	100%比例显示
Show Page Bounds	显示纸张边界	Zoom Full	全屏显示
Show Title Block	显示标题栏	Grapher	显示图表
Show Border	显示边界	Hierarchy	显示层次电路图
Show Ruler Bars	显示尺寸工具栏	Circuit Description Box	显示电路描述窗口
Zoom In	放大		

4. Place(放置)菜单:用于在电路窗口中放置元件、节点、总线、文本或图形等。

Component	元件	Subcircuit	子电路
Junction	节点	Replace by Subcircuit	用子电路代替
Bus	总线	Off-Page Connector	平行页连接器
Bus Vector Connect	总线连接器	Multi-Page	平行设计页
HB/SB Connector	层次电路的连接器	Text	文本
Hierarchical Block	层次电路块	Graphics	图形
Create New Hierarchical Block	创建层次电路块	Title Block	标题栏

5. Simulate(仿真)菜单:用于电路仿真的设置与操作。

Run	运行
Pause	暂停
Instruments	仿真仪表
Default Instrument Setting	默认仪表设置
Digital Simulation Settings	数字电路仿真设置
Analyses	仿真分析方法
Postprocessor	后处理器

续表

Simulation Error Log/Audit Trail	仿真错误记录/仿真轨迹
XSpice Command Line Interface	XSpice 命令窗口
VHDL Simulation	VHDL 仿真
Verilog HDL Simulation	Verilog HDL 仿真
Auto Fault Option	自动电路故障设置
Global Component Tolerances	全局元件误差设置

6. Transfer(文件输出)菜单:用于将 Multisim7 的电路文件或仿真结果输出到其他应用软件。

Transfer to Ultiboard V7	传送给 Ultiboard V7
Transfer to Ultiboard 2001	传送给 Ultiboard 2001
Transfer to other PCB Layout	传送给 PCB 设计软件
Forward Annotate to Ultiboard V7	对 Ultiboard V7 前向注释
Backannotate from Ultiboard V7	对 Ultiboard V7 返回注释
Highlight Selection in Ultiboard V7	高亮度显示选择的 Ultiboard V7 元件
Export Simulation Results to Mathcad	仿真结果输出到 Mathcad
Export Simulation Results to Excel	仿真结果输出到 Excel
Export Netlist	输出网络表

7. Tool(工具)菜单:用于编辑或管理元件库和元件。

Database Management	元件库管理
Symbol Editor	符号编辑器
Component Wizard	元件创建导向
555 Timer Wizard	555 定时器创建导向
Filter Wizard	滤波器创建导向
Electrical Rule Check	电气特性规则检查
Renumber Components	元件重新编号
Replace Components	元件替换
Update HB/SB Symbols	更新 HB/SB 符号
Convert V6 Database	将 Multisin6 数据库转换成 Multisin7 格式
Modify Title Block Data	修改标题栏
Title Block Editor	标题栏编辑器
Internet Desing Sharing	启动 Internet 共享
Goto Education Web Page	连接教育网站
EDAparts. com	连接 EDAparts. com

8. Reports(报告)菜单:用于输出关于电路的各种统计报告。

Bill of Materials	元件清单
Component Detail Report	元件细节报告
Netlist Report	网络表报告
Schematic Statistics	原理于统计报告
Spare Gates Report	空闲门报告
Cross Reference Report	交叉引用报告

9. Options(选项)菜单:用于定制电路的界面和电路某些功能的设定。

Preferences	参数选择对话框
Customize	用户界面个性化设置
Global Restrictions	全局限制对话框
Circuit Restrictions	电路限制
Simplified Version	简化版本

10. Windows(窗口)菜单:用于控制电路窗口显示。

Cascade	层叠显示
Tile	所有显示
Arrange Icons	最小化

11. Help(帮助)菜单:为用户提供在线技术帮助和使用指导。

Multisim7 Help	帮助主题目录
Multisim7 Reference	帮助主题索引
Release notes	版本注释
About Multisim7	有关 Multisim7 说明

第 4 章　PROTEUS MCU 仿真软件

PROTEUS(海神)软件是英国 Labcenter electronics 公司开发的 EDA 工具软件。PROTEUS 组合了高级原理布图、混合模式 SPICE 仿真、PCB 设计以及自动布线来实现一个完整的电子设计系统。PROTEUS 的最大特色在于能够仿真基于微控制器的系统，本章主要介绍 PROTEUS 的仿真过程实现。

4.1　PROTEUS 软件概述

4.1.1　PROTEUS sp3 professional 软件的功能

PROTEUS 是一种基于标准仿真引擎 SPICE3F5 的混合电路仿真工具，既可以仿真模拟电路，又可以仿真数字电路以及数字、模拟混合电路，其最大的特色在于能够仿真基于微控制器的系统。

PROTEUS 6.7 sp3 professional 软件的功能特点如下：

- 具有原理图绘制、仿真、PCB 设计功能。
- 能够进行模拟电路、数字电路、单片机及其外围电路组成的系统的仿真，RS232 动态仿真，I2C 调试器、SPI 调试器、键盘和 LCD 系统仿真的功能。
- 有各种虚拟仪器，如示波器、逻辑分析仪、信号发生器等，能够进行各种信号分析，如：模拟分析、数字分析、混合信号分析、频率分析、DC SWEEP 分析、AC SWEEP 分析、Transfer 分析、Noise 分析、Distortion 分析、Fourier 分析、Audio 分析、Interactive 分析、Conformance 分析。
- 目前支持的单片机类型：68000、8051、AVR、PIC12、PIC16、PIC18、Z80、HC11 等系列。还有两种 RISC 的 AVR 系列和 PIC 系列，每个系列又有很多种不同的型号可供选择，如 AVR 系列有 TINY10、TINY11、TINY12、TINY15、AT90S2313、AT90S2323、AT90S2333、AT90S2343、AT90S4433、AT90S4434、AT90S8515 及 ATMEGA103 等。
- 有比较丰富的元器件模型，单片机系统设计中常用的外围器件，如总线驱动器 74LS373、可编程外围定时器 8253、并行接口 8255、多位数码管、LCD 模块、矩阵式键盘、实时时钟 DS1302、多种 D/A 和 A/D 转换器等都可直接调用。另外，使用者也可以自己建立新的元器件模型。
- PROTEUS 能够运行于 Win98/2000/XP 环境，界面友好，使用方便。
- 对基于 MCS51 及其派生系列单片机的设计系统，PROTEUS 可以很方便地与 Keil uVision 集成开发环境连接，程序编译好之后，立即可以进行软、硬件结合的系统仿真。

总之，该软件是一款集单片机和 SPICE 分析于一身的仿真软件，不仅能仿真单片机 CPU 的工作情况，也能仿真单片机外围电路或没有单片机参与的其他电路的工作情况。因此在仿真和程序调试时，关心的不再是某些语句执行时单片机寄存器和存储器内容的改变，而是从工程的角度直接观察程序运行和电路工作的过程和结果。对于这样的仿真过程，从某种意义上讲，弥补了设计和工程应用间脱节的矛盾和现象。

4.1.2　PROTEUS 6.7 sp3 professional 软件的安装

目前，PROTEUS 分为专业版（PROTEUS Professional）、专业版 Demo 和共享版（PROTEUS Lite）。PROTEUS 专业版 Demo 专门针对那些希望评估专业版软件的潜在用户。它与共享版不同的是它不能保存及打印，但具备专业版软件的所有功能，包括基于网表的自动器件布局、自动布线和基于图形的仿真。PROTEUS Lite 是 PROTEUS Professional 的共享版软件，它的目标是爱好者或学生，但不禁止商业使用。PROTEUS Lite 不包括专业版中的任何 VSM 模型或虚拟仪器，如需要必须另外购买专业版的 VSM。

1. 安装

（1）调整屏幕分辨率

PROTEUS 软件对计算机屏幕分辨率的要求一般较高，否则将会对实现造成一定的影响。例如，在 PROTEUS 的高级智能原理图绘制过程中，选择元器件的某些操作面板将会被遮挡一部分，此时将无法看到元器件的外观和封装图形。因此，为了保证具体开发工作的顺利进行，建议安装 PROTEUS 软件之前将屏幕分辨率设置到 1024×768 像素或以上。

（2）运行 PROTEUS 6.7 安装软件

运行 SETUP，按提示进行。安装过程可以选择要安装的软件（ISIS、PROSPICE 或 ARES）及安装目录，直至完成。第一次运行，须安装 LicenceKey，运行 LicenceKey 目录下的 LICENCE.EXE，单击 Install 即可。

2. PROTEUS 6.7 sp3 professional 软件组成

PROTEUS 软件由 ISIS、ARES 和 PROTEUS VSM 组成。

- ISIS（Intelligent Schematic Input System）智能原理图输入软件。ISIS 是 PROTEUS 系统的中心。其快捷启动图标为。
- ARES（Advanced Route and Edit Software）高级布线编辑软件。ARES 具有 32 位数据库，具有元件自动布置、撤销和重试等自动布线功能；ARES 也支持手动布线，系统限制相对较少。其快捷图标为。
- PROTEUS VSM（Virtual System Modelling）是一个完整的嵌入式系统软、硬件设计仿真平台，包括原理布图系统 ISIS、带扩展的 Prospice 混合模型仿真器、动态器件库、高级图形分析模块和处理器虚拟系统仿真模型 VSM、PROSPICE 混合模型、SPICE 仿真、可以升级到独特的虚拟系统模型技术的工业标准 SPICE3F5 仿真器；PROSPICE 是结合 ISIS 原理图设计环境使用的混合型电路仿真器。基于工业标准 SPICE3F5 的模拟内核，加上混合型仿真的扩展以及交互电路动态，PROSPICE 提供开发和测试设计的强大交互式环境。

4.1.3　PROTEUS 6.7 sp3 的主工作界面

PROTEUS 6.7 sp3 安装完成后，PROTEUS 6.7 sp3 的图标会出现在桌面上，直接用鼠标双击 PROTEUS 的快捷启动图标，即可快速启动 ISIS。其主界面如图 4.1 所示。

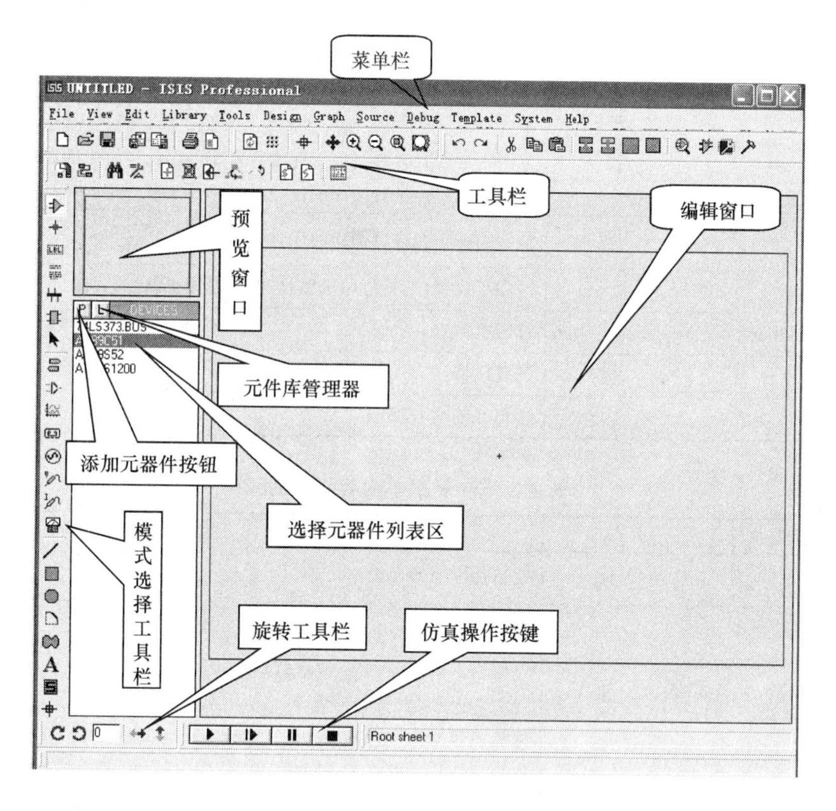

图 4.1　PROTEUS 6.7 sp3 ISIS 工作界面

首先熟悉界面上各种图标的功能，移动鼠标放置在各个图标上，则自动显示该图标的功能。由图 4.1 可见，ISIS 集成开发环境由菜单栏、工具栏、预览窗口、编辑窗口、旋转工具栏、仿真操作按键等部分组成。

1. 菜单栏

菜单栏包含 File、View、Edit、Library、Tools、Design、Graph、Source、Debug、Template、System、help 选项，各部分包含内容和功能如表 4.1～4.12 所示。

表 4.1　File 菜单内容与功能

File 文件菜单内容	图　标	功　能
New Design		新建一个空白设计窗口
Load Design		打开一个 PROTEUS 6.7 sp3 可以识别的已存在文件，同时启动 PROTEUS 6.7 sp3 中相应的设计系统和编辑器
Save Design		保存当前正在进行操作的设计项目
Save Design as		将当前正在进行操作的项目保存为另外一个设计项目
Design as Template		将当前正在进行操作的设计项目保存为模板文件
Import Bitmap		导入位图到当前正在进行操作的设计项目中
Import Section		导入 *.sec 文件到当前正在进行操作的设计项目中
Export Section		从当前正在进行操作的设计项目中导出原理图。若选中一部分则导出选中部分，不选择时导出所有电路图，并存为 *.sec 文件
Export Graphics		以图片的形式导出当前正在进行操作的设计项目中的原理图
Mail to		发送当前正在进行操作的设计项目
Print		打印当前正在进行操作的设计项目
Printer Setup		打印机设置(选择打印机型号，改变打印机属性，选择打印纸张等)
Printer Information		打印机信息
Set Area		设置区域
Exit		退出并关闭 ISIS

表 4.2　View 菜单内容与功能

View(查看)菜单	图标	功能
Redraw		取消选定元器件操作
Grid		栅格的显示与隐藏
Origin		编辑窗口原点，按下键盘“O”键，则将当前光标位置设为原点，再按“O”键则为系统默认原点
X cursor		编辑窗口显示小光标或大十字光标
Snap 10th		控制编辑窗口栅格 10 倍间距
Snap 50th		控制编辑窗口栅格 50 倍间距
Snap 100th		控制编辑窗口栅格 100 倍间距
Snap 500th		控制编辑窗口栅格 500 倍间距
Pan		编辑窗口以鼠标位置为中心显示
Zoom In		编辑窗口放大
Zoom Out		编辑窗口缩小
Zoom to Area		选择区域显示
Zoom All		编辑窗口全视
Toolbars		工具栏(File toolbar、View toolbar、Design toolbar、Edit toolbar)快捷图标的显示与关闭

表 4.3　Edit 菜单的内容与功能

Edit(编辑)菜单	图标	功能
Undo		撤销前一次操作
Redo		恢复前一次操作
Find and Edit Component		查找并编辑元器件
Edit Object Under Cursor		编辑鼠标所选器件
Cut to clipboard		剪切
Copy to clipboard		复制
Paste from clipboard		粘贴
Send to back		下移一层
Bring to front		上移一层
Tidy		清除放在编辑窗口外的元器件

表 4.4　Library 菜单内容与功能

Library(库)菜单	图　标	功　能
Pick Device/Symbol		选择元器件/符号
Make Device		制作电气特性的元件
Make Symbol		制作符号
Packaging Tool		封装工具
Store Local Object		存储当前对象
Decompose		拆分所选器件
Compile to Library		编译元器件入库
Autoplace Library		元件自动摆放
Verify Packaging		封装验证
Library Manager		库管理器,库排序

表 4.5　Tools 菜单内容与功能

Tools(工具)菜单	图　标	功　能
Real Time Annotation		自动对元器件进行编号,如 U1,U2,…
Real Time Snap		实时捕捉。使用该功能时,能够捕捉不在当前设置栅格的上管脚或连线并进行连接。在速度较慢的计算机上画复杂图时,会产生滞后,此时最好将此功能关闭
Wire Auto Router		线路自动路径器
Search and Tag		搜寻并标记设计组里的元件(search、AND search、OR search)
Property Assignment Tool		属性任务管理工具,对设计组里的元器件重新封装、重新命名等操作
Global Annotator		全局自动标注器
ASCII Data Import		ASCII 数据输入
Bill of Materials		生成元件表
Electrical Rule Check		电气规则检查
Netlist Compiler		网络表编译器
Model Compiler		模型编译器,生成 *.mdf 文件
Netlist to ARES		生成网络表并连接到 ARES
Backannotate from ARES		根据 ARES 对元件编号

表 4.6　Design 菜单内容与功能

Design(设计)菜单	图标	功能
Edit Design Properties		编辑设计属性(包括作者、题目、版本等)
Edit Sheet Properties		编辑图纸属性(图纸题目、名称、标注起始值)
Edit Design Notes		编辑设计注释(设计注释和调试注释)
Configure Power Rails		配置电源(添加电源、地,并显示未连接的网络)
New Sheet		新建图纸
Remove Sheet		删除图纸
Goto Sheet		转向设计(主,子)图
Previous Sheet		上一张图纸
Next Sheet		下一张图纸
Zoom to Child		转向子图,可以选择转向的子图名称
Exit to Parent	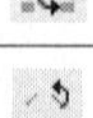	返回主图

表 4.7　Graph 菜单内容与功能

Graph(图表)菜单	功　　能
Edit Graph	编辑图表
Add Trace	添加跟踪探针
Simulate Graph	仿真图表,进行一致性分析
View log	查看 log 文件
Export Data	输出数据
Conformance Analysis(All Graphs)	一致性分析
Batch Mode Conformance Analysis	多组分析

表 4.8　Source 菜单内容与功能

Source 菜单内容	功　能
Add /Remove Source files	添加/删除源代码文件,选择源文件和代码生成工具
Define Code Generation	代码生成器(改变编译器时用到),设置代码生成器工作环境
Setup External Text Editor	设置外部文本编辑器(ISIS 使用的是 SRCEDIT 编辑器)
Build All	编译所有源文件

表 4.9　Debug 菜单内容与功能

Debug 菜单内容	功　能
Start/Restart Debugging	运行/复位
Pause Animation	暂停仿真
Stop Animation	停止仿真
Execute	连续运行
Execute Without Break point	无断点运行
Execute for Specified Time	给定时间运行
Step over	单步运行,遇到子函数会直接跳过
Step into	遇到子函数会进入其内部
Step out	跳出当前函数,使用它会立即退出该函数返回上一级函数
Step to	运行到鼠标所在行
Reset Popup Windows	设置 Popup 窗口(包括 Status Windows、Memory Windows、Source code Windows)
Reset Persistent Model Data	设置连续模型数据
Use Remote Debug Monitor	远程监控
Tile Horizontally	水平
Tile Vertically	垂直

表 4.10　Template 菜单内容与功能

Template(模板)菜单	功　能
Goto Master Sheet	回到主图
Set Design Defaults	图纸默认属性(背景色、仿真色、字体)
Set Graph Colours	设置图画颜色
Set Graphics Styles	设置图形格式
Set Graphics text	设置文本格式(字体、字形、颜色)
Set Junction dots	设置导线连接点(大小、形状等)
Load Styles from Design	选取设计样式

表 4.11　System 菜单的内容与功能

System(系统)菜单内容	功能
System Information	系统信息
Text Viewer	显示仿真日志
Set Bom Scripts	设置元件报表文件(HTML、ASCII、Compact CSV、Full CSV 4 种输出形式)
Set Environment	设置环境(自动备份时间、撤销步数、提示延时时间、初始设置、光标类型等)
Set Paths	设置路径(模板、库、模型、仿真结果的路径)
Set Property Definitions	设置元件特性(用于自制元器件时数据类型等设定)
Set sheet sizes	设置纸张尺寸大小
Set Text Editor	设置文本编辑器(字体、字形、大小)
Set Keyboard Mapping	快捷键设置
Set Animation Options	设置仿真选项 (如仿真速度、电压、电流范围,动画选项等)
Set Simulator Options	设置仿真器选项 (如容限、MOSFET、温度等)
Save Preferences	保存设置

表 4.12　Help 菜单内容与功能

Help(帮助)菜单内容	功　能
Isis Help	ISIS 帮助
PROTEUS VSM Help	PROTEUS VSM 帮助
PROTEUS VSM SDK	PROTEUS VSM SDK 帮助
Sample Designs	设计示例
Stop Press	以前版的 PROTEUS
About IsIs	关于 ISIS

2. 预览窗口(Place Preview)

该窗口显示两部分内容,当在元件列表中选择一个元件时,显示该元件的预览图;当鼠标焦点落在原理图编辑窗口时(即放置元件到原理图编辑窗口后或在原理图编辑窗口中单击鼠标后),显示整张原理图的缩略图,并显示一个绿色方框,绿色方框里面的内容为当前原理图窗口中显示的内容。此时可用鼠标单击改变绿色方框的位置,从而改变原理图的可视范围。

在预览窗口上单击鼠标左键,将会以单击位置为中心刷新编辑窗口。其他情况下,预览窗口显示将要放置的对象的预览。Place Preview 特性在下列情况下被激活:

- 当一个对象在选择器中被选中;
- 当使用旋转或镜像按钮时;
- 当为一个可以设定朝向的对象选择类型图标时(例如:Component icon、Device Pin icon 等等);
- 当放置对象或者执行其他非以上操作时,Place Preview 会自动消除。

3. 原理图编辑窗口(The Editing Window)

该窗口用来绘制原理图,蓝色方框内为可编辑区,元件要放在蓝色方框内。编辑窗口显示正在编辑的电路原理图,可以通过 View 菜单的 Redraw 命令刷新显示内容,同时预览窗口中的内容也将被刷新。该窗口没有滚动条,须用预览窗口改变原理图的可视范围。

要使编辑窗口显示一张大的电路图的其他部分,可以通过如下方式实现:

- 用鼠标左键单击预览窗口中需要显示的位置,将使编辑窗口显示以鼠标单击位置为中心的内容;
- 编辑窗口内移动鼠标,按下 SHIFT 键,用鼠标"撞击"边框,这会使显示平移,称为 Shift-Pan;
- 用鼠标指向编辑窗口并按缩放键,以鼠标指针位置为中心重新显示。

4. 模式选择工具栏(Mode Selector Toolbar)

模式选择工具栏包括主要模型、配件和 2D 图形。其中主要模型用于绘制电路原理图;配件包括仿真图表、信号发生器等,主要用于系统仿真;而 2D 图形主要用于绘制元件。该栏内容不能隐藏,因为菜单栏上没有这些内容。元件列表选择器(The Object Selector)用于选择元件(Components)、终端接口(Terminals)、信号发生器(Generators)、仿真图表(Graph)等。单击"P"按钮打开选择元件对话框,选择一个元件后(单击"OK"按钮),该元件就会在元件列表中显示,以后要用到该元件时,只需在列表元件中选择即可,如图 4.1 和图 4.2 所示。

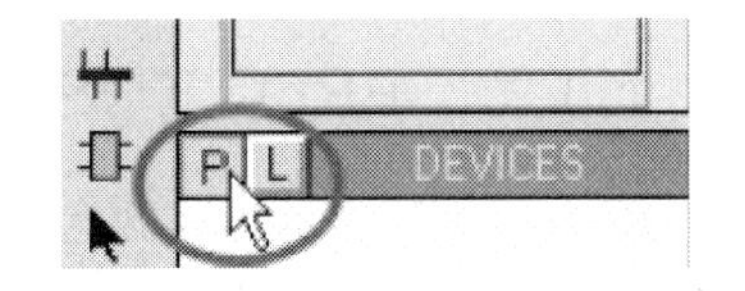

图 4.2　元件列表选择器

5. 旋转工具栏(Orientation Toolbar)

旋转工具栏完成元件的旋转,旋转时连线同时变化。

- 旋转 :只能按 90 度的整数倍旋转。
- 翻转 :完成水平翻转和垂直翻转,以元件本身的原点为基准进行翻转。

使用方法:先右键单击选择元件,再单击(左击)相应的旋转图标,或输入旋转角度后按"ENTER"键,即可实现元件的旋转。

6. 仿真操作功能键

仿真控制按钮及功能如表 4.13 所示。

表 4.13 仿真控制按钮及功能

按钮	功能
▶	连续运行
I▶	单步运行，可以观察程序的运行并进行调试
II	暂停
■	停止

7. 坐标系统(Co-ordinate System)

ISIS 中坐标系统的基本单位是 10 nm，主要是为了和 ARES 保持一致。但坐标系统的识别(Read-out)单位被限制在 1 thou。坐标原点位于工作区的中间，所以既有正坐标值，又有负坐标值。坐标位置指示器位于屏幕的右下角。

4.1.4 PROTEUS 软件的文件类型

PROTEUS 软件使用的文件类型包括以下几种。

- Design Files (.DSN)：包含设计电路的所有信息，扩展名为“DSN”。ISIS 以前的版本曾用过的扩展名有“ISS”、“IDS”、“IIWS”，如果在 PROTEUS 目录下安装了文件转换器 IDSCVT40.DLL 和(或)IWSCVT40.DLL，可以自动将其转换为 *.DSN 文件。
- Backup Files (.DBK)：当保存一个已经存在的文件时会产生备份文件。
- Section Files (.SEC)：以文件形式导出部分或全部原理图，然后可以读入到其他文件中，扩展名是“SEC”。可以用文件(File)菜单中的“导入(Import)”和“导出(Export)”命令实现。
- Module Files (.MOD)：模块文件的扩展名是“MOD”，可以和其他的功能一起使用来实现层次设计。
- Library Files (.LIB)：符号和器件的库文件，扩展名是“LIB”。
- Netlist Files (.SDF)：网络表文件，连接到 PROSPICE 和 ARES 时，生成文件的扩展名是“SDF”。SDF(Standard Delay Format，标准延迟格式)采用 ASCII 格式。

4.1.5 PROTEUS 提供的系统资源

PROTEUS 的系统资源包括：仿真元件资源库、虚拟仪器资源、仿真模型资源库、PROTEUS 的测试信号。

1. 仿真元件资源库

PROTEUS 软件提供了可仿真数字和模拟、交流和直流等数千种元器件和多达 30 多个元件库。该软件的 micro 库里有：51 系列、Motorola 68HC11 系列，还有两种 RISC 的 AVR 系列和 PIC 系列，每个系列又有很多种不同的型号可供选择。除了单片机芯片，还需要一些外设元件供其使用，PROTEUS 中提供了诸如基于 HD44780 芯片的字符 LCD、基于 T6963C 芯片的点阵 LCD 单片机、I2C 存储器、RAM、PLD(SimplePLD)等等，丰富的元器件使得 PROTEUS 不仅适合单片机入门级学习，同样可以用于单片机系统开发。元件库见本章附录。

2. 虚拟仪器资源

虚拟仪器仪表的数量、类型和质量，是衡量仿真软件是否合格的一个关键因素。在

PROTEUS 软件中，理论上同一种仪器可以在一个电路中随意的调用。除了现实存在的仪器外，PROTEUS 还提供了一个图形显示功能，可以将线路上变化的信号，以图形的方式实时地显示出来，其作用与示波器相似，但功能更多。这些虚拟仪器仪表具有理想的参数指标，例如极高的输入阻抗、极低的输出阻抗，这些都尽可能地减少了仪器对测量结果的影响。具体的虚拟仪器和仿真信号见本章附录。

3. 仿真模型资源库

PROTEUS 包含了大量用于仿真的模型，除了微控制器 MCU 模型外，还包含超过 8 000 种器件模型。模型库资源见本章附录。

4. PROTEUS 的测试信号

PROTEUS 提供了比较丰富的测试信号用于电路的测试。这些测试信号包括模拟信号和数字信号。具体的测试信号见本章附录。

4.2 绘制原理图

绘制原理图之前，应首先构造好原理图，并设置相应的工作环境，包括模板选择、图纸的大小、Animation 选项等。

原理图的绘制包括元件的选择、放置及方向的旋转等操作以及元件之间的具体连接，涉及到的操作包括基本编辑工具的操作、定制元件的方法。

注意原理图编辑窗口的操作不同于常用的 Windows 应用程序，正确的操作是：左键放置元件；右键选择元件；双击右键删除元件；右键拖选多个元件；先右键后左键编辑元件属性；先右键后按住左键拖动元件；连接导线用左键，删除用右键；改连接线，先选中再左键拖动；中键（滚轮）放大缩小原理图。

4.2.1 基本编辑工具

1. 放置对象（Object Placement）

ISIS 支持多种类型的对象，每一类型对象的具体作用和功能不同。虽然类型和功能不同，但放置对象的步骤相同。其具体步骤如下（To place an object）：

（1）根据对象的类别在工具箱选择相应模式的图标（mode icon）。

（2）根据对象的具体类型选择子模式图标（sub-mode icon）。

（3）如果对象类型是元件、端点、管脚、图形、符号或标记，从元件选择列表框里选择对象的名字。对于元件，可能首先需要从库中调出。

（4）如果对象有方向，将会在预览窗口显示出来，可以通过单击旋转和镜像图标调整对象的方向。

（5）移动鼠标到编辑窗口并单击左键放置对象。

对于不同的对象，确切的步骤可能略有不同，但基本操作类似。

2. 选中对象（Tagging an Object）

用鼠标指向对象并单击右键可以选中该对象，同时选中对象高亮显示，此时可以编辑选中对象。

(1) 选中对象时同时选中该对象上的所有连线；

(2) 要选中一组对象,可以通过依次右击选中每个对象的方式,也可以通过右键拖出一个选择框的方式,但只有完全位于选择框内的对象才可以被选中；

(3) 在空白处单击鼠标右键可以取消所有对象的选择。

3. 删除对象(Deleting an Object)

用鼠标指向选中的对象并单击右键可以删除该对象,或者在要删除对象上双击鼠标右键。注意,该操作同时删除该对象的所有连线。

4. 拖动对象(Dragging an Object)

用鼠标指向选中的对象并用左键拖曳可拖动该对象,同时拖曳该对象上的所有连线。

(1) 如果已经使能 Wire Auto Router 功能,被拖曳对象上所有的连线将会重新分布。该操作需要一定的时间(10 秒左右),尤其在对象有很多连线的情况下,这时鼠标指针将显示为沙漏状态,等待重新变为指针时再进行下一操作。

(2) 当误拖动一个对象时,所有的连线都变成了一团糟,使用 Undo 命令可以撤销操作,恢复原来状态。

5. 拖动对象标签(Dragging an Object Label)

许多类型的对象有一个或多个属性标签附着。例如,每个元件有一个“reference”标签和一个“value”标签。可以很容易地移动这些标签使电路图看起来更美观。移动标签的步骤如下(To move a label):

(1) 选中对象；

(2) 用鼠标指向标签,按下鼠标左键；

(3) 拖动标签到需要的位置。如果想要定位更精确的话,可以在拖动时改变捕捉的精度(使用 F4、F3、F2、Ctrl+F1 键)。

6. 调整对象大小(Resizing an Object)

子电路(Sub-circuits)、图表、线、框和圆可以调整大小。当选中这些对象时,对象周围会出现称做“手柄”的白色小方块,可以通过拖动这些“手柄”来调整对象的大小。调整对象大小的步骤如下(To resize an object):

(1) 选中对象,尽量将鼠标放置在对象的边框位置,再单击右键选中。

(2) 如果对象可以调整大小,对象周围会出现 “手柄”。

(3) 用鼠标左键拖动这些“手柄”到新的位置,可以改变对象的大小。在拖动的过程中手柄会消失以防止和其他对象的显示混叠。

7. 调整对象方向(Reorienting an Object)

许多对象可以按照 0°、90°、270°、360°或通过 x 轴 y 轴镜像调整方向。当该类型对象被选中后,旋转工具栏中的图标会从蓝色变为红色,然后就可以改变对象的方向。调整对象方向有两种方法:通过旋转工具栏和通过 (Rotate/reflect tagged objects)设置实现。通过旋转工具栏实现旋转的方法见 4.1.3 节,下面介绍利用 实现的元件旋转:

(1) 选中对象；

(2) 用鼠标左键单击 图标,出现对话框如图 4.3 所示,选中 Mirror X 或 Mirror Y,在某位置单击鼠标左键,则使对象相对鼠标位置进行镜像,同时也可以设置角度(注意只能设置 0°、90°、270°、360°)。

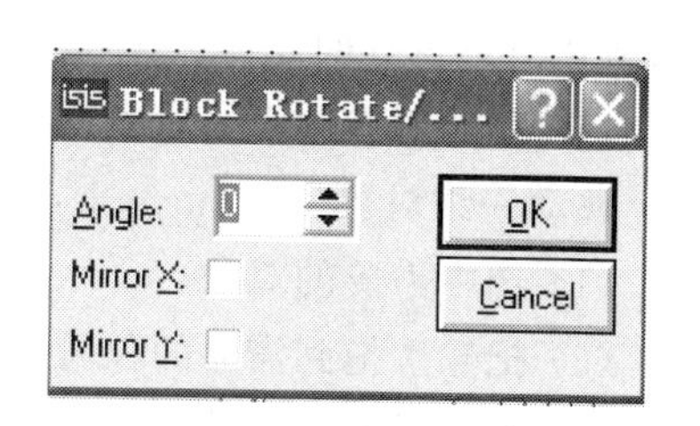

图 4.3 旋转设置

8. 编辑对象(Editing an Object)

许多对象都具有图形或文本属性,这些属性可以通过以下方式进行编辑:

(1) 编辑单个对象(To edit a single object using the mouse)

- 选中对象;
- 用鼠标左键单击对象。

(2) 连续编辑多个对象(To edit a succession of objects using the mouse)

- 选择 Main Mode 图标,再选择 Instant Edit 图标;
- 依次用鼠标左键单击各个对象进行编辑。

(3) 按特定的编辑模式编辑对象(To edit an object and access special edit modes)

- 鼠标指向需编辑的对象;
- 使用快捷键 Ctrl+E(默认)。

对于文本脚本来说,这将启动外部的文本编辑器。

(4) 通过元件的名称编辑(To edit a component by name)

- 键入'E'。
- 在弹出的对话框中输入元件的名称(part ID),按"OK"后弹出该项目中任何元件的编辑对话框,并非只限于当前 sheet 的元件。编辑完成后,界面将以该元件为中心重新显示。因此可以通过该方式来定位元件,即使并不打算对其进行编辑。

9. 编辑对象标签(Editing An Object Label)

元件、端点、线和总线标签都可以像元件一样编辑。

(1) 编辑单个对象标签

- 选中对象;
- 用鼠标左键单击对象。

(2) 连续编辑多个对象标签

- 选择 Instant Edit 图标;
- 依次用鼠标左键单击各个标签。

任何一种方式,都将弹出一个带有 Label 和 Style 栏的对话框。可以参照 ISIS 帮助中 Editing Local Styles 得到编辑 local 文本类型的详细内容。

10. 拷贝所有选中的对象(Copying all Tagged Objects)

拷贝整块电路(To copy a section of circuitry):

(1) 选中需要的对象;

(2) 用鼠标左键单击 Copy 图标;

(3) 把拷贝的轮廓拖到需要的位置,单击鼠标左键放置拷贝;

(4) 重复步骤(3)放置多个拷贝;

(5) 单击鼠标右键结束。

当一组元件被拷贝后,其标注自动重置为随机状态,用来为下一步的自动标注做准备,避免出现重复的元件标注。

11. 移动所有选中的对象(Moving all Tagged Objects)

移动一组对象(To move a set of objects):

(1) 选中需要的对象;

(2) 把轮廓拖到需要的位置,单击鼠标左键放置。

12. 删除所有选中的对象(Deleting all Tagged Objects)

删除一组对象(To delete a group of objects):

(1) 选中需要的对象,具体的方式参照上文的 Tagging an Object 部分;

(2) 用鼠标左键单击 Delete 图标。

13. 画线(Wiring Up)

ISIS 没有画线的图标按钮,原因是 ISIS 的智能化能自动检测画线状态,这就省去了选择画线模式的麻烦。两个对象间连线(To connect a wire between two objects)操作如下:

(1) 左击第一个对象连接点。

(2) 如果任由 ISIS 自动定出连线路径,只需再左击另一个连接点即可。

(3) 如果按设定路径连线,只需在需要拐点的位置单击鼠标左键。

(4) 一个连接点可以精确连接一条线。在元件和终端的管脚末端都有连接点。

(5) 当连接点的连线多于 3 条线时,ISIS 自动增加一个节点标记。一个节点从中心出发有 4 个连接点,可以连 4 条线。

(6) ISIS 将线视作连续的连接点,所以当连接点和节点上不能再连线时(连接点只能连一条线,节点只能连接 4 条线),可以单击线,在线上进行连接。

上述过程的任何阶段,都可以按 ESC 来放弃画线。

若希望在两个节点之间直接连线,将 Tools 菜单项下的自动连线功能取消即可。

14. 重复布线(Wire Repeat)

绘制原理图时,通常用一条较粗的线来表示多条平行的导线,即总线(Bus)。总线是一组具有相关性的导线,如数据总线、地址总线和控制总线。总线本身不具备电气连接意义,它必须与网络标号配合使用来完成真正电气上的连接。当进行总线连接时一般用重复布线的方法。

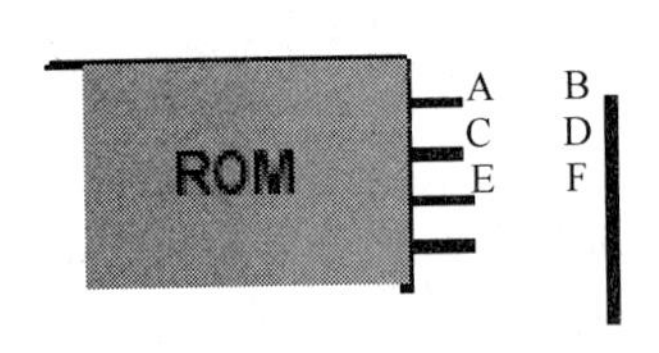

图 4.4　重复布线操作

如要连接 ROM 数据线到电路图的数据总线,其中 ROM,总线和总线插入点如图 4.4 所示放置。首先左击 A,然后左击 B,在 AB 间画一根水平线。双击 C,重复布线功能会被激活,自动在 CD 间布线,以下类同。重复布线完全复制上一条线的路径。

重复布线一般用于总线连接,其他情况会出现一系列平行线。

15. 拖线(Dragging Wires)

如果拖动线的一个角,那该角就随着鼠标指针移动。首先选中要操作的线,如果鼠标指向其中间、两端或拐点处,就会出现一个角,然后可以拖动。注意:为了使后者能够工作，线所连的对象不能有标识，否则 ISIS 会当做是拖该对象操作。

也可使用块移动命令来移动线段或线段组(To move a wire segment or a group of segments)，操作如下：

(1) 在需要移动的线段周围拖出一个选择框，如图 4.5 所示。选中线段节点即全选与该节点相连的线。

(2) 左击“移动”图标。

(3) 然后移动“选择框”(tag-box)即可进行该组连线的移动操作。

(4) 左击结束。

由于对象被移动后节点可能仍留在对象原来位置周围，ISIS 提供一项技术来快速删除线中不需要的节点，即从线中移走节点(To remove a kink from a wire)：

(1) 选中(Tag)要处理的线；

(2) 用鼠标指向节点一角，按下左键；

(3) 拖动该角和自身重合，如图 4.6 所示；

(4) 松开鼠标左键，ISIS 将从线中移走该节点。

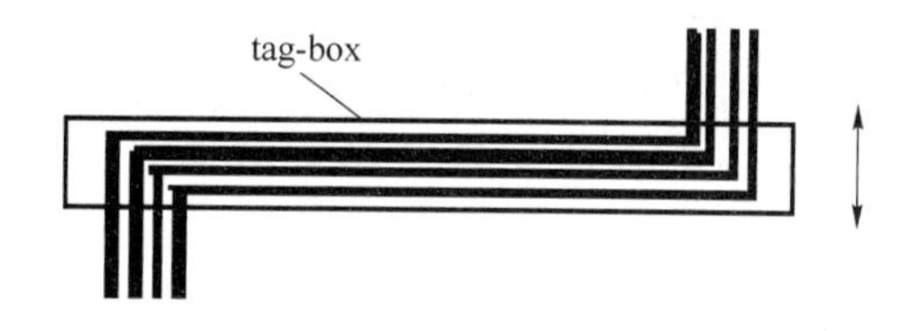

图 4.5　线段选择示意图

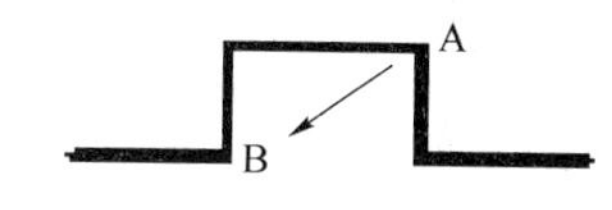

图 4.6　移走节点操作

16. 撤销和恢复操作(Undo 和 Redo)

上述所有操作，都可以通过 Undo 和 Redo 命令撤销和恢复。

4.2.2　定制元件

实际绘制电路图时，有些元件在系统的资源库里没有，或者元件的形式与原理图要求不一致，所以为满足实际要求需要定制元件。

制作元件前首先要查找元件的 datasheet 即数据手册，包括元件的外观、封装、管脚名称、号码、类型，输入输出形式等指标；其次为了仿真实现，要设计或借鉴元件的仿真模型；最后要确定定制完成的元件放置的库，即库的名称和位置。

定制元件主要有 3 个实现途径：

- 用 PROTEUS VSM SDK 开发仿真模型，该方法适合于制作一个全新的元件。
- 根据库里元件进行改造定制，以适合实际的需要，包括原理图中元件的外观尺寸，管脚的形式、位置等，印刷电路板的封装等。该方法适合只改制库里元件的形式，不改变其仿真模型的情况。
- 导入库和元件，该方法是找到制作好的元件，然后导入，是最简单的定制元件方法。

第一种方法需要在 C++环境下编写 DLL 库，难度较大，适用于专业人员。本节只介绍后两种方法,不涉及新元件模型的建立。

下面以把 74LS373 改成总线接口为例,说明具体的实现方法。74LS373 在元件库里的形式如图 4.7 所示,将其改制成图 4.8 所示的形式。

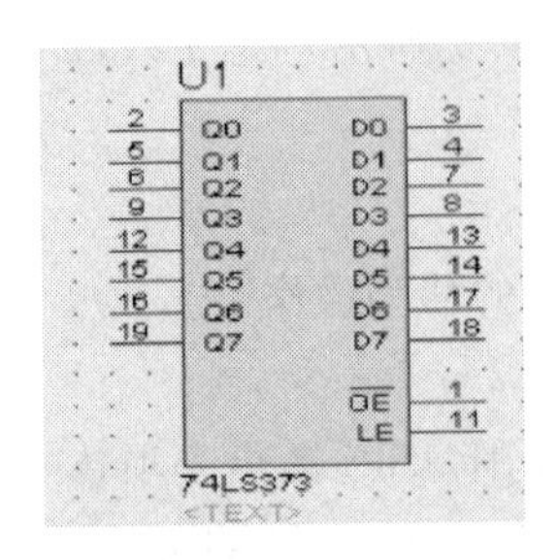

图 4.7　74LS373 原形

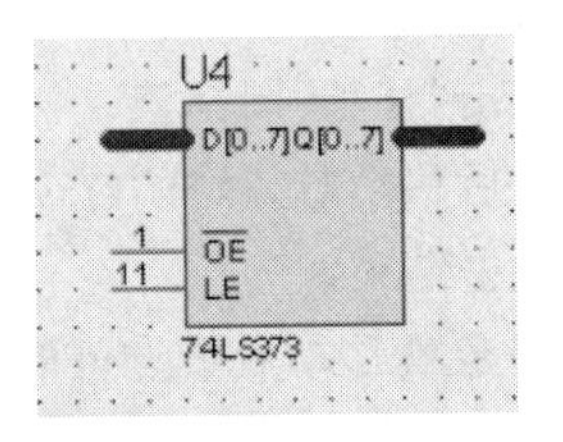

图 4.8　74LS373 更改

1. 制作元件

利用 2D GRAPHICS 和配件(budgets)里的工具制作元件。制作过程包括绘制元件边框、引脚,修改引脚属性,添加中心点,封装入库 4 个步骤。

(1) 用 2D GRAPHICS 中的 工具绘制元件边框(Device Body),用配件中的 绘制引脚,如图 4.9 所示。

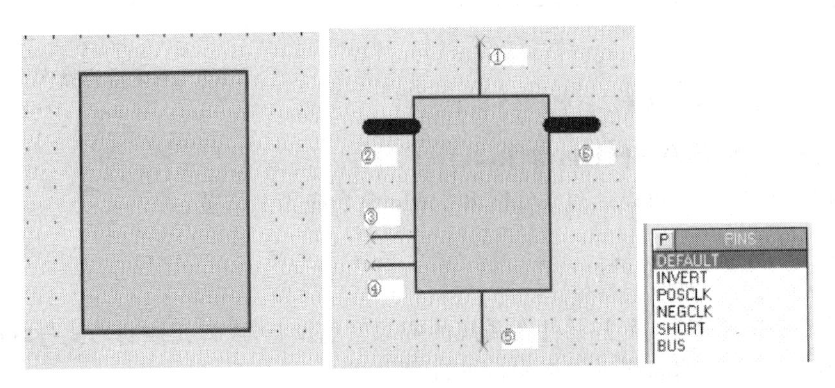

图 4.9　引脚绘制

单击 DEFAULT 绘制普通引脚 ,BUS 绘制总线 。图 4.9 中,①为 GND, PIN10;②为 D[0..7];③为 OE,PIN1;④为 LE,PIN11;⑤为 VCC,PIN20;⑥为 Q[0..7]。

然后按照 74LS373 的引脚定义及要求修改元件引脚属性。

(2) 修改引脚属性。

GND、VCC 引脚设置如图 4.10 所示,若隐藏 GND、VCC 引脚,则 Draw body 不选。OE、LE 引脚的设置与其类似,如图 4.11 所示,$ OE $ 指 OE 为低电平有效。总线引脚如图 4.12 所示。

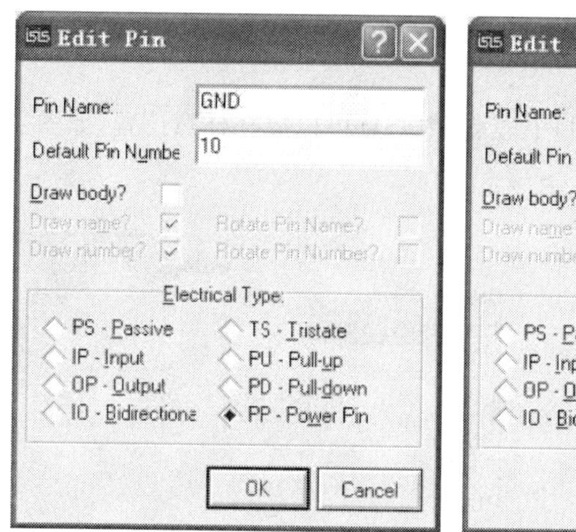

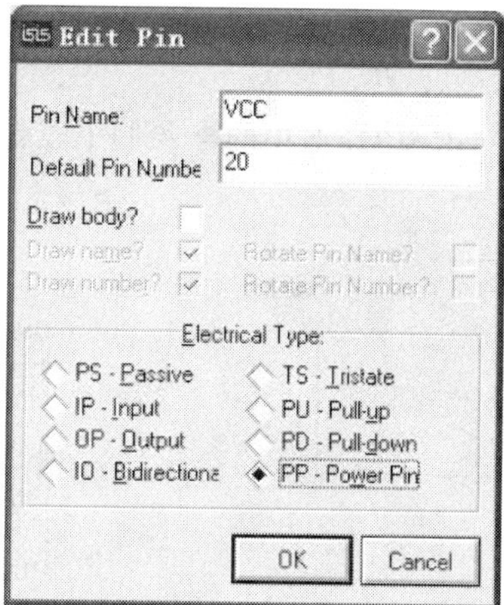

图 4.10　引脚属性设置与修改

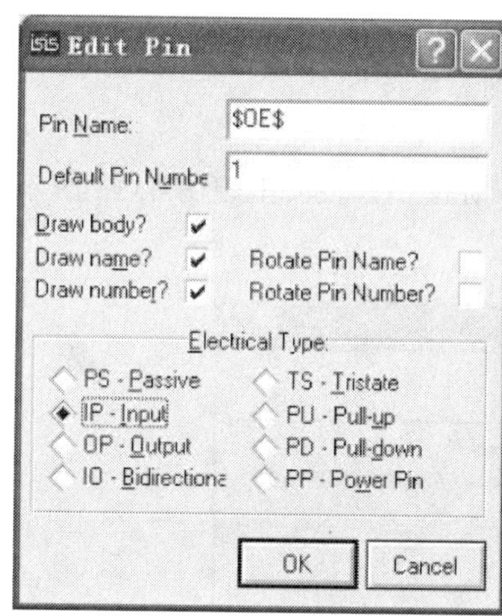

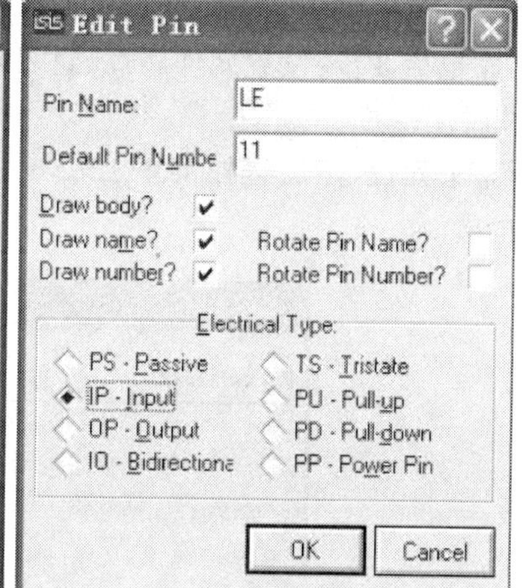

图 4.11　OE 与 LE 属性设置

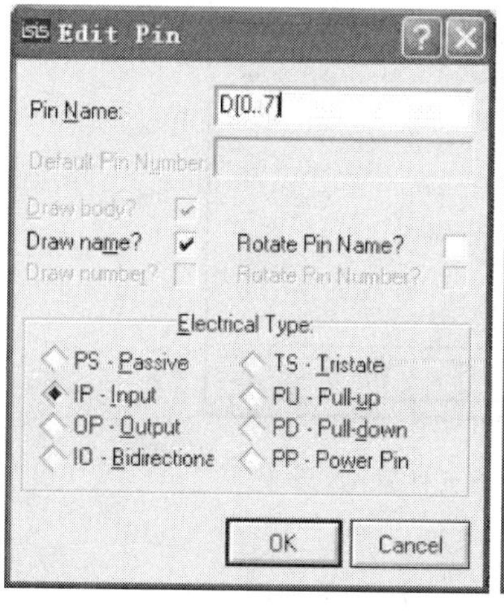

图 4.12　总线引脚设置

设置完成后，如图 4.13 所示。

(3) 添加中心点。

选择 2D GRAPHICS 中的 ⌖ 绘制中心点，中心点可以放在任意位置，如图 4.14 所示。

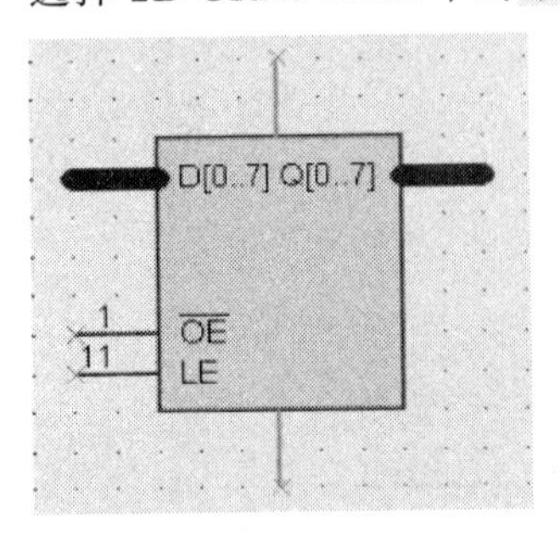

图 4.13　完成图

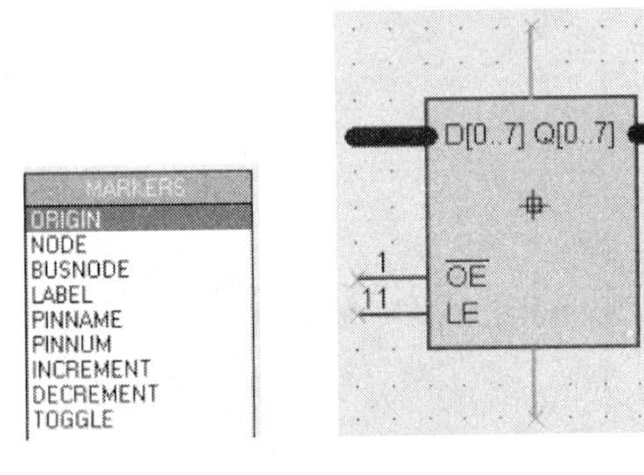

图 4.14　放置中心点

(4) 封装入库。

封装入库包括 3 步：设置元件属性、封装和参数设计。

① 元件属性设置

先选择整个元件，然后选择菜单 Library/Make Device，出现图 4.15 所示对话框，并输入图中内容。

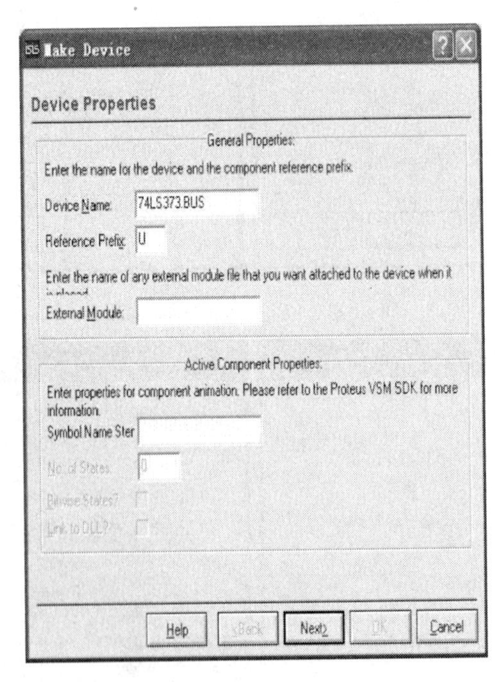

图 4.15　设置元件属性

② 元件封装设置

单击 Next，选择 PCB 封装，单击 Add/Edit 添加封装如图 4.16 所示。对于总线形式的元件注意要输入各引脚对应的号码。

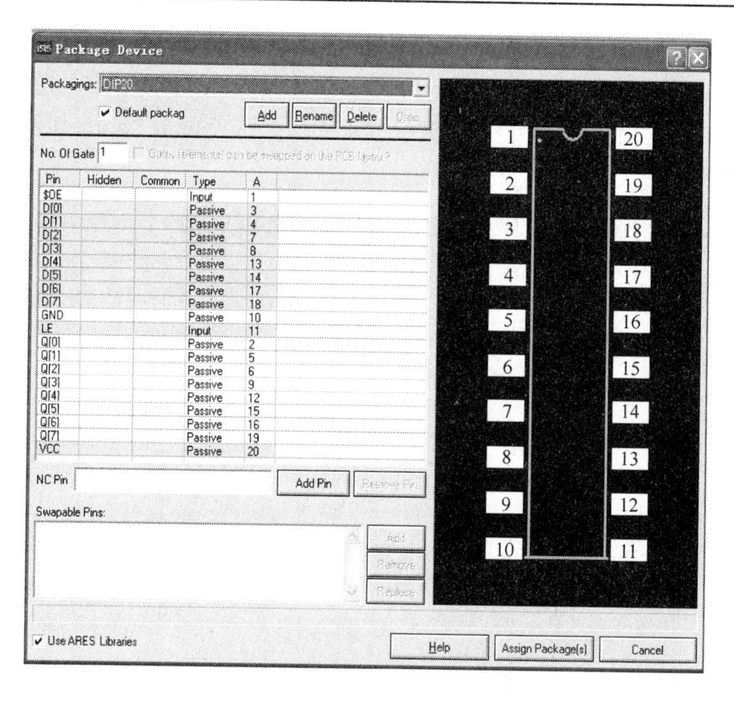

图 4.16　设置元件封装

③ 元件参数及元件库设置

封装后继续单击 Next，进行元件参数的设置，如图 4.17 所示。添加两个属性{ITF-MOD＝TTLLS}{MODFILE＝74XX373. MDF}。

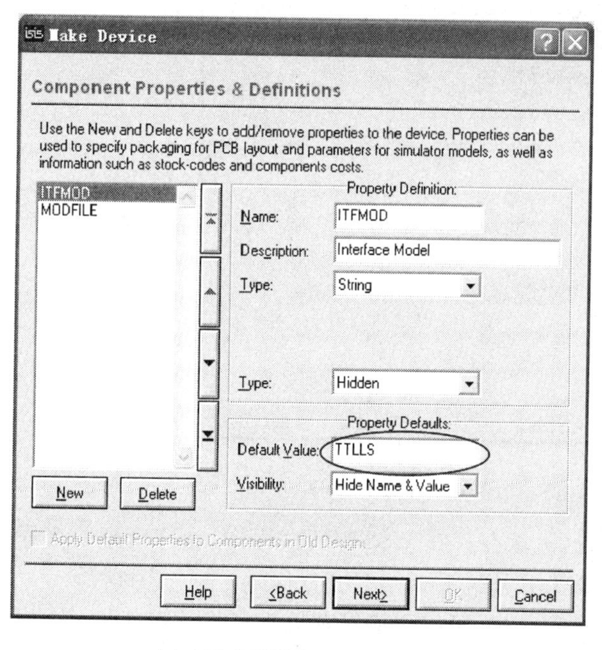

(a) 元件参数设置

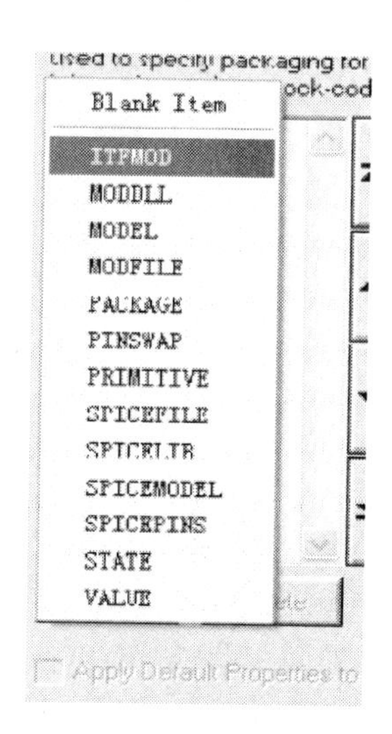

(b) 选项

图 4.17　元件参数设置

单击图 4.17(a)中 New,出现如图 4.17(b)所示选项,选择 ITFMOD,则如图 4.17 所示,完成元件的 ITFMOD 属性的设置。然后再单击图 4.17(a)中 New 选择 MODFILE,进入 MODFILE 属性对话框,填好后如图 4.18 所示。然后单击 Next,如图 4.19 所示,输入 PDF 和帮助文件。

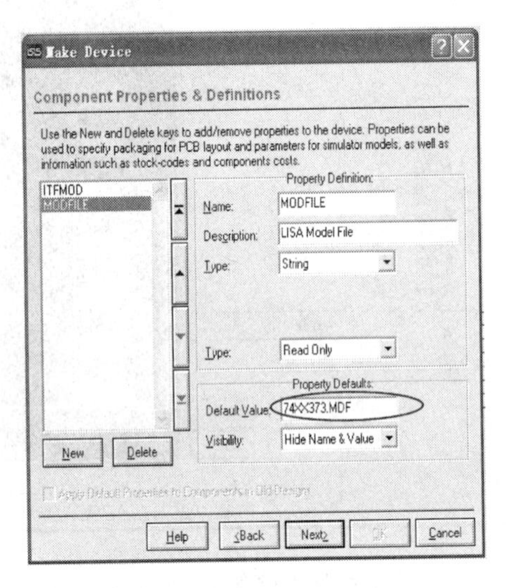

图 4.18　MODFILE 属性设置

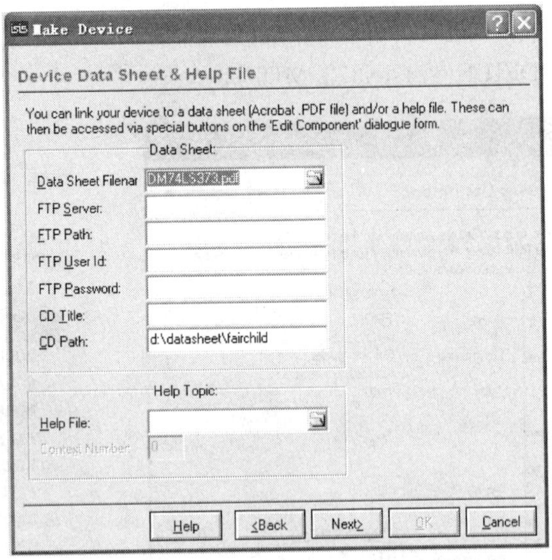

图 4.19　PDF 和帮助文件设置

单击 Next,选择元件存放位置,默认存放在 USERDVC 库中,选择新建一个库,名称 mylib,如图 4.20 所示,元件则放置于 mylib 库中。

到此为止已经完成元件定制过程,以后可以用库管理器进行元件管理。

2. 根据库里元件进行定制

在已有元件的基础上定制包括拆分元件、修改元件、制作元件 3 个过程。

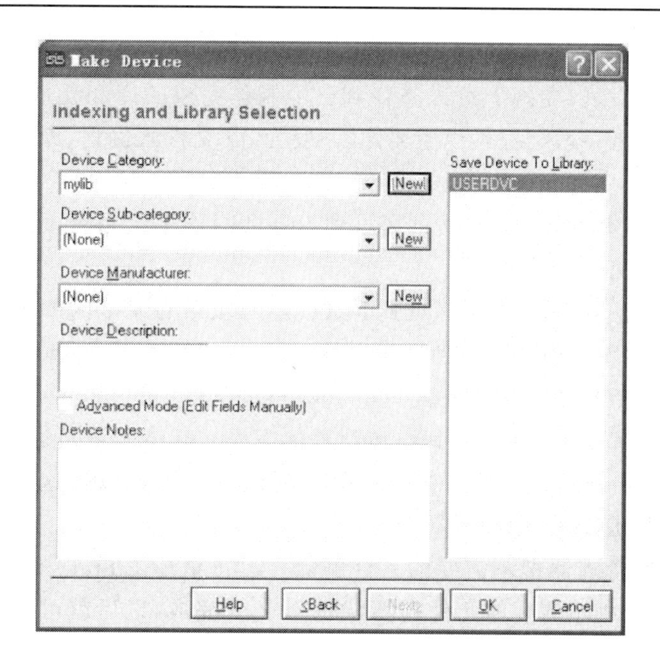

图 4.20 元件库属性设置

(1) 拆分元件

选择元件 74LS373，右键选择 74LS373，再单击工具栏 (Break tagged object(s) into primitives)，如图 4.21(a)所示

(2) 修改元件

删除管脚 Q0～Q7、D0～D7，添加 BUS 总线，此时可以更改元件尺寸、管脚位置、中心点位置等，效果如图 4.21(b)所示。

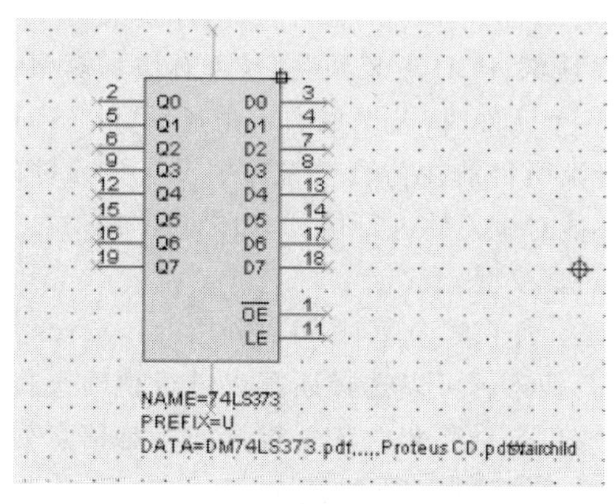

(a) 元件拆分

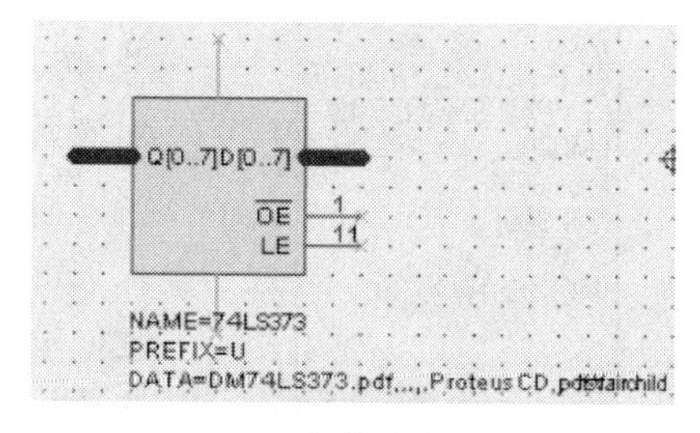

(b) 修改引脚

图 4.21 对已有元件进行鉴别

(3) 重新 Make Device，封装入库

此处参考上述制作元件的(4)封装入库部分。

3. 导入库和元件

随着互联网的发展，在网上可以查找到已经制作完成的库和元件，直接将其导入即可。仿真模型提供者一般会提供模型文件（一般为 dll 文件）、例程、库文件。导入时首先将模型导入，再导入库和元件。

模型导入方法：将相应的 dll 文件拷贝到 PROTEUS 安装目录下的 Models 文件夹，这样附带的例程就可运行了。

库文件导入方法：把. lib 文件拷贝到 PROTEUS 安装目录下的 Library 文件夹，就可以在 PROTEUS 的库管理器中看到该库文件；也可以运行菜单 System 的 Set paths 项，添加模板、库、模型等所在的文件夹。

如果没有附带库文件，可以将其添加到其他库里。具体方法是运行 ISIS，然后运行菜单 Library 的 Compile to library 项，选择 USERDVC，单击 OK，这样原理图的所有元件将被添加到 USERDVC. LIB 中。

接下来打开库管理器把不需要的元件删除。运行菜单 Library 的 Library Manager 项，用 Delete Items 把不需要的元件删除，单击 Close 完成，以后就可以直接利用库里的元件了。

4.2.3 绘制原理图

原理图要在原理图编辑窗口中的蓝色方框内绘制，绘制的具体步骤如下：

1. 选择元件

从图 4.22 所示的元件列表框中选择元件。如果该窗口有要选择的元件，则直接选择。如果没有需从相应的类库中添加，单击 Pick Devices 按钮（即 P 按钮），打开 Pick Devices 对话框，如图 4.23 所示。

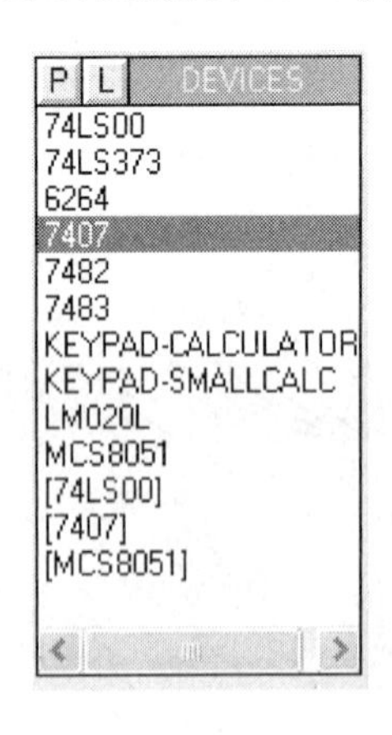

图 4.22 元件列表框

根据图 4.23 中可以了解器件类库、库中元件、子类、制造商、元件预览、PCB 封装预览，是否有仿真模型等信息。当选中一个元件时，若图的右上角显示“No Simulator Model”，说明目前在仿真模型库中没有该元件的模型，仿真时不能对该元件进行仿真，如果想实现仿真需增加该元件的仿真模型。

当不知道元件在哪个库时，可以利用 Keywords 中输入关键词进行搜索。可以选择匹配以进行精确查找，关键词输入完成后自动将包含该关键词的所有信息列出，该功能在选择元件时非常方便。

在图 4.23 所示的 Category 列表框中找到需要的类，如选中 TTL 74LS Series，则在 Results 中列出该类的所有元件（如果该类元件太多，可利用 Sub-Category 列表框进行过滤）。在 Results 中双击需要的元件，则在元件列表框中会出现选择的元件，重复上述步骤选择所有需要的元件，并按 OK 结束。

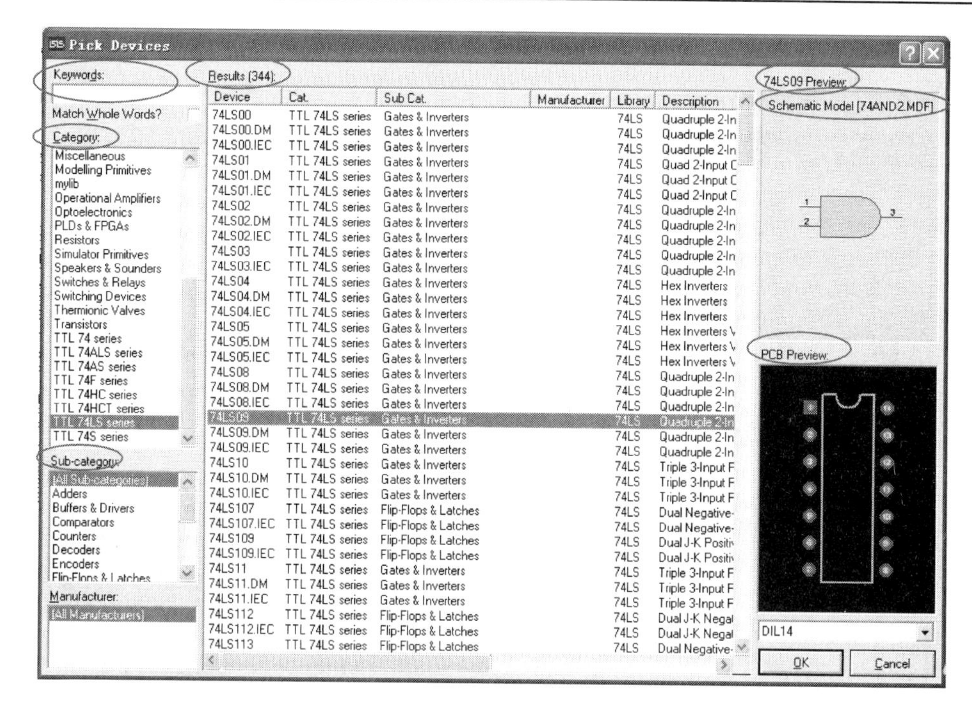

图 4.23　Pick Devices 元件选择框

元件可以一次性添加完成,也可以在需要时进行添加。

2. 设置元件方向

参考基本编辑工具中的操作。

3. 设置元件参数

选择需要进行参数设置的元件,再按左键设置参数。不同元件需要设置的参数不同,应根据具体元件进行设置,一般包括元件的标识、数值、模型文件、幅值、频率、PCB 封装等。

4. 元件连线

移动鼠标到需要连线元件的一个引脚末端,这时鼠标变成×字型,单击左键并移动鼠标,会出现一条线,此时可以再在原理图的其他地方单击左键几下以确定连接线的形状,然后在需要连接的另一个元件的引脚末端单击左键,则完成定制连接。也可以只在需要连接的两个元件的引脚处分别单击左键,PROTEUS 会自动完成连线。

5. 修改连接线

如果连线错误,直接在欲删除的线上双击右键则删除。如果要修改走线的形状,在连接线上单击右键再在某一个位置上按住左键拖动,满意后再在原理图空白地方单击右键即可。

到此为止,一个简单原理图的绘制过程就结束了。

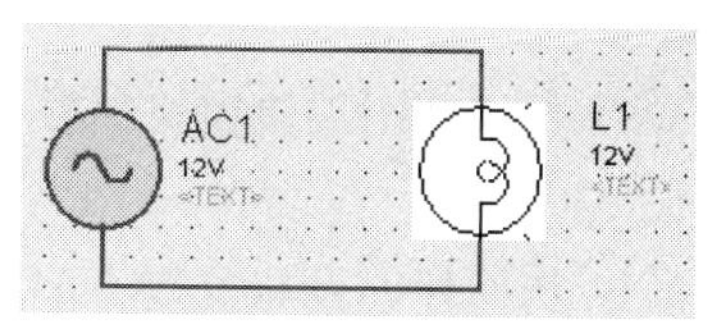

图 4.24　交流电源测试图

例 4.1　绘制图 4.24 所示交流电源测试原理图。

(1) 单击 Pick Devices 按钮，添加元件 ALTERNATOR 至元件列表框，如图 4.25 和 4.26 所示。

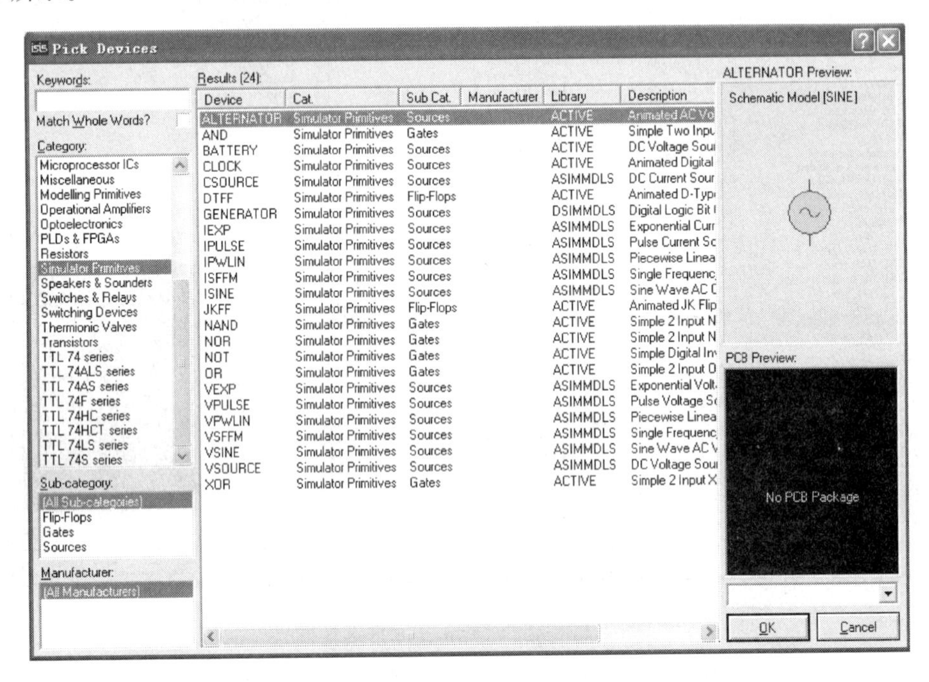

图 4.25　选择列表框

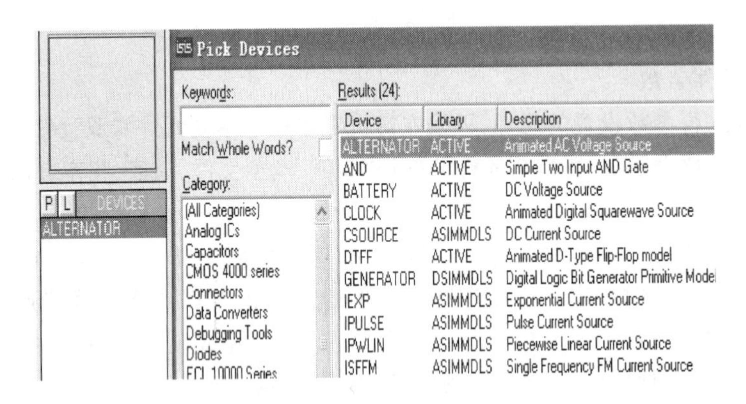

图 4.26　选择交流电源

(2) 同样的方法添加 LAMP，选择 Category—>Optoelectronics—>LAMP，如图4.27 所示。

(3) 在原理图编辑窗口放置元件。在元件列表框单击选择 ALTERNATOR，并调整方向。

(4) 用同样的方法放置 LAMP，结果如图 4.28 所示。

(5) 配置元件参数。

① 在原理图窗口中先右击再左击 ALTERNATOR，出现 Edit Component 对话框，按下面参数进行设置(第 1、2 个参数与仿真无关，起到标识作用)；

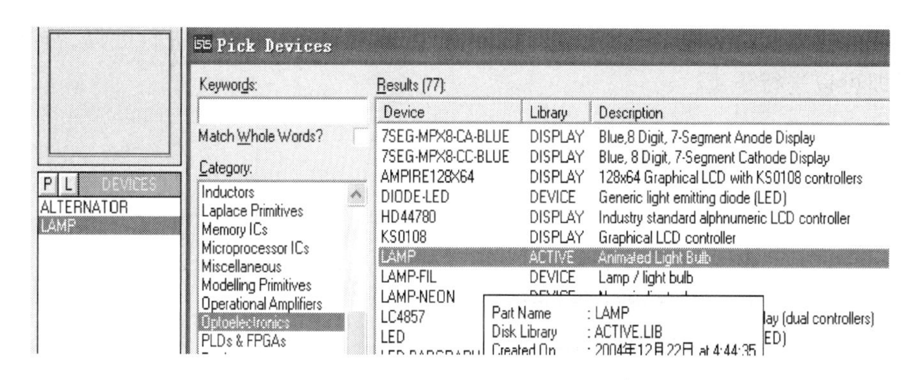

图 4.27　选择 LAMP

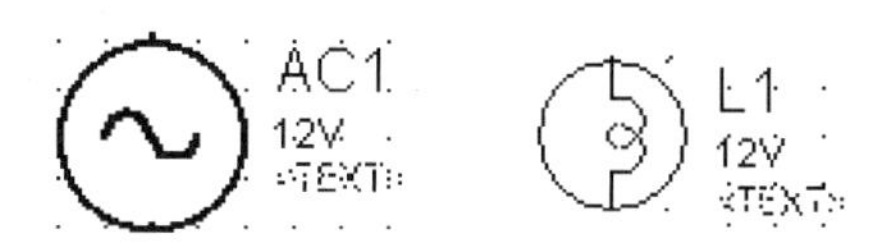

图 4.28　放置元件完成图

② 单击 OK 完成，如图 4.29 所示；

③ 同样方法设置 LAMP 的参数，如图 4.30 所示。

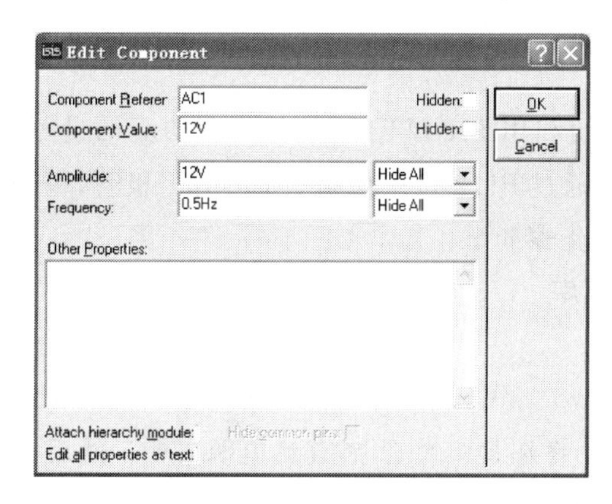

图 4.29　设置电源属性

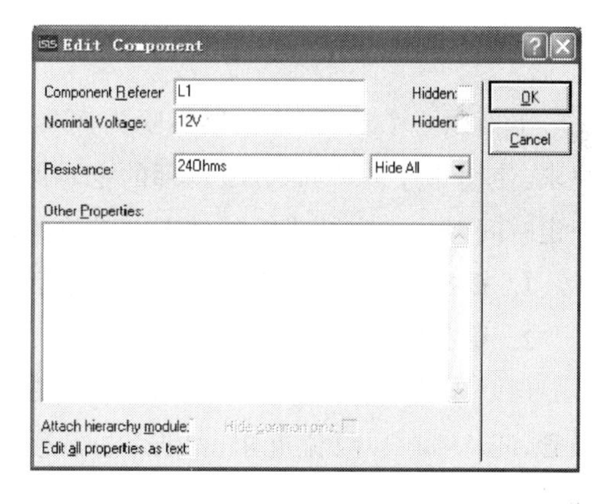

图 4.30　设置灯属性

(6) 连接元件，如图 4.24 所示，接下来可以进行仿真操作。

4.3　PROTEUS 仿真分析

4.3.1　PROTEUS 的仿真流程

PROTEUS 的仿真流程如图 4.31 所示。

首先绘制原理图，在需要监测的节点添加虚拟仪器，并进行 ERC 规则检查。接下来添加程序源代码文件和对应 MCU 的 HEX 文件，再利用 Build All 进行编译、链接，正确无误后即可以进行仿真。

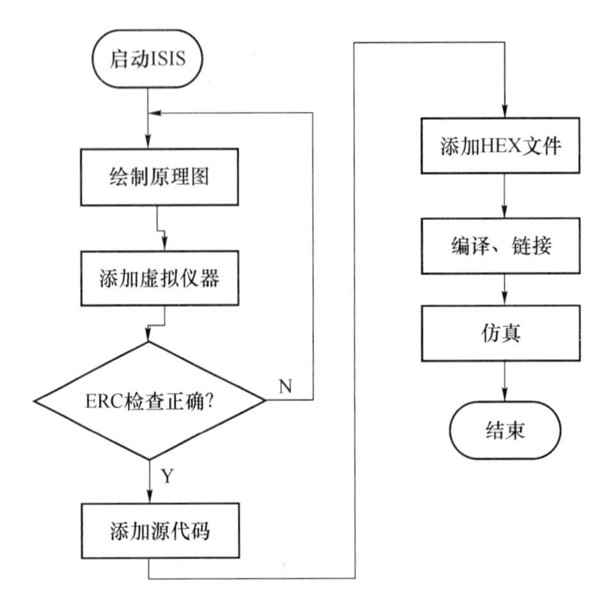

图 4.31　PROTEUS 的仿真流程

4.3.2　一个简单的 PROTEUS 仿真

下面以一个定时/计数器实验为例具体介绍利用 PROTEUS 软件实现仿真的过程。要求：使用单片机 AT89S52 内部的定时器 T1，通过 P1.2 口来控制一个发光二极管，每隔一定时间改变一次亮或灭的状态。具体的仿真步骤如下：

1. 根据 AT89C52 定制 AT89S52，并添加入库

2. 绘制原理图

(1) 选择元器件。在 Pick Devices 的 Keywords 中分别输入 AT89S52、LED 发光二极管、*R*1(300 Ω)限流电阻、晶振、电容等，并在终端接口中选择直流电源 VCC，然后在 Design/Configure Power Rails 中设置 VCC 的幅值，默认为 5 V，可以根据需要更改。

(2) 含单片机电路仿真时可以不设计晶振电路、复位电路。

(3) 连线。将发光二极管接到 P1.2 管脚，并连接其他元件及 5 V 电源和地，如图 4.32 所示。

3. 添加示波器等虚拟仪器，观察电平变化

(1) 选择示波器，并将 P1.2 引脚接到 A 通道。将发光二极管的另一端接到 B 通道。

(2) 为了看到两个通道的波形，将通道选择为 Dual。

4. 添加仿真图形记录 P1.2 引脚电平变化

(1) 在 P1.2 引脚处添加电压探针。同样，在 D1 的另一端添加一个电压探针。

(2) 选择仿真图形。由于要跟踪的是 P1.2 引脚电压的变化，所以选择 digital graph。

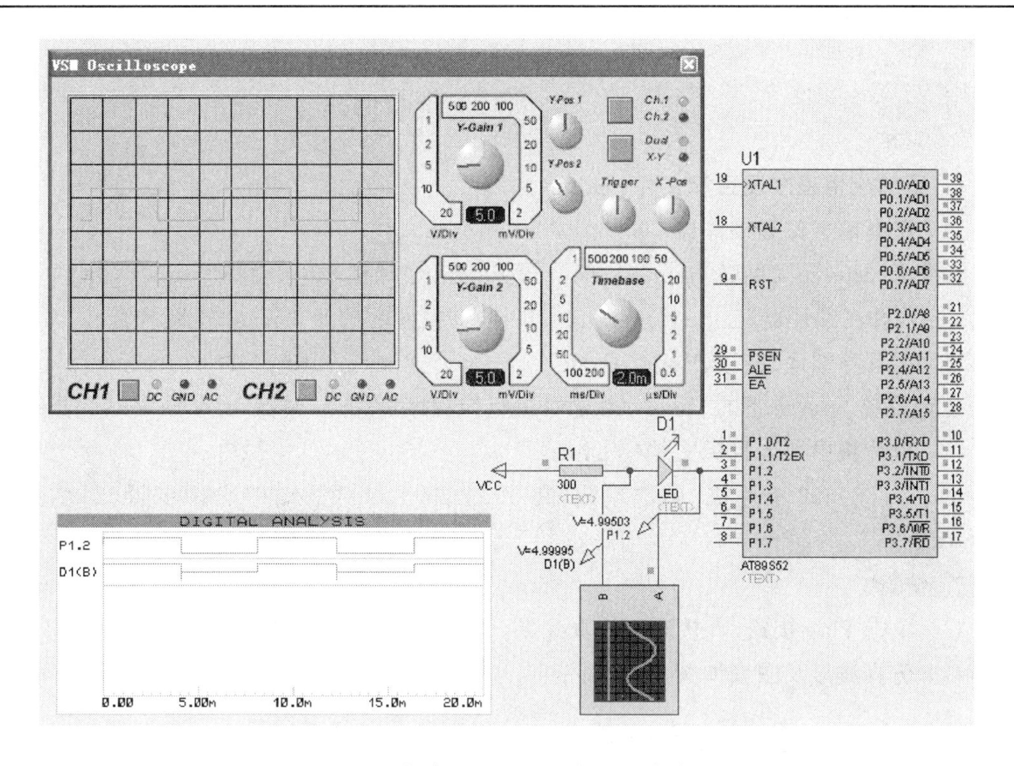

图 4.32　仿真原理图及示波器、图表波形

(3) 仿真图表的观测时间可以设置，最小单位为 ms，默认为 s，该例选择为 20 ms。

(4) 用菜单 Graph/Add trace 将探针的测量值用仿真图表记录下来。记录结果如图 4.32 所示。

5. 编写应用程序源代码

利用 PROTEUS 自带的源码编辑器 SRCEDIT 或 Windows 的记事本、写字板等编写源代码，并另存为 *.ASM 文件。源代码如下：

```
ORG   0000H
AJMP  MAIN
ORG   000BH
AJMP  CTC0                      ;跳至中断服务程序
ORG   0100H                     ;主程序入口
MAIN:MOV    TMOD,#01H
LOOP:MOV    TH0,  #0f0H
     MOV    TL0,  #0CH
     MOV    IE,   #82H
     SETB   TR0
HERE:SJMP   HERE
CTC0:CPL    P1.2                ;中断服务程序
NEXT:MOV    TH0,  #0f0H
```

```
        MOV    TL0, #0CH
        RETI
    END
```

6. 添加应用程序及目标文件(*.hex)

(1) 选择源文件和编译器

在菜单Source/(Add/Remove Source Files)的对话框中选择New,选择源文件(*.asm),并在编译器(Code Generation Tool)下拉框中选择ASEM51编译器。

(2) 源程序编译、链接(Build All)

运行菜单Source下的Build All命令进行源程序的编译、链接,并生成*hex文件。

(3) 单片机中加入目标文件(*.hex)

选中AT89S52单片机,单击左键,在Program file对话框中选择步骤(2)生成的*.hex文件。

7. 仿真

(1) 单击Play按钮,直接观看仿真效果。发光二极管以50 Hz的频率发光。

(2) 仿真波形及图表如图4.32所示。

4.3.3 程序代码编译器

PROTEUS的最大特点是可以仿真含有MCU的电路,而对仿真含有MCU电路开发工具的要求除了能够进行硬件仿真外,还需要进行软件程序的测试和仿真,即需要进行硬件、软件的联合调试。软硬件仿真系统需要一个硬件运行环境和一个软件运行环境共同组成。为解决软件仿真的问题,PROTEUS本身提供了软件编译工具,也可以与第三方的软件开发环境连接进行软件调试。

1. 软件本身配备的代码编译器

软件本身配备的代码编译器如表4.14所示,这些编译器在PROTEUS安装过程中自动安装。

表4.14 编译器的功能说明

编译器	功能
ASEM51	51系列单片机交叉编译器
ASM11	68HC11单片机交叉编译器
AVRASM	AVR系列单片机编译器
AVRASM32	Atmel AVR单片机编译器
MPASM	Microchip公司PIC14/17系列单片机宏编译器(DOS版)
MPASMWIN	Microchip公司PIC14/17系列单片机宏编译器(WIN版)

2. 支持的第三方程序编译器

PROTEUS支持的第三方编译器见本章附录。

3. PROTEUS 与第三方程序编译器的连接

由于 C 语言开发单片机程序的快捷、方便，使 Keil uVision 开发工具得到了越来越广泛的应用。下面以 Keil 与 PROTEUS 的连接为例介绍第三方开发工具与 PROTEUS 的连接。

(1) 安装 Keil 与 PROTEUS。

(2) 将 PROTEUS\ MODELS 目录下的文件 VDM51. dll 复制到 Keil 安装目录的 \C51\BIN 目录中。

(3) 修改 Keil 安装目录下的 Tools. ini 文件，在 C51 字段加入 TDRV5＝BIN\VDM51. DLL ("PROTEUS VSM EMULATOR")并保存。注意：不一定要用 TDRV5，根据原来字段选用一个不重复的数值就可以了。在 Tools. ini 文件中注意引号和括号要用半角符号。引号内的名字随意，用于 Debug 工具中内容选择。

(4) 打开 PROTEUS，绘制相应电路，在 PROTEUS 的 Debug 菜单中选中 use remote debug monitor。

(5) 在 Keil 中新建工程，进入 Keil 的 project 菜单 options for target'工程名'。

(6) 在 Debug 选项中右栏上部的下拉菜单选中 PROTEUS VSM EMULATOR(该名字和 Tools. ini 中是对应的)。接下来单击 setting 选项，如果 PROTEUS 与 Keil 安装在同一台计算机，IP 名为 127. 0. 0. 1，否则填另一台的 IP 地址，端口号一定为 8000。实际运行时可以在一台计算机上运行 Keil，另外一台运行 PROTEUS 进行远程仿真。

(7) 在 Keil 中进行 Debug，同时可以在 PROTEUS 中查看结果。这样就可以像使用仿真器一样调试程序。

4. PROTEUS 中注册第三方编译器

为了能像 PROTEUS 自带的编译器一样在仿真运行时能进行应用程序的修改和编译工作，需将第三方编译器在 PROTEUS 中进行注册。具体方法如下：

在菜单 Source/define code generation tools 下选择 New，添加第三方编译器。如添加 Keil uVision 的 UV2，在源文件扩展名处输入"UV2"，目标文件扩展名处输入"HEX"即可。

完成上述步骤后，则可以在菜单 Source/(Add/Remove Source Files)的对话框中选择 New，添加 Keil uVision 的工程文件，当启动 Build All 后，则进入 Keil uVision 环境并打开相应的工程文件，修改编译通过的程序自动更新 PROTEUS 中的文件，可直接仿真。

4.3.4　添加应用程序

电路图绘制完成后，需要添加 MCU 的应用程序，以便进行硬件、软件的联合调试。应用程序可以是已经在第三方软件编译通过的程序，也可以在 PROTEUS 环境下直接编写并编译。

1. PROTEUS 环境下编写程序

(1) 打开 Source 菜单下的 Add/Remove Source Files，单击 New，选择放置程序的文

件夹，输入文件名（*.asm、*.c 等），如 test.c，若该目录下存在此文件，则选择此文件。若该文件不存在，则系统提示“此文件不存在，是否建立该文件”，选择“是”，则自动建立文件名为 test.c 的空文件。

（2）选择代码生成工具。根据具体情况选择 ASEM51、ASM11、AVRASM、AVRASM32、MPASM、MPASMWIN 或 UV2 工具。

（3）此时在 Source 菜单下出现文件 test.c。

（4）鼠标单击 test.c，出现图 4.33 所示窗口，在此窗口可进行程序的录入、编辑工作。

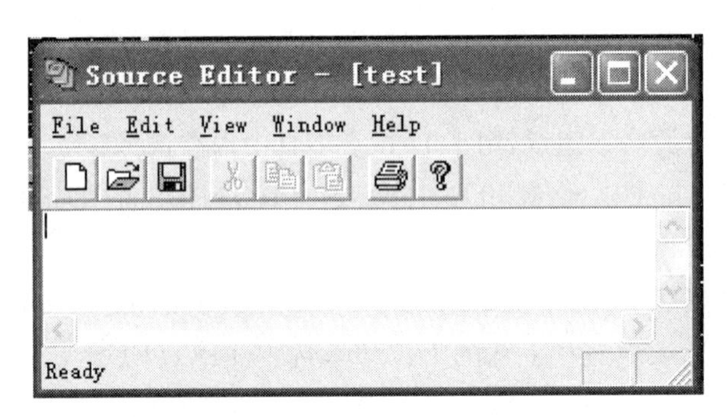

图 4.33 SRCEDIT 编辑器界面

（5）程序编辑完成后，利用 Souce 菜单下的“Build All”进行编译、链接，直至正确。

（6）将鼠标移至 MCU 上，单击鼠标右键使之处于选中状态，在该器件上单击左键。在 Program File 栏添加编译完成的文件。PROTEUS 可以接受 3 种格式的目标文件：*.COF、*.D90、*.HEX。单击 OK 按钮完成程序添加工作。

（7）仿真运行。

2. 第三方编译通过的程序

如果是由第三方直接生成的 *.HEX 文件，则执行上述步骤的(6)即可，但此时，在 PROTEUS 环境下不能直接修改源程序，需在第三方软件中先将程序修改编译通过，并重新生成目标文件，再重复上述步骤(6)。

4.3.5 系统仿真调试

程序添加完成后，可以进入系统仿真调试阶段。该阶段主要包括各种虚拟仪器、仿真图表、磁带机等设备的添加以及总体调试运行过程。

由于 PROTEUS 是一种交互式仿真，在仿真进行中可以对控制按钮、键盘的按键等进行操作，系统能够真实反映输入产生的响应。为了观察信号的波形和曲线结果显示，仿真时可以使用各种虚拟仪器和仿真图表。所以一般情况下在仿真前先添加各种虚拟仪器、仿真图表，并对其进行设置，然后再进行系统仿真调试。

1. 仿真图表

仿真图表的图标为[icon]，在 Budgets 配件工具栏中选择。设置步骤如下：

（1）单击，在元件列表框中出现附录所示的仿真图表，从中选择需要的类型，放置时需拖曳鼠标左键，直到合适尺寸；

（2）根据附录设置仿真图形类型；

（3）编辑仿真图表，可以进行移动、放缩以及改变性能等操作；

（4）在原理图的测试点位置添加探针；运行 graph 菜单下的 Add Trace ，在仿真图表中加入探针，若选择多个探针，则多个探针同时加入仿真图表；

（5）在 graph 菜单下选择 simulation graph，则在仿真图表上出现对应测量探针的波形，然后再进行原理图仿真即可。

注意，必须执行 simulation graph，仿真图表中的图形才会变化。有些仿真图表的图形可以文件的形式保存。

2. 虚拟仪器

虚拟仪器的图标为，在 Budgets 配件工具栏中选择。设置步骤如下：

（1）单击，在元件列表框中出现附录所示的虚拟仪器，从中选择需要的类型；

（2）连接虚拟仪器到需要的测试点；

（3）虚拟仪器的参数可在系统运行过程设置，虚拟仪器的使用与现实仪器相同；

（4）通过 System/Set Animation 设置引脚电平显示（如红色代表高电平，蓝色代表低电平，灰色代表不确定电平）、电流方向显示参数等。

注意虚拟仪器测得的波形或数据只有在运行时候才能显示。

上述设备添加完成后，即可进行仿真调试，并可同时观测各测试点的波形或数据。

3. 总体仿真调试

对于系统的总体调试，PROTEUS 提供了 3 种方法：单步运行、断点运行和连续运行。单步运行可以观察每条程序具体的执行情况，断点运行通过设置断点调试程序的运行情况，连续运行直接观察系统总体执行效果。

单击主界面下方的按钮开始系统仿真，可以单步、断点、连续运行方式进行仿真。

（1）单步运行

先执行 Debug 菜单下的 start/restart debugging 菜单项命令，此时可以选择 step over、step into、step out 命令执行程序（对应快捷键 F10、F11 和 Ctrl+F11），执行的效果是单句执行，进入子程序执行和跳出子程序执行。

执行 start/restart debugging 命令后，在 Debug 菜单的下面出现仿真中所涉及到的软件列表和单片机资源等，以便调试时分析和查看。

（2）断点运行

执行 Debug 菜单下的 start/restart debugging 菜单项命令，选择 debug 菜单下面的源程序，单击鼠标右键，从弹出菜单中选择断点设置/取消项，用以进行断点的设置和取消，再单击该窗口上连续运行图标即可进行断点运行。也可通过该窗口的断点设置图标进行断点设置和取消，如图 4.34 所示。

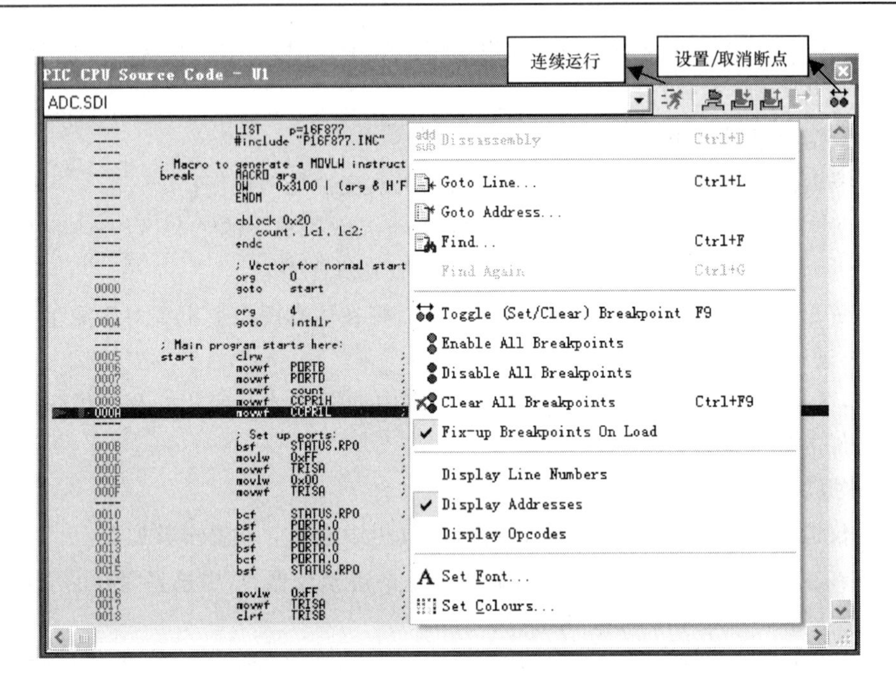

图 4.34　源码调试窗口

(3) 连续运行

执行 debug/execute 或 F12 快捷键启动运行，debug/pause animation 或 pause 键暂停系统的运行；执行 debug/stop animation 或 shift-break 组合键停止系统的运行。也可以选择工具栏中的相应工具进行仿真调试。

4.4　仿真实例

本节通过几个实例进一步熟悉 51 系列单片机的定时、中断、通信等功能。另外，在 PROTEUS 安装目录下有大量的例子程序可以运行，方便了 PROTEUS 的学习和掌握。

例 4.2　利用 AT89S52 的 P0 口读入 8 位开关状态，通过与 P1 口相连的 8 个发光二极管的状态显示 P0 口开关状态的变化。绘制电路图、编写程序并进行仿真。

该例题练习 AT89S52 的输入输出端口操作，目的是掌握单片机并行端口的编程和使用方法。绘制实验原理图如图 4.35 所示。

实验程序如下：

```
ORG     0000H
AJMP    MAIN
ORG     0050H
MAIN:   MOV         A,  #0FFH
        MOV         P0, A
        MOV         A,  #00H
        MOV         P1, A
```

```
        MOV     A,  P0
        MOV     P1, A
        ACALL   DEL
        AJMP    MAIN
DEL:    MOV     R7,#40H
DEL1:   MOV     R6,#125
DEL2:   DJNZ    R6,DEL2
        DJNZ    R7,DEL1
        RET
        END
```

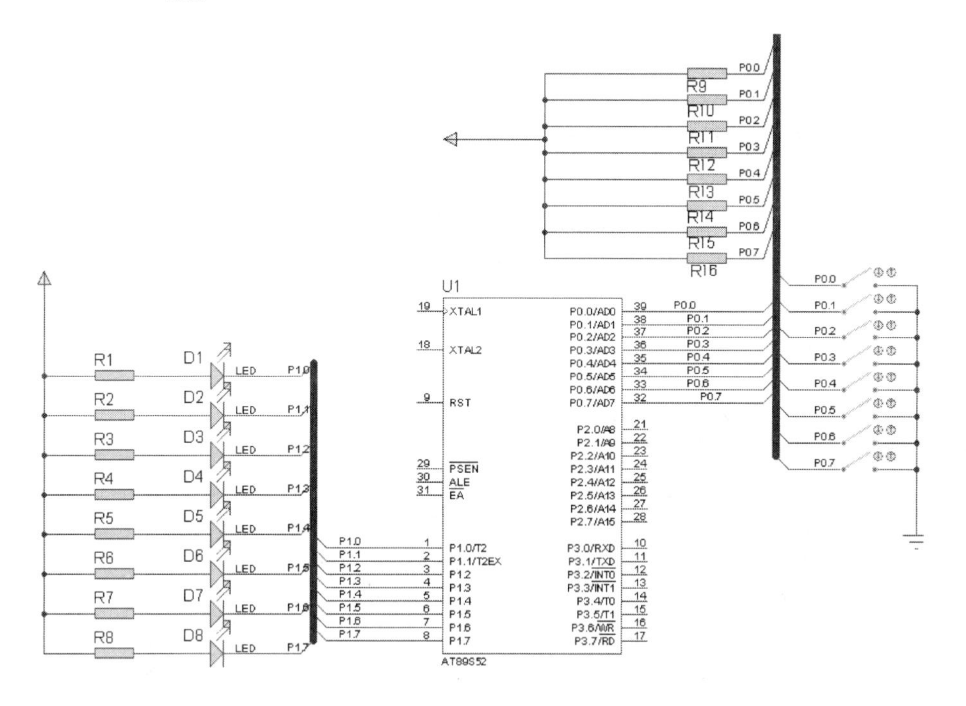

图 4.35 例 4.2 电路图

例 4.3 利用 AT89S52 的中断 0 检测按键状态,并点亮 P1 口相应的发光管 D1～D8,设计电路编写程序并进行仿真。

该例题熟悉 AT89S52 的中断操作,目的是正确理解中断矢量入口,中断调用和中断返回的概念及物理过程。实验原理图如图 4.36 所示。

程序如下:

```
ORG     0000H
LJMP    MAIN
ORG     0013H
LJMP    INSERT
ORG     0100H
```

```
MAIN:    MOV     P1,     #00H
         ORL     P0,     #0FFH
         ANL     TCON,   #00H
         MOV     IE,     #84H
         SJMP    MAIN
         ORG     0200H
INSERT:  MOV     A,  P0
         NOP
         MOV     P1,  A
         LCALL   DELAY
         RETI
         ORG     3000H
DELAY:   MOV     R6,     #0FFH
BB:      MOV     R5,     #0FFH
DDD:     DJNZ    R5,     DDD
         DJNZ    R6,     BB
         RET
         END
```

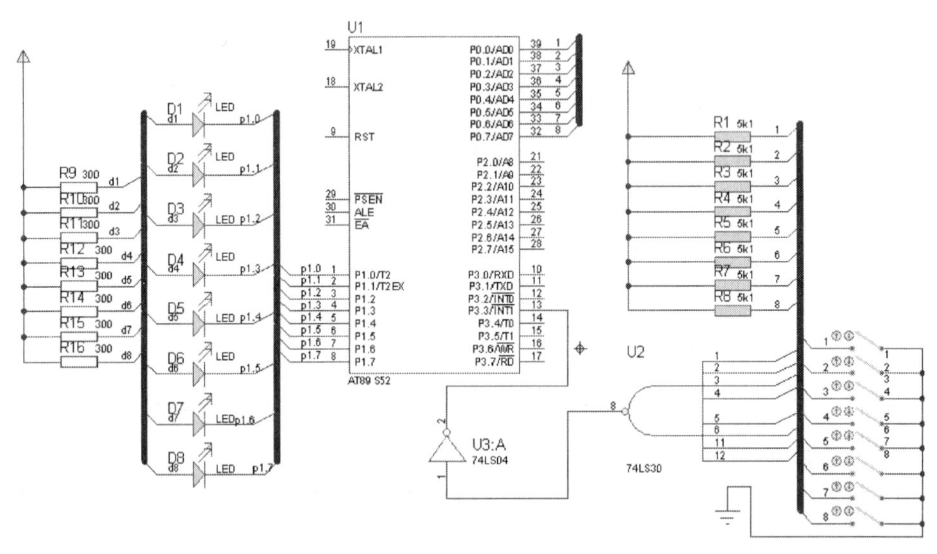

图 4.36　例 4.3 电路图

例 4.4　利用两个单片机实现串行通信,一个单片机发送,另一个单片机接收。发送单片机通过波动开关产生待发送的 8 位二进制数,接收单片机通过串口将接收的数据通过 8 个 LED 发光二极管显示。设计电路编写程序并进行仿真。

该例题熟悉 AT89S52 串行通信接口,目的是正确掌握单片机串行口(查询、中断)的编程方法，掌握相关的 T1 初始化、波特率的设定等基本操作。实验原理图如图 4.37 所示。

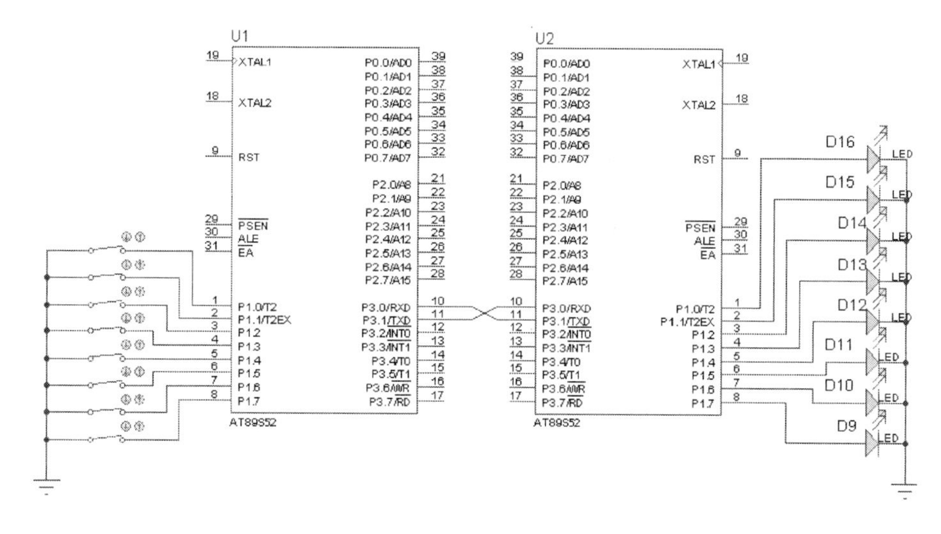

图 4.37　例 4.4 电路原理图

仿真时，可以利用虚拟仪器中的虚拟终端(Virtual Terminal)观察串口的数据发送、接收情况。Virtual Terminal 使用时注意波特率、数据位、奇偶校验、停止位的设置要与程序中的设置相同。另外，在运行状态要注意设置虚拟终端的显示方式，有 16 进制和 ASCII 显示两种形式，当 16 进制时会出现有些字符无法显示的情况，为了显示所有字符，需设置在 16 进制显示方式，运行状态按右键选中“Hex Display Mode”即可。

发送单片机源程序清单：

```
ORG       0000H
LJMP      0100H
ORG       0100H
START:    MOV     TMOD,    #20H
          MOV     TL1,     #0E8H
          MOV     TH1,     #0E8H
          MOV     PCON,    #00H
          SETB    TR1
          MOV     SCON,    #40H
LOOP2:    MOV     P1,      #0FFH
          MOV     A,       P1
          MOV     SBUF,    A
LOOP1:    JNB     TI,      LOOP1
          CLR              TI
          SJMP             LOOP2
```

```
          END
接收单片机源程序清单：
ORG       0000H
LJMP      0100H
ORG       0100H
START：   MOV     TMOD，    #20H
          MOV     TL1，     #0E8H
          MOV     TH1，     #0E8H
          MOV     PCON，    #00H
          SETB    TR1
          CLR     RI
          MOV     SCON，    #50H
LOOP1：   JNB     RI，      LOOP1
          CLR     RI
          MOV     A，       SBUF
          MOV     P1，      A
          SJMP    LOOP1
          END
```

4.5　与其他软件的衔接

目前EDA技术发展迅速，各种软件应运而生，而各种软件在操作上又有各自的特点，再加上个人习惯不同，对某些软件的熟悉程度不同，尤其在需要合作完成的项目中，可能会出现应用不同的软件的情况，所以需要进行软件间的无缝链接，以实现各种软件的取长补短，互相融合。

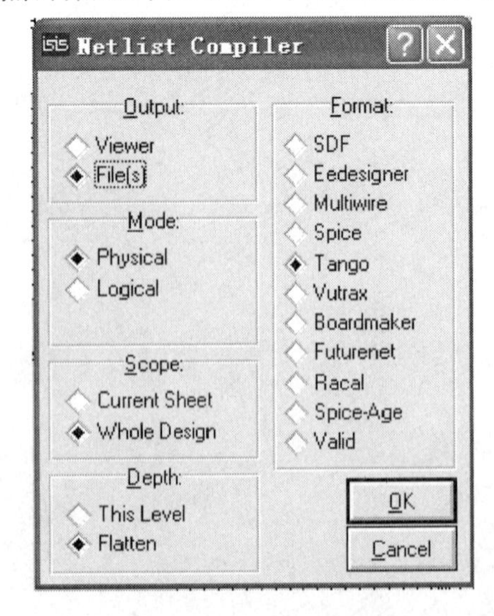

图 4.38　网表编译器窗口

PROTEUS软件可以进行文件的导入、导出操作，并可以生成各种形式的网表，根据这些文件格式实现与其他软件的衔接，本节主要介绍PROTEUS与PROTEL连接绘制印刷电路板的步骤。

(1) 首先在PROTEUS中生成PROTEL形式的网表。

在PROTEUS中完成电路图绘制后，选择主菜单Tools下的Netlist Compiler，弹出图4.38，并按照图4.38选择生成文件为Tango格式的网表，单击“OK”按钮并将文件放于指定文件夹。

(2) 启动PROTEL软件，打开或新建工程，利用 Import 引进上述网表文件。

(3) 打开并观察网表文件，由于有些元件在 PROTEUS 中的封装形式与 PROTEL 中不同，另外，PROTEL 中元件的封装形式、种类远多于 PROTEUS 软件，可选择性更广。因此会出现 PCB 图中不能调出所有元件的情况，此时需要更改元件的封装，并将文件另存。如在 PROTEUS 软件中 20 脚双列直插元件的封装为 DIL20，而在 PROTEL 软件中的封装为 DIP20，所以需要将 DIL20 改为 DIP20，这样才能保证网表中的元件正常装载到 PCB 图中。

(4) 重新调入网表，开始制版和布线，具体操作参考第 7 章。

本章附录

模式选择工具栏

类型	符号	功能
主要模型		选择元件(Components)(默认选择)
		放置连接点
		放置标签(用总线时会用到)
		放置文本
		绘制总线
		放置子电路
		用于即时编辑元件参数(先单击该图标再单击要修改的元件)
配件(Gadgets)		终端接口(terminals)(默认选择)
		器件引脚(device pin):用于绘制各种引脚
		仿真图表(graph):用于各种分析，如 Noise Analysis
		录音机(tape)
		信号发生器(generators)
		电压探针(voltage probe):仿真图时使用
		电流探针(current probe):仿真图时使用
		虚拟仪表(virtual instruments):包括示波器、分析仪等
2D 图形(2D graphics)		画各种直线
		画各种方框
		画各种圆
		画各种圆弧
		画各种多边形
		画符号
	A	输入文本
		标记元件(如原点、节点、总线节点、标号、管脚名称、管脚标号)

PROTEUS 元件库

库名	元件类型或系列
74std	74 系列有 AS,F,HC,HCT,LS,ALS,S 等 8 个库
Analog	电源电路,常用 A/D,D/A 芯片,555 等
Bipolar	二极管,有 2N,BX,MJ,TIP,2TX 等
Cmos	CMOS 集成电路
Device	常规元件,如电阻、电容、电感等
Diode	二极管,有 IN,3EZ,BAZ,BZX,MMBZ,MZD 系列
Ecl	ECL 集成电路
Fairchild	Fairchild 公司元件,有 2N,J,MP,PN,U,TIS 等系列
Fet	FET 管,有 2N,2SJ,2SK,BF,BUK,IRF,UN 等系列
Lintec	运算放大器,有 LF,LT,LTC,OP 等
Memory	存储器(EPROM,EPROM,RAM)
Micro	处理器,有 51 系列、PIC16 系列、6800 系列、z80 系列和相关总线等
Natdac	A/D,D/A 转换器,有 LF,LM,MF 等系列
Natoc	运算放大器,有 LF,LM,LPC 等系列
Opamp	运算放大器,有 AD,CA,EL,MC,NE,OPA,TL 等系列
Pld	PLD 集成电路,有 AM16,AM20,AM22,AM29 等系列
Teccor	可控硅,有 2N,EC,L,Q,S,T,TCR 等系列
Texoac	运算放大器,有 LF,LM,LP,TL,TLC,TLE,TLV 等系列
Values	电子管
Zetex	三极管、二极管、变容二极管等
I2cments	24 系列,fm24 系列,m24 系列,nm24 系列等
Resistors	电阻元件,涉及到的系列较多
Capacitors	电容元件,涉及到的系列较多
Display	显示器件,数码管有 7seg 系列,液晶有 LM,MD,PG 等系列
Active	常规元件和仪器仪表
Asimmdls	数字逻辑门电路等

虚拟仪器

名称	备注	名称	备注
Oscilloscope	示波器	Pattern generator	图形信号发生器
Logic analyzer	逻辑分析仪	DC voltmeter	直流电压表
Counter timer	时间计数器	DC ammeter	直流电流表
Virtual terminal	串口虚拟终端	AC voltmeter	交流电压表
Signal generator	信号发生器	AC ammeter	交流电流表

仿真信号

名称	备注	名称	备注
Analogue	模拟信号显示	Fourier	傅里叶变换信号显示
Digital	数字信号显示	Audio	音频信号显示
Mixed	混合信号显示	Interactive	交互信号显示
Frequency	频谱信号显示	Conformance	一致性试验
Transfer	传递信号显示	Dc sweep	直流扫描信号显示
Noise	噪声信号显示	Ac sweep	交流扫描信号显示
Distortion	失真(变形)信号显示		

测试信号

信号类型	信号名称	信号描述
模拟信号	DC	直流电压,参数:电压值
	Sine	交流信号,参数:三要素、阻尼因素、幅值偏移、频率、相位
	Pulse	脉冲信号,参数:初始值、最大值、开始时间、上升时间、下降时间、占空比和频率(周期)
	EXP	指数信号,参数:初始值、最大值、开始时间、上升时间、下降时间
	SFFM	调制信号,参数:偏移量、幅值、载波频率、调制指数、信号频率
	Pwlin	自定义电压 u 和时间 t 的特性信号,参数:自定义输入
	File	来自文件的信号,参数:文件的位置
	Audio	来自音频文件的信号,参数:wav 文件的位置
数字信号	Dstate	数字状态信号,参数:7 种状态(强高、弱高等)
	Dedge	数字边沿触发信号,参数:L-H/H-L、边沿时间
	Dpulse	数字脉冲信号(单),参数:L-H-L/H-L-H 选择、开始时间、宽度
	Dclock	数字时钟信号,参数:L-H-L/H-L-H 选择、第一个边沿时间、周期
	Dpattern	数字模型信号,参数:初态,传号/空号时间,第一个边沿时间、脉冲宽度、信号连续的类型等

仿真模型资源

模型库	元件
标准电子元件	电阻、电容、二极管、晶体管、SCRs、光耦合器、运放、555 定时器等
	74 系列 TTL 和 4000 系列 CMOS 器件
存储器	ROM、RAM、EEPROM、I2C 器件
	微控制器支持的器件如 I/O 口、USART
外设模型	7 段 LED、灯和标志
	字符和图形 LCD 显示
	通用矩阵键盘
	按钮、开关和电压表
	压电发声器和喇叭
	直流、步进和伺服电机模型
	RAM、ROM 和 I2C EEPROM
	I2C、SPI 和其他一线 I/O 扩充设备和外设
	ATA/IDE 硬件驱动
	COM 口和以太网口物理界面模型等

PROTEUS 支持的编译器及器件类型

编译器	CPU 类型
IAR′ s ARM Compiler (EWARM) GNU ARM compiler Keil ARM compiler (KARM)	LPC2104, LPC2105, LPC2106, LPC2114, LPC2124, ARM7TDMI 和 ARM7TDMI-S core models
Keil uVision IAR	AT89C51, AT89C52, AT89C55, AT89C51RB2, AT89C51RC2, AT89C51RD2 (不支持 X2 模式和 SPI) Philips P87C51FX, P87C51RX+. (如 FA, FB, FC, RA+, RB+, RC+, RD)
Microchip MPLAB IAR Proton Hi-tech	PIC 10F200, 10F202, 10F204, 10F206 NEW PIC 12C5xx Family (12C508A, 12C509A, 12CE518, 12CE519) PIC 12C6xx Family (12C671, 12C672, 12CE673, 12CE674) PIC 12F6xx Family (12F629, 12F675)
Microchip MPLAB IAR Proton Hi-tech Bytecraft	PIC 16C7x Family (16C72A, 16C73B, 16C74B, 16C76, 16C77) PIC 16F8x Family (16F83, 16F84A, 16F87, 16F88) PIC 16F87x Family (16F870, 16F871, 16F873, 16F874, 16F876, 16F877) PIC 16F62x Family (16F627, 16F628, 16F648)
Microchip MPLAB IAR Proton Hi-tech CCS	PIC18F242, PIC18F252, PIC18F442, PIC18F452 PIC18F248, PIC18F258, PIC18F448, PIC18F458 PIC18F1220, PIC18F1320 PIC18F2220, PIC18F2320, PIC18F2420, PIC18F2520, PIC18F2620 PIC18F6520, PIC18F8520, PIC18F6620, PIC18F8620, PIC18F6720, PIC18F8720 PIC18F4220, PIC18F4320, PIC18F4420, PIC18F4520, PIC18F4620 PIC18F2410, PIC18F2510, PIC18F2610, PIC18F4410, PIC18F4510, PIC18F4610 PIC18F2515, PIC18F4515 PIC18F2525, PIC18F4525, PIC18F6585, PIC18F6680
IAR ImageCraft Codevision GNU	所有 AVR 处理器
IAR	MC68HC11A8, MC68HC11E9.
	BS1, BS2, BS2e, BS2sx, BS2p24, BS2p40, BS2pe

第5章 可编程逻辑器件

可编程逻辑器件(Programmable Logic Devices,PLD)是20世纪70年代发展起来的一种新的集成器件。PLD是一种半定制的集成电路,利用计算机软件技术可以快速、方便地构建数字系统。

本章主要介绍复杂可编程逻辑器件(Complex Programmable Logic Devices,CPLD)和现场可编程门阵列(Field Programmable Logic Array,FPGA)结构和工作原理、IP核技术、可编程逻辑器件的编程下载和测试技术及常用的开发工具。

5.1 概述

集成电路按逻辑功能特点分为通用型和专用型两类。如74系列及其改进型、CC4000系列、74HC系列等中、小规模数字集成电路都属于通用型集成电路,它们的逻辑功能都比较简单,而且是固定不变的。这些逻辑功能在组成复杂数字系统时经常用到,所以这些器件有很强的通用性。理论上,用通用型的中、小规模集成电路可以组成任何复杂的系统。一个复杂系统所需要的元件种类和数量很多,连线也很复杂,因此所设计的系统体积大、功耗大、可靠性较差。

专用型集成电路(Application Specific Integrated Circuit,ASIC)是指专门为某一应用领域或为专门用途而设计、制造的LSI或VLSI,它可以将某些专用电路或电子系统设计在一个芯片上,构成单片集成系统。ASIC可分为数字ASIC和模拟ASIC,数字ASIC又分为全定制和半定制两种。

全定制ASIC芯片的各层(掩膜)都是按特定电路功能设计制造的。设计人员从晶体管的版图尺寸、位置和连线开始设计,以达到芯片面积利用率高、速度快、功耗低的最优性能,但其设计制作费用高、周期长,适用于批量较大的产品。

半定制是一种约束性设计方式。约束的主要目的是简化设计、缩短设计周期和提高芯片利用率。

可编程逻辑器件是ASIC的一个重要分支,是厂家作为一种通用型器件生产的半定制电路,可以通过对器件编程使之实现所需的逻辑功能。PLD是可配置的逻辑器件,因其成本比较低,使用灵活,设计周期短,得到了普遍应用,发展非常迅速。

可编程器件经历了从PROM(Programmable Read Only Memory)、PLA(Programmable Logic Array)、PAL(Programmable Array Logic)、可重复编程的GAL(Generic Array Logic),到采用大规模集成电路技术的EPLD直至CPLD和FPGA的发展过程。其结构、工艺、集成度、功能、速度和性能方面都在不断地改进和提高。

20世纪70年代,熔丝编程的PROM和PLA器件是最早的可编程器件。PROM由全译码的与阵列和可编程的或阵列组成,由于阵列规模大、速度低,它的主要用途还是用作存储器。PLA 由可编程的与阵列和可编程的或阵列组成，虽然其阵列规模减少，提高了芯片的利用率，但由于编程复杂，开发支持 PLA 的软件有很大难度，未得到广泛应用。

20 世纪 70 年代末，美国 MMI(Monolithic Memories Inc，单片存储器公司)对 PLA 进行改进，率先推出了 PAL。PAL 由可编程的与阵列和固定的或阵列组成，采用熔丝编程方式，双极型工艺制造。由于 PAL 的输出种类很多，设计灵活，成为了第一个得到普遍应用的可编程逻辑器件。

20 世纪 80 年代初，Lattice 公司发明了比 PAL 使用更灵活的 GAL，它采用了输出逻辑宏单元(OLMC)的形式和 E^2CMOS 工艺结构，具有可电擦除、可重复编程、数据可长期保存和可更新等优点，在 20 世纪 80 年代得到了广泛应用。

PLA、PAL 和 GAL 都属于低密度 PLD，结构简单、设计灵活，但规模小，难以实现复杂的逻辑功能。随着集成电路工艺水平的不断提高，PLD 从传统的单一结构，向着高密度、高速度、低功耗及结构体系更加灵活和适用范围更加广泛的方向发展。

20 世纪 80 年代中期，Xilinx 公司提出了现场可编程概念，同时推出了世界上第一片 FPGA 器件，采用 CMOS-SRAM 工艺制作，结构和阵列与 PLD 不同，内部由许多独立的可编程逻辑模块组成，逻辑块之间可以灵活地相互连接，具有密度高、编程速度快、设计灵活和再配置等许多优点。同一时期，Altera 公司推出了可擦除、可编程器件(Erasable Programmable Logic Devices，EPLD)，采用 CMOS 和 EPROM 工艺制作，较 GAL 器件有更高的集成度，可以用紫外线或电擦除，但其内部互连能力较弱。

20 世纪 80 年代末，Lattice 公司又提出在系统可编程技术，并相继推出一系列具备在系统可编程能力的 CPLD 器件，采用 E^2CMOS 工艺制作，增加了内部连线，改进了内部体系结构，将可编程逻辑器件的性能和应用技术推向了一个新的高度。

20 世纪 90 年代后，高密度 PLD 在生产工艺、器件的编程和测试技术等方面飞速发展。器件的可用逻辑门数超过了百万门，并且出现了内嵌复杂功能模块(如加法器、乘法器、RAM、CPU 核、DSP 核、PLL 等)的 SOPC(System On Programmable Chip)。

目前世界著名半导体公司，如 Xilinx、Altera、Lattice、AMD 和 Atmel 等公司都生产不同类型的 CPLD、FPGA 等产品，可编程集成电路技术逐渐提高，性能不断提高，产品日益丰富，可编程器件在结构、密度、功能、速度和性能等各方面得到进一步发展，在现代电子系统设计中得到更广泛的应用。

5.2 CPLD/FPGA 设计流程及工具

了解利用 EDA 技术进行 CPLD/FPGA 设计开发的流程对于正确选择和使用 EDA 软件，优化设计项目，提高设计效率十分有益。

5.2.1 CPLD/FPGA 设计流程

完整的 CPLD/FPGA 设计流程包括电路设计与输入、功能仿真、综合、综合后仿真、实现、布线后仿真、板级仿真验证与调试等主要步骤。图 5.1 为 CPLD/FPGA 设计流程图。

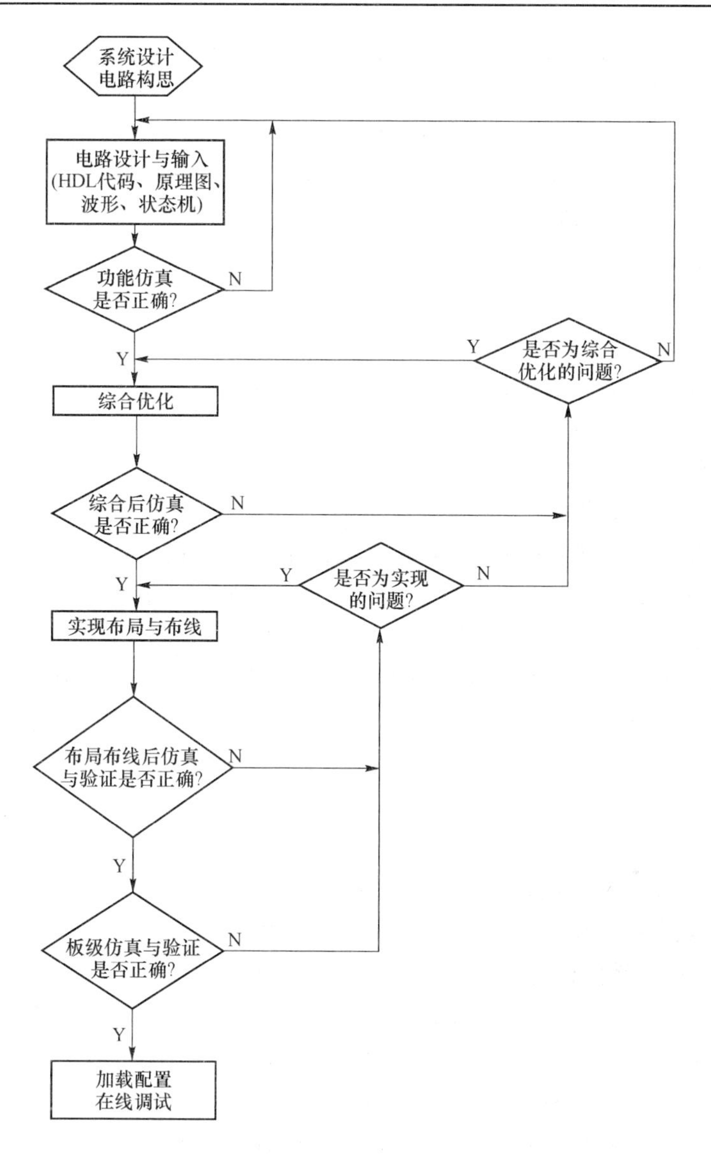

图 5.1　CPLD/FPGA 设计流程图

1. 电路设计与输入

电路设计与输入是指通过某种规范的描述方式,将电路构思输入至 EDA 工具。常用的设计输入方法有硬件描述语言和图形设计输入方法等。

图形设计输入方法通常包括状态图输入、波形输入和原理图输入。状态图输入方法就是根据电路的控制条件和不同的转换方式,用绘图的方法,在 EDA 工具的状态图编辑器上绘出状态图,然后由 EDA 编译器和综合器将此状态变化流程图编译综合成电路网表;波形图输入法则是将待设计的电路看成一个黑盒子,只需告诉 EDA 工具该黑盒子的输入和输出时序波形图,EDA 工具即能据此完成黑盒子电路的设计;原理图设计输入法在早期应用比较广泛,是根据设计要求选用器件、绘制原理图、完成输入过程。原理图设计输入法的优点是直观、便于理解、元器件库资源丰富;但在大型设计中,该方法的可维护性较差,不利于模块构造与重用。最主要的缺点是当所选用芯片升级换代后,所有的原理图都要做相应的改动。

目前进行大型工程设计时,最常用的设计方法是 HDL 设计输入法,其中影响最为广泛的 HDL 语言是 VHDL 和 Verilog HDL。它们的共同特点是利于由顶向下设计,利于模块的划分与复用,可移植性好,通用性好,设计不会因为芯片的工艺与结构的不同而变化,更利于向芯片的移植。

2. 功能仿真

电路设计完成后,要用专用的仿真工具对设计进行功能仿真,验证电路功能是否符合设计要求。功能仿真有时也被称为前仿真。通过仿真能及时发现设计中的错误,加快设计进度,提高设计的可靠性。

3. 综合优化

综合(Synthesize)本身文字意义指把不同的或抽象的实体结合成单个或统一的实体。在电子设计领域可解释为:将用行为和功能层次表达的电子系统转换为低层次的便于具体实现的模块组合装配而成的过程。设计过程中的每一步都可称为一个综合环节。设计过程通常从高层次的行为描述开始,以最低层的结构描述结束,每个综合步骤都是上一层次的转换。

综合优化是指将 HDL 语言、原理图等设计输入翻译成由与门、或门、非门、RAM、触发器等基本逻辑单元组成的逻辑网表,并根据目标与要求(约束条件)优化所生成的逻辑连接,输出 EDIF 和 VHDL 等标准格式的网表文件,供 CPLD/FPGA 厂家的布局布线器进行实现。

4. 综合后仿真

综合完成后需要检查综合结果是否与原设计一致,在仿真时,把综合生成的标准延时文件反标注到综合仿真模型中,估计门延时带来的影响。综合后仿真虽然比功能仿真精确一些,但是只能估计门延时,不能估计线延时,仿真结果与布线后的实际情况还有一定的差距,并不十分准确。仿真的主要目的在于检查综合器的综合结果是否与设计输入一致。目前主流综合工具日益成熟,对于一般性设计,如果设计者确信自己表述明确,没有综合歧义发生,则可以省略综合后仿真步骤。但是如果在布局布线后仿真时发现有电路结构与设计意图不符的现象,则常常需要回溯到综合后仿真以确认是否是由于综合歧义造成的问题。

5. 实现与布局布线

综合结果的本质是一些由与门、或门、非门、触发器、RAM 等基本逻辑单元组成的逻辑网表,与芯片实际的配置情况还有较大差距。此时应该使用 CPLD/FPGA 厂商提供的软件工具,根据所选芯片的型号,将综合输出的逻辑网表适配到具体 CPLD/FPGA 器件上,这个过程就叫做实现过程。因为只有器件开发商最了解器件的内部结构,所以必须选用器件开发商提供的工具进行实现。

在实现过程中最主要的过程是布局布线(Place And Route,PAR):所谓布局(Place)是指将逻辑网表中的硬件描述或者底层单元合理地适配到 CPLD/FPGA 内部的固有硬件结构上,布局的优劣对设计的最终实现结果(在速度和面积两个方面)影响很大。所谓布线(Route)是指根据布局的拓扑结构,利用 CPLD/FPGA 内部的各种连线资源,合理正确连接各个元件的过程。FPGA的结构相对复杂,为了获得更好的实现结果,特别是保证能够满足设计的时序条件,一般采用时序驱动的引擎进行布局布线,所以对于不同的设计输入,特别是不同的时序约束,获得的布局布线结果一般有较大差异。CPLD结构相对简单得多,其资源有限而且布线资源一般为交叉连接矩阵,故CPLD的布局布线过程相对简单明了得多,布局布线过程一般也称为适配过程。

一般情况下,通过参数设置指定布局布线的优化准则,总的来说优化目标主要有两个方面:面积和速度。一般根据设计的主要矛盾,选择面积或者速度或者平衡两者等优化目标,但是当两者冲突时,一般满足时序约束要求更重要一些,此时选择速度或时序优化目标效果更佳。

6. 时序仿真与验证

将布局布线的时延信息反标注到设计网表中,所进行的仿真称时序仿真或布局布线后仿真,简称后仿真。布局布线之后生成的仿真延时文件包含的延时信息最全,不仅包含门延时,还包含实际布线延时,所以布线后仿真最准确,能较好地反映芯片的实际工作情况。

布线后仿真一般必须进行。通过布局布线后仿真能检查设计时序与CPLD/FPGA实际运行情况是否一致,确保设计的可靠性和稳定性。布局布线后仿真的主要目的在于发现时序违规(Timing Violation),即不满足时序约束条件或者器件固有时序规则(建立时间、保持时间等)的情况。

功能仿真的主要目的在于验证语言设计的电路结构和功能是否和设计意图相符;综合后仿真的主要目的在于验证综合后的电路结构是否与设计意图相符,是否存在歧义综合结果;布局布线后仿真,即时序仿真的主要目的在于验证是否存在时序违规。这些不同阶段不同层次的仿真配合使用,能够更好地确保设计的正确性,明确问题定位,节约调试时间。

有时为了保证设计的可靠性,在时序仿真后还要做一些验证。验证的手段比较丰富,可以用Quartus Ⅱ内嵌时序分析工具完成静态时序分析(Static Timing Analyzer,STA)也可以用第三方验证工具(如Synopsys的Formality验证工具、PrimeTime静态时序分析工具等);也可以用Quartus Ⅱ内嵌的Chip Editor分析芯片内部的连接与配置情况。

7. 板级仿真与验证

在高速设计情况下还需要使用第三方的板级验证工具进行仿真与验证,如Mentor Tau、Forte Design-Timing Designer、Mentor Hyperlynx、Mentor ICX、Cadence SPECC-TRAOuest、Synopsys HSPICE。这些工具通过对设计的IBIS、HSPICE等模型的仿真,能较好地分析高速设计的信号完整性、电磁干扰(EMI)等电路特性。

8. 调试与加载配置

设计开发的最后步骤就是在线调试或者将生成的配置文件写入芯片中进行测试。示波器和逻辑分析仪(Logic Analyzer,LA)是逻辑设计的主要调试工具。传统的逻辑功能板级验证手段是用逻辑分析仪分析信号,设计时要求CPLD/FPGA和PCB设计人员保留一定数量CPLD/FPGA管脚作为测试管脚,编写CPLD/FPGA代码时将需要观察的信号作为模块的输出信号,在综合实现时再把这些输出信号锁定到测试管脚上,然后连接逻辑分析仪的探头到这些管脚,设定触发条件,进行观测。

5.2.2 CPLD/FPGA的常用开发工具Quartus Ⅱ简介

Quartus Ⅱ是Altera公司自行设计的PLD开发软件，具有完全集成化和易学易用的可视化设计环境，并具有符合工业标准的EDA工具接口，能在各种平台上运行。Quartus Ⅱ集成了与第三方软件工具的友好接口，并可以直接调用第三方软件工具。第三方软件工具一般需要授权才能使用。通过使用Quartus Ⅱ开发工具，电子开发工程师可以方便地进行各种设计的创建、组织和管理。Quartus Ⅱ软件的特点如下：

(1) 支持多时钟定时分析、LogicLock™基于块的设计、SOPC(可编程片上系统)、内嵌SignalTap Ⅱ逻辑分析器、功率估计器等高级工具；

(2) 易于管脚分配和时序约束；

(3) 具有强大的HDL综合能力；

(4) 包含Maxplus Ⅱ的GUI，Maxplus Ⅱ的工程可平稳过渡到Quartus Ⅱ开发环境；

(5) 对于Fmax的设计效果良好。

Quartus Ⅱ软件支持的器件种类繁多，主要有Stratix™和Stratix Ⅱ、Stratix、Cyclone™、HardCopy、Aped™ Ⅱ系列、Apex Ⅱ、FLEX6000系列、MAX3000A系列、MAX7000系列、MAX9000系列等。

Quartus Ⅱ自带的CPLD/FPGA开发工具包括：文本编辑器(Text Editor)、内存编辑器(Memory Editor)、IP核生成器(Mega Wizard)、原理图编辑器(Schematic Editor)、Quartus Ⅱ内嵌综合工具、寄存器传输级视图观察器(RTL Viewer)、约束编辑器(Assignment Editor)、逻辑锁定工具(LogicLock)、布局布线器(PowerFit Fitter)、时序分析器(Timing Analyzer)、布局规划器(Floorplan Editor)、底层编辑器(Chip Editor)、设计空间管理器(Design Space Explorer)、设计检查(Design Assistant)、编程文件生成工具(Assembler)、下载配置工具(Programmer)、功耗仿真器(Power Gauge)、在线逻辑分析仪(SignalTap Ⅱ)、信号探针(SignalProbe)、可编程片上系统设计环境(SOPC Builder)、内嵌DSP设计环境(DSP Builder)、软件开发环境(Software Builder)等。

1. 设计输入工具

Quartus Ⅱ软件常用的设计输入方法有模块输入方式、文本输入方式、Core输入及EDA设计输入工具等方法。

2. 综合工具

Quartus Ⅱ内嵌了自己的综合工具。由于Altera自己对其芯片的内部结构最了解，所以其内嵌综合工具的一些优化策略要优于其他专业综合工具。第三方软件包括Synplicity公司的Synplify/Synplify Pro、Synopsys公司的FPGACompiler Ⅱ/Express、Exemplar Logic公司的LeonardoSpectrum。

3. 仿真工具

除了可以用Quartus Ⅱ软件集成的仿真工具外，还可以使用第三方工具，如：Model Tech的Modelsim、Aldec公司的Active HDL、Cadence公司的NC-Verilog和NC-VHDL、Synopsys公司的VCS仿真工具。

4. 实现与优化工具

Quartus Ⅱ集成的实现工具主要有约束编辑器、逻辑锁定工具、布局布线器、时序分析器、布局规划器、底层编辑器、设计空间管理器和检查设计可靠性等。

5. 后端辅助工具

Quartus Ⅱ内嵌的后端辅助工具主要有编程文件生成工具、下载配置工具和功耗仿真器。

6. Quartus Ⅱ内嵌的调试工具

Quartus Ⅱ内嵌的调试工具包括在线逻辑分析仪和信号探针。常用的板级仿真验证工具还有 Mentor Tau、Synopsys HSPICE 和 Innoveda BLAST 等。

7. 系统级设计环境

Quartus Ⅱ的系统级设计环境主要包括可编程片上系统设计环境、内嵌 DSP 设计环境和软件开发环境。

根据以上功能,Quartus Ⅱ软件可以完成实现图 5.1 的设计流程。

5.3 复杂可编程逻辑器件

CPLD 是从 PAL、GAL 的结构扩展起来的阵列型高密度 PLD 器件,大多采用 CMOS、EPROM、E^2PROM 和快闪存储器等编程技术,具有高密度、高速度和低功耗等特点。CPLD 是基于乘积项结构的可编程器件,即由可编程的与阵列和固定的或阵列项组成。其结构如图 5.2 所示。

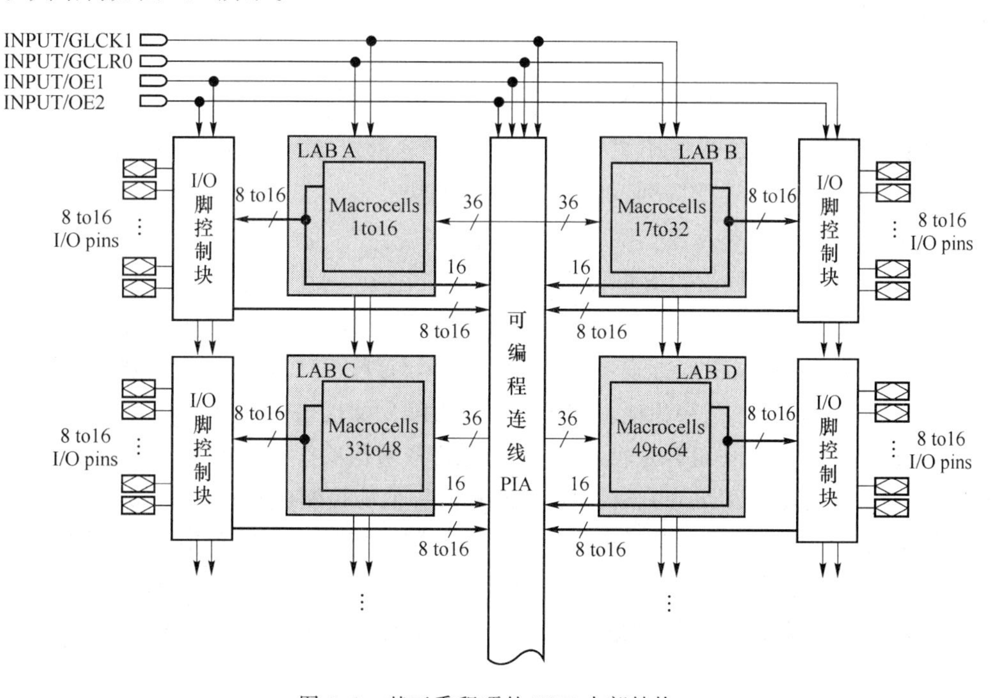

图 5.2 基于乘积项的 PLD 内部结构

目前主要的半导体器件公司各自生产的CPLD产品,都有各自的特点,但总体结构大致相同。CPLD器件中至少包含3种结构:可编程逻辑宏单元、可编程I/O单元和可编程内部连线。在流行的CPLD器件中Altera公司的MAX7000S系列器件具有一定的典型性,本节以MAX7000S器件为例介绍CPLD的结构和工作原理。

MAX7000S包含32~256个可编程逻辑宏单元,每16个可编程逻辑宏单元组成一个逻辑阵列块(Logic Array Block,LAB),单个逻辑宏单元结构如图5.3所示。

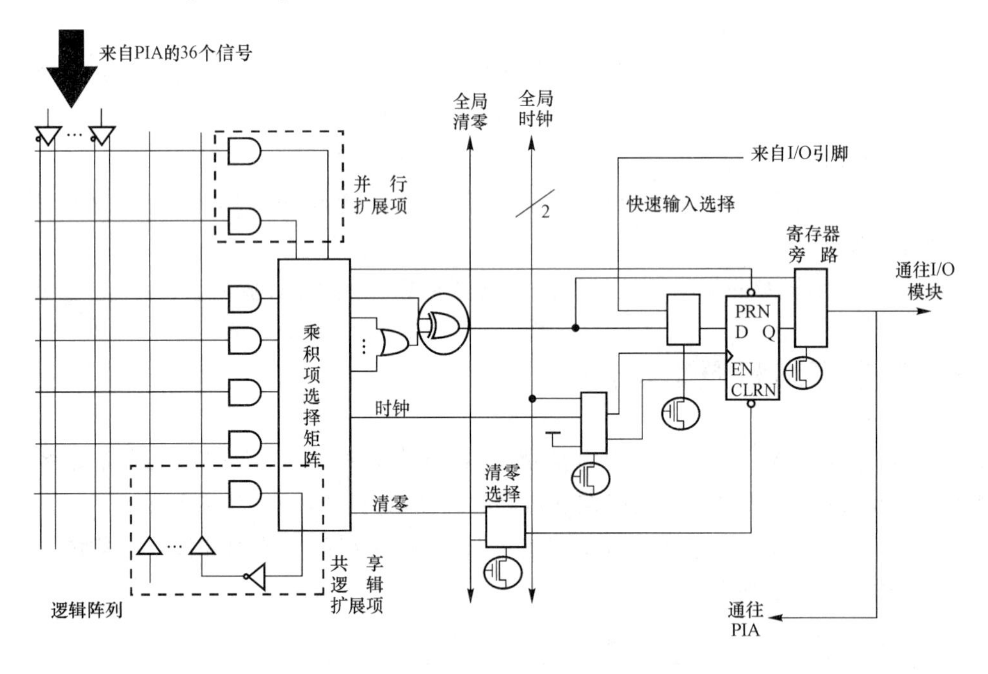

图5.3 MAX7000S系列的单个可编程逻辑宏单元结构

MAX7000S结构包括5个主要部分:可编程逻辑宏单元、逻辑阵列块、扩展乘积项(共享和并联)、可编程连线阵列、可编程I/O控制块。

1. 可编程逻辑宏单元

MAX7000S可编程逻辑宏单元由3个功能块组成,每个宏单元内部主要包括:可编程的"与"阵列和固定的"或"阵列、可编程触发器和乘积项选择矩阵等电路,能独立地配置为时序逻辑或组合逻辑工作方式,构成复杂的逻辑函数。其中逻辑阵列实现组合逻辑,可以给每个宏单元提供5个乘积项。乘积项选择矩阵分配这些乘积项作为"或"门和"异或"门的主要逻辑输入,实现组合逻辑函数;或者把这些乘积项作为宏单元中触发器的辅助输入:清零(Clear)、置位(Preset)、时钟(Clock)和时钟使能控制(Clock Enable)。

每个宏单元中有一个共享扩展乘积项经与非门反馈到逻辑阵列中,每个共享扩展乘积项可以被任何宏单元使用和共享,并行扩展乘积项从邻近宏单元借位而来,宏单元中不用的乘积项都可以分配给邻近的宏单元。乘积项共享结构提高了资源利用率,可以实现快速复杂的逻辑函数。

宏单元中的可编程触发器可以单独地被配置为带有可编程时钟控制的D、T、JK或

SR 触发器工作方式，也可以将触发器旁路，实现组合逻辑工作方式。每个可编程触发器可以按 3 种时钟输入模式工作。

(1) 全局时钟信号模式：全局时钟输入直接连向每一个触发器的 CLK 端，该模式能实现最快的时钟到输出(Clock to Output)性能。

(2) 全局时钟信号并由高电平有效的时钟使能：该模式提供每个触发器的时钟使能信号，由于使用全局时钟，输出较快。

(3) 用乘积项实现一个阵列时钟：该模式下，触发器由来自隐埋的宏单元或 I/O 引脚的信号进行时钟控制，速度稍慢。

宏单元内触发器的异步清零和异步置位也可以用乘积项进行控制，乘积项选择矩阵分配乘积项来控制这些操作，每一个触发器的复位端可以由低电平有效的全局复位专用引脚 GCLRn(全局清零)信号来驱动。

2. 逻辑阵列块(LAB)

一个 LAB 由 16 个宏单元的阵列组成。MAX7000S 结构主要是由多个 LAB 组成的阵列以及它们之间的连线构成。多个 LAB 通过可编程互连阵列(Programmable Interconnect Array，PIA)连接在一起(如图 5.2)，PIA 即全局总线，由所有的专用输入、I/O 引脚和宏单元馈给信号。每个 LAB 包括以下输入信号：

(1) 来自 PIA 的 36 个通用逻辑输入信号；

(2) 用于辅助寄存器功能的全局控制信号；

(3) 从 I/O 引脚到寄存器的直接输入信号。

3. 扩展乘积项

尽管大多数逻辑函数能够用每个宏单元中的 5 个乘积项实现，但对于更复杂的逻辑函数，需要用附加乘积项来实现。为了实现更复杂的逻辑功能，可以利用其他宏单元所提供的逻辑资源。对于 MAX7000S 系列，可以利用其结构中具有的共享和并联扩展乘积项，即“扩展项”(如图 5.4 和图 5.5 所示)，作为附加的乘积项直接送到本 LAB 的任一宏单元中。利用扩展乘积项可保证在实现逻辑综合时，用尽可能少的逻辑资源，得到尽可能快的工作速度。

(1) 共享扩展项

每个 LAB 有 16 个共享扩展项。共享扩展项就是由每个 LAB 提供一个未投入使用的乘积项，通过一个与非门取反后反馈到逻辑阵列中，每个共享扩展乘积项可被所在的 LAB 内任何一个或全部宏单元使用和共享，以便实现复杂的逻辑函数。采用共享扩展项后会增加一个较短的延时。图 5.5 表示出共享扩展项是如何被馈送到多个宏单元的。

(2) 并联扩展项

并联扩展项是宏单元中一些没有使用的乘积项，可分配给相邻的宏单元去实现快速、复杂的逻辑函数。使用并联扩展项，最多允许 20 个乘积项直接馈送到宏单元的“或”逻辑中，其中 5 个乘积项由宏单元本身提供，另外 15 个并联扩展项从同一个 LAB 中临近宏单元借用。当需要并联扩展项时，“或”逻辑的输出通过一个选择分频器送往下一个宏单元的并联扩展“或”逻辑输入端。图 5.5 表示了并联扩展项是如何从临近的宏单元中借用的。当不需要使用并联扩展时，并联扩展的“或”逻辑的输出通过选择分配器切换。

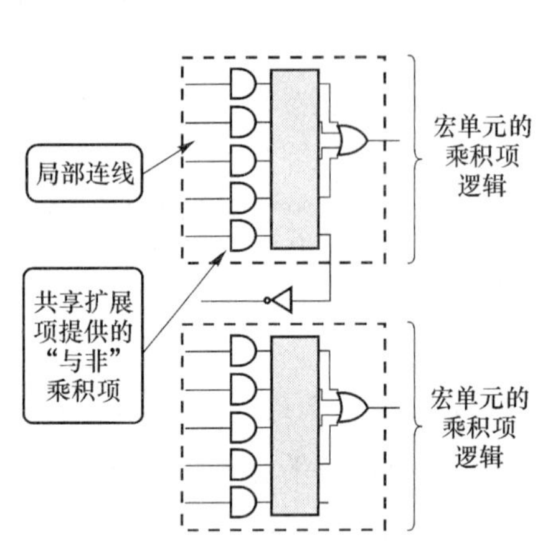

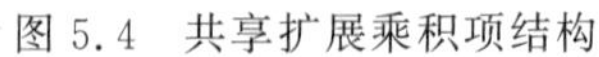

图 5.4　共享扩展乘积项结构

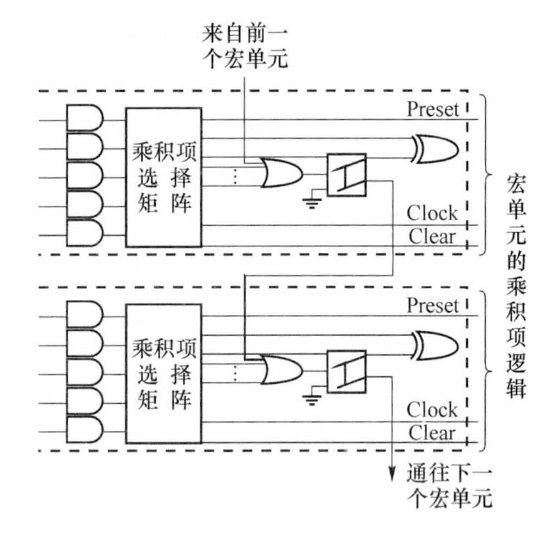

图 5.5　并联扩展乘积项馈给方式

Quartus Ⅱ和 MAX+PLUS Ⅱ编译器能够自动分配并联扩展项，最多可将 3 组、每组最多 5 个并联扩展项分配给需要附加乘积项的宏单元，每组并联扩展项增加一个较短的延时 t_{PEXP}。例如，若一个宏单元需要 zo14 个乘积项，编译器采用本宏单元里的 5 个专用乘积项，并分配给它两组并联扩展项(一组包括 5 个乘积项，另一组包括 4 个乘积项)，这样总的延时增加了 $2t_{PEXP}$。

4. 可编程连线阵列(PIA)

通过在 PIA 上布线，可以把各个 LAB 相互连接而构成所需的逻辑。这个全局总线是一个可编程的通道，可以把器件中任一信号源连接到其目的地。所有 MAX7000S/E 器件的专用输入、I/O 引脚和宏单元输出都连接到 PIA，PIA 再将这些信号送到器件内的各个地方。只有每个 LAB 需要的信号才布置从 PIA 到该 LAB 的连线。图 5.6 给出了 PIA 布线到 LAB 的方式。

图 5.6 中通过 E^2PROM 单元控制与门的一个输入端，以选择驱动 LAB 的 PIA 信号。MAX7000S/E 的 PIA 具有固定的延时，使得器件的延时性能够容易预测。在现场可编程门阵列中，基于通道布线方式的延时是累加、可变并与路径有关的。

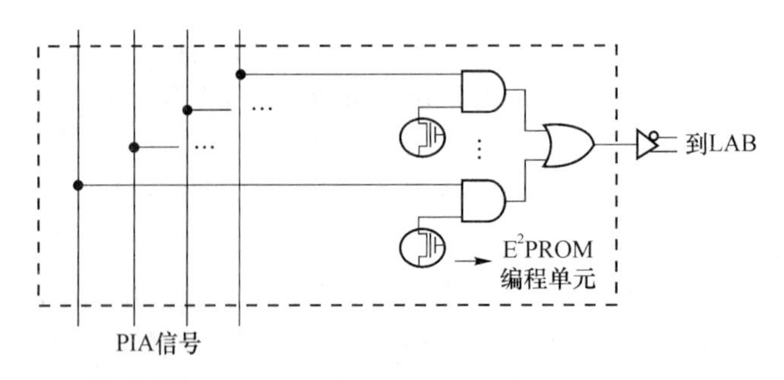

图 5.6　MAX7000S/E 器件 PIA 信号布线到 LAB 的方式

5. 可编程 I/O 控制块

I/O 控制块允许每个 I/O 引脚被配置为输入、输出和双向工作方式。所有 I/O 引脚都有一个三态缓冲器，它的控制端信号来自一个多路选择器，可以由全局输出使能信号之一进行控制，或者使能端直接接地(GND)或电源(VCC)。当三态缓冲器的控制端接地时，输出为高阻态，此时 I/O 引脚可用作专用输入引脚。当三态缓冲器的控制端接电源时，输出被使能(即有效)，为普通引脚。MAX7000 结构提供双 I/O 反馈，其宏单元和 I/O 引脚的反馈独立。当 I/O 引脚被配置成输入引脚时，与其相连的宏单元可以作为隐埋逻辑使用。

图 5.7 表示的是 MAX7000S/E 器件的 I/O 控制块，MAX7000S/E 系列器件有 6 个全局输出使能信号。MAX7000 系列器件在 I/O 控制块中提供了减缓输出缓冲器的电压摆率(Slew Rate)选择项，以降低工作速度要求不高的信号在开关瞬间产生的噪声。

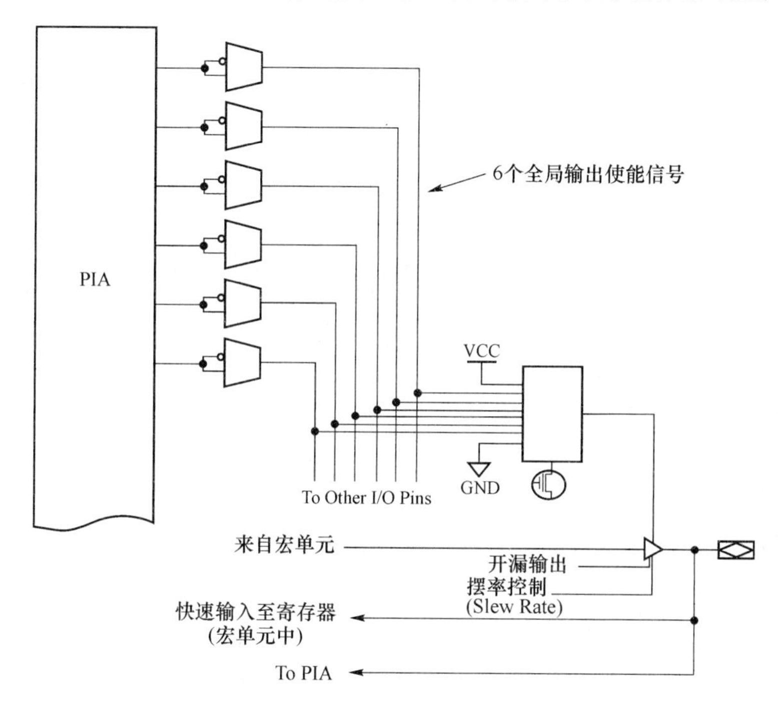

图 5.7　MAX7000S/E 器件的 I/O 控制块

为降低 CPLD 的功耗，减少其工作时的发热量，MAX7000 系列提供可编程的速度或功率优化，使其在应用设计中，让影响速度的关键部分工作在高速或全功率状态，而其余部分工作在低速或低功率状态。允许配置一个或多个宏单元工作在 50％或更低的功率下，而仅需要增加一个微小的延时。

5.4　现场可编程门阵列

现场可编程门阵列(FPGA)，是大规模可编程逻辑器件除 CPLD 外的另一大类 PLD 器件。

5.4.1　查找表

FPGA是基于可编程的查找表(Look Up Table,LUT)结构的可编程器件,LUT是是可编程的最小逻辑构成单元。

大部分FPGA采用基于SRAM(静态随机存储器)的查找表逻辑结构,就是用SRAM来构成逻辑函数发生器。一个N输入查找表可以实现N个输入变量的任何逻辑功能,如N输入"与"、N输入"异或"等。图5.8为5输入LUT,其结构如图5.9所示。一个N输入的查找表,需要SRAM存储N个输入构成的真值表,需要用2^N位的SRAM单元。因此N不能很大,否则LUT的利用率将降低,输入多于N个的逻辑函数,需要用几个查找表分开实现。典型的采用SRAM查找表结构的FPGA器件:Xilinx的XC4000系列、Spartan系列,Altera的FLEX10K系列、ACEX系列等。

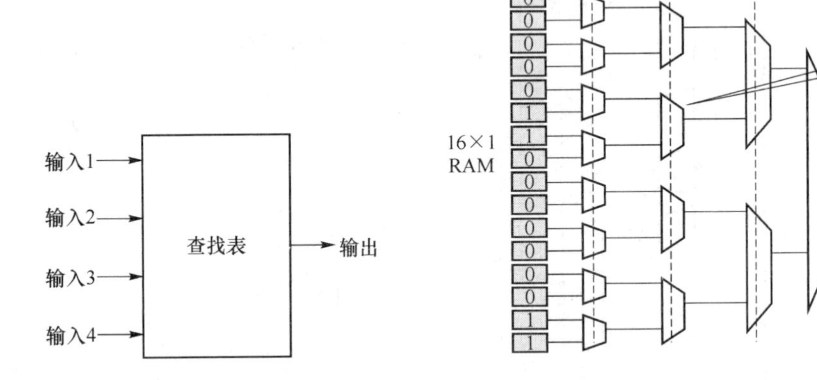

图5.8　FPGA查找表单元　　图5.9　FPGA查找表单元内部结构

5.4.2　FLEX 10K系列器件

FLEX 10K系列器件是第一种嵌入式PLD产品。FLEX(可更改逻辑单元阵列)采用可重构的CMOS SRAM单元,集成了实现多功能门阵列所需的全部特性。FLEX 10K系列器件容量达到了25万可用逻辑门,能够高密度、高性能地将整个数字系统,包括32位多总线系统集成于单个器件中。

FLEX 10K主要由嵌入式阵列块、逻辑阵列块、快速通道和I/O单元4部分组成。图5.10是FLEX 10K内部结构图。

1. 嵌入式阵列块(Embedded Array Block,EAB)

EAB是在输入、输出口上带有寄存器的RAM块,由一系列的嵌入式RAM单元构成,用于实现各种存储器及复杂的逻辑功能,如数字信号处理、微控制器、数据传输等。当要实现有关存储器功能时,每个EAB提供2 048个位,每一EAB是一个独立的结构,它具有共同的输入、互连与控制信号;EAB可以非常方便地实现一些规模不太大的RAM、ROM、FIFO或双口RAM等功能块的构造,如图5.11所示;而当EAB用来实现计数器、地址译码器、状态机、乘法器、微控制器以及DSP等复杂逻辑时,每个EAB可以贡献

100～600个等效门。EAB可以单独使用,也可以组合使用。

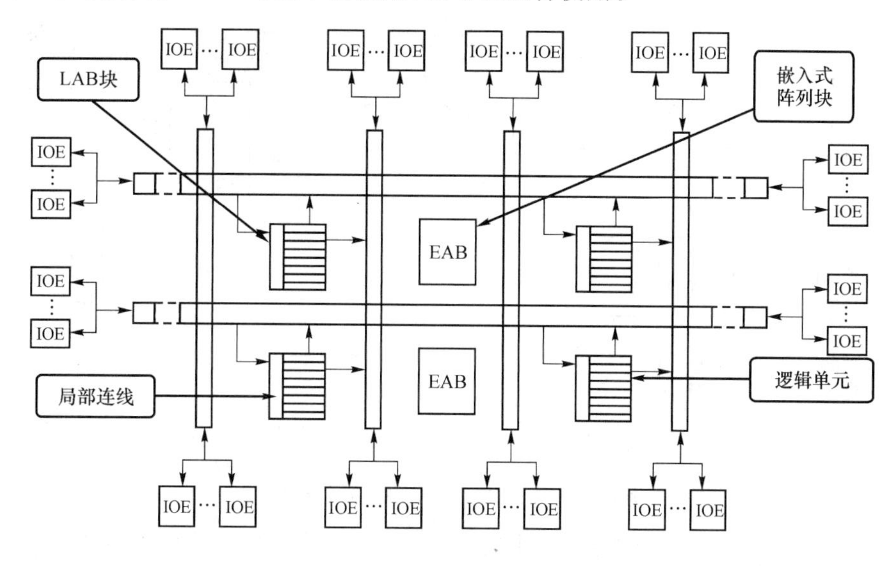

图5.10　FLEX 10K内部结构图

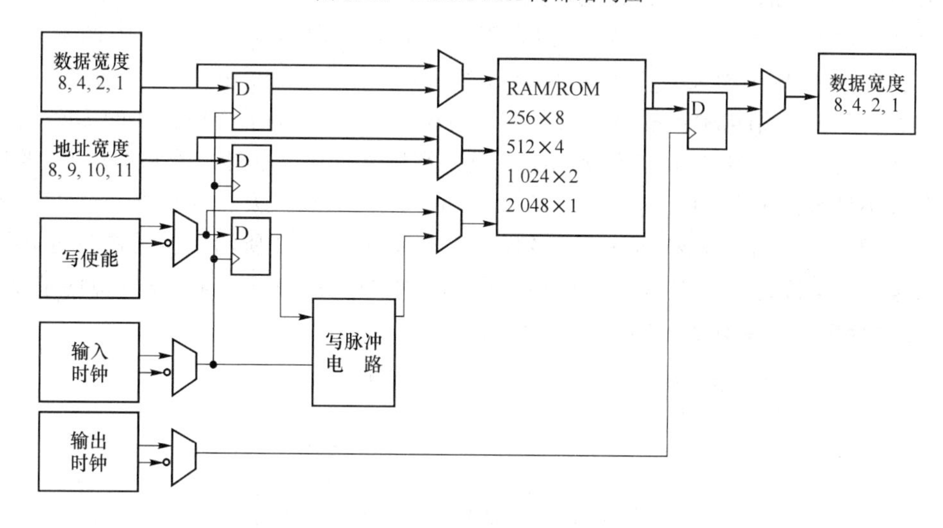

图5.11　用EAB构成不同结构的RAM和ROM

2. 逻辑单元(Logic Element,LE或称Logic Cell,LC)

LE是FLEX 10K结构中的最小单元,它能有效地实现逻辑功能。每个LE包含一个4输入的LUT、一个带有同步使能的可编程触发器、一个进位链(Carry-In)和一个级联链(Cascada-In)。每个LE有两个输出,分别可以驱动局部互连和快速通道互连,图5.12是LE的结构图。

LE中的LUT是一种函数发生器,它能实现4输入1输出的任意逻辑函数。LE中的可编程触发器可设置成D、T、JK或SR触发器。该寄存器的时钟、清零和置位信号可由全局信号通用I/O引脚或任何内部逻辑驱动。对于组合逻辑的实现,可将该触发器旁路,LUT的输出可作为LE的输出。

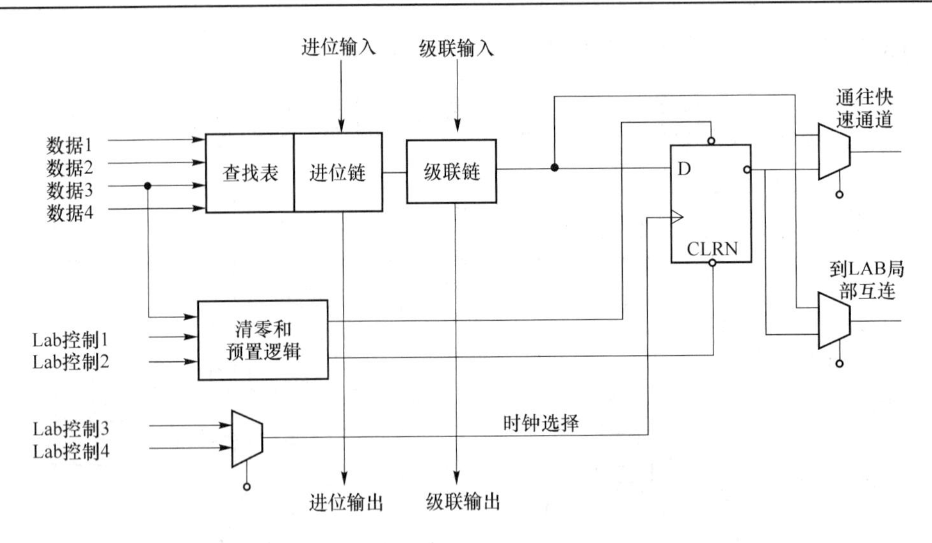

图 5.12　FLEX 10K 器件 LE 结构图

LE 有两个输出驱动内部互连，一个驱动局部互连，另一个驱动行或列的快速通道的互连输出，这两个输出可以单独控制。例如，在一个 LE 中，可以用 LUT 驱动一个输出，而寄存器驱动另一个输出，这种特性称为寄存器打包。因为在一个 LE 中的触发器和 LUT 能够用来完成不相关的功能，所以能够提高 LE 的资源利用率。

在 FLEX 10K 结构中还提供了两种专用高速数据通道，用于连接相邻的 LE，但不占用局部互连通路，它们是进位链和级联链。进位链用来支持高速计数器和加法器；级联链可以在最小延时情况下，实现多输入（Wide-Input）逻辑函数。级联链和进位链可以连接同一个 LAB 中的所有 LE 和同一行中的所有 LAB，如图 5.13 所示。但是进位链和级联链的大量使用会降低布局布线的多样性和限制逻辑布线的灵活性，导致资源的浪费，因此，只在设计中对速度有要求的关键部分才使用它们。

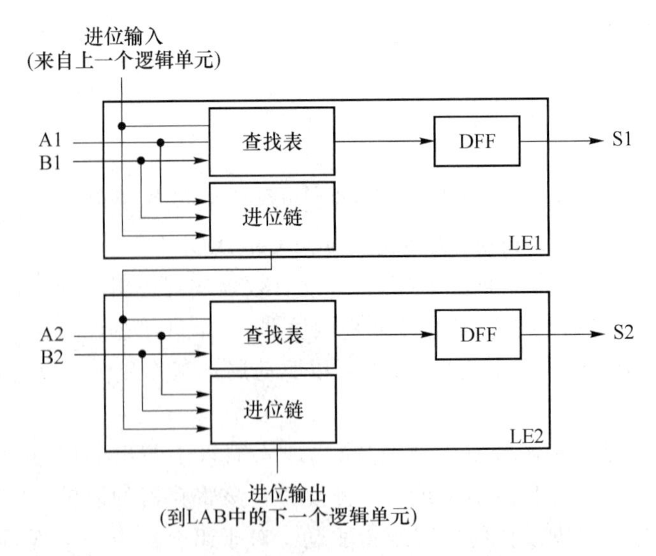

图 5.13　FLEX 10K 器件进位链的使用

进位链提供 LE 之间快速的向前进位功能。来自低位的进位信号经进位链向前送到高位，同时馈入查找表和进位链的下一段。这一特点使得 FLEX 10K 结构能够实现高速计数器、加法器和宽位的比较器。

级联链可以用来实现多扇入数的逻辑函数。相邻的查找表用来并行地完成部分逻辑功能，级联链把中间结果串接起来。级联链可以使用逻辑"与"或者逻辑"或"来连接相邻 LE 的输出，如图 5.14 所示。每个附加的 LE 提供有效输入 4 个，其延迟会增加约 0.7 ns。

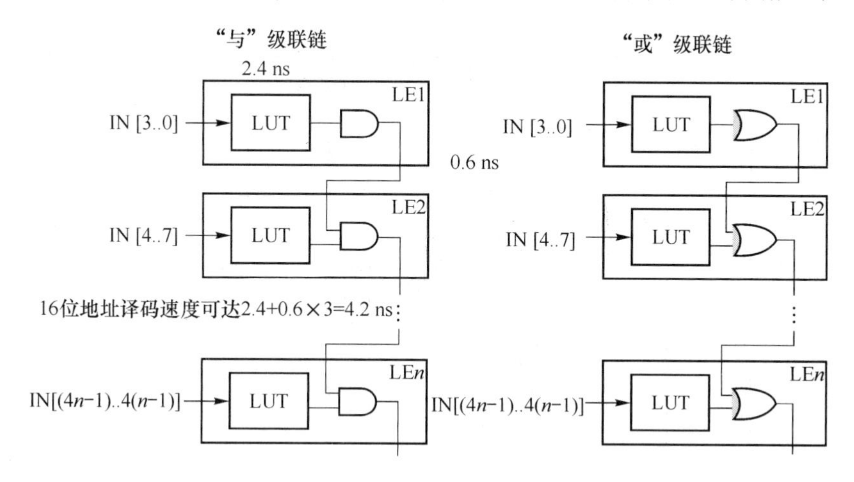

图 5.14　FLEX 10K 器件级联链的使用

FLEX 10K 的 LE 共有 4 种工作模式：正常模式、运算模式、加减法计数模式和可清零计数模式。每种模式对 LE 资源各不相同。在每种模式中，LE 的 7 个可用输入信号被连接到不同的位置，以实现所要求的逻辑功能。这 7 个输入信号是来自 LAB 局部互连的 4 个数据输入，来自可编程寄存器的反馈信号以及前一个 LE 的进位输入和级联输入。另外，加到 LE 的其余 3 个输入为寄存器提供时钟、清零和置位信号。在 4 种模式下，FLEX 10K 结构还为寄存器提供了一个同步时钟使能端，利于实现全同步设计。

3. 逻辑阵列(Logic Array Block，LAB)

LAB 由一系列的相邻 LE 构成。每个 LAB 包含 8 个 LE、相联的进位链和级联链，LAB 控制信号与 LAB 局部互连。LAB 构成了 FLEX 10K 的"粗粒度(Coarse-grained)"结构，有利于 EDA 软件进行布局布线，不但能提高器件的利用率，还能提高器件的性能。FLEX 10K LAB 的结构如图 5.15 所示。

4. 快速通道(FastTrack)

在 FLEX 10K 结构中，LE 和器件 I/O 引脚之间的连接通过快速通道互连实现。快速通道遍布于整个 FLEX 10K 器件，是一系列水平和垂直走向的连续式布线通道。即使器件用非常复杂的设计，采用这种布线结构也可以预测其延时性能。有些FPGA采用分段式连线结构，需要用开关矩阵把若干条短的线段连接起来，这使延时难以预测，从而降低了设计性能，但可以使逻辑布线工作变得容易。

快速通道连接由遍布整个器件的"行互连"和"列互连"组成。每行的 LAB 有一个专用的"行互连"，"行互连"可以驱动 I/O 引脚或馈送到器件中的其他 LAB。"列互连"连接各行，也能驱动 I/O 引脚。为了提高器件的布线效率，FLEX 10K 结构中提供了多样的连线通道，详见器件手册。

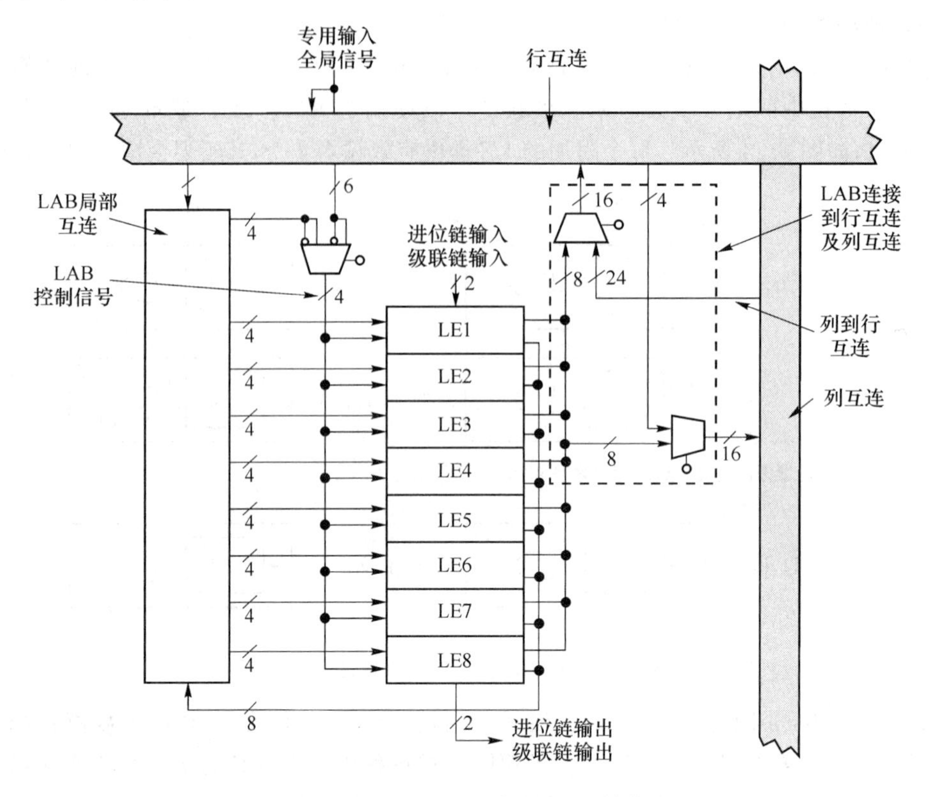

图 5.15 FLEX 10K 器件的 LAB 结构图

5. I/O 单元与专用输入端口

FLEX 10K 器件的 I/O 引脚由一些 I/O 单元(IOE 或 IOC)驱动。IOE 位于快速通道的行和列的末端，包含一个双向 I/O 缓冲器和一个寄存器，寄存器可以用作需要快速建立时间的外部数据的输入寄存器，也可以作为要求快速“时钟到输出”性能的数据输出寄存器。在某些情况下，LE 作为输入寄存器在建立时间上会比 IOE 寄存器更短。IOE 可以配置成输入、输出或双向口。

FLEX 10K 的 IOE 具有许多有用的特性，如 JTAG 编程支持、摆率控制、三态缓冲和漏极开路输出等。IOE 的结构图如图 5.16 所示。每个 IOE 的时钟、清零、时钟使能和输出使能控制均由 I/O 控制信号网络提供，采用高速驱动以减小通过器件的时间偏差。

FLEX 10K 器件还提供了 6 个专用输入引脚，这些引脚用来驱动 IOE 寄存器的控制端，使用专用的布线通道，以便具有比快速通道更短的延迟和更小的偏移。专用输入中的 4 个输入引脚可用来驱动全局信号，内部逻辑也可以驱动这 4 个全局信号。同 MAX7000S 系列器件一样，每个 IOE 中输出缓冲器输出信号的电压摆率可调，可通过配置达到低噪声或高速度的要求。电压摆率的加快能使速度提高，但会在器件工作时引入较大的噪声。

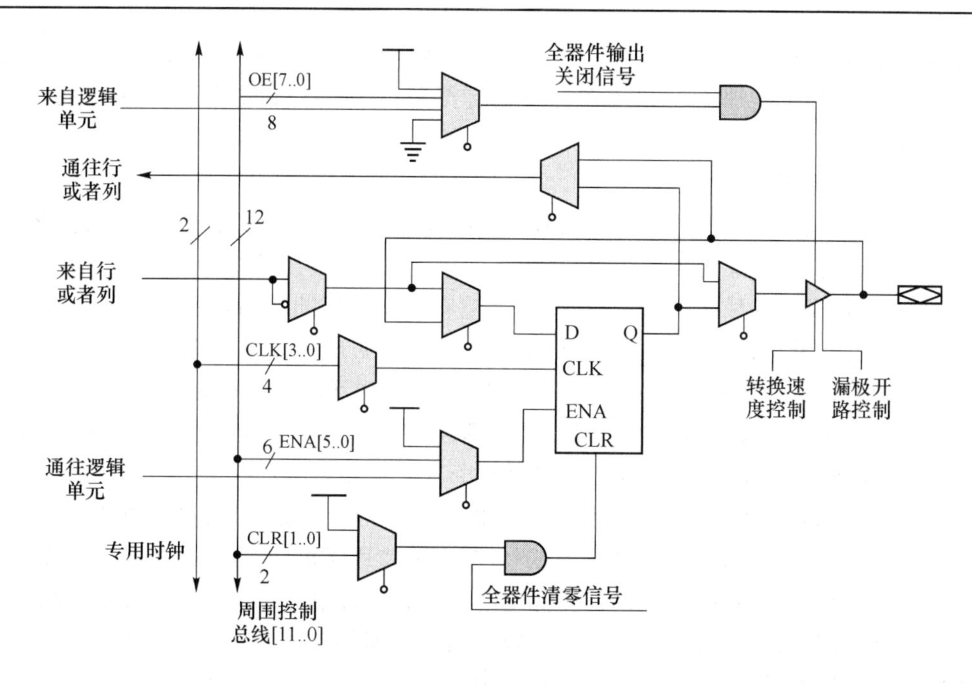

图 5.16　FLEX 10K 器件的 I/O 单元结构图

5.5　IP 核技术

IP 是设计中不可或缺的组成部分，也是自底向上设计方法学的理论基础。

随着数字系统设计越来越复杂，将系统中的每个模块都从头开始设计是一件十分困难的事，而且会延长设计周期，甚至增加系统的不稳定因素。IP 的出现使得设计过程变得十分简单，甚至只需要将不同的模块连接起来，就可以实现一个完整的系统。这样可以缩短产品的上市时间。

5.5.1　IP 的概念

IP(Intellectual Property)就是常说的知识产权，在 EDA 技术和开发中具有十分重要的地位。著名的美国 Dataquest 咨询公司将半导体产业的 IP 定义为用于 ASIC、ASSP、PLD 等芯片当中的，并且是预先设计好的电路功能模块。

在可编程逻辑器件领域，IP 核是指将一些在数字电路中常用但比较复杂的功能块(如 FIR 滤波器、SDRAM 控制器、PCI 接口等)设计成参数可修改的模块，以便这些模块可以被直接调用。

随着 CPLD/FPGA 的规模越来越大，设计越来越复杂，使用 IP 核是一个发展趋势。在 FPGA 设计中使用这些经过严格测试和优化过的模块，能够减少设计和调试时间，降低开发成本，提高开发效率。根据实现的不同，IP 可以分为软 IP、固 IP 和硬 IP。

软 IP 是用 VHDL 等硬件描述语言描述的功能块，但是并不涉及用什么具体电路元件实现这些功能。软 IP 通常以硬件描述语言 HDL 源文件的形式出现，开发过程与应用软件的开发过程类似，只是所需的开发软、硬件环境要求较高。软 IP 的设计周期短、设计投入少，由于不涉及物理实现，为后续设计留有很大的发挥空间，增大了 IP 的灵活性和适应性。软 IP 的缺点是设计中会有一定比例的后续工序无法适应软 IP 设计，从而造成一定程度的软 IP 修正。

固 IP 是完成了综合的功能块。它有较大的设计深度，以网表文件的形式提交客户使用。如果客户与固 IP 使用同一个 IC 生产线的单元库，IP 应用的成功率会高得多。

硬 IP 提供设计的最终阶段产品：掩膜。随着设计深度的提高，后续工序需要做的事情就越少，当然，灵活性也就越小。不同的客户可以根据自己的需要订购不同的 IP 产品。

目前，尽管对 IP 还没有统一的定义，但 IP 的实际内涵已有了明确的界定：首先，它必须是为了易于重用而按嵌入式专门设计的。即使是已经被广泛使用的产品，在决定作为 IP 之前，一般来说也需要再做设计，使其更易于在系统中嵌入。比较典型的例子是嵌入式 RAM。由于嵌入后已经不存在引线压点的限制，在嵌入式 RAM 中去掉地址分时复用、数据串并转换以及行列等分译码等，不仅节省了芯片面积，而且大幅提高了运算速度。其次是必须实现 IP 模块的优化设计。优化的目标通常可用“四最”来表达，即芯片的面积最小、运算速度最快、功率消耗最低、工艺容差最大。所谓工艺容差大是指所做的设计可以经受更大的工艺波动，是提高加工成品率的重要保障。这样的优化目标是普通的自动化设计过程难以达到的，但是对于 IP 却又必须达到，因为 IP 必须能经受得起成千上万次的使用。显然，IP 的每一点优化都将产生千百倍甚至更大的倍增效益。因此基于晶体管级的 IP 设计便成为完成 IP 设计的重要的途径。

再次，就是要符合 IP 标准。这与其他 IC 产品一样，IP 进入流通领域后，也需要有标准。1996 年以后，RAIPD（Reusable Application-specific Intellectual-property Developers）、VSIA（Virtual Socket Interface Alliance）等组织相继成立，协调并制订 IP 重用所需的参数、文档、检验方式等形式化的标准，以及 IP 标准接口、片内总线等技术性的协议标准。虽然这些工作已经开展了多年，也制订了一些标准，但至今仍有大量问题有待解决。例如，不同嵌入式处理器协议的统一、不同 IP 片内结构的统一等问题。

我国在 IP 设计方面尚处于起步阶段，但与 IP 的应用需求形成明显的不一致，这为未来的 IP 设计工程师提供了广阔的用武之地。

5.5.2 Altera 公司提供的 IP

Altera 公司以及第三方 IP 合作伙伴提供了许多可用的功能模块。功能模块基本可以分为两类：免费的 LPM 宏功能模块（Megafunctions/LPM）和需要授权使用的 IP 知识产权（MegaCore）。这两者只是从实现的功能上区分，使用方法上则基本相同。

Altera LPM 宏功能模块是一些复杂或高级的构建模块，可以在 Quartus Ⅱ设计文件中和门、触发器等基本单元一起使用，这些模块的功能一般都是通用的，比如 Counter、FIFO、RAM 等。Altera 提供的可参数化 LPM 宏功能模块和 LPM 函数均为 Altera 器件结构做了优化，而且必须使用宏功能模块才可以使用一些 Altera 特定器件的功能，例如存储器、DSP 块、LVDS 驱动器、PLL 以及 SERDES 和 DDIO 电路。

IP 知识产权模块是某一领域内的实现某一算法或功能的参数化模块（简称 IP 核）。

这些模块是由Altera以及Altera的第三方IP合作伙伴(AMPP)开发的,专门针对Altera的可编程逻辑器件进行过优化和测试,一般需要付费购买才能使用。这些模块可以从Altera的网站(www.altera.com)上下载,安装后就可以在QuartusⅡ软件以及实际系统中进行使用和评估。当对试用的IP核满意后,可以联系Altera购买使用授权许可。

Altera的IP核都是以加密网表的形式交给客户使用,这就是前面所提到的固IP,同时配合以一定的约束文件,例如逻辑位置、管脚,以及I/O电平约束等。

1. 基本宏功能

在Altera的开发工具QuartusⅡ中,有一些内带的基本宏功能供选用,如乘法器、多路选择器、移位寄存器等。当然,这些基本的逻辑功能也可以由通用的硬件描述语言描述出来。Altera的这些基本宏功能都是针对其实现的目标器件进行优化过的模块,它们应用在具体Altera器件的设计中,往往可以使设计性能更高,使用的资源更少。使用Altera的基本宏功能还可以显著提高设计的开发进度,缩短产品的上市时间。另外,还有一些Altera器件特有的资源,例如片内RAM块、DSP块、LVDS驱动器、PLL、DDIO和高速的收发电路等,同样通过基本宏功能方式提供。因此使用非常方便,设置参数相对简单,只需通过图形界面(GUI)操作即可。

表5.1是Altera可以提供的基本宏功能。

表5.1 Altera可以提供的基本宏功能

类型	描述
算术组件	包括累加器、加法器、乘法器和LPM算术函数
门	包括多路复用器和LPM门函数
I/O组件	包括时钟数据恢复(CDR)、锁相环(PLL)、千兆位收发器块(GXB)、LVDS接收器和发送器、PLL重新配置和远程更新宏模块
存储器编译器	包括FIFO Partitioner、RAM和ROM宏功能模块
存储组件	存储器、移位寄存器宏模块和LPM存储器函数

对于一些简单的功能模块,如加/减、简单的多路器等,通常建议使用通用的HDL来描述。这样的逻辑功能用HDL描述起来非常简洁,而且综合工具可以把这些基本功能放在整个设计中进行优化,使得系统达到最优。如果使用Altera的基本宏功能,由于综合工具的算法无法对该模块进行基本逻辑的优化操作,反而会影响设计的结构。而对一些相对比较复杂的设计,例如,一个同步可载入的计数器,使用Altera的基本宏功能会得到较好的结果。

在设计代码中过多地使用基本宏功能,也会降低代码的可移植性,这些都需要在实践中体会、积累和总结。

2. Altera的IP核与AMPP IP核(MegaCore)

Altera除了提供一些基本宏功能以外,还提供了一些比较复杂的、相对比较通用的功能模块,例如PCI接口、DDR、SDRAM控制器等。这些就是Altera可以提供的IP库,也称之为MegaCore。Altera的MegaCore分为4大类,如表5.2所示。

表 5.2　Altera 的 MegaCore

数字信号处理类	通信类	接口和外设类	微处理器类
FIR	UTOPIA2	PCI MT32	Nios & Nios Ⅱ
FFT	POS-PHY2	PCIT32	SRAM interface
Reed Solomon	POS-PHY3	PCI MT64	SDR DRAM interface
Virterbi	SPI4.2	PCI64	FLASH interface
Turbo Encoder/Decoder	SONET Framer	PCI32 Nios Target	UART
NCO	Rapid IO	DDR Memory I/F	SPI
Color Space Converter	8B10B	Hyper Transport	Programmable IO
DSP Builder			SMSC MAC/PHY I/F

一些 Altera 的合作伙伴 AMPP(Altera Megafunction Partners Program)也向 Altera 的客户提供基于 Altera 器件优化的 IP 核。

所有的 Altera 或 AMPP 的 IP 具有统一的 IP Toolbench 界面，用来定制和生成 IP 文件。所有的 IP 核可以支持功能仿真模型，绝大部分 IP 核支持 OpenCorePlus，也就是说可以免费在实际器件中验证所用的 IP 核(必须把所用器件通过 JTAG 电缆连到 PC 机上，否则 IP 核电路不会工作)，直到系统运行正常，再购买 IP 许可证。

使用 Altera 的 IP 或 AMPP 的 IP 时，一般的开发步骤如下：

(1) 下载 MegaCore 的安装程序并安装；

(2) 通过 MegaWizard 的界面打开 IP 核的统一界面 IP Toolbench；

(3) 根据需要定制要生成 IP 的参数；

(4) 产生 IP 的封装和网表文件，以及功能仿真模型；

(5) 对 IP 的 RTL 仿真模型做功能仿真；

(6) 把 IP 的封装文件和网表文件放在设计工程中，并实现设计；

(7) 如果 IP 支持 OpenCorePlus，则可以把设计下载到器件中做验证和调试；

(8) 如果确认 IP 使用没有问题，即可以向 Altera 或第三方 IP 供应商购买许可证。

3. MegaWizard 管理器

为了方便使用宏功能模块，Quartus Ⅱ软件提供了“MegaWizard Plug-In Manager”，即 MegaWizard 管理器。利用它可以建立或修改包含自定义宏功能模块变量的设计文件，然后再对这些 IP 模块文件进行实例化。这些自定义宏功能模块变量基于 Altera 提供的宏功能模块，包括基本宏功能、MegaCore 和 AMPP 函数。

5.5.3　Altera IP 在设计中的作用

实际设计中尽量使用 IP 模块，而不是对所有逻辑模块进行编程。与传统的 ASIC 器件或者自行设计模块相比，使用 Altera 的 IP 具有以下优势：

1. 提高设计性能

IP 模块可以提供更有效的逻辑综合和器件实现，所有的 IP 模块都经过严格的测试和优化，从而使得 IP 模块可以在 Altera 的可编程逻辑器件中达到最好的性能和最低的逻辑资源使用率,设计时只需通过设置参数便可方便地按需定制宏功能模块。

2. 降低产品开发成本

Altera IP模块采用了世界领先的封装技术和加密技术,Altera的大部分IP模块的价格大约只有市场上相同功能的ASIC器件的1/5,极大地降低了基于IP的FPGA产品的开发成本。

3. 缩短设计周期

IP模块已经过供应商的严格测试和验证,并且已经封装完毕,使用时只需要设计中实例化IP模块即可,使用IP模块可以避免重复设计标准化的功能模块,缩短产品的上市周期。

4. 设计灵活性强

IP模块的参数是可变的,所以可以按照设计的需要定制IP模块。

5. 仿真方便

不同于ASIC器件,使用IP可以在Altera的Quartus Ⅱ中对设计进行功能和时序仿真,并且仿真相当可靠。

6. OpenCore Plus支持无风险应用

使用ASIC来完成设计时,必须首先购买ASIC器件,然后在单板上进行硬件调试。Altera针对自己的IP提供了"OpenCore Plus Evaluation"功能,此功能允许购买IP模块之前,首先仿真和验证集成了IP模块的设计的正确性、评估设计的资源使用率以及时钟速度。甚至无需授权许可,就可以在Quartus Ⅱ软件中为集成了IP模块的设计生成有限制的下载文件,从而可以使在购买IP许可前将设计下载到FPGA器件中(但是需要将JTAG下载电缆一直连在芯片上),在硬件系统中充分验证,并测试IP模块的性能。当对IP模块的功能与性能完全满意,并准备将设计投入生产时,再购买IP模块的许可使用权,从而可以将设计下载到器件中无限制地使用。

可以在Altera的网站上下载带"OpenCore Plus Evaluation"功能的IP模块,许多第三方IP提供商(AMPP)同样支持"OpenCore Plus Evaluation"设计流程。

5.6 CPLD/FPGA的测试技术

随着微电子技术、微封装技术和集成电路技术的飞速发展,CPLD、FPGA和ASIC的规模和复杂程度越来越大,在CPLD/FPGA应用中,测试显得越来越重要。测试有多个部分:在"软"的方面,逻辑设计的正确性需要验证,这不仅是在功能这一级上,对于具体的CPLD/FPGA还要考虑其内部或I/O上的时延特性;在"硬"的方面,首先在PCB板级需要测试引脚的连接问题,其次,CPLD/FPGA的I/O的功能也需要专门的测试。

5.6.1 内部逻辑测试

对于CPLD/FPGA的内部逻辑测试是应用设计可靠性的重要保证。由于设计的复杂性,内部逻辑测试面临越来越多的问题,设计者通常不可能考虑周全,这就需要在设计时加入用于测试的部分逻辑,即进行可测性设计(Design For Test,DFT),设计完成后用来测试关键逻辑。

在ASIC设计中的扫描寄存器，是可测性设计的一种，原理是把ASIC中关键逻辑部分的普通寄存器用测试扫描寄存器来代替，在测试中可以动态地测试、分析设计其中寄存器所处的状态，甚至对某个寄存器加以激励信号，改变该寄存器的状态。

有的CPLD/FPGA厂商提供一种技术，在可编程逻辑器件中嵌入某种逻辑功能，与EDA工具软件相配合提供一种嵌入式逻辑分析仪，帮助测试工程师发现内部逻辑问题。Altera的SignalTap技术是代表之一。

在内部逻辑测试时，会涉及测试的覆盖率问题，对于小型逻辑电路，逻辑测试的覆盖率可以很高，甚至达到100%。可是对于复杂数字系统设计，内部逻辑覆盖率不可能达到100%，这就必须寻求别的更有效的方法来解决。

5.6.2 边界扫描测试

随着微电子技术、微封装技术和印制板制造技术的不断发展，印制电路板变得越来越小，密度越来越大，复杂程度越来越高，层数不断增加。面对这样的发展趋势，如果仍然沿用传统的外探针测试法和“针床”夹具测试法来全面彻底地测试焊接在其上的器件，恐怕是难于实现的。

在20世纪80年代，联合测试行动组(Joint Test Action Group，JTAG)开发了IEEE1149.1—1990边界扫描测试技术规范。该规范提供了有效的测试引线间隔致密的电路板上集成电路芯片的能力。大多数的CPLD/FPGA厂家的器件遵守IEEE规范，并为输入引脚和输出引脚以及专用配置引脚提供了边界扫描测试(Board Scan Test，BST)的功能。

设计人员使用BST规范测试引脚连接时，不必使用物理探针，甚至可在器件正常工作时捕获功能数据。器件的边界扫描单元能够逻辑跟踪引脚信号，或是从引脚或器件核心逻辑信号中捕获数据。强行加入的测试数据串行地移入边界扫描单元，捕获的数据串行移出并在器件外部同预期的结果进行比较。图5.17说明了边界扫描测试法的概念。

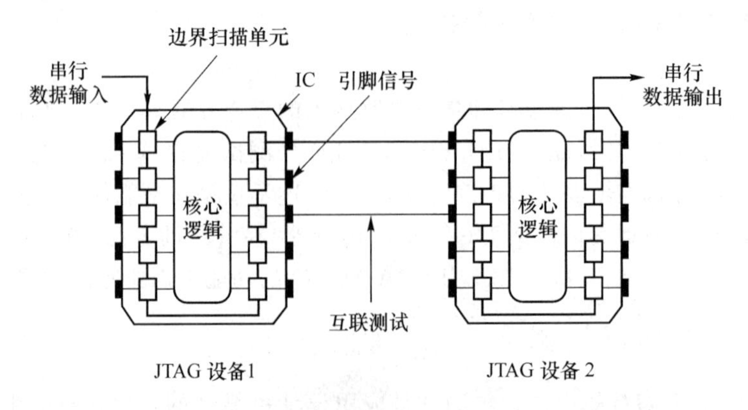

图5.17　IEEE1149.1边界扫描测试方法

该方法提供了一个串行扫描路径，它能捕获器件核心逻辑的内容，或者测试遵守

IEEE 规范的器件之间的引脚连接情况。

边界扫描测试标准 IEEE1149.1 BST 的结构,即:当器件工作在 JTAG BST 模式时,使用 4 个 I/O 引脚和一个可选引脚 TRST 作为 JTAG 引脚。4 个 I/O 引脚是:TDI、TDO、TMS 和 TCK。表 5.3 概括了这些引脚的功能。

表 5.3　边界扫描 I/O 引脚功能

引脚	描述	功能
TDI	测试数据输入（Test Date Input）	测试指令和编程数据的串行输入引脚。数据在 TCK 的上升沿移入
TDO	测试数据输出（Test Date Output）	测试指令和编程数据的串行输出引脚,数据在 TCK 的下降沿移出。在数据没有被移出时,该引脚处于高阻态
TMS	测试模式选择（Test Mode Select）	控制信号输入引脚,负责 TAP 控制器的转换。TMS 必须在 TCK 的上升沿到来之前稳定
TCK	测试时钟输入（Test Clock Input）	时钟输入到 BST 电路,一些操作发生在上升沿,而另一些发生在下降沿
TRST	测试复位输入（Test Reset Input）	低电平有效,异步复位边界扫描电路(在 IEEE 规范中,该引脚可选)

JTAG BST 需要下列寄存器:

(1) 指令寄存器,用来决定是否进行测试或访问数据寄存器操作。

(2) 旁路寄存器,这个 1 bit 寄存器用来提供 TDI 和 TDO 的最小串行通道。

(3)边界扫描寄存器,由器件引脚上的所有边界扫描单元构成。JTAG 边界扫描测试由测试访问端口的控制器管理。TMS、TRST 和 TCK 引脚管理 TAP 控制器的操作;TDI 和 TDO 为数据寄存器提供串行通道,TDI 也为指令寄存器提供数据,然后为数据寄存器产生控制逻辑。边界扫描寄存器是一个大型串行移位寄存器,它使用 TDI 引脚作为输入,TDO 引脚作为输出。边界扫描寄存器由 3 位的周边单元组成,它们可以是 I/O 单元、专用输入(输入器件)或专用的配置引脚(仅 FLEX 器件有)。利用边界扫描寄存器可测试外部引脚的连接,或是在器件运行时捕获内部数据。图 5.18 表示测试数据沿着 JTAG 器件的周边作串行移位的情况,图5.19是 JTAG BST 系统内部结构。

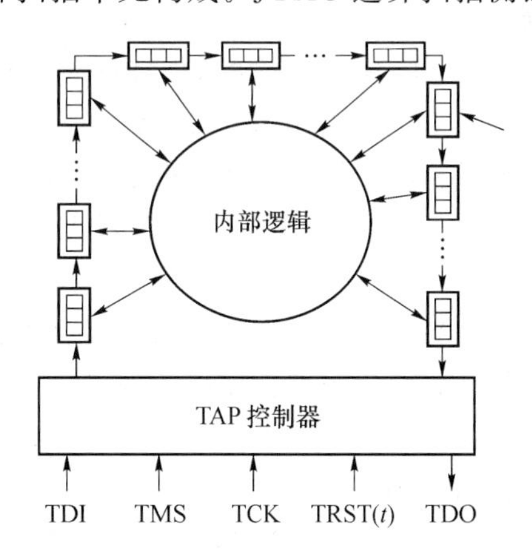

图 5.18　边界扫描数据移位方式

BST 系统中还有其他一些寄存器,如器件 ID 寄存器、ISP/ICR 寄存器等。

图 5.20 给出了边界扫描与 FLEX 10K 器件相关联的 I/O 引脚。3 位字宽的边界扫描单元在每个 IOE 中包括一套捕获寄存器和一组更新寄存器。捕获寄存器经过 OUTJ、

OEJ 和 I/O 引脚信号同内部器件数据相联系，而更新寄存器经过三态数据输入、三态控制和 INJ 信号同外部数据连接。JTAG BST 寄存器的控制信号(即：SHIFT、CLOCK 和 UPDATE)由 TAP 控制器内部产生；边界扫描寄存器的数据信号路径是从串行数据输入 TDI 到串行数据输出 TDO，起点在器件的 TDI 引脚，终点在 TDO 引脚。

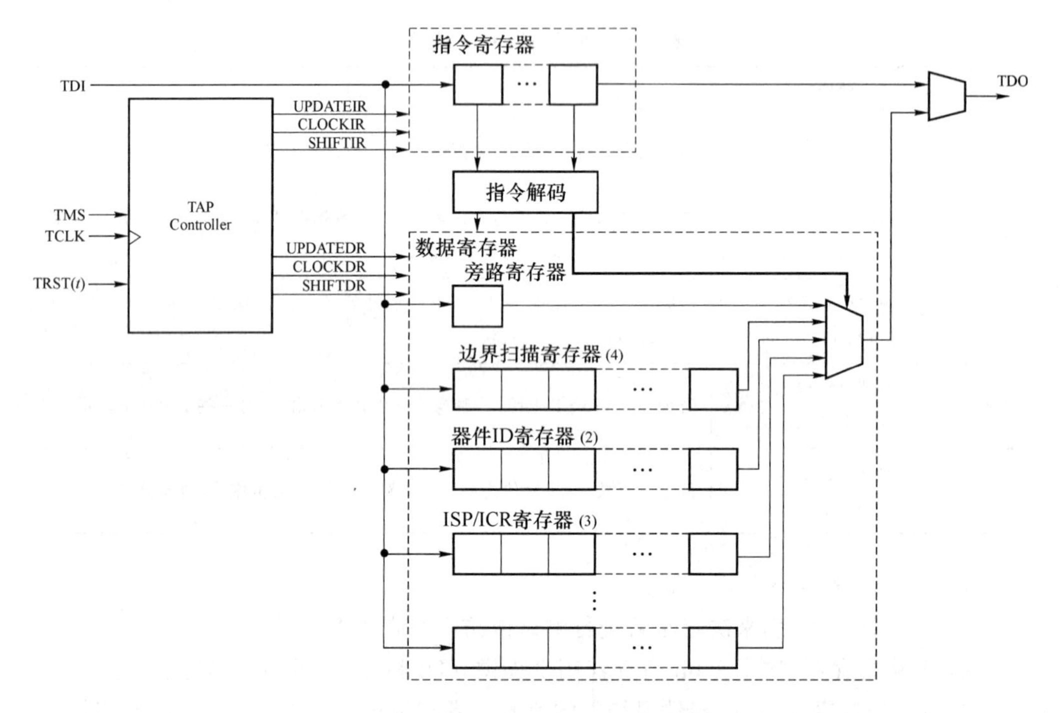

图 5.19　JTAG BST 系统内部结构

JTAG BST 操作控制器包括一个 TAP 控制器，这是一个 16 状态的状态机(详细说明参见 JTAG 规范)，在 TCK 的上升沿，TAP 控制器利用 TMS 引脚控制器件中的 JTAG 操作进行状态转换。在上电后，TAP 控制器处于复位状态时，BST 电路无效，器件已处于正常工作状态，这时指令寄存器也已完成了初始化。为了启动 JTAG 操作，需选择指令模式(图 5.21 是 BST 选择命令模式时序图)。方法是使 TAP 控制器向前移位到指令寄存器(SHIFT IR)状态，然后由时钟控制 TDI 引脚上相应的指令码。图5.21的时序图表示指令码向指令寄存器移入的过程。它给出了 TCK、TMS、TDI 和 TDO 的值，以及 TAP 控制器的状态。从 RESET 状态开始，TMS 受时钟作用，具有代码 01100，使 TAP 控制器运行前进到 SHIFT IR 状态。

除了 SHIFT IR 和 SHIFT DR 状态之外，在所有状态中的 TDO 引脚都呈高阻态，TDO 引脚在进入移位状态之后的第一个 TCK 下降沿是有效的，而在离开移位状态之后的第一个 TCK 的下降沿处于高阻态。

当 SHIFT IR 状态有效时，TDO 不再是高阻态，并且指令寄存器的初始化状态在 TCK 的下降沿移出。只要 SHIFT IR 状态保持有效，TDO 就会连续不断地向外移出指令寄存器的内容；只要 TMS 维持在低电平，TAP 控制器就保持在 SHIFT IR 状态。

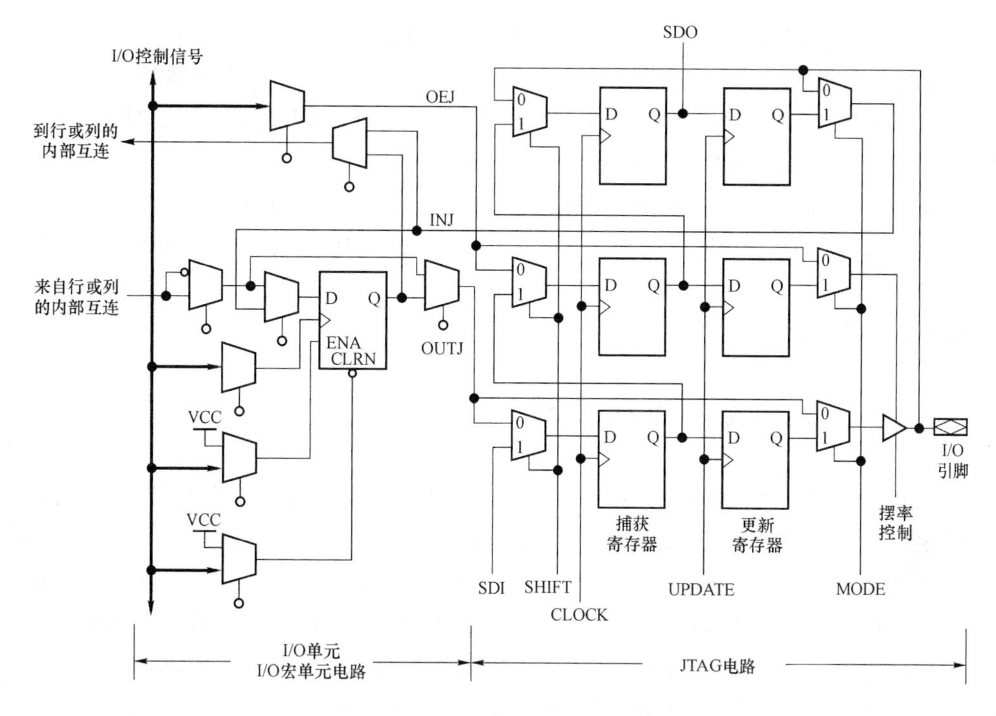

图 5.20　FLEX 器件引脚与 JTAG BST 关联电路结构图

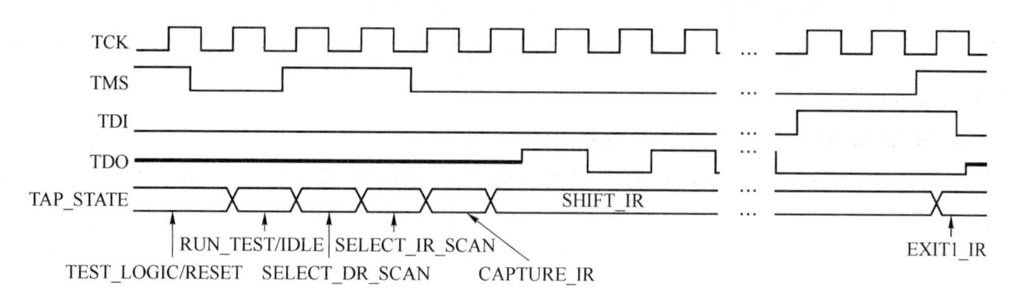

图 5.21　JTAG BST 选择命令模式时序图

在 SHIFT IR 状态期间，指令码在 TCK 的上升沿通过 TDI 引脚上的移位数据送出。操作码的最后一位必须通过时钟与下一状态 EXIT1_IR 有效处于同一时刻，由时钟控制 TMS 保持高电平时进入 EXIT1_IR 状态。一旦进入 EXIT1_IR 状态，TDO 又变成高阻态。当指令码正确地进入之后，TAP 控制器继续向前运行，以多种命令模式工作，并以 SAMPLE/PRELOAD、EXTEST 或 BYPASS 3 种模式之一进行测试数据的串行移位。

TAP 控制器的命令模式有：

(1) SAMPLE/PRELOAD 指令模式。该指令模式允许在不中断器件正常工作的情况下，捕获器件内部的数据。

(2) EXTEST 指令模式。该指令模式主要用于校验器件之间的外部引脚连线。

(3) BYPASS 指令模式。如果 SAMPLE/PRELOAD 或 EXTEST 指令码都未被选中，TAP 控制器会自动进入 BYPASS 模式，在这种状态下，数据信号受时钟控制在 TCK

上升沿从 TDI 进入旁路寄存器，并在同一时钟的下降沿从 TDO 输出。

(4) IDCODE 指令模式。该指令模式标识 IEEE Std1149.1 链中的器件。

(5) USERCODE 指令模式。该指令模式用来标识在 IEEE Std1149.1 链中的用户器件的用户电子标签(User Electronic Signature，UES)。

BSDL(The Boundary-Scan Description Language)，即边界扫描描述语言，是 VHDL 语言的一个子集。设计人员可以利用 BSDL 来描述遵从 IEEE Std1149.1 BST 的 JTAG 器件的测试属性，测试软件开发系统使用 BSDL 文件来生成测试文件、作测试分析、失效分析，以及在系统编程等。

5.7 CPLD/FPGA 的编程技术

在大规模可编程逻辑器件出现以前，人们在设计数字系统时，把器件焊接在电路板上是设计的最后一个步骤。当设计存在问题并得到解决后，设计者往往不得不重新设计印刷电路板。设计周期相应的延长，设计效率也降低，CPLD/FPGA 的出现改变了这一切。现在，人们在逻辑设计时可以在未设计具体电路时，就把 CPLD、FPGA 焊接在印刷电路板上，然后在设计调试时可以一次又一次随心所欲地改变整个电路的硬件逻辑关系，而不必改变电路板的结构。这一切都有赖于 CPLD、FPGA 的在系统下载或重新配置功能。

目前常见的大规模可编程逻辑器件的编程技术有 3 种：

1. 基于电可擦除存储单元的 E^2PROM 或 Flash 技术

CPLD 一般使用此技术进行编程。CPLD 被编程后改变了电可擦除存储单元中的信息，掉电后可保持。

2. 基于 SRAM 查找表的编程技术

该类器件，编程信息保存在 SRAM 中，SRAM 掉电后编程信息立即丢失，在下次上电后，需重新载入编程信息。因此该类器件的编程一般称为配置。大部分FPGA采用该种编程工艺。

3. 基于反熔丝编程单元

Actel 的 FPGA、Xilinx 部分早期的 FPGA 采用此种结构，现在 Xilinx 已不采用。反熔丝技术编程方法是一次性编程。

电可擦除编程工艺的优点是编程后信息不会因掉电而丢失，但编程次数有限，编程的速度相对较慢。对于 SRAM 型 FPGA 来说，配置次数为无限，在上电时可随时更改逻辑，但掉电后芯片中的信息即丢失，每次上电时必须重新载入信息。

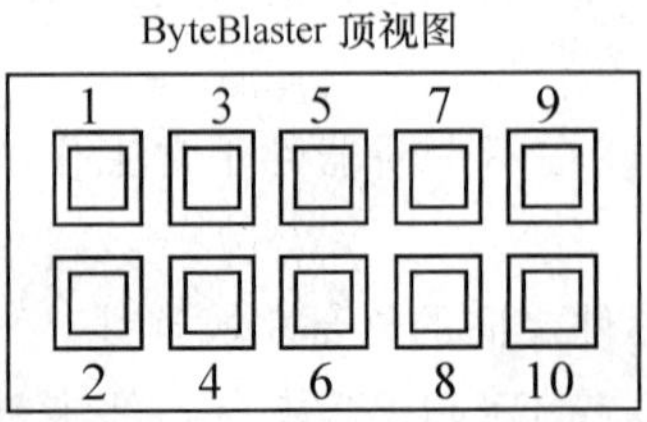

CPLD 编程和 FPGA 配置可以使用专用的编程设备，也可以使用下载电缆。如 Altera 的 ByteBlaster (MV，即混合电压)并行下载电缆，连接 PC 机的并行打印口和需要编程或配置的器件，并与 Quartus Ⅱ 配合可以对 Altera 公司的多种 CPLD、FPGA 进行配置或编程。ByteBlaster(MV)下载电缆与 Altera 器件的接口一般是 10 芯的接口，引脚对应关系如图 5.22 所

ByteBlaster 顶视图

1 3 5 7 9

2 4 6 8 10

图 5.22　10 芯下载口顶视图

示,10 芯连接信号如表 5.4 所示。

表 5.4　图 5.22 接口引脚信号名称

引脚	1	2	3	4	5	6	7	8	9	10
PS 模式	DCK	GND	CONF_DONE	VCC	nCONFIG	-	nSTATUS	-	DATA0	GND
JTAG 模式	TCK	GND	TDO	VCC	TMS	-	-	-	TD1	GND

5.7.1　CPLD 的 ISP 方式编程

在系统可编程(ISP)就是当系统上电并正常工作时,计算机可以对系统中的 CPLD 器件直接进行编程,器件编程后立即进入正常工作状态。这种 CPLD 编程方式的出现,解决了传统的使用专用编程器编程方法的诸多不便。图 5.23 是 Altera CPLD 器件的 ISP 编程连接图,其中 ByteBlaster(MV)与计算机并口相连。

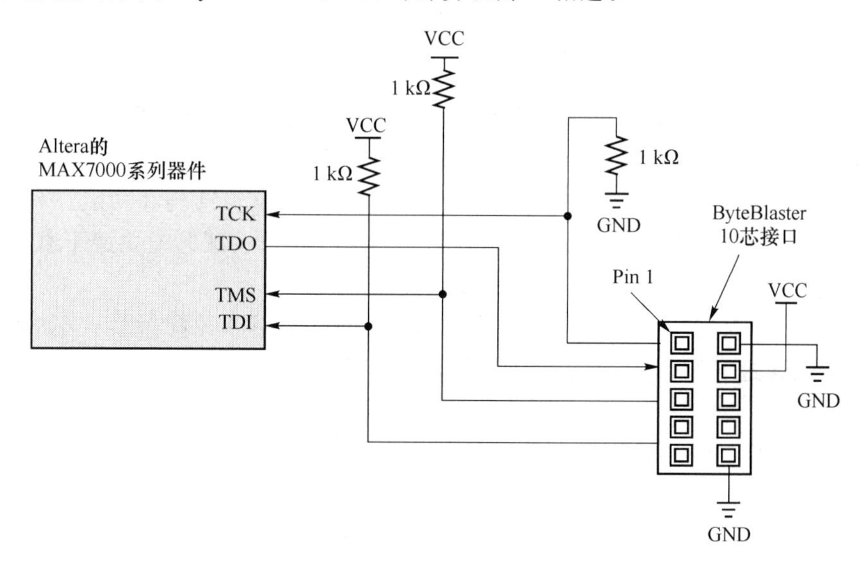

图 5.23　CPLD 芯片 ISP 编程连接图

Altera 的 MAX7000 系列 CPLD 采用 IEEE 1149.1 JTAG 接口方式对器件进行在系统编程,在图 5.23 中与 ByteBlaster 的 10 芯接口相连的是 TCK、TDO、TMS 和 TDI 这 4 条 JATG 信号线。JTAG 接口本来用于边界扫描测试(BST),把它用做编程接口则可以省去专用的编程接口,减少系统的引出线。由于 JTAG 是工业标准的 IEEE1149.1 边界扫描测试的访问接口,用做编程功能有利于各可编程逻辑器件编程接口的统一,因此,产生了 IEEE 编程标准 IEEE1532,对 JTAG 编程方式进行标准化统一。

对于多个支持 JTAG 接口 ISP 的 CPLD 器件,可以使用 JTAG 链进行编程,当然也可以进行测试。图 5.24 给出了 JTAG 对多个器件进行 ISP 在系统编程的连接图。JTAG 链使得对各个公司生产的不同 ISP 器件进行统一的编程成为可能。

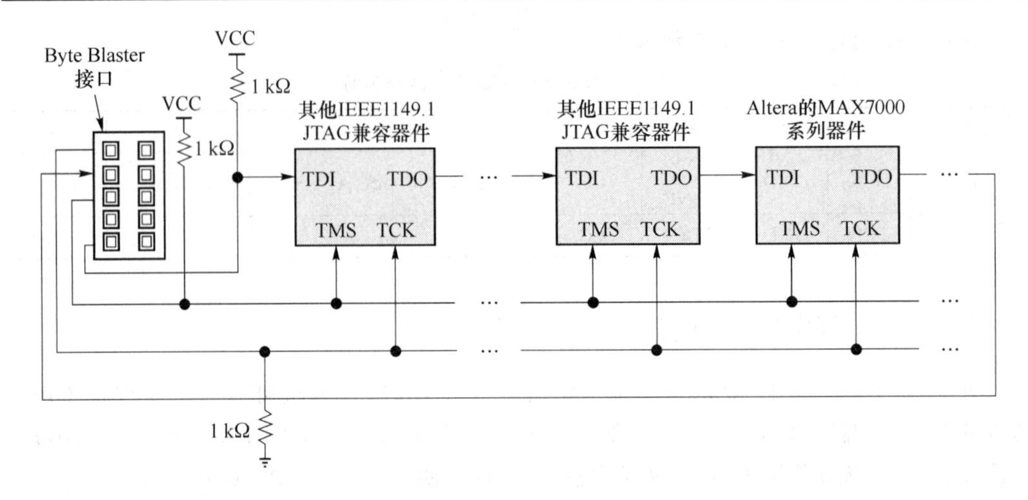

图 5.24　多 CPLD 芯片 ISP 编程连接图

5.7.2　PC 机并行口配置 FPGA

对于基于 SRAM LUT 结构的 FPGA 器件，由于是易失性器件，不能进行 ISP 编程，代之以 ICR(In-Circuit Reconfigurability)，即在线可重配置方式。电路可重配置是指允许在器件已经配置好的情况下进行重新配置，以改变电路逻辑结构和功能。利用FPGA进行设计时可以利用FPGA的 ICR 特性，通过连接 PC 机的下载电缆快速下载设计文件至 FPGA 进行硬件验证。

Altera 基于 SRAM LUT 结构的器件中，FPGA 可使用 6 种配置模式(如表 5.5 所示)，这些模式通过 FPGA 上的两个模式选择引脚 MSEL1 和 MSEL0 上设定的电平来决定。

(1) 配置器件，如用 EPC 器件进行配置。

(2) PS(Passive Serial，被动串行)模式：MSEL1＝0，MSEL0＝0。

(3) PPS(Passive Parallel Synchronous，被动并行同步)模式：MSEL1＝1，MSEL0＝0。

(4) PPA(Passive Parallel Asynchronous，被动并行异步)模式：MSEL1＝1，MSEL0＝1。

(5) PSA(Passive Serial Asynchronous，被动串行异步)模式：MSEL1＝1，MSEL0＝0。

(6) JTAG 模式：MSEL1＝0，MSEL0＝0。

表 5.5　Altera FPGA 常用配置器件

器件	功能描述	封装形式
EPC2	1 695 680×1 位，3.3/5 V 供电	20 脚 PLCC、32 脚 TQFP
EPC1	1 046 496×1 位，3.3/5 V 供电	8 脚 PDIP、20 脚 PLCC
EPC1441	440 800×1 位，3.3/5 V 供电	8 脚 PDIP、20 脚 PLCC
EPC1213	212 942×位，5 V 供电	8 脚 PDIP、20 脚 PLCC、32 脚 TQFP
EPC1064	65 536×位，5 V 供电	8 脚 PDIP、20 脚 PLCC、32 脚 TQFP
EPC1064V	65 536×位，5 V 供电	8 脚 PDIP、20 脚 PLCC、32 脚 TQFP

FPGA 设计调试时经常使用 PS 模式：利用 PC 机通过 ByteBlaster 下载电缆对 Altera 器件应用 ICR。图 5.25 是 FLEX 10K PS 模式配置时序图，图中标出了 FPGA 器件的 3 种工作状态：配置状态、用户模式（正常工作状态）和初始化状态。配置状态是指 FPGA 正在配置的状态，用户 I/O 全部处于高阻态；用户模式是指 FPGA 器件已得到配置，并处于正常工作状态，用户 I/O 正常工作；初始化状态指配置已经完成，但 FPGA 器件内部资源（如寄存器）还未复位完成，逻辑电路还未进入正常状态。

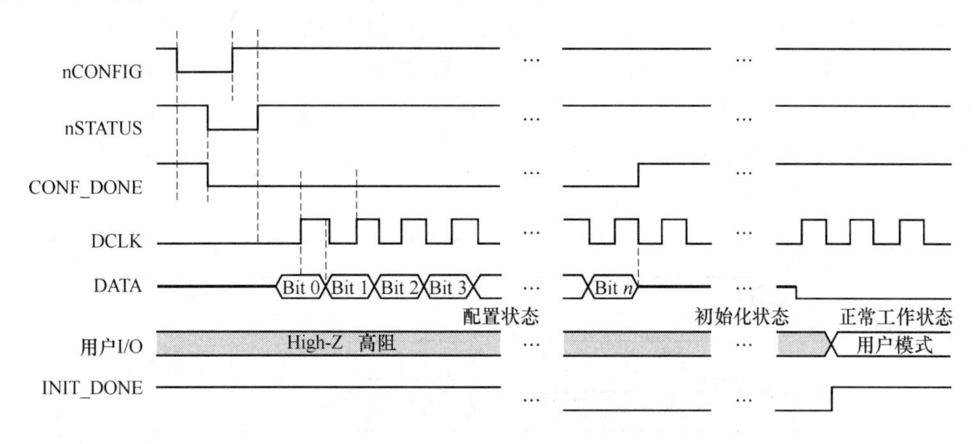

图 5.25　FLEX 10K PS 模式配置时序图

Altera 器件的 PS 模式支持多个器件进行配置。图 5.26 给出了 PC 机用 ByteBlaster 下载电缆对多个器件进行配置的电路原理图。

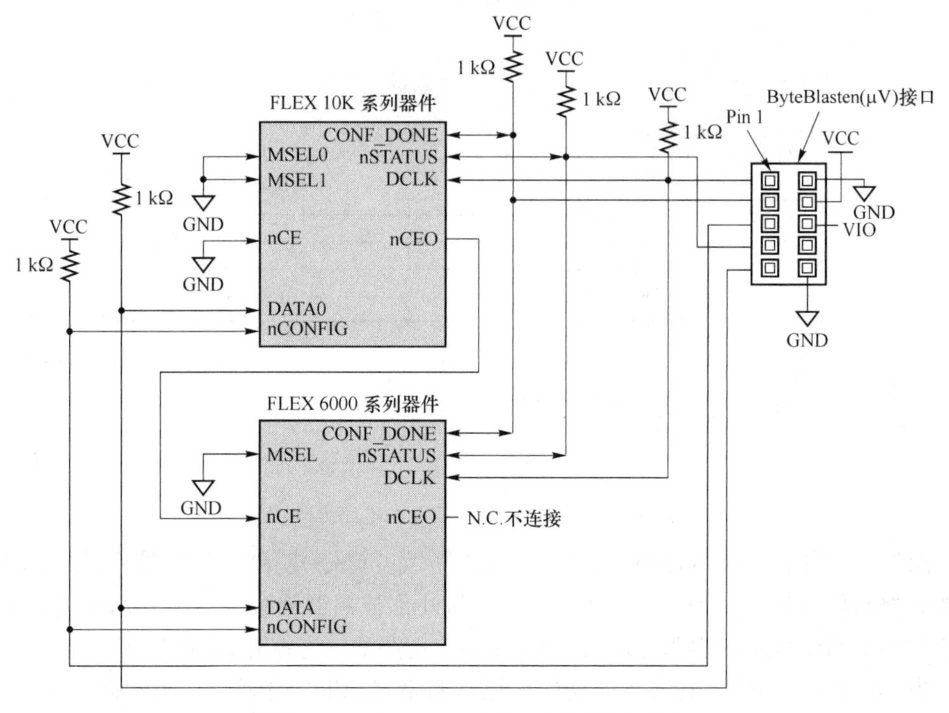

图 5.26　多 FPGA 芯片配置电路原理图

5.7.3 专用器件配置 FPGA

PC 机对 FPGA 进行 ICR，在调试时非常方便，但许多实际应用场合，通过 PC 机对 FPGA 进行 ICR 并不实用，因此，上电后，自动加载配置对于 FPGA 应用来说是必须的。FPGA 上电自动配置，有许多解决方法，比如用 EPROM 配置、用专用配置器件配置、单片机控制配置或 Flash ROM 配置等。

专用配置器件通常是串行的 PROM 器件。大容量的 PROM 器件提供并行接口，按可编程次数分为两类：一类是 OTP(一次性可编程)器件；另一类是多次可编程的。表 5.5 所列的 EPC1441 和 EPC1 是 OTP 型串行 PROM，EPC2 是 E^2PROM 型多次可编程串行 PROM。图 5.27 是 Altera 的 EPC 器件配置 FPGA 的时序图，图 5.28 是单个配置器件配置单个 FPGA 的配置电路原理图。

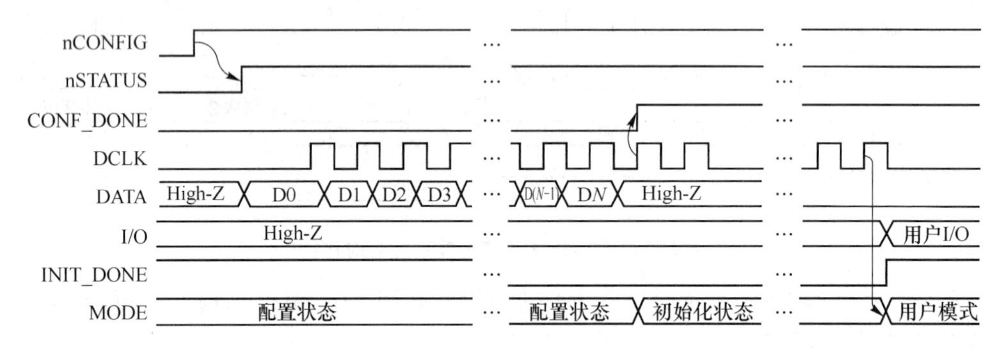

图 5.27　EPC 配置 FPGA 的配置时序图

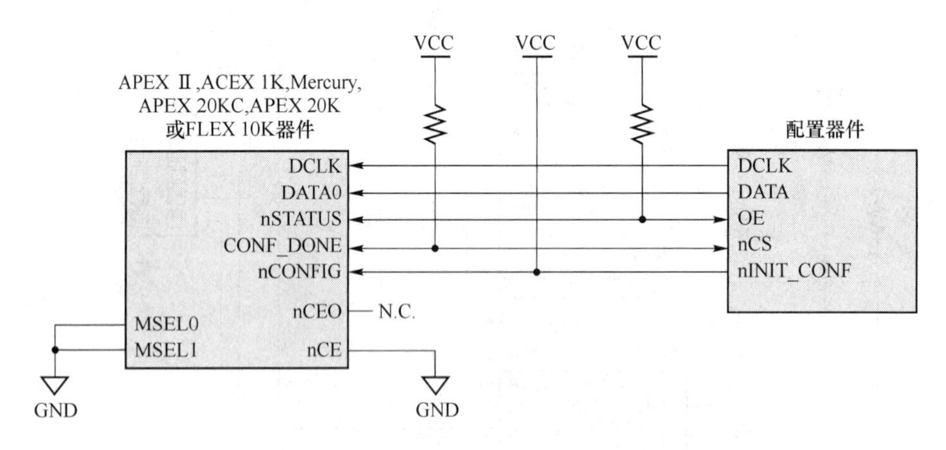

图 5.28　EPC 配置 FPGA 的电路原理图

图 5.27 及图 5.28 中，配置器件的控制信号(如 nCS、OE 和 DCLK 等)直接与 FPGA 器件的控制信号相连。所有的器件不需要任何外部控制器就可以由配置器件进行配置。配置器件的 OE 和 nCS 引脚控制着 DATA 输出引脚的三态缓存，并控制地址计数器的使能。当 OE 为低电平时，配置器件复位地址计数器，DATA 引脚为高阻状态。nCS 引脚控制着配置器件的输出，如果在 OE 复位脉冲后，nCS 始终保持高电平，计数器将被禁止，

DATA 引脚为高阻。当 nCS 置低电平后，地址计数器和 DATA 输出均使能。OE 再次置低电平时，不管 nCS 处于何种状态，地址计数器都将复位，DATA 引脚置为高阻态。

EPC2、EPC1 和 EPC1441 器件不仅决定了工作方式，而且还决定了当 OE 为高电平时，是否使用 APEX 20K、FLEX 10K 和 FLEX 6000 器件规范。

对于配置器件，Altera 的 FPGA 允许多个配置器件配置单个 FPGA 器件，因为对于像 APEXⅡ类的器件，最大的配置器件 EPC16 的容量还是不够的，允许多个配置器件配置多个 FPGA 器件，甚至同时配置不同系列的 FPGA。

Altera 的可重复编程配置器件，如 EPC2 就提供了在系统编程的能力。图 5.28 是 EPC2 的编程和配置电路。图中，EPC2 本身的编程由 JTAG 接口来完成，FPGA 的配置既可由 ByteBlaster(MV)配置，也可用 EPC2 来配置，这时，ByteBlaster 端口的任务是对 EPC2 进行 ISP 方式下载。

EPC2 器件(如图 5.29 所示)允许通过额外的 nINIT_ CONF 引脚对 APEX 和 FLEX 器件配置的初始化。此引脚可以和要配置器件的 nCONFIG 引脚相连。JTAG 指令使 EPC2 器件将 nINIT_ CONF 置低电平，接着将 nCONFIG 置低电平，然后 EPC2 将 nINIT_ CONF 置高电平并开始配置。当 JTAG 状态机退出这个状态时，nINIT_ CONF 释放对 nCONFIG 引脚的控制，配置过程开始初始化。

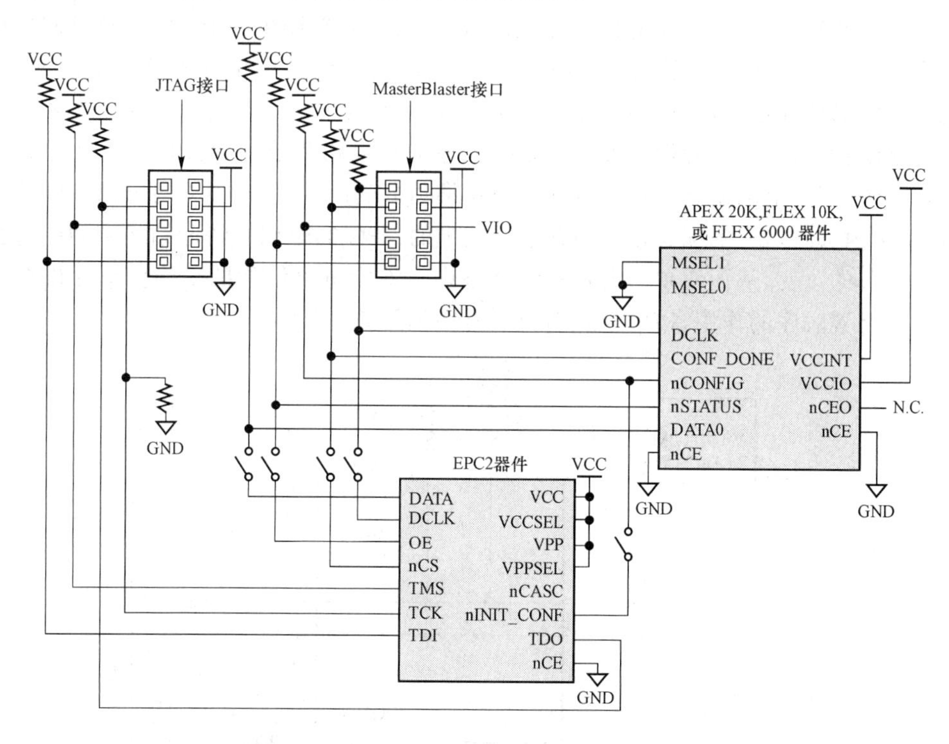

图 5.29 多 FPGA 芯片 EPC 配置电路原理图

APEX 20K，FLEX 10K 器件可以由 EPC2、EPC1 和 EPC1441 配置。FLEX 6000 器件可以由 EPC1 或 EPC1441 配置。EPC2、EPC1 和 EPC1441 器件将配置数据存放于 EPROM 中，并按照内部晶振产生的时钟频率将数据输出。OE、nCS 和 DCLK 引脚提供了地址计数器和三态输出缓存的控制信号。配置器件将配置数据按串行比特流由 DATA 引脚输出。

当配置数据大于单个 EPC2 或 EPC1 器件的容量时，可以级联使用多个相同配置器件(EPC1441 不支持级联)。此时，由 nCASC 和 nCS 引脚提供各个器件间的握手信号。

当使用级联的 EPC2 和 EPC1 器件来配置 APEX 和 FLEX 器件时，级联链中配置器件的位置决定了它的操作。当配置器件链中的第一个器件或主器件上电或复位时，nCS 置低电平，主器件控制配置过程。在配置期间，主器件为所有的 APEX 和 FLEX 器件以及后序的配置器件提供时钟脉冲。在多器件配置过程中，主配置器件也提供了第一个数据流。在主配置器件配置完毕后，它将 nCASC 置低电平，同时将第一个从配置器件的 nCS 引脚置低电平。这样就选中了该器件，并开始向其发送配置数据。多个配置器件同样可以为多个器件进行配置。

5.7.4 单片机配置 FPGA

Altera 的具有 ICR 功能的 FPGA 器件，如 FLEX 6000，FLEX 10K 具有多种配置模式。PS 模式、PPS、PSA、PPA 和 JTAG 模式都适用于单片机配置。

图 5.30 是单片机 PPS 模式配置 FPGA 器件的电路图。图 5.30 中的单片机可以选用常见的单片机，如 MCS51 系列、MCS96 系列、AVR 系列等。图中的 ROM 可以用 EPROM 或者 Flash ROM，配置的数据就放置在器件内，在图中的 ROM 内按不同地址放置多个针对不同功能要求设计好的 FPGA 的配置文件，然后由单片机接受不同的命令，以选择不同的地址控制，从而使所需要的配置文件下载于 FPGA 中。这就是“多任务电路结构重配置”技术。这种设计方式可以极大地提高电路系统的硬件功能灵活性。因为从表面上看，同一电路系统没有发生任何外在结构上的改变，但通过来自外部不同的命令信号，系统内部将对应的配置信息加载于系统中的 FPGA，电路系统的结构和功能将在瞬间发生巨大的改变，从而使单一电路系统具备许多不同电路结构的功能。单片机在这里只起产生配置时序的作用，PPS 模式需要的时序如图 5.31 所示。

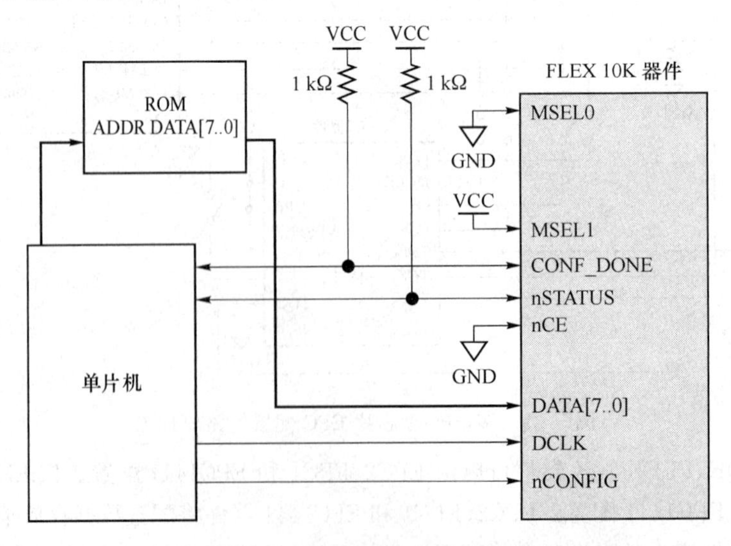

图 5.30 单片机 PPS 模式配置 FPGA 器件电路图

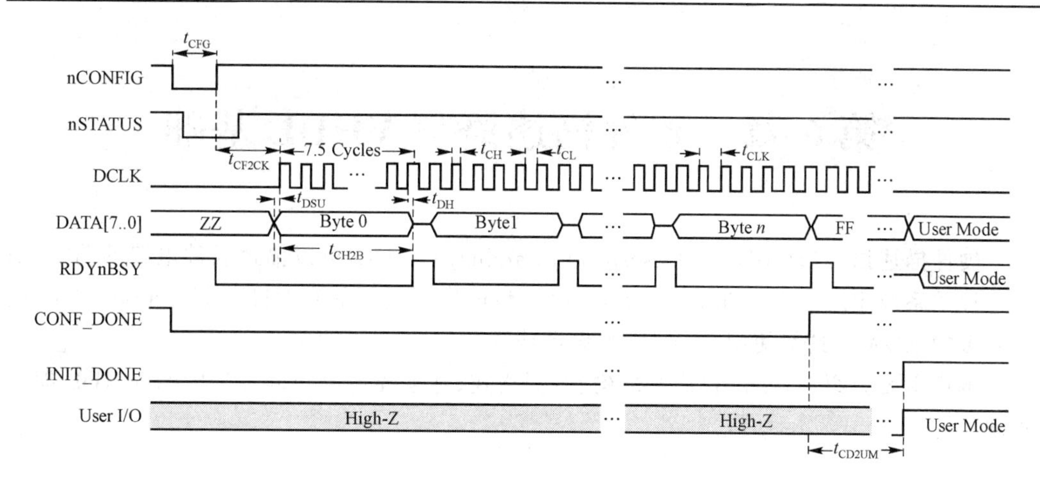

图 5. 31　单片机 PPS 模式配置 FPGA 器件时序图

图 5.32 中的单片机采用常见的 89S52，FLEX 10K 的配置模式选为 PS 模式。由于 89S52 的程序存储器是内建于芯片的 Flash ROM，设计的保密性较好，还有很大的扩展余地，如果把图中的“其他功能模块”换成无线接收模块，可以实现系统的无线升级。

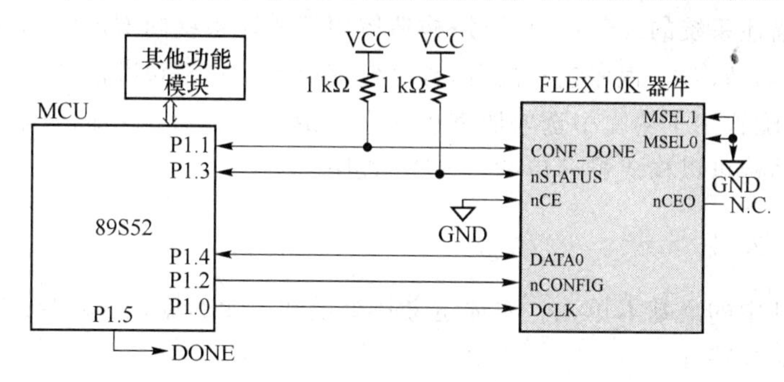

图 5. 32　单片机 PS 模式配置 FPGA 器件电路图

利用单片机或 CPLD 对 FPGA 进行配置，可以取代昂贵的专用 OTP 配置 ROM，此外还有许多其他实际应用，如可对多家厂商的单片机进行仿真的仿真器设计、多功能虚拟仪器设计、多任务通信设备设计等等。

第 6 章　硬件描述语言 VHDL 基础

硬件描述语言(Hardware Description Language,HDL)可以描述硬件电路的功能、信号连接关系及定时关系。在 HDL 语言领域,目前广泛应用的有 VHDL、Verilog HDL,越来越多的 EDA 工具都使用 HDL 作为设计输入。

本章主要介绍 VHDL 的基本结构、数据格式、基本描述语句以及具体的 VHDL 编程实现。

6.1　VHDL 基本结构

一个完整的 VHDL 语言程序的基本结构通常包含实体(Entity),结构体(Architecture),库(Library),程序包(Package)和配置(Configuration)5 部分。

实体用于描述系统的外部接口信号;构造体用于描述系统内部的结构和行为;库存放已经编译的实体、结构体、程序包和配置;程序包存放各设计模块都能共享的数据类型、常数和子程序等;配置用于从库中选取所需单元来组成系统设计的不同版本。实体和结构体这两个基本结构可以构成最简单的 VHDL 程序。

6.1.1　实体说明

实体是设计中的最基本单元。实体定义一个设计单元的输入/输出接口信号或引脚,即设计单元的对外特性。

实体说明语句的一般结构:

```
entity 实体名 is
    [generic(类属表);]
    [port(端口表);]
end 实体名;
```

例如:二输入或门的实体说明如下:

```
entity or2 is
    port(a,b:in std_logic;c:out std_logic);
    end or2;
```

注意:对 VHDL 而言,不区分大小写,大写与小写一视同仁。

实体以语句"entity 实体名 is"开始,以语句"end 实体名;"结束,其中的实体名可以由设计者添加。中间方括号内的语句描述可以没有。在层次化系统设计中,实体说明是整个模块或整个系统的输入/输出(I/O)接口;在一个器件级的设计中,实体说明是一个芯片的输入/输出。

应该说明的是,实体只描述了单元对外的特性,而没有给出单元的具体实现,具体实现或内部具体描述由结构体完成。

VHDL 语言的一个设计实体(Design Entity)是 VHDL 语言设计的基本单元。设计实体由实体说明和结构体组成,实体说明部分是对这个设计实体与外部电路进行接口的描述,是基本设计实体的表层单元,实体说明部分规定了设计单元的输入输出接口信号或引脚,它是设计实体对外的一个通信界面。

设计实体可以有一个或多个结构体,用于描述此设计实体的逻辑结构和逻辑功能。不同逻辑功能的设计实体可以有相同的实体描述,这是因为实体类似于原理图中的一个基本的部件符号,而其具体的逻辑功能是由设计实体中的结构体描述确定的。

一个设计实体,简单的可以是一个与门,复杂的可以是一个微处理器或一个数字系统。设计实体在实体中定义实体名,即设计实体的名称,或者说是这个设计实体所描述芯片的名称。

1. generic(类属说明)语句

类属说明是实体说明语句中的可选项,放在端口说明之前。参数的类属用来规定端口的大小、I/O 引脚、实体中子元件的数目和实体的定时特性。对于同一个设计实体,可以通过 generic 参数类属的说明,创建多个行为不同的逻辑结构。

类属说明的一般书写格式:

```
generic([常数名:数据类型[:设定值]{;常数名:数据类型[:设定值]}]);
```

类属参量以关键词 generic 开始,引导一个类属参量表。类属相似于常数,但却能从设计实体外部动态接受赋值,这一行为又类似于端口。因此,在实体定义语句中将类属说明和端口说明一起放于其中,并且将类属说明放在端口说明的前面。其中,常数名是由设计者确定的类属常数名,数据类型常为 integer 或 time 等,设定值即为常数名所代表的数值。

类属与常数不同。常数只能从设计实体的内部得到赋值,且一旦赋值就不能再改变,而类属的值可以由设计实体外部提供。因此设计者可以从外面通过类属参量的重新确定很容易地改变一个设计实体或一个元件的内部电路结构和规模。

当用实体例化一个基本设计单元的器件时,可以用类属表中的参数项定制这个器件,如可以将一个实体的传输延迟、上升和下降延时等参数加到类属参数表中,然后根据这些参数进行定制。如:

```
    generic(trise,tfall:time:= 6 ns;
        addrwidth:integer:= 32);
    port(a0,a1:in std_logic;
        add_bus:out std_logic_vector(addrwidth - 1 downto 0);
```

类属说明中定义参数 trise 为上升沿的宽度,tfall 为下降沿的宽度,用于仿真模块的设计;定义地址总线的宽度为 addrwidth 位,类属值 addrwidth 的改变将使结构体中所有相关的总线定义同时改变,由此使整个设计实体的硬件结构发生变化。

2. port(端口说明)语句

端口说明语句是对设计实体外部接口的描述,包括对每一接口的输入输出模式和数据类型的定义,其功能对应电路图符号的外部引脚。端口可以被赋值,也可以当做变量用在逻辑表达式中。

端口说明的一般书写格式为

```
port(端口名(,端口名):端口模式 数据类型;
  …
  端口名(,端口名):端口模式 数据类型;);
```

端口名是赋予每一个外部引脚的名称,通常为英文字母加数字。名字的定义有一定的惯例,如clk表示时钟,D开头的端口名表示数据,A开头的端口名表示地址等。端口模式是指这些通道上数据流动的方式,如输入或输出等。数据类型是指端口上流动的数据的表达格式或取值类型,VHDL要求只有相同数据类型的端口信号和操作数才能相互作用。端口模式说明如表6.1所示。

表6.1　端口模式说明

方向定义	含　义
IN	输入
OUT	输出(结构体内部不能再使用)
BUFFER	输出(结构体内部可再使用)
INOUT	双向
LINKAGE	不指定方向,无论哪个方向都可以连接

(1) 输入(IN)

输入仅允许数据流入端口,而绝不允许数据流出端口。信号从端口进入结构体内。输入主要用于时钟输入、控制输入(如load、reset、enable)和单向的数据输入等。不用的输入一般接地,以免浮空引入干扰噪声。

(2) 输出(OUT)

输出仅允许数据从实体内部输出。输出模式常用于计数输出、单向数据输出、被设计实体产生的控制其他实体的信号等。不用的输出端口一般不能接地,避免输出高电平时烧毁设计实体。

(3) 缓冲(BUFFER)

缓冲模式的端口与输出模式的端口相似,但是缓冲模式允许内部引用该端口的信号。缓冲端口既能用于输出也能用于反馈。缓冲端口的驱动源可以作为:

- 被设计实体的内部信号源;
- 其他实体的缓冲信号。

缓冲模式用于在实体内部建立一个可读的输出端口,例如计数器输出。实体既需要输出又需要反馈,则设计端口模式为缓冲模式。

(4) 双向模式(INOUT)

在设计实体的数据流中,有些数据是双向的,数据既可以流入该设计实体,也可从该设计实体流出,这时需要将端口模式设置为双向端口。双向模式的端口允许引入内部反馈,所以双向模式端口也可作为缓冲模式。双向模式可代替输入模式、输出模式和缓冲模式。

一般输入信号端口指定为输入模式，输出信号端口指定为输出模式，地址/数据复用总线、DMA 控制器数据总线等纯双向的信号采用双向端口模式。

6.1.2　结构体说明

结构体(也称构造体)是一个设计单元的实体。结构体描述设计实体的内部结构和外部设计实体端口间的逻辑关系，具体指明了基本设计单元的行为、元件及内部连接的关系，也就是说它定义了该设计实体的功能，规定了该设计实体的数据流程，定制了实体中内部元件的连接关系。

结构体对其基本设计单元的输入和输出关系可以用 3 种方式进行描述，即行为描述(Behavior Descriptions)、数据流描述(Dataflow Descriptions)和结构描述(Structural Descriptions)。不同的描述方式连接语句不同，而结构体的结构是完全一样的。

行为描述表示输入与输出间转换的行为，是基本设计单元的数学模型描述，描述设计单元的硬件结构，即硬件能做什么。行为描述主要用于系统数学模型的仿真或系统工作原理的仿真。相比于数据流描述和结构体描述，其抽象程度更高。当仅知道输入(控制)信号与输出(被控制)信号的关系，而不知道具体结构时，一般采用这种描述方法。

数据流描述(也称寄存器传输级描述，即 RTL 描述)：描述设计单元的传输和变换，即硬件如何工作。在对设计电路逻辑关系非常熟悉的情况下，常采用这种方法。

结构描述：描述设计单元的硬件结构，即硬件如何构成。类似于画逻辑图时用线将各个元件连接起来。该方法一般用在主模块与子模块的调用中，该方法支持层次化的设计。

结构体是对实体功能的具体描述，一定要在实体后面，并且先编译实体之后才能对结构体进行编译。若实体需要重新编译，则相应的结构体也要重新进行编译。在电路中，如果设计实体代表一个器件的符号，则结构体描述了这个符号的内部行为。

结构体的一般格式如下：

```
architecture 结构体名 of 实体名 is
    [定义语句]
begin
    [功能描述语句]
end 结构体名；
```

结构体名是对本结构体的命名，of 后面的实体名表明了该结构体所对应的是哪个实体。有些设计实体有多个结构体，这些结构体的结构体名不能相同，通常用 dataflow(数据流)、behavior(行为)、structural(结构)命名，这 3 个名称实际上体现了 3 种结构体的描述方式，以便阅读 VHDL 语言程序时，能直接了解设计者所采用的描述方式。

1. 结构体定义语句

结构体定义语句位于关键词 Architecture 和 Begin 之间，用于对结构体内部所使用的信号、常数、数据类型、函数和过程等进行定义。这些定义是在结构体内部，而不是在实体内部，实体说明中定义的信号为外部信号，而结构体定义的信号为内部信号，它只能用于该结构体中。在一个结构体中说明和定义的数据类型、常数、元件、函数和过程只能用于这个结构体中。如果希望这些定义能用于其他的实体或结构体中，需要将其在程序包中进行处理。

结构体中的信号定义和端口说明一样，应有信号名称和数据类型定义。因为它是内部连接用的信号，故不需要方向说明。如：

```
architecture data of aa Is
    signal s1:bit;
    signal s2,s3:std_logic_vector(0 to 3);
    ...
begin
    ...
end data;
```

2. 功能描述语句

功能描述语句位于 begin 和 end 之间，具体地描述了结构体的行为及其连接关系。结构体中的语句都可以并行执行，不以语句的书写顺序为执行顺序。常由以下语句组成：

(1) block 块语句是由一系列并行运行语句构成的组合体，其功能是将结构体中的并行语句组成一个或多个子模块；

(2) process 进程语句定义顺序语句模块，用以将从外部获得的信号值或内部运算数据向其他的信号进行赋值；

(3) 信号赋值语句将设计实体内的处理结果向定义的信号或界面端口进行赋值；

(4) subprogram 子程序调用语句，可以调用进程或函数，并将获得的结果赋值于信号；

(5) 元件例化语句，对其他的设计实体做元件调用说明，并将此元件的端口与其他的元件、信号或高层实体的界面端口进行连接。

3. 结构体的子结构

一个设计实体可以包含几个结构体。但当一个结构体的功能丰富，结构比较复杂时，用一个单元描述是不方便的，一般将其分成若干个相对独立的单元或模块来进行电路描述，相当于将整个电路图分成几个子电路图。这些独立的单元称为子结构，VHDL 有 3 种子结构体描述语句：

- block 块语句结构
- process 进程语句结构
- subprogram 子程序语句结构

6.1.3 块语句

块(block)语句的语法格式：

```
块结构名:block
        begin
            并行语句
        end block(块结构名);
```

一个 block 语句结构，必须在关键词 block 前设置块结构名。在 VHDL 程序语言中，采用块语句进行程序设计对编程、查错、仿真及程序的再利用都非常有好处。

1. block 语句的并行性

块中的并行语句部分可包含结构体中的任何并行语句。在程序进行仿真时，各 block 块之间是并行的，block 块结构中所包含的语句也是并行执行的。

2. 卫式块(Guard block)语句

带有块保护表达式的 block 块语句称为卫式块语句，格式如下：

```
block (块保护表达式);
```

当卫式布尔表达式为真时，该 block 块被启动执行；而当卫式布尔表达式为假时，该 block 语句不能执行。它可以实现 block 的执行控制。

下面是两个使用 block 语句的 VHDL 程序，显示了不同层次的块定义的同名信号的有效范围。

```
bl:block
     signal s1:bit;
   begin
       s1<= a and b;
b2:block
     signal s2:bit;
   begin
     s2<= c and d;
     b3:block
   begin
     z<= s2;
   end block b3;
end block b2;
     y<= s1;
end block b1;
```

6.1.4　进程语句

进程(process)结构是最能体现 VHDL 语言特色的语句。与 block 语句相同的是：某一个功能独立的电路，可以利用 process 语句结构来描述；与 block 语句不同的是：系统仿真时，process 结构中的语句是按顺序一条一条的向下执行，而不是像 block 中那样语句并行执行。进程描述了一个电子硬件模块的工作进程，而且是可以反复工作、靠敏感信号触发的硬件模块的行为描述。

process 语句的结构如下：

```
[进程名]: process[(敏感信号表)][is]
        begin
  顺序描述语句
end process [进程名];
```

在多个进程的结构体描述中，进程名是区分各个进程的标志，可以有也可以忽略。一个结构体可以有多个 process 结构，每一进程结构对其敏感信号参数表中定义的任意敏感信号的变化，可以在任何时刻被激活或启动，而所有被激活的进程都是并行运行的，即 process 结构本身是并行的语句。

1. 进程中语句的顺序性

与 block 语句类似，在某一功能的电路设计中，可以用 process 语句结构进行描述。但系统仿真时，process 结构中的语句是按照书写顺序一条一条地向下执行的。

2. 进程设计注意要点

进程语句是 VHDL 语言中最重要的语句，进程的设计要注意以下问题：

(1) 虽然同一结构体中的进程之间是并行的，但同一进程中的语句则是顺序执行的，在进程中只能设置顺序语句。

(2) 进程的激活必须由敏感信号表中定义的任意敏感信号的变化来启动，否则必须由一个显式的 WAIT 语句来激励。在显式进程激活语句结构中，如果 WAIT 语句的条件满足则激活进程，否则进程将被挂起。在一个使用了敏感信号表的进程中，不能含有任何等待语句。

(3) 结构体中多个进程之间的并行同步执行是通过传递信号和共享变量来实现的。对于结构体来说，信号具有全局特性，它是进程之间进行并行联系的重要途径。因此，在任一进程的进程说明部分不允许定义信号和共享变量。

(4) 进程是 VHDL 重要的建模语句，进程语句不仅为综合器所支持，而且进程的建模方式直接影响仿真和综合结果，这与 block 语句不同。需要注意的是，综合后对应的硬件结构对进程中所有可读入信号都是敏感的，而在 VHDL 行为仿真中，除非读入信号为敏感信号才行。

6.1.5　子程序

子程序(subprogram)就是主程序调用它以后能将处理结果返回主程序的模块。VHDL 子程序与其他软件中的子程序的应用目的相似，即为了更有效地完成重复性的工作。子程序被调用时，首先要初始化，执行处理功能后，将处理结果传递给主程序。子程序内部的值不能保持，子程序返回后才能被再次调用并初始化。

子程序与进程相同的是都只能使用顺序语句，不同的是子程序不能像进程那样可以从本结构体的并行语句或进程结构中直接读取信号值或者向信号赋值。VHDL 子程序具有可重载性的特点，即允许有许多重名的子程序，但这些子程序的参数类型及返回值数据类型是不同的。

应该注意，综合后的子程序将映射于目标芯片中的一个相应的电路模块，且每一次调用都将在硬件结构中产生对应于具有相同结构的不同的模块。

子程序有两种类型：函数(function)和过程(procedure)。

1. 函数

在 VHDL 中有多种函数形式，如用于不同目的的用户自定义函数和在库中现成的具有专用功能的预定义函数(如转换函数、决断函数等)。转换函数用于从一种数据类型到另一种数据类型的转换;决断函数用于在多驱动信号时解决信号竞争问题。

(1) 函数的语句的书写格式

```
function   函数名(参数表)return 数据类型      --函数首
function   函数名(参数表)return 数据类型 is      --函数体
    [说明部分]
begin
    顺序语句;
end function 函数名;
```

一般函数定义应由两部分组成,即函数首和函数体。在进程或结构体中不必定义函数首,而在程序包中必须定义函数首。函数首由函数名、参数表和返回值的数据类型 3 部分组成,如果将所定义的函数组织成程序包入库,定义函数首是必需的,这时的函数首就相当于一个入库货物名称与货物位置表,入库的是函数体。

函数首的名称即函数的名称,需放在关键词 function 之后,此名称可以是普通的标识符,也可以是运算符,运算符必须加上双引号,这就是所谓的运算符重载。运算符重载就是对 VHDL 中现存的运算符进行重新定义,以获得新的功能,新功能的定义靠函数体来完成。函数的参数表都是输入值,所以不必以显式表示参数的方向。

函数参量可以是信号或常数,参数名需放在关键词 constant 或 signal 之后。如果没有特别说明,则参数被默认为常数。如果要将一个已编制好的函数并入程序包,函数首必须放在程序包的说明部分,而函数体需放在程序包的包体内。如果只是在一个结构体中定义并调用函数,则仅需函数体即可。函数首的作用只是作为程序包的有关此函数的一个接口界面。

函数体包含一个对数据类型、常数、变量等的局部说明,以及用以完成规定算法或转换的顺序语句部分。一旦函数被调用,就将执行这部分语句,函数体需以关键词 end function 以及函数名结尾。

各种功能的函数都被集中在程序包中,一个定义和应用函数的完整示例如下:

```
library ieee;
use ieee.std_logic_1164.all,
package packexp is                                  --定义程序包
    function max(a,b:in std_logic_vector)           --定义函数首
      return std_logic_vector;
    function funcl(a,b,c: real)                     --定义函数首
      return real ;
    function " * " (a,b: integer)                   --定义函数首
      return integer ;
    function as2 (signal in1,in2:real)      --定义函数首
        return real;
      end;
      package body packexp is
```

```
        function max(a,b:in std_logic_vector) --定义函数体
            return std _logic_vector is
        begin
        if a>b then return a;
          else   return b;
    end if;
        end function max;                       --结束 function 语句
    end;                                        --结束 package body 语句
    library ieee;                               --函数应用实例
    use ieee.std_logic_ 1164.all;
    use work.packexp.all ;
    entity axamp is
      port(dat1,dat2:in std_logic_vector(3 downto 0);
          dat3,dat4:in std_logic_vector(3 downto 0);
          out1,out2:out std_logic_vector(3 downto 0));
    end;
    architecture bhv of axamp is
        begin
          out1<= max(dat1,dat2);  --用在赋值语句中的并行函数调用语句
        process(dat3,dat4)
        begin
          out2<= max(dat3,dat4);                --顺序函数调用语句
        end process;
    end;
```

上例有 4 个不同的函数首，都放在程序包 packexp 的说明部分。第 1 个函数中的参量 a、b 的数据类型是标准位矢量类型，返回值是 a、b 中的最大值，其数据类型也是标准位矢量类型。第 2 个函数中的参量 a、b、c 的数据类型都是实数类型，返回值也是实数类型。第 3 个函数定义了一种新的乘法算符，即通过用此函数定义的算符“ * ”可以进行两个整数间的乘法，且返回值也是整数。值得注意的是，这个函数的函数名用的是以双引号相间的乘法算符，对于其他算符的重载定义也必须加双引号，如“＋”。

最后一个函数定义的输入参量是信号。书写格式是在函数名后的括号中先写上参量目标类型 signal，以表示 in1 和 in2 是两个信号，最后写上这两个信号的数据类型是实数 real，返回值也是实数类型。

上述程序中部有一个对函数 max 的函数体的定义，其中以顺序语句描述了此函数的功能；下段给出了一个调用此函数的应用。

例 6.1　在一个结构体内定义了一个完成某种算法的函数，并在进程 process 中调用了此函数，这个函数没有函数首。在进程中，输入端口信号位矢 $\boldsymbol{a}$ 被列为敏感信号，当 $\boldsymbol{a}$ 的 3 个位输入元素 $a(0)$、$a(1)$ 和 $a(2)$ 中的任何一位有变化，将启动对函数 sam 的调用，

并将函数的返回值赋给 m 输出。

```
library ieee;
use ieee.std _logic _1164.all;
entity func is
port(a:in std_logic_vector(0 to 2);
        m:out std_logic_vector(0 to 2));
end entity func;
architecture demo of func is
function sam(x,y,z:std_logic)return std_ logic is
begin
return(x and y)or y;
end function sam;
begin
  process(a)
  begin
m(0)<= sam(a(0), a(1), a(2));
m(1)<= sam(a(2), a(0), a(1));
m(2)<= sam(a(1), a(2), a(0));
  end process;
end architecture demo;
```

(2) 重载函数(Overloaded function)

VHDL 允许以相同的函数名定义函数,但要求函数中定义的操作数具有不同的数据类型,才可以在调用时分辨不同功能的同名函数。即同样名称的函数可以用不同的数据类型作为此函数的参数定义多次,以此定义的函数称为重载函数。函数还可以允许用任意位矢长度来调用。重载使得 VHDL 程序易读、易于维护,避免了设计者为重复操作而写多个不同名字的程序。

例 6.2　一个完整的重载函数 max 的定义和调用的实例。

```
library ieee;
use ieee.std_logic_1164.all;
package packexp is                                  --定义程序包
function max(a,b:in std_logic_vector)               --定义函数首
return std_logic_vector;
function max(a,b:in bit_vecter)                     --定义函数首
      return bit_vecter;
function max (a,b:integer)                          --定义函数首
      return integer;
end;
package body packexp is
```

```
function max(a,b:in std_logic_ vector)              --定义函数体
     return std_logic_ vector is
  begin
     if a>b then return a;
       else   return b;   end if;
  end function max;                                  --结束 function 语句
  function max(a,b:in integer)                       --定义函数体
     return integer is
  begin
     if a>b then return a;
       else   return b;   end if;
  end function max;                                  --结束 function 语句
  function max(a,b:in bit_ vector)                   --定义函数体
     return bit _vector is
  begin
     if a>b then return a;
       else   return b;   end if;
  end function max;                                  --结束 function 语句
  end;                                               --结束 package body 语句
  --以下是调用重载函数 max 的程序:
  library ieee;
  use ieee.std_ logic_ 1164.all;
  use work.packexp.all;
  entity axamp is
     port(a1,b1:in std _logic_ vector(3 downto 0);
            a2,b2:in bit _vector(4 downto 0);
            a3,b3:in integer range 0 to 15;
            c1:out std _logic_ vector(3 downto 0);
            c2:out bit_ vector(4 downto 0);
            c3:out integer range 0 to 15);
    end;
  architecture bhv of axamp is
  begin
       c1<= max(a1,b1);--对函数 max(a,b:in std _logic _vector)的调用
       c2<= max(a2,b2);--对函数 max(a,b:in bit_ vector)的调用
       c3<= max(a3,b3);--对函数 max(a,b:in integer)的调用
end;
```

VHDL 不允许不同数据类型的操作数间进行直接操作或运算。为此,在具有不同数

据类型操作数构成的同名函数中，运算符重载函数最为常用，这种函数为不同数据类型间的运算带来极大方便。例 6.3 中以加号"＋"为函数名的函数即为运算符重载函数。

例 6.3 是程序包 std_logic_unsigned 中的部分函数结构，其说明部分只列出了 4 个函数的函数首；在程序包体部分只列出了对应的部分内容，程序包体部分的 unsigned()函数是从 ieee. std_logic_arith 库中调用的，在程序包体中的最大整型数检出函数 maxmium 只有函数体，没有函数首，这是因为它只在程序包体内调用。

例6.3

```
library ieee;                                   --程序包首
use ieee.std_logic_1164.all;
use ieee.std_logic_arith.all;
package std_logic_unsigned is
function"+"(l:std_logic_vector;r:integer)
    return std_logic_vector;
function"+"(l:integer; r:std_logic_vector)
    return std_logic_vector;
function"+"(l:std_logic_vector;r:std_logic)
    return std_logic_vector;
function shr(arg:std_logic_vector;
    count:std_logic_vector)
    return std_logic_vector;
    ...
end std_logic_unsigned;
library ieee;                                   --程序包体
use ieee.std_logic_1164.all;
use ieee.std_logic_arith.all;
package body std_logic_unstgned is
function maximum(l,r: integer)return integer is
begin
    if l>r then return l;
        else    return r;
    end if;
end;
function"+"(l:std_logic_vector;r:integer)
return std_logic_vector;
variable result:std_logic_vector(l'range);
begin
    result:= unsigned(l)+r;
    return std_logic_vector(result);
```

```
end;
...
end std_logic_unsigned;
```

上例中，在函数首的 3 个函数的函数名都是同名的，即都是以加法运算符“+”作为函数名，即所谓运算符重载。

实用中，如果已用“use”语句打开了程序包 std_logic_unsigned，这时，如果设计实体中有一个 std_logic_vector 位矢和一个整数相加，程序就会自动调用第一个函数，并返回位矢类型的值；若有一个位矢与 std_logic 数据类型的数相加，则调用第三个函数，并以位矢类型的值返回。

2. 过程

(1) 过程语句的格式

```
procedure 过程名(参数表)                      --过程首
procedure 过程名(参数表)IS
[说明部分]
bigin                                        --过程体
顺序语句;
end procedure 过程名;
```

过程也由过程首和过程体构成。过程首也不是必需的，过程体可以独立存在和使用。即在进程或结构体中不必定义过程首，而在程序包中必须定义过程首。

过程首由过程名和参数表组成。参数表可以对常数、变量和信号 3 类数据对象目标作出说明，并用关键词 in、out 和 inout 定义这些参数的工作模式。如果没有指定模式，则默认为 in。以下是 3 个过程首的定义示例：

```
procedure pro1(variable a,b:inout real);
procedure pro2(constant a1: in integer);
variable b1: out integer);
procedure pro3(signal sig:  inout bit);
```

过程 pro1 定义了两个实数双向变量 a 和 b。过程 pro2 定义了两个参量，第一个是常数，数据类型为整数，in；第二个参量是变量，数据类型为整数，out；过程 pro3 中只定义了一个信号参量，即 sig，bit，inout。流向模式若只定义了 in 模式而未定义目标参量类型，则默认为常量；若只定义了 inout 或 out，则默认目标参量类型是变量。

过程体由顺序语句组成，过程的调用即启动了对过程体的顺序语句的执行。与函数一样，过程体中的说明部分只是局部的，其中的各种定义只能适用于过程体内部。过程体的顺序语句部分可以包含任何顺序执行的语句。

在不同的调用环境中，可以有两种不同的语句方式对过程进行调用，即顺序语句方式或并行语句方式。对于前者，在一般的顺序语句自然执行过程中，一个过程被执行，则属于顺序语句方式，因为这时它只相当于一条顺序语句的执行；对于后者，一个过程相当于一个小的进程，当这个过程处于并行语句环境中时，其过程体中定义的任一 in 或 inout 的目标参量(即数据对象：变量、信号、常数)发生改变时，将启动过程的调用，这时的调用属于并行语句方式。

例 6.4 用过程语句设计的子程序。

```
procedure vector_to_int(a:in std_logic_vector;
                        x_flag:out boolean;q:inout integer)is
    begin
      q: = 0;
      x_flag: = false;
      for i in a′range loop
        q: = q * 2;
        if (a(i) = 1) then
        q: = q + 1;
        elsif (a(i)/ = 1) then
        x_flag: = true;
        end if;
      end loop;
end vector_to_int;
```

过程名为 vector_to_int,实现将位矢量转换成整数功能。过程语句执行结束后,将输入值拷贝到调用者的 out 和 inout 所定义的变量中,完成子程序和主程序间的数据传递。

例 6.5 编程对具有双向模式变量的值 value 进行数据转换运算。

```
procedure prg1(variable value:inout bit_vector(0 to 7))is
begin
    case value is
    when″0000″ =>value:″0101″;
    when″0101″ =>value:″0000″;
    when others =>value:″1111″;
    end case;
end procedure prg1;
```

(2) 重载过程

两个或两个以上有相同的过程名但不同的参数数量与数据类型的过程称为重载过程。对于重载过程,依赖参量类型来辨别调用的是哪个过程。例如,

```
procedure calcu(v1,v2:in real;
    signal out1:inout integer);
procedure calcu(v1,v2:in integer;
    signal out1:inout real);
...
calcu(12.14,1.55,s1);           --调用第一个重载过程 calcu
calcu(34,452,s2);               --调用第二个重载过程 calcu
```

上例中定义的两个重载过程具有相同的过程名、参数数目,各参量的模式也是相同

的,但参量的数据类型不同。第一个过程中定义的两个输入参量 $v1$ 和 $v2$ 为实数型常数,out1 为 inout 模式的整数信号;第二个过程中 $v1$、$v2$ 则为整数常数,out1 为实数信号。在过程调用中将首先调用第一个过程。

如前所述,在过程结构中的语句是顺序执行的,调用过程前应先将初始值传递给过程的输入参数,一旦调用,即启动过程语句按顺序自上而下执行过程中的语句,执行结束后,将输出值返回到"out"和"inout"所定义的变量或信号中。

过程的调用方式与函数完全不同。函数的调用是将所定义的函数作为语句中的一个因子,如一个操作数或一个赋值数据对象或信号等,而过程的调用是将所定义的过程名作为一条语句来执行。

6.1.6 库和程序包

库和程序包用来描述和保留元件、类型说明函数、子程序等,以便在其他设计中可以随时引用这些信息,提高设计效率。

1. 库

库是经编译后的数据的集合,它存放包集合定义、实体定义、结构体定义和配置定义。可以把库看成是一种用来存储预先完成的程序包、数据集合体和元件的仓库。如果要在一项 VHDL 设计中用到某一程序包,就必须在这项设计中预先打开这个程序包,使此设计能随时使用这一程序包中的内容。

在综合过程中,每当综合器在较高层次的 VHDL 源文件中遇到库语言,就将随库指定的源文件读入,并参与综合。这就是说,在综合过程中,所要调用的库必须以 VHDL 源文件的方式存在,并且综合器能随时读入使用。为此必须在这一设计实体前使用库语句和 use 语句。有些库被 IEEE 认可,成为 ieee 库。通常,库中放置不同数量的程序包,而程序包中又可放置不同数量的子程序;子程序中又含有函数、过程、设计实体(元件)等基础设计单元。

VHDL 语言的库分为两类:一类是设计库,如在具体设计项目中设定的目录所对应的 work 库;另一类是资源库,资源库是常规元件和标准模块的存放库。

(1) 库的使用

在 VHDL 语言中,通过库的说明语句实现库的调用。库说明语句总是放在实体单元的前面,这样,设计实体内的语句就可以使用库中的数据和文件。VHDL 允许在一个设计实体中同时打开多个不同的库,但库之间必须是相互独立的。在实际使用中,库是以程序包集合的方式存在的,具体调用的是程序包中的内容。

库语句一般必须与 use 语句同用。库语句关键词 library,指明所使用的库名;use 语句指明库中的程序包。

库语句的格式如下:

```
library 库名;
```

use 语句有两种常用的格式:

```
use 库名.程序包名.项目名;
use 库名.程序包名.ALL;
```

第一种语句的作用是向本设计实体开放指定库中的特定程序包内的所选定的项目。

第二种语句的作用是向本设计实体开放指定库中的特定程序包内所有的内容。

例如，library ieee；

```
use ieee.std_logic_1164.std_logic;
use ieee.std_logic_1164.all;
```

第一个 use 语句表明打开 ieee 库中的 std_logic_1164 程序包，并使程序包中的所有公共资源对本语句后面的 VHDL 设计实体程序全部开放，关键词 all 代表程序包中的所有资源。第二个 USE 语句开放了程序包 std_logic_1164 中的 std_logic 数据类型。

库说明语句的作用范围从一个实体说明开始到它所属的结构体、配置为止，当一个源程序中出现两个以上的实体时，两条作为使用库的说明语句应在每个设计实体说明语句前重复书写。如：

```
library ieee;                                --库使用说明
use ieee.std_logic_1164.all;
entity and is
    ...
end and;
architecture dataflow of and is
    ...
end dataflow;
configuration c1 of and is
    ...
end c1;
library ieee;                                --库使用说明
use ieee.std_logic_1164.all;
entity or is
    ...
configuration c2 of or is
    ...
end c2;
```

（2）库的种类

VHDL 程序设计中常用的库有 ieee 库、std 库、work 库及 vital 库。

① ieee 库

ieee 库是 VHDL 设计中最常用的库，它包含有 IEEE 标准的程序包和其他一些支持工业标准的程序包。IEEE 库中的标准程序包主要包括 std_logic_1164、numeric_bit 和 numeric_std 等程序包。其中的 std_logic_1164 是最重要和最常用的程序包，大部分基于数字系统设计的程序包都以此程序包中设定的标准为基础。

此外，还有一些程序包虽非 IEEE 标准，但由于其已成事实上的工业标准，也都并入了 ieee 库。这些程序包中，最常用的是 SYNOPSYS 公司的 std_logic_arith、std_logic_ signed 和 std_logic_unsigned 程序包。一般基于 FPGA/CPLD 的开发,ieee 库中的 4 个程序包 std_logic_1164、std_logic_arith、std_logic_signed 和 std_logic_unsigned 已足够使用。另外需要注意的是,在 ieee 库中符合 IEEE 标准的程序包并非符合 VHDL 语言标准,如 std_logic_1164 程序包,因此在使用 VHDL 设计实体的前面必须以显式表达出来。

② std 库

VHDL 语言标准定义了两个标准程序包,即 standard 和 textio 程序包(文件输入/输出程序包),它们都被收入在 std 库中,只要在 VHDL 应用环境中,就可随时调用这两个程序包中的所有内容,即在编译和综合过程中,VHDL 的每一项设计都自动地将其包含进去了。由于 std 库符合 VHDL 语言标准,因此在应用中不必如 ieee 库那样以显式表达出来,如在程序中,以下的库使用语句是不必要的:

```
library std;
use std.standard.all;
```

③ work 库

work 库是用户的 VHDL 设计的当前工作库,用于存放用户设计和定义的一些设计单元和程序包,因而是用户自己的仓库,用户设计项目的成品、半成品模块,以及先期已设计好的元件都放在其中。work 库自动满足 VHDL 语言标准,在实际调用中,也不必以显式预先说明。基于 VHDL 所要求的 work 库的基本概念,在 PC 机或工作站上利用 VHDL 进行项目设计,不允许在根目录下进行,而是必须为此设定一个目录,用于保存所有此项目的设计文件,VHDL 综合器将此目录默认为 work 库。但必须注意,工作库并不是这个目录的目录名,而是一个逻辑名。综合器将指示器指向该目录的路径。VHDL 标准规定工作库总是可见的,因此,不必在 VHDL 程序中显式表达。

④ vital 库

使用 vital 库,可以提高 VHDL 门级时序模拟的精度,因而只在 VHDL 仿真器中使用。库中包含时序程序包 vital_timing 和 vital_primitives。vital 程序包已经成为 IEEE 标准,在当前的 VHDL 仿真器的库中,vital 库中的程序包都已经并到 ieee 库中。实际上,由于各 FPGA/CPLD 生产厂商的适配工具都能为各自的芯片生成带时序信息的 VHDL 门级网表,用 VHDL 仿真器仿真该网表可以得到精确的时序仿真结果,因此 FPGA/CPLD 设计开发过程中,一般并不需要 vital 库中的程序包。

此外,用户还可以自己定义一些库,将自己的设计内容或通过交流获得的程序包设计实体并入这些库中。

2. 程序包

程序包也称包集合。为使已定义的常数、数据类型、元件及子程序能够被更多的 VHDL 设计实体方便地访问和共享,可以将它们收集在一个程序包中。多个程序包可以并入一个 VHDL 库中,使之适用于更一般的访问和调用范围。程序包就是公共存储区。

定义程序包的一般语句结构如下:

```
package 程序包名 is                    --程序包首
  程序包首说明部分
end 程序包名;
```

```
package body 程序包名 is                     --程序包体
  程序包体说明部分以及包体内
end 程序包名;
```

程序包由程序包首和程序包体组成。程序包首为程序包定义接口,声明包中的类型、元件、函数和子程序,其方式与实体定义模块接口非常相似。程序包体规定程序包的实际功能。存放说明中的函数和子程序,其方式与结构体语句模块方法相同。一个完整的程序包中,程序包首名与程序包体名是同一个名字。

程序包首可以独立定义和使用,如:

```
package pac1 is                              --程序包首开始
    type byte is range 0 to 255;             --定义数据类型 byte
    subtype nibble is byte range 0 to 15;    --定义子类型 nibble
    constant byte_ff:byte: = 255;            --定义常数 byte_ff
    signal addend:nibble;                    --定义信号 addend
    component byte_adder                     --定义元件
    port(a,b:in byte;c:out byte;overflow:out boolean);
        end component;
        function my_function(a:in byte)return byte;   --定义函数
    end pac1;                                --程序包首结束
```

由于元件和函数必须有具体的内容,所以将这些内容安排在程序包体中。如果要使用这个程序包中的所有定义,可利用use语句按如下方式获得访问此程序包的方法:

```
library work;
use work.pac1.all;
    entity ...
architecture
    ...
```

由于work库是默认打开的,所以可省去library work语句,只要加入相应的use语句即可。

例6.6　一个子程序说明。

```
package math is
    type tw16 is array (0 to 15) of t_wlogic;
    function add(a,b:in tw16)return tw16;
    function sub(a,b:in tw16)return tw16;
end math;
```

其中:子程序名为add和sub;调用入口参数为a,b,数据类型为tw16;返回参数为tw16。

6.1.7　配置

配置语句描述的是层与层之间的连接关系以及实体与结构之间的连接关系,目的是为了选择不同的结构体,使其与要设计的实体相对应。可把配置看作是单元的零件清单,是把元件具体安装到实体的最基本设计单元。

配置语句的基本格式为

```
configuration 配置名 of 实体名 is
    配置说明
end 配置名;
```

根据不同情况，配置语句分为默认配置、块配置、结构体配置、直接例化。

1. 默认配置

默认配置格式为

```
configuration 配置名 of 实体名 is
    for 选配结构体名
    end for;
end 配置名;
```

例 6.7　反相器与三输入与门电路的配置。

```
library std
use std.std_logic.all;
use std.std_ttl.all
entity inv is
port(a:in t_wlogic;b:out t_wlogic;)
end inv
architecture behave of inv is
begin
    b<= not a after 5ns;
end behave;
configuration invcon of inv is
    for behave
    end for;
end invcon;
```

2. 块配置

块配置在结构体和元件之间分出另一层次。在对某个含有块语句的结构体进行配置时，必须指明是对哪一个块的配置，即块语句中的元件例化实体不受该结构体中的配置指定所限。

块配置语句的书写格式为

```
configuration 配置名 of 实体名 is
for 结构体名
    for 块名
    end for;
  end for;
end 配置名;
```

3. 结构体配置

结构体的配置，放在结构体的说明部分，规定用在结构体中的元件配置。这样，结构体中的元件不需要分开的配置说明。

结构体配置语句的格式为

```
for 样品清单:文件名 use configuration 对应对象
```

这些语句允许设计者指定特殊的元件和所用的实体结构对。

4. 直接例化

元件例化语句由一个实体和一个结构体对和它前面的保留字 entity 组成。该实体和结构体被隐含配置。

例如，下面的语句使用结构体 behave 来例化实体 half_adder 作为元件实体 u1：

```
u1:entity.work_adder(behave)port map(a,b,x,y);
```

6.2 VHDL 语言的数据格式

VHDL 对运算关系与赋值关系中各量（操作数）的数据格式有严格要求。VHDL 要求设计实体中的每一个常数、信号、变量、函数以及设定的各种参量都必须具有确定的数据类型，只有相同数据类型的量才能互相传递和作用。

6.2.1 数据对象

VHDL 的对象能够保存数据，共有 3 类：信号、变量和常量，其中信号和变量都可以被连续赋值，而常量只能在被说明的时候赋值，而且只能赋值一次。

1. 常量（constant）

常量的定义和设置主要是为了使程序更容易阅读和修改。例如，将逻辑位的宽度定义为一个常量，只要修改这个常量就能很容易地改变宽度，从而改变硬件结构。常量定义的一般表述如下：

```
constant 常量名:数据类型:= 表达式;
```

例如：

```
Constant fbt:std_logic_vector:="010110";--标准位矢类型
```

常量定义语句所允许的设计单元有实体、结构体、程序包、块、进程和子程序。

常量的使用范围取决于它被定义的位置，即常量的可视性。如果在程序包中定义，常量具有最大的全局化特征，可以用在调用此程序包的所有设计实体中；常量如果定义在设计实体中，其有效范围为这个实体定义的所有结构体（多结构体）；如果常量定义在设计实体的某一结构体中，则只能用于此结构体；如果常量定义在结构体的某一单元（如一个进程）中，则这个常量只能用在这一单元中。这就是常量的可视性规则。这一规则与信号的可视性规则完全一致。

2. 变量（variable）

变量是一个局部量，只能在进程和子程序中使用。变量不能将信息带出对它作出定义的当前结构中。变量的赋值是一种理想化的数据传输，是立即发生的不存在任何延时的行为。变量的主要作用是在进程中作为临时的数据存储单元。

定义变量的一般表述如下：

```
variable 变量名:数据类型:= 初始值;
```

变量定义语句中的初始值可以是一个与变量具有相同数据类型的常量值，这个表达式的数据类型必须与所赋值的变量一致。变量赋值的一般表述如下：

```
目标变量名:=表达式;
```

通过赋值操作，可以立刻改变变量的数值。变量赋值语句左边的目标变量可以是单值变量，也可以是一个变量的集合，如矢量类型的变量。如：

```
variable x,y:integer range 15 downto 0;  --变量定义
variable a,b:std_logic_vector(7 downto 0);
    x:= 11;
    y:= 2 + x;                            --运算表达式赋值,y也是实数变量
    a:= b;
    a(0 to 5):= b(2 to 7);
```

downto 和 to 为 VHDL 的数据区间属性，如 a(0 to 5)指 a[0]为最高位，若为 downto，则 a[5]为最高位。所以例中分别定义 x，y 为取值范围从 0 到 15 的整数型变量；a，b 为标准位类型的变量，最高位为 a[0]和 b[0]。

另外，VHDL'93 中可定义全局变量(也称共享变量)，全局变量的声明可以位于结构体的声明部分，其格式为：

```
shared variable 变量名:子类型标志[:= 初始值];
```

如：

```
signal a,b,c:std_logic;
shared variable d:std_logic;
```

3. 信号(signal)

信号是描述硬件系统的基本数据对象，类似于连接线。信号可以作为设计实体中并行语句模块间的信息交流通道。信号作为一种数值容器，不但可以容纳当前值，也可以保持历史值。这一属性与触发器的记忆功能有很好的对应关系，只是不必注明信号上数据流动的方向。

(1) 信号的定义

信号定义的语句格式与变量相似，信号定义也可以设置初始值，其格式如下：

```
signal 信号名: 数据类型:= 初始值;
```

同样，可以不设置信号的初始值。与变量相比，信号的硬件特征更为明显，它具有全局性特征。例如，在实体中定义的信号，在其对应的结构体中都是可见的，即在整个结构体中的任何位置，任何语句结构中都能获得同一信号的赋值。

(2) 信号的赋值

当定义了信号的数据类型和表达方式后，在 VHDL 设计中就能对信号进行赋值了。信号的赋值语句表达式如下：

```
目标信号名<=表达式;
```

“表达式”可以是一个运算表达式,也可以是数据对象(变量、信号或常量)。

(3) 信号的延迟

实际器件具有传输延迟特性,所以数据信息的传入需要设置延时量。格式如下:

```
目标信号名<= 延迟模型/[reject 时间表达式] /transport;
```

VHDL 中有两种延迟模型:惯性延迟(intertial)和传输延迟(transport)。延迟模型关键字可以是 intertial 或 transport,无关键字时默认为惯性延迟。惯性延迟适用于建立开关电路的模型,reject 子句指定脉冲宽度。如:

```
Dout1<= q and b after 5 ns          --脉冲宽度限制为 5 ns
```

惯性延迟可以滤掉过快的输入变化,小于或等于宽度限定的脉冲将被忽略,所以毛刺、干扰将被滤除掉。

传输延迟常用于描述总线延迟,连接线的延迟等,如:

```
b<= transport a after 10 ns
```

目标信号获得传入的数据并不是即时的。即使是零延时(不作任何显式的延时设置),也要经历一个特定的延时,即 δ 延时。因此,符号“<=”两边的数值并不总是一致的,这与实际器件的传播延迟特性是吻合的,与变量的赋值过程有很大差别。

(4) 信号的驱动(源)

一个信号可能有一个驱动,也可能有多个驱动,此时电路中会出现“线与”、“线或”等状态,参见 2.2.2 节。有多个驱动信号的信号称为决断信号,需要由决断函数(Resolution Function)判断、裁决这个决断信号最终接收怎样的值。

```
process (a,b)
    begin
    c <=  b after 5 ns ;
    c <=  a after 10 ns ;
end process ;
```

信号 c 到底选用哪一个驱动源,需要编写决断函数。

4. 信号与变量的区别

从硬件电路系统来看,变量和信号相当于逻辑电路系统中的连线和连线上的信号值,常量相当于电路中的恒定电平,如 GND 或 VCC 接口。

信号和变量是 VHDL 中重要的数据对象,它们之间的区别主要有:

(1) 信号赋值至少有 δ 延时,而变量赋值没有延时。

(2) 信号除当前值外有许多相关的信息,如历史信息等,而变量只有当前值。

(3) 进程对信号敏感而不对变量敏感。

(4) 信号可以是多个进程的全局信号,而变量只在定义它们的顺序域可见(共享变量除外)。

(5) 信号是硬件中连线的抽象描述,它们的功能是保存变化的数据值和连接子元件,信号在元件的端口连接元件。变量在硬件中没有类似的对应关系,它们用于硬件特性的高层次建模所需要的计算中。

6.2.2 数据类型

在对VHDL的数据对象进行定义时,都要指定其数据类型,如信号、变量和常量都要指定数据类型。VHDL中的数据类型包括标准的数据类型,用户定义的数据类型,用户定义的子类型以及IEEE标准std_logic、std_logic_vector类型。

1. 标准的数据类型

标准的数据类型已经在VHDL的标准程序包standard中定义,编程时可以直接引用。

(1) 布尔(boolean)数据类型

一个布尔量只有两种状态,"真"或"假"。布尔量实际上是一个二值枚举型数据类型,综合器用一个二进制位表示布尔型变量或符号。但是布尔量没有数值含义,不能进行算术运算,但可以进行关系运算。

例如,在if语句中关系运算表达式($a>b$),当a大于b时,其结果为布尔量TRUE,综合器将其变为信号1;反之为FALSE,综合器将其变为信号0。

布尔量常用来表示信号的状态或者总线上的情况。若某一信号或变量被定义为布尔量,那么在仿真中将自动地对其赋值进行核查。这一用法中一般定义初始值为FALSE。

(2) 位(bit)数据类型

数字系统中,信号通常用一位表示,如在二值逻辑中,取值只能是"1"或"0"。位类型的数据对象,如变量、信号等,可以进行逻辑运算,其结果的数据类型仍是位类型。位类型不同于布尔数据类型,可以用转换函数相互转换。

(3) 位矢量(bit_vector)数据类型

位矢量使用双引号括起来的一组位数据,如"10110101"。使用位矢量时须注明位宽,即数组中元素个数和排列,用位矢量数据可以形象地表示总线的状态。

(4) 字符(character)数据类型

字符类型通常用单引号括起来,如'A'。字符类型区分大小写,如'A'与'a'是不同的。字符类型中的字符可以是a～z中任意的字母,0～9中任一个数及空白或特殊字符,如$、@、%等。字符'1'与整数1和实数1.0都是不同的。

在VHDL中,大小写一般是不区分的,但用了单引号的字符的大小写是有区分的。

(5) 整数(integer)数据类型

整数类型的数代表正整数、负整数和零,其范围为−2 147 483 647～+2 147 483 647。在电路系统的设计过程中,可以使用整数抽象地表示信号总线的状态。但是,整数不能看做是位矢量,不能按位进行访问,对整数不能用逻辑操作符。如果需要位操作,可以使用转换函数,将整数转换成位矢量。如:10E14和15247都表示十进制整数;16#E2#表示十六进制整数;2#11013表示二进制整数;8#567#表示八进制整数等。

(6) 实数(real)数据类型

VHDL的实数类型也类似于数学上的实数,或称浮点数。实数的取值范围为−1.0E38～+1.0E38。实数常量在书写时一定要有小数点,如:1.0,0.0,65971.333,8#43.6#e+4等。

数据既可以用整数表示也可以用实数表示。如 1.0 为实数，整数表示为 1，它们在数值上是相等的，但数据类型不同，在实际应用中不能把一个实数赋予一个整数变量，造成数据类型不匹配。

(7) 自然数(natural)和正整数(positive)

这两类数据是整数的子类。

(8) 字符串(string)数据类型

字符串是由双引号括起来的一个字符序列，字符串数据类型是字符数据类型的一个非约束型数组，或称为字符串数组，常用于程序的提示和说明，如："a b C d"。

(9) 时间(time)数据类型

VHDL 中唯一的物理类型是时间。完整的时间类型包括整数和物理量单位两部分，整数和单位之间至少留一个空格，如 55 ms、20 ns 等。系统仿真时，用时间类型数据表示信号延时，使模型更接近实际系统的运行环境。

(10) 错误等级(severity level)

错误等级类型数据用来表征系统的状态，共有 4 种状态：NOTE(注意)、WARNING(警告)、ERROR(出错)、FAILURE(失败)。在仿真过程中可以利用这 4 种状态的输出反映系统当前的工作情况，并据其采取相应的措施。

2. 用户自定义数据类型

除了上述标准的数据类型外，VHDL 还允许用户自己定义新的数据类型。用户定义的数据类型有枚举类型(enumerated)、整数类型(integer)、数组类型(array)、记录类型(record)、存取类型(access)、文件类型(file)、时间类型(time)、实数类型(real)等 8 种，本节介绍常用枚举类型、整数类型、实数类型和数组类型。利用 type 语句定义自己的数据类型，type 语句的格式如下：

```
type 数据类型名 is 数据类型定义 of 基本数据类型;
```

或

```
type 数据类型名 is 数据类型定义;
```

如：

```
type word is array(0 to 15)of std_logic;
```

句中数据类型名是 word，它是一个具有 16 个元素的数组型数据类型，数组中每一个元素的数据类型都是 std_logic 型。

(1) 枚举类型

枚举类型数据的定义格式如下：

```
type 数据类型名 is(元素 1,元素 2,…);
```

例如，进行红绿灯状态机设计时，可以假设"00"为红色，"01"为黄色，"10"为绿色，但阅读时很不方便。因而可以自己定义一个为"color"的数据类型如下：

```
type color is (red,yellow,green);
```

yellow 代表黄色状态，比用"01"表示直观，且不易出错。

(2) 整数类型和实数类型

在实际应用中，特别是在综合过程中，由于标准程序包中预定义的整数和实数的取值范围太大，综合器无法进行综合，需要重新定义其数据类型，限定其取值范围，从而提高芯片资源的利用率。其格式如下：

```
type 数据类型名 is integer(real)约束范围；
```

如：

```
type current is real range -1.6 to 110.8;--实数 current 的范围 -1.6 ～ 110.8
```

(3) 数组类型

数组类型属复合类型，是将一组相同类型的数据集合在一起，作为一个数据对象来处理的数据类型。数组可以是一维(每个元素只有一个下标)数组或多维数组(每个元素有多个下标)。数组经常用在总线定义、ROM、RAM 等系统模型。

VHDL 允许定义限定性数组和非限定性数组。限定性数组下标的取值范围在数组定义时就被确定，而非限定性数组下标的取值范围需要留待随后确定。限定性数组定义语句格式如下：

```
TYPE 数组名 IS ARRAY(数组范围) OF 数据类型；
```

如：

```
type sat is array(1 to 6)of std_logic;
```

数组范围决定了数组中元素的个数，以及元素的排序方向。上述例子有 6 个元素，它的下标排序是 1,2,3,4,5,6；各元素的排序是 sat(1)，sat(2)，…，sat(6)；std_logic 是数组元素的数据类型。非限制性数组定义格式如下：

```
type 数组名 is array(数组下标名 range<>)  of 数据类型；
```

与限制性数组不同的是，非限定性数组定义时不说明数组下标的取值范围，而是当定义某一数据对象为此数组类型时，再确定该数组下标的取值范围。这样，可以通过定义不同的取值，使具有相同的数组类型的对象具有不同的下标取值。例如：

```
type arr is array(natural range<>)  of integer
variable arr1:arr(0 to 7);  --arr1 数组的范围是 0～7;
```

3. 用户定义的子类型

该类型是用户对已定义的数据类型作一些范围限制而形成的一种新的数据类型，子类型可以对原数据类型指定范围，也可以和原数据类型一样。子类型定义的一般格式如下：

```
subtype 子类型名 is 数据类型名[范围];
```

如：

```
subtype number is real range 1.0 to 56.8;
```

说明子类型 number 指定 real 类型范围为 1.0～56.8。

4. IEEE 标准 std_logic、std_logic_vector

由于二值逻辑在实际仿真中的局限性，还需要多逻辑值仿真。std_logic 是标准 bit 数据类型的扩展，共定义了 9 种逻辑值(参见 2.2.2 节)，在仿真和综合过程中，可以方便设计者精确地模拟一些未知的和高阻态的线路的情况。

(1) 标准逻辑位 std_logic 数据类型

在 VHDL 中代表可能具有 9 种逻辑值的数据类型。

(2) 标准逻辑矢量(std_logic_vector)数据类型

std_logic_vector 是定义在 std_logic_1164 程序包中的标准一维数组,数组中的每一个元素的数据类型都是以上定义的标准逻辑位 std_logic。

描述总线信号可以使用 std_logic_vector,但需注意的是总线中的每一根信号线都必须定义为同一数据类型 std_logic。

6.2.3 数据类型转换

在 VHDL 程序设计中不同的数据类型必须经过类型转换才能进行运算和赋值。实现数据类型的转换有类型标记法、函数转换法、常量转换法 3 种方法。

1. 类型标记法

类型标记就是类型的名称。类型标记法适合那些关系密切的标量类型之间的类型转换,即整数和实数的类型转换。如:

```
variable inta:integer;
variable ra: real;
inta: = integer(ra);  --将实数变量 ra 转换成整数并赋值给变量 inta
```

2. 函数转换法

VHDL 语言中,程序包中提供了转换函数,3 个程序包中的转换函数如表 6.2 所示。

表 6.2　转换函数表

函数名	功能
. std_logic_1164 包集合函数	
to_stdlogicvector(a)	由 bit_vector 转换为 std_logic_vector
to_bitvector(a)	由 std_logic_vector 转换为 bit_vector
to_stdlogic(a)	由 bit 转换为 std_logic
to_bit(a)	由 std_logic 转换为 bit
. std_logic_arith 包集合函数	
conv_ std_logic_vector(a,位长)	由 integer、unsigned、signed 转换为 std_logic_vector
conv_ integer(a)	由 unsigned、signed 转换为 integer
. std_logic_unsigned 包集合函数	
conv_integer(a)	由 std_logic_vector 转换为 integer

例 6.8　转换函数 to_bitvector 的函数体。

```
Function to_bitvector(s:std_logic_vector;xmap:bit: = ´0´)return bit_vector is
        Alias sv:std_logic_vector(s´length - 1 downto 0)is;
        Variable result:bit_vector(s´length - 1 downto 0);
    Begin
        for i in result´range loop
          case sv(i) is
            when ´0´/´l´ =>result(i): = ´0´;
            when ´l´/´h´ =>result(i): = ´1´;
```

```
          when others =>result(i): = xmap;
        end case;
      end loop;
      return result;
  end;
```

3. 常量转换法

就模拟效率而言，利用常量实现类型转换比利用类型转换函数的效率更高。下面是使用常量把类型为 std_logic 的值转换为 bit 型的值。

```
  library ieee;
  use ieee.std_logic_1164.all;
  entity typeconv is
  end typeconv
  architecture arch of typeconv is
          type typeconv_type is array(std_ulogic)of bit;
          constant typecon_con:typeconv_type: = ('0'/'l' =>'0','1'/'h' =>1',
                                             others =>'0');
          signal b:bit;
          signal s:std_logic;
      begin
          b<= typeconv_con(s);  --类型转换式
      end;
```

6.2.4 运算操作

VHDL 中共有 4 类运算符，如表 6.3 所示。各运算符优先级别如表 6.4 所示。

表 6.3 VHDL 的运算符表

类型	运算符	功能	操作数数据类型
算术运算符	+	加	整数
	−	减	整数
	&	并置	一维数组
	*	乘	整数和实数(包括浮点数)
	/	除	整数和实数(包括浮点数)
	MOD	取模	整数
	REM	取余	整数
	SLL	逻辑左移	BIT 或布尔型一维数组
	SRL	逻辑右移	BIT 或布尔型一维数组
	SLA	算术左移	BIT 或布尔型一维数组
	SRA	算术右移	BIT 或布尔型一维数组
	ROL	逻辑循环左移	BIT 或布尔型一维数组
	ROR	逻辑循环右移	BIT 或布尔型一维数组
	* *	乘方	整数
	ABS	取绝对值	整数

续 表

类型	运算符	功能	操作数数据类型
关系运算符	=	等于	任何数据类型
	/=	不等于	任何数据类型
	<	小于	枚举与整数类型,及对应的一维数组
	>	大于	枚举与整数类型,及对应的一维数组
	<=	小于等于	枚举与整数类型,及对应的一维数组
	>=	大于等于	枚举与整数类型,及对应的一维数组
逻辑运算符	and	与	BIT,BOOLEAN,SDT_LOGIC
	or	或	BIT,BOOLEAN,SDT_LOGIC
	nand	与非	BIT,BOOLEAN,SDT_LOGIC
	nor	或非	BIT,BOOLEAN,SDT_LOGIC
	xor	异或	BIT,BOOLEAN,SDT_LOGIC
	xnor	异或非	BIT,BOOLEAN,SDT_LOGIC
	not	非	BIT,BOOLEAN,SDT_LOGIC
并置运算符	&	并置	

表 6.4　VHDL 运算符优先级

运算符	优先级
not,abs,* *	最高优先级
* ,/,mod,rem	↑
+(正号),-(负号)	
+,-,&	
sll,sla,srl,sra,rol,ror	
=,/=,<,>,<=,>=	
and,or,nand,nor,xor,xnor	最低优先级

对于 VHDL 中的运算符和元素之间需注意:

(1) 严格遵循运算符与操作数具有相同的数据类型的规则;

(2) 严格遵循操作数的数据类型必须与运算符所要求的数据类型完全一致的原则。

例如参与加减运算的操作数的数据类型必须是整数,而 bit 或 std_logic 类型的数是不能直接进行加减操作的。在一个表达式中不允许不用括号而把不同的运算符结合起来,同时注意运算符的优先级别,因此在编程中要正确使用括号来构造表达式。

1. 逻辑运算符

对于数组类型数据对象的相互逻辑作用是按位进行的,其结果为同样长度的数组。

当一个语句中存在两个以上的逻辑表达式时,左右没有优先级差别,所以需要利用括号规定运算的顺序。VHDL 表达式语法规定,允许一个表达式中有两个或多个 and 运算符而不加括号,or、xor、xnor 的规定与 and 相同。但是不允许一个表达式中有两个或多个 nand 运算符而不加括号,nor 和 * * 运算符也不允许。例如:

```
s1:= a and b and c;   --正确
s2:= a nor b nor c;   --错误
```

2. 关系运算符

关系运算符的作用是将相同数据类型的数据对象进行数值比较或关系排序判断,并将结果以布尔类型的数据表示出来，即 TRUE 或 FALSE。

如对于标量型数据 a 和 b，如果它们的数据类型相同，且数值也相同，则($a=b$)的运算结果是 TRUE；($a/=b$)的运算结果是 FALSE。对于数组类型的操作数，VHDL 编译器将逐位比较对应位置各位数值的大小，只有当等号两边数据中的每一对应位全部相等时才返回结果 TRUE。对于不等号的比较，等号两边数据中的任一元素不等则返回 TRUE。

除＝和/＝之外的关系运算符也称为排序运算符，它通过排序判断结果是 TRUE 或 FALSE。VHDL 的排序判断规则是，整数值的大小排序坐标是从正无限到负无限，枚举型数据的大小排序方式与它们的定义方式一致，如：'1'>'0'、TRUE>FALSE。

两个数组的排序判断是通过从左至右逐一对元素进行比较来决定的，在比较过程中，并不管原数组的下标定义顺序，即不管用 to 还是用 downto。在比较过程中，若发现有一对元素不等，便确定了这对数组的排序情况，即最后所测元素对其中具有较大值的那个数值确定为大值数组。例如，位矢"1011"判为大于"101011"，原因是排序判断是从左至右，"101011"左起第四位是 0，故而判为小。如下列运算，VHDL 都判为 TRUE：

```
'1' ='1'; '101' = '101'; '1' >'011'; '101' <' 110';
```

对于以上的一些判断错误可以利用 std_logic_arith 程序包中定义的 unsigned 数据类型来解决，可将这些进行比较的数据的数据类型定义为 unsigned。如式 unsigned'"1"< unsigned'"011"的比较结果将为 TRUE。

就综合而言，简单的比较运算(＝和/＝)在实现硬件结构时，比排序运算符构成的电路芯片资源利用率要高。

3. 算术运算符

在表 6.4 中所列的 17 种算术运算符可以分成如下 5 类运算符：

(1) 求和运算符(＋,－)

如：
```
variable a,b,c,d,e,f:integer range 0 to 2 55;
    a: = b + c,d: = e - f;
```

(2) 求积运算符(* ,/,mod,rem)

VHDL 规定，乘与除的数据类型是整数和实数(包括浮点数)。在一定条件下，还可对物理类型的数据对象进行运算操作(物理量乘以或除以物理量仍为物理量，物理量除以相同的物理量，商为整数或实数)。应该注意，虽然在一定条件下，乘法和除法运算是可综合的，但从优化综合、节省芯片资源的角度出发，最好不要轻易直接使用乘除运算符，乘除运算可以用其他变通的方法来实现。运算符 mod 和 rem 的本质与除法运算符是一样的，因此，可综合的取模和取余的操作数也必须是以 2 为底数的幂。mod 和 rem 的操作数数据类型只能是整数，运算操作结果也是整数。

乘方运算符的逻辑实现，一般要求操作数是常数或是 2 的乘方时才能被综合；对于除法，除数必须是底数为 2 的幂(综合时可通过右移实现除法)。

(3) 符号运算符(＋,－)

符号运算符操作数只有一个，数据类型是整数。运算符"＋"不改变操作数，运算符"－"的返回值是对原操作数取负，实际使用中的取负操作需加括号，如，$z:=x+(-y)$。

(4) 混合运算符(**,abs)

混合运算符的操作数的数据类型为整数类型。乘方"**"运算的右边必须是整数,左边可以是整数或浮点数,而且只有在左边为浮点数时,其右边才可以为负数。

(5) 移位运算符(sll,srl,sla,sra,rol,ror)

移位运算符左边可以是支持的类型,右边则必定是 integer 型。为实现方便和节省硬件资源,常将右边的运算符设为 integer 型常量。

sll 是将位矢向左移,右边跟进的位补零;srl 的功能恰好与 sll 相反;rol 和 ror 的移位方式稍有不同,它们移出的位将用于依次填补移空的位,执行的是自循环式移位方式;sla 和 sra 是算术移位运算符,其移空位用最初的首位来填补。

移位运算符的语句格式是:

　　标识符 移位运算符 移位位数;

例 6.9　利用移位运算符 sll 和程序包 std_logic_unsigned 中的数据类型转换函数 conv_integer 完成 3-8 译码器的设计:

```
library ieee;
use ieee.std_logic_1164.all;
use ieee.std_logic_unsigned.all;
entity decoder3to8 is
    port(input:in std_logic_vector(2 downto 0);
        output:out bit_vector(7 downto 0));
end decoder3to8;
architecture behave of decoder3to8 is
begin
    output<="00000001" sll conv_integer(input);--被移位部分是常数
end behave;
```

4. 并置运算符

并置运算符(&)用于位的连接。如,将 4 个位用并置运算符连接起来就可以构成一个具有 4 位长度的位矢量;将两个 4 位的位矢量用并置运算符连接起来就可以构成一个 8 位长度的位矢量。如:

```
signal a,b:std_logic_vector(0 to 3);
signal c,d,e:std_logic_vector(1 downto 0);
signal f:std_logic_vector(2 downto 0);
signal g,h,i:std_logic;
    ...
a<= c & d;              --数组与数组并置,形成长度为 4 的数组
b<= not f & not g;      --元素与数组并置,形成长度为 4 的数组
d<= i & not h;          --元素与元素并置,形成长度为 2 的数组
```

通常,就提高综合效率而言,使用常量值或简单的一位数据类型能够生成较紧凑的电路,而表达式中复杂的数据类型(如数组)将相应地生成更多的电路。

6.3 VHDL 语言的描述

用 VHDL 语言进行设计时，按描述语句的执行顺序分类，可以将 VHDL 语句分为顺序执行语句和并行执行语句，顺序语句和并行语句是 VHDL 程序设计中两类基本描述语句。在逻辑系统的设计中，这些语句从多侧面完整地描述了数字系统的硬件结构和基本逻辑功能，包括通信的方式、信号的赋值、多层次的元件例化以及系统行为等。

6.3.1 顺序语句

顺序语句的特点是，每一条顺序语句的执行（指仿真执行）完全按照程序中书写的顺序，并且在结构层次中前面语句的执行结果会直接影响后面各语句的执行结果。顺序描述语句只能出现在进程、函数和过程之中。顺序语句可以进行算术、逻辑运算，信号和变量的赋值，子程序调用，也可以进行条件控制和迭代。

VHDL 顺序语句主要包括：赋值语句、wait 语句、流程控制语句、子程序调用语句、断言语句等。

1. 赋值语句

赋值语句有信号赋值语句和变量赋值语句两种，可参见 6.2.1 节。

2. wait 语句

wait 语句在进程中起到与敏感信号一样重要的作用，敏感信号触发进程的执行，wait 语句也可以控制进程的状态。进程在仿真运行中处于执行或挂起两种状态之一。当进程执行到 wait 语句时，将被挂起并设置好再次执行的条件。wait 语句可以设置 4 种不同的条件：无限等待、时间到、条件满足以及敏感信号量变化。这几类 wait 语句可以混合使用。

(1) 无限等待 wait 语句

wait 语句未设置停止挂起条件的表达式，表示永远挂起。

(2) 敏感信号等待语句 wait on

wait on 语句的语法格式为

```
wait on 信号[,信号];
```

wait on 语句后面跟着信号表，在敏感信号表中列出一个或多个等待语句的敏感信号。当进程处于等待状态时，其中的敏感信号发生任何变化（如从 0～1 或从 1～0）都将结束挂起，再次启动进程。

在使用 wait on 语句的进程中，敏感信号量应写在进程中的 wait on 语句后面；而在不使用 wait on 语句的进程中，敏感信号量应在开头的关键词 process 后面的敏感信号表中列出。VHDL 规定，已列出敏感信号表的进程不能使用任何形式的 wait 语句。

例 6.10　同时含有 wait 语句和敏感信号表的进程。

```
process(a,b)
begin
    y<= a and b;
```

```
    wait on a,b;  --将引起错误
  end process;
```

(3) 条件等待语句 wait until

wait until 语句的书写格式为

```
  wait until 表达式;
```

wait until 语句后面跟的是布尔表达式,在布尔表达式中隐式地建立一个敏感信号量表,当表中的任何一个信号量发生变化时,就立即对表达式进行一次评测。如果其结果使表达式返回一个“真”值,则进程脱离挂起状态,继续执行下面的语句。

例6.11　完成一个硬件求平均值的功能,每一个时钟脉冲由 a 输入一个数值,4 个时钟脉冲后将获得 4 个数值的平均值。

```
process
  begin
    wait until clk = '1';
    ave<= a;
    wait until clk = '1';
    ave<= ave + a;
    wait until clk = '1';
    ave<= ave + a;
    wait until clk = '1';
    ave<= (ave + a)/4;
end process;
```

一般在一个进程中使用了 wait 语句后,综合器会综合产生时序逻辑电路。时序逻辑电路的运行依赖 wait until 表达式的条件,同时还具有数据存储的功能。

(4) 超时等待语句 wait for

wait for 语句的书写格式为

```
  wait for 时间表达式;
```

在语句中定义一时间段,从执行到当前的 wait 语句开始,在此时间段内进程处于挂起状态,当超过该时间段之后,进程再开始执行 wait for 语句后续的语句。如:

```
  Wait for 50 ns;
```

其中,时间表达式为常数 50 ns,当进程执行到该语句时,将等待 50 ns,经过 50 ns 之后进程执行 wait for 的后续语句。例如:

```
  wait for((a + 1) * (b + c));
```

此语句中,$((a+1)*(b+c))$为时间表达式,wait for 语句在执行时,首先计算表达式的值,然后将计算结果返回作为该语句的等待时间。

实际使用中可以将以上语句综合使用设置多个等待条件。例如:

```
  wait on a,b until(c = true)for 5 μs;
```

其中包含 3 个等待条件:信号量 a,b 任何一个有一次新的变化;信号量 c 为真;该语句已等待 5 μs。

要注意的是,多条件等待语句的表达式的值至少应包含一个信号量的值。因为在进程被挂起时,进程中的变量不会改变,也就不能再次启动进程。即在多条件等待中,只有信号量变化才能引起等待语句表达式的新的评价和计算。

3. 流程控制语句

(1) if 语句

if 语句是一种条件语句,根据条件,有选择地执行指定的顺序语句。按其书写格式,if 语句可以分为 3 种。

① 门闩控制语句

门闩控制语句的书写格式如下:

```
if 条件 then
    顺序语句
end if;
```

若 if 语句的条件为"TRUE",程序继续执行顺序语句;若条件为"FALSE",程序将跳过 if 语句所包含的顺序处理语句,而向下执行 if 的后续语句。

例 6.12　利用 if 语句构造一个 D 触发器。

```
library ieee;
use ieee.std_logic_1164_all;
entity dff is
    port(clk,d:in std_logic;q:out std_logic);
end dff;
architecture rtl of dff is
begin
    process(clk)
    begin
      if(clk'event and clk = '1') then
        q<= d;
      end if;
    end process;
end rtl;
```

② 二选一控制语句

二选一控制语句的书写格式如下:

```
if 条件 then
    顺序语句 1
else
    顺序语句 2
end if;
```

if 语句的条件为"TRUE"时,程序执行顺序语句 1;如果条件为"FALSE",程序执行顺序语句 2。即依据 if 所指定的条件,程序可以进行两种不同的操作。如:

```
Architecture n1 of mux2 is
    Begin
        process(a,b,con)
            begin
                if(con = '1')then
                c<= a;
            else
                c<= b;
        end if;
    end process;
end n1;
```

③ 多选择控制的 if 语句

这种语句的书写格式如下：

```
IF 条件 1 THEN
顺序语句 1
ELSIF 条件 2 THEN
顺序语句 2
...
ELSE
顺序语句 n
END IF;
```

多选择控制的 if 语句设置了多个条件，当满足其中的一个条件时，就执行该条件后的顺序处理语句。当所有设置的条件都不满足时，程序执行顺序语句 n。

例 6.13　多路选择器的设计。

```
library ieee;
use ieee.std_logic_1164.all;
entity mux4 is
    port(input:in std_logic_vector(3 downto 0);
        sel:in std_logic_vector(1 downto 0);y:out std_logic);
end mux4;
architecture rtl of mux4 is
begin
    process(input,sel)
    begin
      if(sel = "00")then
        y<= input(0);
      elsif(sel = "01")then
        y<= input(1);
```

```
        elsif(sel = "10")then
          y<= input(2);
        else
          y<= input(3);
        end if;
      end process;
  end rtl;
```

(2) CASE 语句

case 语句的结构如下：

```
case 表达式 is
    when 条件表达式 1 => 顺序语句 1;
    when 条件表达式 2 => 顺序语句 2;
    ...
end case;
```

当执行到 case 语句时，首先计算表达式的值，然后根据条件语句中与之相同的选择值，执行对应的顺序语句，最后结束 case 语句。表达式可以是一个整数类型或枚举类型的值，也可以是由这些数据类型的值构成的数组。case 语句常用来描述总线、编码、译码等行为。

when 选择值可以有 4 种表达方式：

```
when 条件表达式 1 =>
when 条件表达式 1|条件表达式 2|条件表达式 3|…|条件表达式 n =>
when 条件表达式 1 to 条件表达式 2 =>
when others =>
```

分别表示条件表达式的值是某个确定的值、多个值中的一个、一个取值范围中的一个和其他所有的默认值。

例 6.14 根据 4 位输入码来确定 4 位输出中哪一位输出为 1。

```
library ieee;
use ieee.std_logic_1164.all;
entity mux4 is
    port(s4,s3,s2,s1:in std_logic;
        z4,z3,z2,z1:out std_logic);
end mux4;
architecture active of mux4 is
signal sel:integer range 0 to 15;
begin
process(sel,s4,s3,s2,s1)
  begin
     sel<= 0;                          --输入初始值
```

```
        if (s1 = '1') then sel<= sel + 1;
        elsif(s2 = '1') then sel<= sel + 2;
        elsif(s3 = '1') then sel<= sel + 4;
        elsif(s4 = '1') then sel<= sel + 8;
        else null                          --使用空操作语句
        end if;
          z1<= '0'; z2<= '0'; z3<= '0'; z4<= '0';--输入初始值
        case sel is
        when 0  => z1<= '1';               --当 sel = 0 时选中
        when 1 | 3  => z2<= '1';           --当 sel 为 1 或 3 时选中
        when 4 to 7 | 2  => z3<= '1';      --当 sel 为 2、4、5、6 或 7 时选中
        when others => z4<= '1';           --当 sel 为 8～15 中任一值时选中
        end case;
    end process;
    end active;
```

例中的 if-then-elsif 语句起到数据类型转换器的作用，即把输入的 s4，s3，s2，s1 的 4 位二进制值转换为能与 sel 对应的整数值，以便在条件句中进行比较。

与 if 语句相比，case 语句组的程序可读性比较好。case 语句把条件中所有可能出现的情况全部列了出来，可执行条件一目了然。case 语句的执行过程即条件性是独立的、排他的，不像 if 语句那样有一个逐项条件顺序比较的过程。

(3) loop 语句

loop 语句就是循环语句，它可以使包含的一组顺序语句被循环执行，其执行的次数可由设定的循环参数决定。loop 语句在 VHDL 中常用来描述位逻辑的行为。

① 单个 loop 语句

书写格式如下：

```
    [标号:]loop
    顺序语句
    end loop[标号];
```

这是一个无限循环，只能被 exit 命令打断。如：

```
    loop1: loop
            wait until clk = '1';
            q<= d after 2 ns;
            exit;
    end loop loop1;
```

② for_loop 语句

语法格式如下：

```
    [标号:]for 循环变量 in 循环范围 loop
        顺序处理语句
```

```
end loop[标号];
```

for 后的循环变量是一个局部的临时变量，无需事先定义。即它由 loop 语句自动定义，只能作为赋值源，不能被赋值。因此在 loop 语句范围内不能使用其他与此循环变量同名的标识符。循环范围的表达形式如下：

```
表达式 to 表达式;            --递增方式
表达式 downto 表达式;        --递减方式
```

其中表达式必须是正数。

例 6.15　8 位奇偶校验电路。

```
library ieee;
use ieee.std_logic_1164.all;
entity p_check is
port(a:in std_logic_vector (7 downto 0);
     y:out std_logic);
end p_check;
architecture rtl of p_check is
begin
    process(a)
      variable trap:std_logic;
    begin
        tmp:= ′0′;
        for i in 0 to 7 loop
          tmp:= trap xor a(i);
        end loop;
        y<= tmp;
    end process;
end rtl;
```

loop 的循环范围最好以常数表示，否则，在 loop 体内的逻辑可以重复任何可能的范围，将导致耗费过多的硬件资源。

③ while_loop 语句

书写格式如下：

```
[标号:] while 条件 loop
    顺序处理语句
end[标号];
```

在该 loop 语句中，没有给出循环次数的范围，而是给出了循环执行顺序语句的条件；条件为布尔表达式，当条件为“真”时，进行循环；如果条件为“假”，则结束循环。

例 6.16　用 while_loop 语句设计的 8 位奇偶校验电路。

```
library ieee;
use ieee.std_logic_1164.all;
```

```
entity p_check is
port(a:in std_logic_vector(7 downto 0);
     y:out std_logic);
end p_check;
architecture behav of p_check is
begin
    process(a)
      variable tmp:std_logic;
    begin
    tmp:='0';
    i:=0;
    while(i<8)loop
      tmp:=tmp xor a(i);
      i:=i+1;
    end loop;
    y<=tmp;
  end process;
end behav;
```

VHDL 综合器支持 while 语句的条件是:loop 的结束条件必须是在综合时就可以决定。所以一般不采用 while_loop 语句来进行 RTL 描述。

(4) next 语句

next 语句主要用在 loop 语句执行中进行有条件或无条件的转向控制。next 语句的书写格式有以下 3 种:

```
next;                              --第一种语句格式
next loop 标号;                    --第二种语句格式
next loop 标号 when 条件表达式;    --第三种语句格式
```

对于第一种语句格式,next 语句作用于当前最内层循环,当 loop 语句的顺序语句执行到 next 语句时,即刻无条件终止当前的循环,跳回到 loop 语句的起始位置处,开始下一次循环。

对于第二种语句格式,与第一种语句格式的功能基本相同,只是当有多重 loop 语句嵌套时,前者可以跳转到指定标号的 loop 语句处,重新开始执行循环操作。

对于第三种语句格式,如果条件表达式的值为 TRUE,则执行 NEXT 语句,进入跳转操作,否则继续向下执行。当只有单层 loop 循环语句时,关键词 next 与 when 之间的“loop 标号”可以省略。如:

```
    ...
while data>1 loop
data:=data+1;
next when data=3                   --条件成立而无标号,跳出循环
```

```
        tdata:= tdata * data;
    end loop;
    n1:for i in 10 downto 1 loop
    n2:for j in 0 to i loop
        next n1 when i = j;                --条件成立,跳到 n1 处
          matrix(i,j):= j * i + 1;         --条件不成立,继续内层循环 n2
        end loop n2;
    end loop n1;
```

(5) exit 语句

书写格式如下：

```
    exit [loop 标号] [when 条件];
```

exit 语句也用来控制 loop 的内部循环,与 next 语句不同的是 exit 语句跳向 loop 的终点,结束 loop 语句;而 next 语句是跳向 loop 语句的起始点,结束本次循环,开始下一次的循环。当 exit 语句中含有标号时,表明跳到标号处继续执行。含[when 条件]时,如果条件为“真”,跳出 loop 语句;如果条件为“假”,则继续 loop 循环。

exit 语句不含标号和条件时,表明无条件结束 loop 语句的执行。因此,它为程序需要处理保护、出错和警告状态,提供了一种快捷、简便的调试方法。

例 6.17　两个位矢量元素 ***a***,***b*** 进行比较,当发现 ***a*** 与 ***b*** 不同时,跳出循环比较程序,并报告比较结果。

```
    signal a,b:std_logic_vector(0 to 1);
    signal a_less_than_b:boolean;
        ...
    a_less_than b<= false;                 --设初始值
    for i in 0 to 1 loop
      if (a(i) = '1'and b(i) = '0') then
        a_less_than_b<= false;             --a>b
        exit;
      elsif (a(i) = '0' and b(i) = '1') then
        a_less_than_b<= true;              --a<b
        exit;
      else
      null;
      end if;
    end loop;                              --当 i = 1 时返回 loop 语句继续比较
```

null 为空操作语句,是为了满足 else 的转换。此程序比较 ***a*** 和 ***b*** 的高位,高位是 1 为大,输出判断结果 TRUE 或 FALSE 后中断比较程序;当高位相等时,继续比较低位,这里假设 ***a*** 不等于 ***b***。

(6) 返回语句(return)

return 语句是一段子程序结束后，返回主程序的控制语句，书写格式如下：

```
return;
```

或

```
return 表达式;
```

返回语句只能用于子程序中。第一种格式的语句只能用于过程，它无条件地结束过程，且不返回任何值。第二种格式的语句只能用于函数，其表达式提供函数返回值。每一函数必须包含一个返回语句，并可以拥有多个返回语句，但在函数调用时，只有一个返回语句将返回值带出。如：

```
function opt(a,b,opr:std_logic) return std_logic is
begin
    if (opr = '1') then return(a and b);
                   else return (a or b);
    end if;
end function opt;
```

例中的定义的函数 opt 的返回值由 opr 决定，当 opr 为高电平(opr='1')，返回 a 和 b 相“与”值；当 opr 为低电平(opr='0')，返回 a 或 b 相“或”值。

(7) 空操作语句(null)

空操作语句的格式：

```
null;
```

空操作语句不完成任何操作，它唯一的功能就是使程序运行流程进入下一个语句的执行。null 常用于 case 语句中，为满足所有可能的情况，利用 null 来表示所余的不用的条件下的操作行为，以满足 case 语句对条件值全部列举的要求。如：

```
function res(s:std_logic_vector)
return boolean is
begin
    for i in s'range loop
      case s(i) is
      when 'u'/'x'/'z'/'w'/'-' =>return true;
      when others =>null;
      end case;
    return false;
end;
```

4. 子程序调用语句

在进程中允许对子程序进行调用，包括在过程中调用和函数调用，子程序的调用可以在 VHDL 的结构体或程序包中的任何位置对子程序进行调用。

(1) 过程调用

调用的语句格式如下：

过程名[(形参名)实参表达式];

其中,实参表达式称为实参,它可以是一个具体的数值,也可以是一个标识符,实参是当前调用程序中过程形参的接受体。形参为当前欲调用的过程中已说明的参数名,即与实参表达式相联系的形参名,被调用中的形参与调用语句中的实参可以采用位置关联法或名字关联法进行对应。

调用一个过程要分别完成以下 3 个步骤:首先将 in 和 inout 模式的实参值赋给欲调用的过程中与它们对应的形参;其次执行调用过程;最后将过程中 in 和 inout 模式的形参值赋给对应的实参。

例 6.18 循环移位寄存器设计。

```
library ieee;
use ieee.std_logic_1164.all;
use ieee.std_logic_arith.all;
use ieee.std_logic_unsigned.all;
package cpac is
    procedure shift (
    din,s:in std_logic_vector;
    signal dout:out std_logic_vector) is
    variable sc:integer;
    begin
        sc:= conv_integer(s);
        for iin din'range loop
            if (sc + i<= din'left) then
                dout(sc + i)<= din(i);
            else
                dout(sc + i - din'left)<= din(i);
            end if;
        end loop;
    end shift;
end cpac;
library ieee;
use ieee.std_logic_1164.all;
use work.cpac.all;
entity bsr is
    port(din:in std_logic_vector(7 downto 0);
        s:in std_logic_vector(2 downto 0);clk,enb:in std_logic;dout:
        out std_logic_vector(7 downto 0));
end bsr;
architecture rtl of bsr is
```

```
begin
    process(clk)
    begin
        if (clk'event and clk = '1')  then
            if (enb = '0') then
                dout<= din;
            else
                shift(din,s,dout);
            end if;
        end if;
    end process;
end rtl;
```

(2) 函数调用

函数调用与过程调用十分相似,不同之处是,调用函数将返回一个指定数据类型的值,且函数的参量只能是输入值。

5. 断言语句(ASSERT)

断言语句主要用于程序仿真、调试中的人机对话。断言语句的书写格式如下:

assert 条件 report"报告信息"severity 出错级别:note,warning,error,failure

如果在仿真、调试过程中出现问题时,断言语句给出一个文字串作为提示信息。即当执行 assert 语句时,就会对 assert 后面的条件进行判别。如果条件为真,则断言语句不做任何操作,程序向下执行另一个语句。如果条件为假,则输出指定的错误信息和错误严重级别。当 report 语句默认时,默认报告信息为 assert violation,即违背断言条件。若 severity 语句默认时,默认出错级别为 error。如:

```
assert (count<200);
report "invalid counter value";
severity failure;
```

断言语句可以放在实体、结构体和进程中,任何一个要观察、要调试的点上。

6.3.2 并行语句

并行语句是最能体现 VHDL 作为硬件设计语言的特色的。作为一种硬件描述语言,VHDL 与其他编程语言的主要区别是:同时具有并行和顺序执行的语句。各种并行语句在结构体中的执行是同时并行执行的,与书写次序无关。在一个结构体内,各进程语句可以同时并行执行,它们之间可以通过信号进行通信。但是,每个进程语句内部的语句确实是自上至下、按照书写顺序逐步执行的。

并行语句反应到实际硬件行为上,就是出现并行的信号改变,如单片机 8 位并行数据总线数据的输入、输出等。

VHDL 能进行并行处理的语句主要有:进程语句、并行信号赋值语句、条件信号赋值语句、选择信号赋值语句、并行过程调用语句、块语句、并行断言语句、生成语句、元件例化语句。

1. 进程语句

进程语句是最主要的并行语句，它在 VHDL 程序设计中使用频率最高，也是最能体现硬件描述语言特点的一条语句。进程语句归纳起来，主要有以下要点：

(1) 多进程之间并行执行，并可以存取实体或结构体中定义的信号；

(2) 各进程之间通过信号传递进行通信；

(3) 进程结构内部的所有语句都顺序执行；

(4) 进程的启动是由进程的敏感信号表中的信号变化激活的，或者用 wait 语句替代敏感信号的功能，但是在一个进程语句中不能同时存在敏感信号表和 wait 语句。

例 6.19　不含敏感信号表的进程。

```
Architecture multiple_wait of tests is
    signal a,b:bit:='0';
begin
p1:process
    begin
        wait on a;
        wait on b;
        wait for 0 ns;
        end process p1;
end architecture multiple_wait;
```

例 6.20　含敏感信号表的进程。

```
architecture multiple_wait of tests is
signal a,b:bit:='0';
begin
    p1:process(a,b)
    begin
        wait for 0ns;
        wait;
    end process p1:
end architecture multiple_wait;
```

当进程执行完最后一个语句时，如果敏感信号发生变化或 wait 语句条件满足时，就再次触发进程，使其重复执行。

2. 块语句

块语句本身是并行语句，并且块的内部也是由并行语句构成，参见 6.1.3 节。

3. 并行信号赋值语句

并行信号赋值语句与顺序信号赋值语句相似，其语法格式为：

　　信号<= 表达式；

要求信号赋值表达式与赋值对象的数据类型必须一致。信号赋值语句相当于一个缩写的进程语句，其中所有输入信号都隐式地列入了这个缩写进程的敏感信号表。由进程语句的功能可知，每一条并行信号赋值语句的所有输入、输出和双向信号量都在其结构体的严密监测中，其中任何信号的变化都将启动相关并行语句的赋值操作。这种启动是完全独立于其他并行语句的。

信号赋值语句在进程内部使用时，它作为顺序语句的形式出现；信号赋值语句在结构体的进程之外使用时，它作为并行语句的形式出现，即体现其“并行性”。例如：

```
process(a,b)
begin
    out1<= a + b;
    out2<= a * b;
end process
```

当赋值符号“<=”右边的信号值发生变化，就会引起信号赋值操作，将新值赋给信号赋值符号“<=”左边的信号。而进程程序中，敏感信号的变化，将触发进程的执行。例中，将信号 *a*,*b* 作为敏感信号量。在对程序进行仿真时监视敏感信号变化。一旦 *a* 和 *b* 中一个发生任何变化，都将使赋值语句被执行，out1 输出新的值。并行语句和硬件行为是相对应的。

例中，out1<=a+b;out2<=a * b。两个并行语句分别描述了一个加法器和一个乘法器的行为，仿真时同时并行处理执行。在实际硬件电路系统中，加法器和乘法器是独立并行工作的。因而，out1<=a+b;out2<=a * b 真实地模拟了实际硬件系统中的加法器、乘法器的工作。

4. 条件信号赋值语句

条件信号赋值语句的格式为：

```
信号<=
  表达式 1 when 条件 1 else
  表达式 2 when 条件 2 else
  ...
  表达式 n;
```

当 when 的条件为真时，将表达式赋给目标信号；条件表达式的结果应为布尔值；条件信号赋值语句中允许包含多个条件赋值子句，每一赋值条件按书写的先后顺序逐项测定；最后一项条件表达式可以不跟条件子句，表明当以上各 when 语句都不满足时，将此表达式的值 n 赋给信号；条件信号赋值语句允许赋值重叠，这一点与 case 语句不同。如：

```
c<= ´1´ when a = ´1´ else
    ´0´ when b = ´1´else
    ´0´ when a = ´0´else
    ´1´ when b = ´0´else
    0;
```

5. 选择信号赋值语句

选择信号赋值语句的书写格式为：

```
when 选择条件表达式 select
```

```
目标信号<= 表达式 1 when 选择条件 1
           表达式 2 when 选择条件 2
           ...
           表达式 n when 选择条件 n
```

选择信号赋值语句在应用中注意：选择信号赋值语句不能在进程中应用，为并行执行语句；多子句条件选择值的测试是同时的，因而不允许条件重叠；不允许存在条件涵盖不全的情况。

6. 并行过程调用语句

并行过程调用语句可以作为一个并行语句直接出现在结构体或块语句中。任何一个并行过程调用，都有一个等价的进程语句与之对应。例如，一个并行过程调用语句为

```
procedure adder(signal a,b:in std_logic;signal c:out std_logic);
    ...
    adder(as,bs,cs);
```

此并行过程调用中，as，bs，cs 是分别对应于过程中 a，b，c 的关联参量名。其等价的进程语句形式为

```
process(as,bs)
begin
    adder(as,bs,cs);
end process;
```

并行过程调用应注意：被调用的过程的形参必须是常数类或信号类；并行过程调用语句应带有 in，inout 参数，它们应列于过程名后跟的括号内，如果没有 in，inout 参数类型，相当于在其等价进程内没有 wait 敏感信号测试子句；模拟器在初始化期间对每个进程都计算一次；并行过程调用语句是一条完整的语句，在它前面可以有标号；延缓并行过程调用等价于一个延缓的进程。

并行过程调用语句常用于获得被调用过程的多个并行工作的复制电路设计中。

7. 元件和元件例化语句

元件例化（也称例元）将已有元件的端口信号映射成高层次设计电路中的信号，用于结构体的结构描述中。使用该语句时首先要用 component 语句说明所调用的元件。

（1）component 语句的语法格式

```
component 元件名
    generic(类属表);          --被调用元件参数映射
    port(端口名);             --被调用元件端口映射
    end component 元件名;
```

component 语句用于对元件进行说明，元件代表其他实体的某个结构。component 和 end component 之间可以有参数传递的说明 generic 语句和端口说明的 port 语句。component 语句可以在 architecture、package body、block 的说明部分使用。generic 通常用于元件可变参数的赋值，而 port 则说明该元件输入输出端口的信号规定。

如一个两输入或门的元件描述如下：

```
    component or2
        generic(rise,fall:time);
        port(a,b:in bit;c:out bit);
    end component;
```

(2) 例化语句的语法格式

```
    例化名:元件名 generic map(参数表)
           port map(信号表);
```

元件例化利用映射语句将定义好的元件与当前设计实体中的指定端口相连,从而为当前设计实体引入一个低一级的设计层次。

① 参数传递语句(generic)和参数映射语句(generic map)

generic 语句用于实现不同层次之间信息的传递,如位矢量长度、数据总线宽度、器件延时时间等参数的传递。generic 语句的使用易于器件模块化、通用化,在实际设计过程中,使用 generic 语句和 generic map 可以调用通用模块建立新的电路结构。如:

```
    entity exam is
        generic(trise,tfall:time);
        port(ina,inb,inc,ind:in bit;q:out bit);
    end exam;
    architecture behav of exam is
        component and2
            generic(rise,fall:time);
            port(a,b:in bit; c:out bit);
            signal s1,s2:bit;
        end component;
    begin
            u1:and2 generic map(5 ns, 5 ns)
               port map(ina,inb,s1);
            u2:and2 generic map(10 ns,10 ns)
               port map(inc,ind,s2);
            u3:and2 generic map(8 ns,8 ns)
               port map(s1,s2,q);
    end behav;
```

本例中,利用 generic map 语句使得调用同一个 and2 元件实体的情况下,$u1$,$u2$,$u3$ 与门的上升时间和下降时间具有不同的值。$u1$ 的上升、下降时间均为 5 ns,$u2$ 的上升、下降时间均为 10 ns,而 $u3$ 的上升、下降时间均为 8 ns。

② 端口映射语句(port map)

端口映射语句将已有元件的端口信号映射成高层次设计电路中的信号。映射方法有两种:

(1) 位置映射方法

位置映射方法就是在下一层的元件端口说明中的信号书写顺序的位置和 port map()中指定的实际信号书写顺序位置一一对应,从而实现端口映射的方法。例如,在二输入与门 and2 中端口的输入输出定义为

```
port(a,b:in bit;c:out bit);
```

在设计引用时元件例化语句为

```
u1:and2 port map(ina,inb,s1);--u1 中,ina,inb,s1 分别对应 a,b,c
```

(2) 名称映射方法

名称映射方法就是将已经存在于库中的现成模块的各端口名称,使用"=>"赋予设计中模块的信号名。例如,采用名称映射的方法实现 *u*1 与二输入与门的端口映射:

```
u1:and2 port map(a => ina,b => inb,c => s1);
```

8. 生成语句

有些实体内存在着规则重复的结构,如 74LS04 中有 6 个相同结构的非门,这类结构可用生成语句 generate 来描述。

生成语句的书写格式有两种:

第一种形式:

```
[标号:] for 循环变量 i in 取值范围 generate
    说明部分:
begin
    并行语句
end generate[标号];
```

第二种形式:

```
[标号:]if 条件 generate
    说明部分;
begin
    并行语句
end generate[标号];
```

上述两种语句格式都是由如下 4 部分组成。

(1) 生成方式:有 for 语句结构或 if 语句结构,用于规定并行语句的复制方式。

(2) 说明部分:说明部分包括对元件数据类型、子程序、数据对象作一些局部说明。

(3) 并行语句:并行语句是用来拷贝基本单元,主要包括元件、进程语句、块语句、并行过程调用语句、并行信号赋值语句乃至生成语句,即生成语句允许嵌套结构,因而可用于生成元件的多维阵列结构。

(4) 标号:标号并非是必需的,但在嵌套式生成语句结构中是十分重要的。

对于 for_generate 语句结构:

(1) for_generate 语句与 for_loop 语句不同,在 for_generate 结构中列举的是并行处理语句,在结构内部的语句不是按书写顺序执行的,而是并行执行的。

(2) for_generate 结构中不能使用 exit 语句和 next 语句。

(3) for 结构中的循环变量 i 是自动产生的，是一个局部变量，在 generate 语句中是不可见的，在 generate 语句内部也不能赋值。

(4) 循环变量在取值范围内递增或递减。取值范围的语句格式与 loop 语句相同。

对于 if_generate 形式的生成语句，主要用来描述结构的例外情况，比如边界的特殊情况。if_generate 语句在 if 条件为“TRUE”时，才执行结构体内部的语句，是并行处理语句，与一般的 if 语句不同的是，该结构中不能含有 else 语句分支。

例 6.21　n 位二进制计数器的设计。

```
library ieee;
use ieee.std_logic_1164.all;
entity d_ff is
    port(d,clkl:in sdt_logic;q: out sdt_logic:='0';
        nq: out sdt_logic:='1');
end d_ff;
architecture arth of d_ff is
begin
    process(clkl)
    begin
        if clkl='1' and clk'event then
            q<=d;
            nq<=not d;
        end if;
    end process;
end arth
library ieee;
use ieee.std_logic_1164.all;
entity n_coun is
    generic(n:integer:=4);
    port(in_1:in std_logic;q:out std_logic_vector(0 to n-1));
end n_coun;
architecture behav of n_coun is
    component d_ff
    port (d,clkl:in std_logic;
          q,nq:out std_logic);
    end component d_ff;
signal s:std_logic_vector(0 to n);
begin
    s(0)<=in_1;
    ql:for i in to n-1 generate
```

```
    dff:d_ff port map(s(i+1),s(i),q(i),s(i+1));
    end generate;
end  behav;
```

6.4 属性描述

VHDL 中的某些项目类可以具有属性。如信号属性在检测信号变化和建立时域模型时非常重要。常用的属性如表 6.5～6.7 所示。其中：

```
Signal data:std_logic_vector(7 downto 0);
Signal clk:std_logic;
```

表 6.5 信号类属性

属性	结果	实例
'delayed(t)	延迟时间 t 的、与该属性所示信号类型相同的延时信号	Clk_1=clk'delayed(5 ns)
'stable(t)	在过去 t 时间内，该信号没有发生事例时，为 TRUE	If (data'stable(a)=true)
'quiet(t)	在过去 t 时间内，该信号没有转变时，为 TRUE	If (data'quiet (a)=true)

表 6.6 函数-任务类属性

属性	结果	实例
'event	如果在当前模拟周期内信号值发生了变化，为 TRUE	Clk'event and clk='1'
'active	如果在当前模拟周期内信号值发生了，为 TRUE	
'last_event	前一个事件发生到现在的时间	clk'last_event>=10 ns
'last_value	最近一个事件发生以前的信号值	Clk'last_value='0'

表 6.7 数据区间类属性

属性	结果	实例
'range	提供一个数组的索引区间	For i in data'range Data(0)～data(7)
'reverse_range	提供一个次序颠倒的数组的索引区间	For i in data'reverse_range Data(7)～data(0)

6.5 VHDL 设计实例

1. 反相器电路 VHDL 设计

```
library ieee;
use ieee.std_logic_1164.all
```

```
entity not_gate is
    port(x: in std_logic; y:out std_logic)
end entity;
architecture behav of not_gate is
begin
    y<= not x
end behav
```

其中 x 为反相器输入，y 为反相器输出。

2. 带异步置位和清零功能的上升沿边沿触发 D 触发器设计

```
entity d_flip_flop is
    port(preset,clear,d,clk:in bit;q,not_q:out bit);
end d_flip_flop
architecture example of d_flip_flop is
begin
    process(preset,clear,clk)
    begin
        assert not((preset = '0')and (clear = '0'))
            report "control error" severity error;
        if (preset = '0')and (clear = '1') then
            q<= '1';not_q<= '0';              --异步置位
        elseif(preset = '1')and (clear = '0') then
            q<= '0';not_q<= '1';              --异步清零
        elseif(clk'event and clk = '1')
            q<= d ;not_q<= not d;             --d 触发器操作
        end if
    end process
end example
```

其中 preset，clear，clk 为置位、清零和时钟信号。

第 7 章　印刷电路板设计软件——Protel DXP

随着电子工业的发展，各种新型器件尤其是集成电路的广泛应用，印刷电路板(PCB)的设计和制作必须采用电子设计自动化。Protel DXP 是一套基于 Windows 2000/XP 环境下的 EDA 集成设计系统，它整合了电路原理图设计、PCB 设计、电路仿真、现场可编程门阵列设计和信号完整性分析等众多功能，能够帮助设计者完成从原理图到 PCB 设计的全过程。本章在概述 Protel DXP 的基础上，以原理图和 PCB 的设计流程为主线，分别对 Protel DXP 的原理图设计系统和 PCB 设计系统进行介绍，并提出实际 PCB 设计中应注意的几点问题。

7.1　Protel DXP 概述

7.1.1　Protel DXP 的特点

Protel 的前身是 1988 年由美国 ACCEL Technologies Inc 公司推出的 TANGO 软件。不久之后，Protel Technology 公司推出的 Protel for DOS 软件迅速取代了 TANGO 软件。进入 20 世纪 90 年代以后，Protel Technology 公司陆续推出了 Protel for Windows 版，包括：Protel for Windows1.0、Protel for Windows2.0、Protel for Windows3.0、Protel98、Protel99 和 Protel99 SE 等产品。2000 年 Protel Technology 公司更名为 Altium 公司。2002 年，Altium 公司推出了 Protel 家族的最新成员——基于 Windows 2000/XP 环境下的 Protel DXP。

Protel DXP 是一款面向 PCB 设计项目，提供 PCB 设计的全面解决方案，多方位实现设计任务的桌面 EDA 开发软件，由原理图设计系统、PCB 设计系统和 FPGA 设计系统组成。同时，这 3 大设计系统中又集成了众多的编辑器，常用的有原理图编辑器、PCB 编辑器、原理图元件库编辑器、PCB 封装库编辑器、VHDL 文本编辑器、文本编辑器、CAM 文件编辑器等。概括地说，Protel DXP 主要具有以下几个特点：

(1) 将原理图设计、PCB 设计、FPGA 设计有机地结合在一起，提供了一套集成的开发环境；

(2) 提供了丰富的原理图元件库和 PCB 封装库，并提供了用于设计新器件封装的封装向导程序，使封装设计过程得以简化；

(3) 提供了电路仿真功能，能够对原理图进行正确性检验；

(4) 提供了层次原理图设计方法，方便了大型电路的设计；

(5) 提供了检错功能，利用原理图中的电气规则检查(ERC)工具和 PCB 中的设计规则检查(DRC)工具，能够较快查出设计的错误并改正；

(6) 全面兼容 Protel 以前版本的设计文件，同时还提供了与 OrCAD 格式文件转换的功能；

(7) 提供了用于可编程逻辑器件设计的 FPGA 设计功能。

在 Protel DXP 的 3 大设计系统中，原理图设计系统和 PCB 设计系统是最重要的两个部分，这两个设计系统相辅相成，共同完成 PCB 设计项目的大部分工作。本章主要介绍原理图设计系统和 PCB 设计系统的使用。

7.1.2　Protel DXP 的主工作界面

启动 Protel DXP 后，系统进入如图 7.1 所示的 Protel DXP 的主工作界面。该界面由标题栏、菜单栏、工具栏、工作面板、工作窗口、状态栏和标签栏等部分组成。

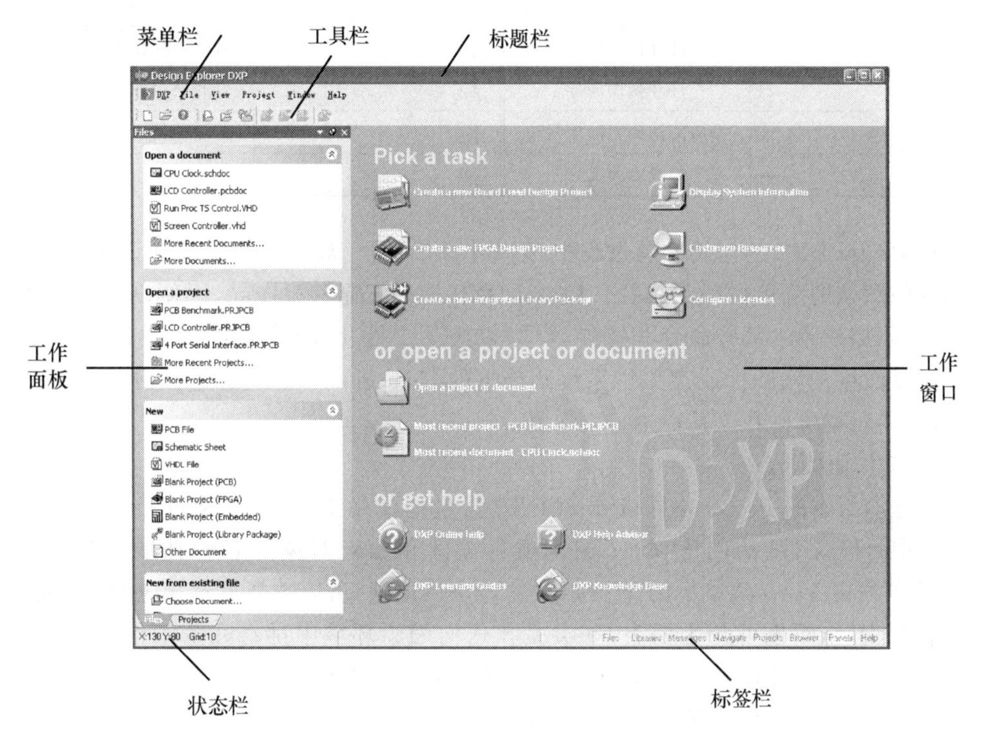

图 7.1　Protel DXP 的主工作界面

1. 标题栏

标题栏显示当前开发环境的名称和打开的文件名称以及路径。

2. 菜单栏

菜单栏集成了 Protel DXP 的所有命令和操作。打开 Protel DXP 的不同设计系统时，菜单栏命令会根据不同的设计系统而有所改变。在没有打开 Protel DXP 的任何设计系统时，Protel DXP 主工作界面的菜单栏包括系统菜单、File 菜单、View 菜单、Project 菜单、Windows 菜单和 Help 菜单。

(1) 系统菜单：单击 Protel DXP 主工作界面菜单栏中的 DXP 图标，弹出系统菜单栏选项，通过该选项为设计者提供有关设计系统管理的参数设置。

(2) File 菜单：对文件或项目的新建、打开、保存等进行操作。

(3) View 菜单:对工具栏、工作面板、状态栏等界面的显示进行设置。

(4) Project 菜单:对设计项目的建立、编译、添加等进行操作。

(5) Windows 菜单:对工作窗口排列或关闭进行操作。

(6)Help 菜单:打开帮助文件。

3. 工具栏

同菜单栏一样,工具栏也不是一成不变的,根据不同的设计系统而改变。Protel DXP 主工作界面工具栏中图标及功能如表 7.1 所示。

表 7.1 工具栏中的常用图标及功能

图　标	功　能	图　标	功　能
	打开任意文件		打开已存在的文件
	打开帮助向导		打开已存在的项目
	添加文件到当前项目中		移除项目中的文件
	编译当前文件		项目设置

在 Protel DXP 的初始安装过程中,菜单栏和工具栏都已进行了默认设置,可以直接使用这些默认的菜单栏和工具栏。Protel DXP 提供定制资源向导,以便设置菜单栏和工具栏,如添加或删除某些命令和操作选项,以满足个性化设计的需要。单击 Protel DXP 主工作界面中的图标或菜单栏系统菜单下的 Customize 选项,通过弹出的定制资源对话框,可以对菜单栏和工具栏进行自定义。

4. 工作面板

与先前版本的 Protel 不同,Protel DXP 大量地使用工作面板,通过工作面板可以方便地实现打开文件、访问库文件、浏览项目文件和编辑对象等各种功能。单击 Protel DXP 菜单栏中 View 菜单下的 Workspace Panels 选项,可以选择显示相应的工作面板。

通常,工作面板可分为两类:一类是在任何编辑环境中都存在的工作面板,如文件(File)面板和项目(Project)面板;另一类是在特定的编辑环境中才会出现的工作面板,如 PCB 编辑环境中的导航器(Navigator)面板。

在 Protel DXP 中,工作面板有 3 种显示方式,即锁定方式、悬浮方式和隐藏方式。锁定方式指工作面板出现时将紧贴在工作界面的周边,同时工作面板的右上角显示、和 3 个图标,如图 7.1 中,File 面板即以锁定方式显示;悬浮方式指工作面板出现在工作界面的中间并且可以随时移动,同时工作面板的右上角显示和 2 个图标;隐藏方式指工作面板以面板标签的形式隐藏在工作界面的左边缘或右边缘,当鼠标指向面板标签时,工作面板才会自动弹出。在 Protel DXP 中,工作面板可以灵活地在 3 种显示中转换,方便使用对工作界面。工作面板右上角图标的含义如下。

:单击该图标,通过弹出的下拉菜单选择显示已打开的各工作面板。

:表示当前工作面板为锁定显示方式,单击该图标,显示方式变为隐藏方式,图标也变为。

:表示当前工作面板为隐藏显示方式,单击该图标,显示方式变为锁定方式。

:关闭当前工作面板。

5. 工作窗口

第一次启动 Protel DXP 时,工作窗口如图 7.1 所示。打开不同的设计系统时,工作窗口将显示设计图样等项目。介绍图 7.1 中工作窗口各图标的功能如下:

(1) Pick a task 区

- Create a new Board Level Design Project:新建一个 PCB 设计项目。Protel DXP 采用设计项目来管理文件,一个设计项目可以包含多个设计文件,如原理图文件、PCB 文件和库文件等。另外,多个设计项目还可构成一个设计项目组。
- Create a new FPGA Design Project:新建一个 FPGA 设计项目。
- Create a new Integrated Library Package:新建一个元件集成库。元件集成库可同时包含元件的原理图符号、PCB 封装形式、SPICE 仿真模型和信号完整性分析等相关信息。
- Display System Information:显示系统信息。
- Customize Resources:定制资源,可以对菜单栏和工具栏进行自定义。
- Configure Licenses:配置 Protel DXP 的许可权限。

(2) Open a project or document 区

- Open a project or document:打开已存在的设计项目或文件。
- Most recent project/ Most recent document:显示最近打开的项目或文件。

(3) Get help 区

- DXP Online help:打开 Protel DXP 的在线帮助。
- DXP Learning Guides:打开 Protel DXP 的学习帮助。
- DXP Help Advisor:打开 Protel DXP 的帮助向导。
- DXP Knowledge Base:打开 Protel DXP 的知识库。

6. 状态栏

状态栏显示 Protel DXP 当前的设计状态,如当前的坐标位置、栅格信息等。

7. 标签栏

标签栏提供了一些常用工作面板的面板标签,单击这些标签,将显示相应标签的工作面板。标签栏的面板标签也会根据不同的设计系统而改变。

7.1.3 Protel DXP 的文件管理

Protel DXP 采用设计项目(Project)来管理文件(Document)。按照设计项目的思想,在实际设计过程中一般先建立一个扩展名为".PRJ ***"("***"的具体内容由所实际建立的项目类型决定)项目文件。项目文件只是定义了设计项目所涉及的各文件间的链接关系,文件本身并不包含在其中。实际上,设计项目所涉及的文件,如原理图文件、PCB 文件等都是以分立形式保存在计算机中。虽然设计项目中所涉及的文件没有包含在同一个文件夹中,但只要打开项目文件就可以看到与该项目相关的所有文件。

1. Protel DXP 设计项目和文件的类型

Protel DXP 的设计项目有 4 种类型,分别是 PCB 项目、FPGA 项目、元件集成库项目和嵌入式系统项目。另外,为了方便设计者对同一类设计项目的管理,Protel DXP 还引入了设计项目组(Project Group),一个项目组文件可包含上述 4 种类型的项目文件。

除元件集成库项目外,Protel DXP 其他 3 个项目可以添加不同类型的文件。通常一个 PCB 项目文件就可以包含如图 7.2 所示的多种文件类型。

下面以创建一个新 PCB 项目和文件为例,进一步了解 Protel DXP 的文件管理机制。

2. 创建一个新 PCB 项目

在新建项目文件前,建议先建立一个专门用于存放所有与此项目相关文件的文件夹,以便于以后进行文件管理。

(1) 执行菜单命令 File/New /PCB Project,会在 Project 面板出现一个新建 PCB 项目文件,如图 7.3 所示。

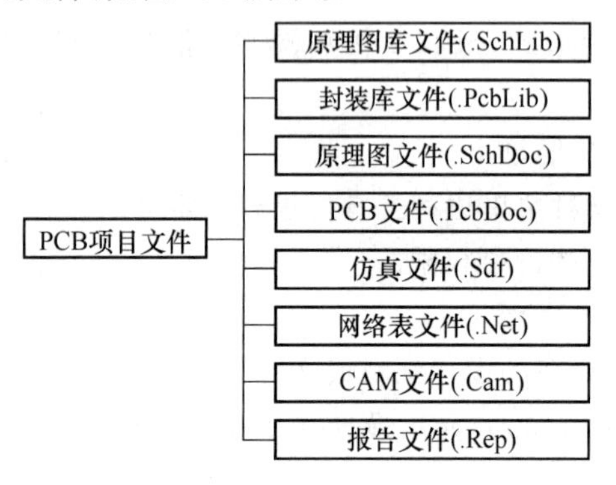

图 7.2 PCB 项目包含的文件类型

图 7.3 新建 PCB 项目文件

图 7.4 更名后的 PCB 项目文件

(2) 执行菜单命令 File/Save Project,弹出保存文件对话框,键入项目文件名并保存。保存项目文件后,Project 面板中的项目文件名会由默认的"PCB Project1. PrjPCB"变为新键入的文件名,如图 7.4 所示。其中的 No Documents Added 表示当前项目中还没有任何文件。

3. 关闭和打开项目文件

(1) 在 Project 面板中,用鼠标右键单击需关闭的项目文件名。在弹出的命令菜单中选择 Close Project 选项即可关闭该项目。

(2) 执行菜单命令 File /Open Project,可以打开已有的项目。

4. 项目中添加新文件

刚建立的项目是一个空项目,需要向该项目中添加相应的文件。可添加的文件类型较多,以添加原理图文件和 PCB 文件为例说明如何在项目中添加新文件。

(1) 添加原理图文件

① 执行菜单命令 File/New/Schematic,Protel DXP 在启动原理图编辑器的同时在当

前的项目中添加一个使用默认文件名的空原理图文件,并且工作界面也和主工作界面有所区别,在工具栏上多出了一些按钮。

② 执行菜单命令 File/Save,在弹出的文件保存对话框中输入文件的新名称,如“My First SCH”,同时选择存储路径,单击保存按钮,即可按新名称存储原理图文档。此时,Projects 面板中将会看到新的原理图文件已添加。

需要说明的是,并不一定必须在建立项目文件后才可以添加文件,即使没有项目文件,也可以进行文件添加,如打开原理图编辑器进行自由原理图文件的设计绘制。这一方法特别适用于只需画出一张原理图而不做任何其他后续工作时,但后续仍然可以将这个原理图文件添加至设计项目中。

建立自由原理图文件的方法为:执行菜单命令 File /New /Schematic,即启动原理图编辑器,并自动生成自由原理图文件,保存后它不隶属于任何项目。

(2) 添加 PCB 文件

执行菜单命令 File/New/PCB,Protel DXP 在启动 PCB 编辑器的同时在当前的项目中添加一个新的空 PCB 文件,并且使用默认文件名。按照和添加原理图文件相同的方法可以重新对 PCB 文件命名,如“My First PCB”,Projects 面板中将会看到新的 PCB 文件已添加,此时的工作界面也和主工作界面有所不同,在工具栏上多出了一些按钮。

5. 打开文件和在文件间切换

单击工作面板中的相应文件名字,就可以在启动相应的文件编辑器的同时打开该文件。单击工作窗口上的标签可以实现在不同类型的编辑器或者相同类型的文件之间的自由切换。

6. 从项目中删除文件

如果想要从当前项目中删除某个文件,只需在文件的名字上单击鼠标右键,在弹出菜单中选择 Remove from Projects 选项,并在弹出的确认对话框中单击 Yes 按钮,即可从当前项目中删除此文件;如果要关闭某个文档,只需在弹出菜单中选择 Close 选项,即可将该文件关闭。

7.2 原理图设计

原理图设计在 Protel DXP 中的原理图设计系统中完成。Protel DXP 中的原理图设计系统是一个集成化的设计系统,它的作用是进行原理图的设计,同时生成相应的报表文件,目的是为后续的 PCB 设计做好准备。另外,原理图设计系统还可以进行原理图的仿真、信号完整性分析和元件的原理图库设计等。

7.2.1 原理图设计流程

1. PCB 项目设计的步骤

在 Protel DXP 中,PCB 项目设计可以分为 3 个主要步骤:

(1) 原理图设计

利用 Protel DXP 的原理图设计系统绘制电路原理图。在这一步骤中,可以充分利用

Protel DXP 提供的各种原理图绘图工具、编辑功能，把对电路结构的初步构想变成一张正确、精美的电路原理图。

图 7.5　原理图设计流程

(2) 设计校验

完成原理图设计后，一般要根据事先制定的设计规则对该原理图进行校验；另外，还可以利用 Protel DXP 提供的电路仿真和信号完整性分析等方法进行电路的可行性分析，并优化电路的结构。若确信所设计电路的正确性，该步骤可以省略。

(3) PCB 设计

利用 Protel DXP 的 PCB 设计系统实现 PCB 的布局、布线等设计工作，并实现打印输出。

2. 原理图设计流程

从 PCB 项目设计的步骤可以看出，原理图设计是整个 PCB 项目设计的基础。一般来说，原理图设计可按图 7.5 所示的流程来进行。

7.2.2　新建原理图文件

启动 Protel DXP 后，可按 7.1.3 节相关叙述启动原理图编辑器，并新建一个原理图文件；另外，也可以通过执行菜单命令 File/Open 打开一个已经建立的原理图文件，同样可以进入原理图编辑器。这里通过打开 7.1.3 节中创建的原理图文件“My First SCH”来进入原理图编辑器，如图 7.6 所示。

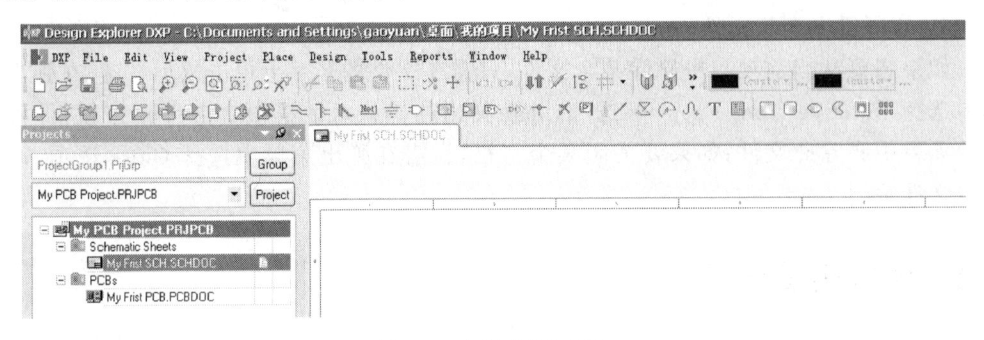

图 7.6　原理图编辑器

Protel DXP 在对不同类型的文件进行操作时，随着编辑器的改变，菜单栏也会发生相应的改变。原理图编辑器的菜单栏如图 7.7 所示，包括 11 个主菜单，每个主菜单下有一个下拉菜单，这里仅对主菜单作简单介绍。

DXP　File　Edit　View　Project　Place　Design　Tools　Reports　Window　Help

图 7.7　原理图编辑器的菜单栏

(1) DXP 菜单：设置 Protel DXP 设计系统管理参数。

(2) File 菜单：文件和项目的新建、打开和保存等操作。

(3) Edit 菜单：与原理图编辑相关的操作。

(4) View 菜单：对工具栏、工作面板、状态栏等界面的显示进行设置。

(5) Project 菜单：对设计项目的建立、编译、添加等进行操作。

(6) Place 菜单：放置各种绘制原理图的设计对象。

(7) Design 菜单：进行对元件库、层次原理图及原理图仿真等操作。

(8) Tools 菜单：进行 ERC 检测、自动编号等操作。

(9) Reports 菜单：提供原理图报表生成操作。

(10) Windows 菜单：对工作窗口排列或关闭进行操作。

(11) Help 菜单：打开帮助文件。

7.2.3　设置原理图图纸

在设计具体原理图之前，设计者应根据电路的复杂程度和设计要求来确定原理图图纸的有关参数，如图纸的大小、方向、颜色、标题栏、字体、网格、电气节点和设计信息等。

1. 设置原理图图纸大小和方向

执行菜单命令 Design/Document Options，弹出 Document Options 对话框，如图 7.8 所示。

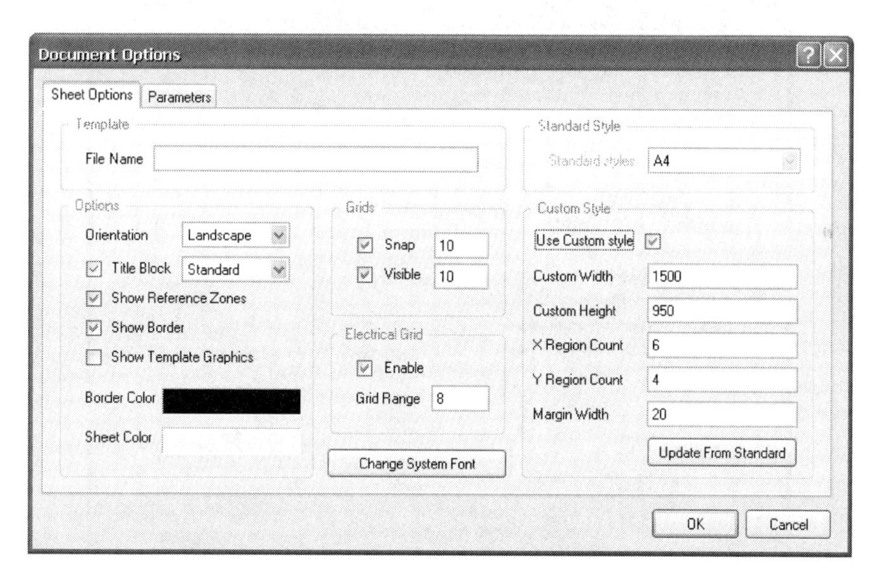

图 7.8　Document Options 对话框

选择 Document Options 对话框中的 Sheet Options 标签，通过该标签中的 Standard Style 栏可选择 18 种广泛使用的英制或米制的标准图纸尺寸。自定义图纸大小时，可选中 Custom Style 功能区中的 Use Custom Style 复选框，再分别在 Custom Width 栏、Custom Height 栏、X Region Count 栏、Y Region Count 栏和 Margin Width 栏自定义图纸的宽度、高度、*X* 轴参考坐标分格、*Y* 轴参考坐标分格和边框的宽度。以上设置完成后，单击 OK 按钮关闭 Document Options 对话框，同时更新图纸。

Sheet Options 标签中，在 Options 功能区中的 Orientation 框中设置图纸的方向为横向(Landscape)或者纵向(Portrait)。

2. 设置图纸颜色

图纸颜色设置包括图纸边框颜色(Border Color)和图纸底色(Sheet Color)的设置。在 Options 栏的 Border Color 框中设置图纸边框的颜色,系统默认黑色。若改变图纸边框颜色,可以单击 Border Color 框右侧的颜色框,在弹出的 Choose Color 对话框中,选择所需的图纸边框颜色。Sheet Color 框用于设置图纸的底色,系统默认白色。图纸底色改变的方法类似于改变图纸边框颜色。

3. 设置图纸标题栏和字体

在 Options 栏的 Title Block 栏中设置图纸标题栏的形式,包括标准形式(Standard)和美国国家标准协会(ANSI)形式。若需设置系统字体,单击 Sheet Options 标签中的 Change System Font 按钮,在弹出的对话框中就可以设置系统字体。

4. 设置网格、电气节点

(1) 设置网格

执行菜单命令 Tools/Schematic Preferences,打开 Preferences 对话框,单击该对话框中的 Graphical Editing 标签,显示出该标签中的内容,如图 7.9 所示。

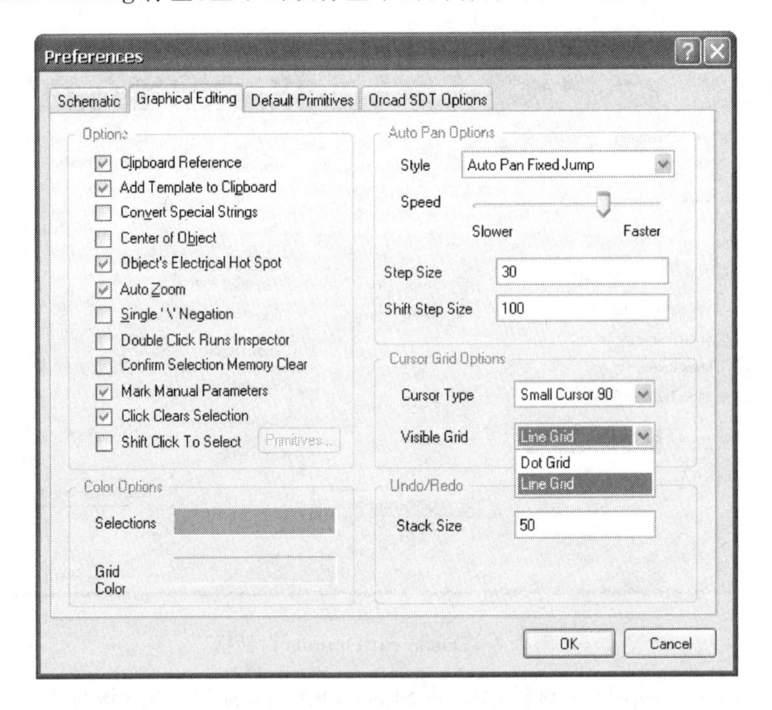

图 7.9 Graphical Editing 标签

单击 Cursor Grid Options 功能区中 Visible Grid 框右侧的下拉按钮,在弹出的下拉列表中可以选择网格的种类,包括线状网格(Line Grid)和点状网格(Dot Grid)。

如果想修改网格的颜色,可单击 Color Options 功能区中 Grid Color 框右侧的颜色框,在弹出的 Choose Color 对话框中,选择所需网格颜色。但需要注意的是,网格的颜色不宜设得太深,否则会影响以后的绘图工作。

还可以设置网格是否可见。选择图 7.8 所示的 Document Options 对话框 Sheet Options 标签，在 Grids 功能区中对 Snap 和 Visible 两个选项进行操作，就可以设置网格的可见性。另外，通过执行菜单命令 View/Grids/Toggle Visible Grid 也可以设置网格的可见性。Snap 和 Visible 两个选项具体功能如下。

- Snap：选中此项，表示光标移动时将以 Snap 右侧文本框中的设置值为基本单位跳移，系统的默认值为 10 mil；如果不选此项，则光标移动时将以 1 个像素点作为光标移动的基本单位。
- Visible：选中此项，表示在图纸中网格可见，同时设计者还可以通过在 Visible 右侧文本框中输入数值来改变图纸中网格间的距离，系统的默认值为 10 mil；如果不选此项，在图纸上则将不显示网格。

(2) 设置电气节点

选择图 7.8 所示的 Document Options 对话框 Sheet Options 标签，在 Electrical Grid 功能区中设置电气节点。选中 Enable 选项，则表示在绘制原理图画导线时将以 Grid Range 框中的数值为半径，以当前光标所在位置为中心，向四周搜索电气节点。如果在搜索范围内有电气节点，光标会自动移动到该电气节点，并且在该节点上显示一个圆点。

5. 设置图纸设计信息

图纸设计信息指原理图文件的设计日期、设计者姓名、图纸名称、图纸号等信息。执行图 7.8 中 parameters 标签，对相应选项的 Value 字段填写图纸设计信息。

Parameters 标签中的常用选项有：公司或者单位地址(Address)、设计者姓名(Author)、审校者姓名(Checked By)、文件名和完整的保存路径(Document Full Path And Name)、绘图者姓名(Drawn By)、设计机构名称(Organization)、版本号(Revision)、图纸编号(Sheet Number)、图纸总数(Sheet Total)、填写时间(Time)、标题名称(Title)等。

7.2.4 加载元件库

设置完原理图图纸后，就可以开始原理图的绘制工作。下面以图 7.10 所示的线性直流稳压电源为例，介绍原理图的绘制过程。

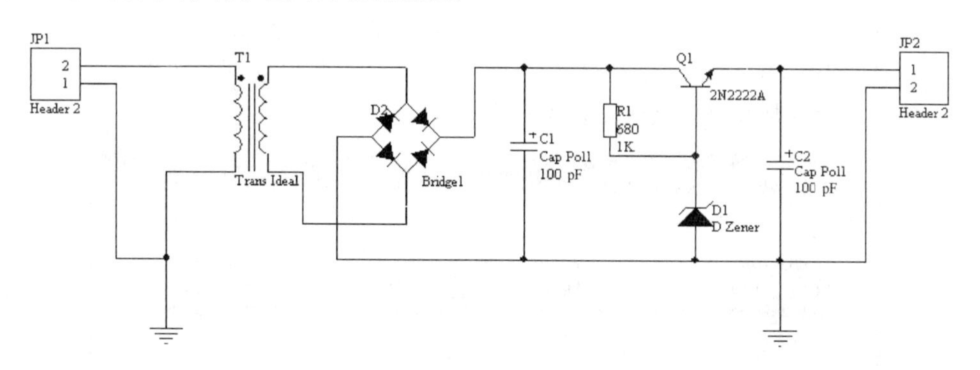

图 7.10　线性直流稳压电源

绘制原理图就是一个不断放置设计对象和连接设计对象的过程。原理图中的设计对象可分为两大类：一类是有电气意义的电气对象，如元件、导线、总线、网络标号和电气节点等；另一类是不具有电气连接意义的非电气对象，如直线、多边形、圆弧、文本字符等。

放置设计对象时，通常首先放置元件，放置元件就必须找到元件所在的元件库，即加载元件库。加载元件库的方法有两种：直接加载元件库和查找并加载元件库。

1. 直接加载元件库

如果已经知道所需元件所在的元件库文件，可直接加载元件库。具体步骤如下：

(1) 单击工作窗口下侧标签中的 Libraries 标签，弹出元件库管理工作面板，该工作面板各栏的含义，如图 7.11 所示。Protel DXP 原理图编辑器已默认加载了两个元件库：常用电气元件杂项库(Miscellaneous Devices. IntLib)和常用连接件杂项库(Miscellaneous Connectors. IntLib)。

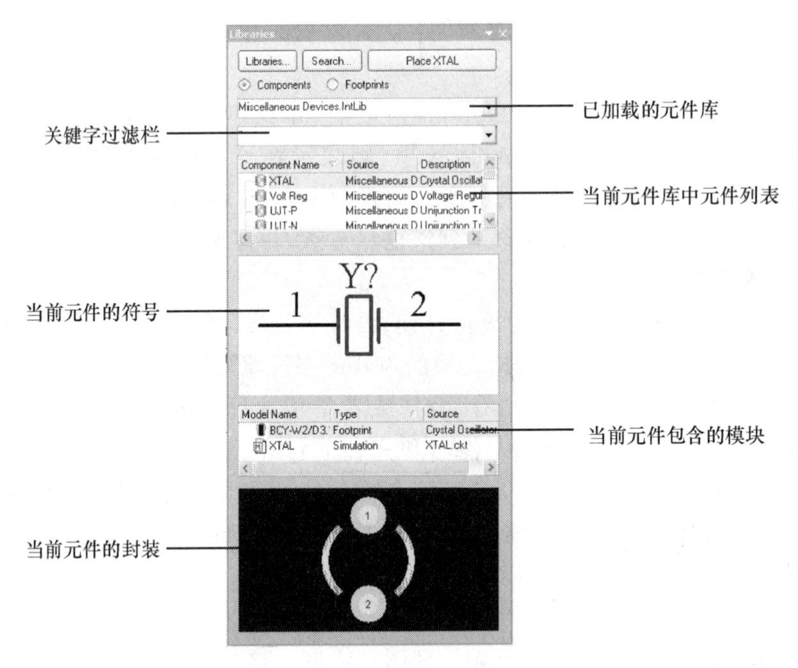

图 7.11　元件库管理工作面板

(2) 单击元件库管理工作面板上部的 Libraries 按钮，在弹出的 Available Libraries 对话框中选择 Installed 标签，如图 7.12 所示。在该对话框中可以添加或删除相应的元件库。窗口显示的是系统已默认安装的元件库名和路径。

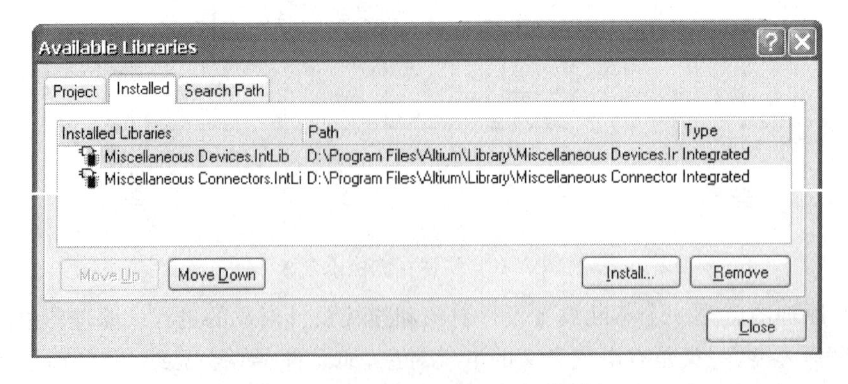

图 7.12　Available Libraries 对话框

(3) 由于图 7.10 中三极管 Q1 使用的是 2N2222A,该元件不在系统默认安装的两个元件库中,而是在 ST Discrete BJT. IntLib 元件库中,因此需要加载该元件库。

单击 Available Libraries 对话框下部的 Install 按钮,弹出打开元件库对话框。在查找范围框中指定 Protel DXP 元件库所在的文件夹,Protel DXP 的元件库文件夹为"/.../Altium/Library"。

(4) 再打开元件库对话框找到所需元件的生产厂商元件库文件夹,如 ST Microelectronics 元件库文件夹。随后在显示的关于 ST 公司生产的元件列表中找到所需元件所在的二级元件库文件 ST Discrete BJT. IntLib,选择后该文件名将出现在文件名框中,如图 7.13 所示。

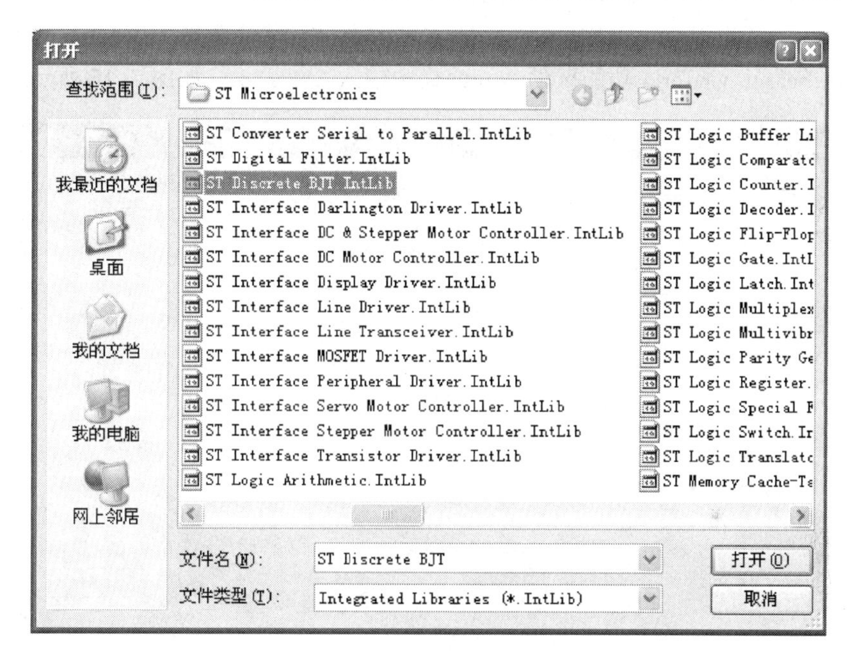

图 7.13　二级元件库文件列表

单击打开按钮,所选的元件库将出现在 Available Libraries 对话框的 Installed 标签中,如图 7.14 所示。

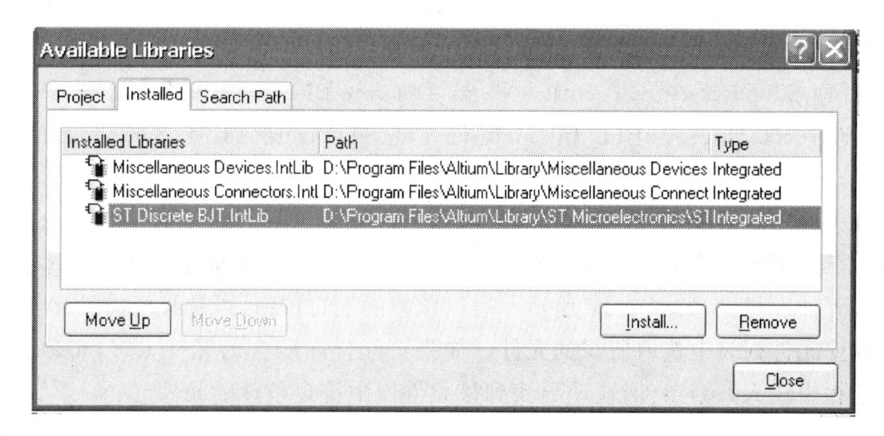

图 7.14　添加元件库后的 Available Libraries 对话框

重复步骤(3)、(4),可加载多个元件库文件。加载完所需的全部元件库文件后,单击Close按钮,关闭Available Libraries对话框。

2. 查找并加载元件库

如果不知道所需元件所在的元件库文件,可以使用原理图编辑器提供的元件库搜索功能,查找并添加所需的元件库文件。如查找2N2222A所在的元件库的具体步骤如下:

(1) 单击图7.11所示的元件库管理工作面板上部的Search按钮,弹出Search Libraries对话框。在该对话框的Scope功能区中选择Libraries on Path选项;在Path功能区的Path框中指定Protel DXP元件库所在的文件夹,同时选择Include Subdirectories复选项;在Search Criteria功能区的Name栏中输入2N2222A,如图7.15所示。

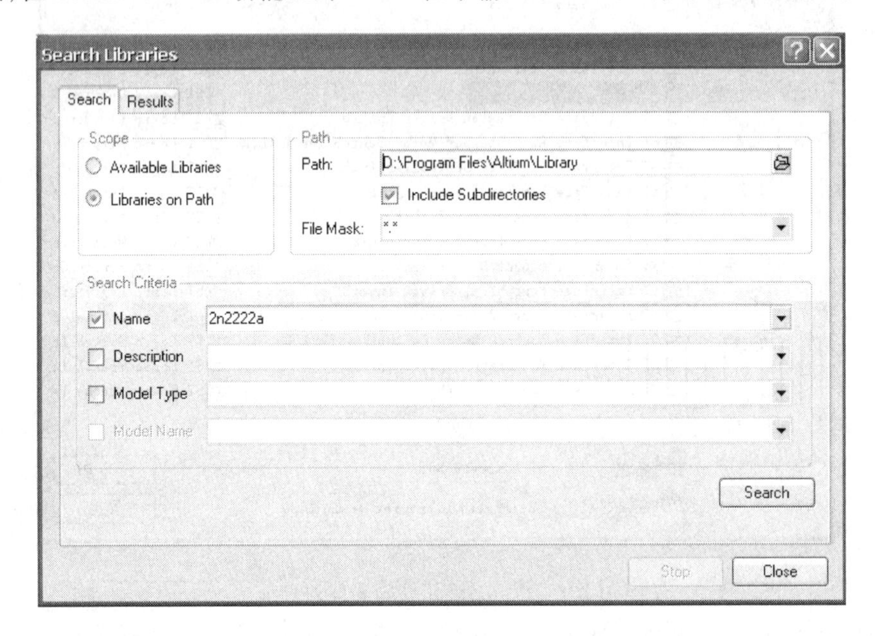

图7.15 Search Libraries对话框

(2) 单击Search Libraries对话框中的Search按钮,系统将会在设定的范围内按指定的条件进行查找。查找结果将自动显示在Results标签中,如图7.16所示。由图7.16可见,元件库ST Discrete BJT. IntLib和ST Discrete BJT. SchLib都有2N2222A。

(3) 选择ST Discrete BJT. IntLib元件库或ST Discrete BJT. SchLib元件库,单击Install Library按钮,即可加载该元件库。

加载完所需的全部元件库文件后,单击Close按钮,关闭Available Libraries对话框。

通过上述两种方法加载完元件库后,所加载的元件库文件将显示在元件库管理面板的已加载元件库栏中,如图7.17所示。通过该栏的下拉按钮,可选择所需的元件库,再从当前元件库元件列表中选取所需的元件。如果该元件库所含的元件太多,可以通过在关键字过滤栏中输入一个条件,快速寻找到该元件库中符合条件的元件。

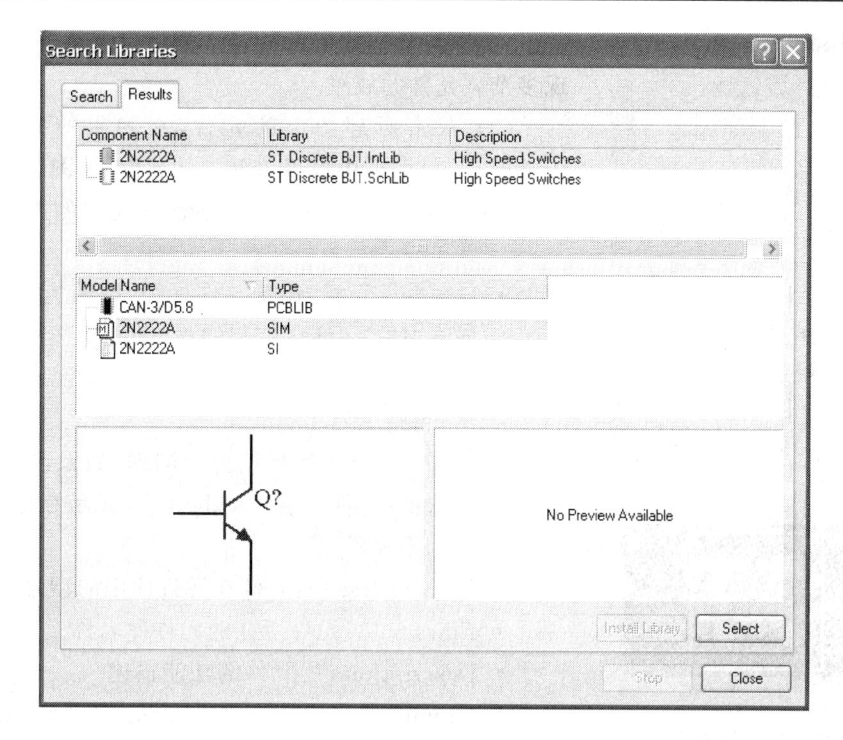

图 7.16　查找结果

7.2.5　放置元件

加载完绘制原理图所需的元件库，就可以从相应的元件库中取出所需的元件放置在图纸上。放置元件步骤如下：

(1) 元件整流桥(Bridge)所在的元件库是 Miscellaneous Devices. IntLib。该元件库是 Protel DXP 默认加载的两个元件库之一，存放有电阻、电容、电感、二极管、三极管、场效应管、变压器、光耦、开关等常用的元件。单击元件库管理工作面板的已加载元件库栏的下拉按钮，在弹出的元件库列表中选择 Miscellaneous Devices. IntLib 作为当前元件库。由于该元件库所含元件较多，在关键字过滤栏中填入“Bridge”，可快速定位所需的元件，如图 7.18 所示。由图 7.18 可见，3 个元件满足条件，选 Bridge1。

(2) 当选择元件 Bridge1 后，单击元件库管理面板上方的 Place Bridge1 按钮或直接在元件列表中双击该元件，此时光标将变成十字状，并且在光标上以虚影的形式粘附着 Bridge1 的轮廓。将元件移至原理图中，单

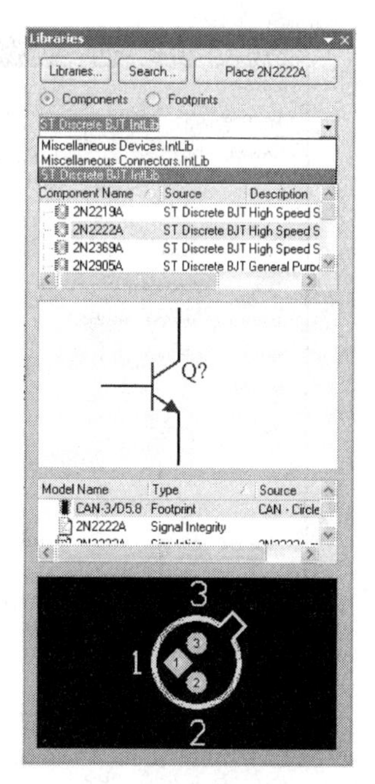

图 7.17　加载元件库后元件库管理工作面板

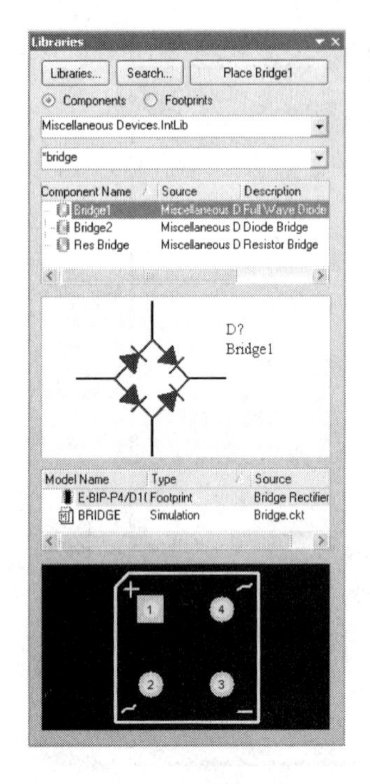

图 7.18　选取整流桥元件

击鼠标，即可完成元件的放置。如果多次单击鼠标，可实现多个该元件的放置。

(3) 双击原理图上的元件，在弹出的 Component Properties 对话框中设置该元件的属性，如图 7.19 所示。

Component Properties 对话框中元件的主要属性如下。

- Designator 栏：设置元件标识，默认为“D?”，此处输入“D2”。该栏右侧的 Visible 复选框默认状态为选中，表示输入的元件标识将会在原理图中显示；否则不显示。
- Comment 栏：注释信息。同理，如果选中 Visible 复选框，元件注释“Bridge1”将显示在原理图中；否则不显示。
- Library Ref 栏：元件在元件库中的型号。
- Library 栏：元件所在的元件库名称。
- Description 栏：元件的功能描述。
- Unique Id：设置系统指定给元件的唯一编号。
- Location X 栏：当前元件在原理图中的 X 坐标。
- Location Y 栏：当前元件在原理图中的 Y 坐标。
- Orientation 栏：元件的旋转角度，可以选择 0、90、180、270 四个角度。

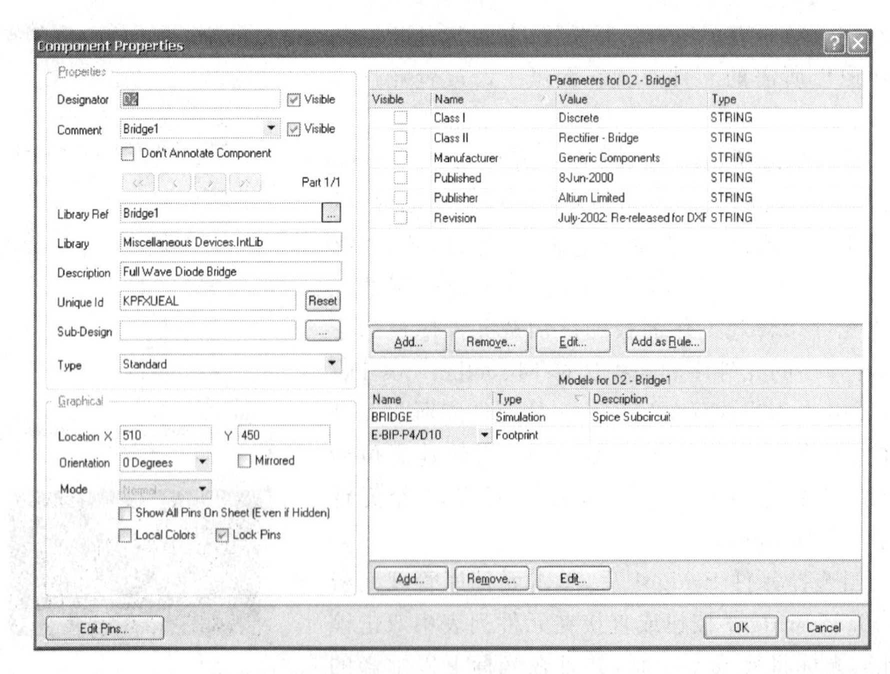

图 7.19　Component Properties 对话框

另外，在该对话框右下角的 Models for D2- Bridge1 栏中列出了该元件所涉及的模型，如仿真模型(Simulation)和封装模型(Footprint)等。对封装模型还可以通过其下拉菜单修改。

设置完元件属性后，单击 OK 按钮关闭该对话框，返回元件放置状态。

重复上述步骤，可完成其他元件的放置。在图 7.10 所示的原理图中，除三极管 2N2222A 在 ST Discrete BJT. IntLib 元件库和端子 Header2 在 Miscellaneous Connectors. IntLib 元件库外，其余元件均在 Miscellaneous Devices. IntLib 元件库。

除上述放置元件的方法外，执行菜单命令 Place/Part 或单击原理图编辑器工具栏中的图标，通过弹出的 Place Part 对话框，如图 7.20所示，也可以完成放置元件的工作。

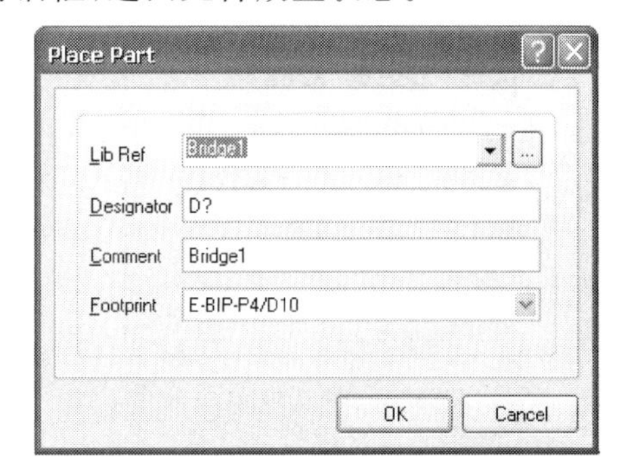

图 7.20　Place Part 对话框

7.2.6　元件调整

放置完元件后，接下来进行元件调整。元件调整，简单说就是将元件移动到原理图中合适的位置，并旋转成所需要的方向，使元件位置更合理，元件间隔更合适，为元件连线提供充足的空间。常用的元件调整方法包括元件的选取、移动、旋转、剪贴、排列与对齐和删除等。

1. 选取元件

在进行元件调整时，应首先选取元器件，Protel DXP 提供了 3 种选取元件的方法：

(1) 利用鼠标选取元件

利用鼠标选取元件是最常用的一种方法，它可实现单个元件、多个元件、单个区域和多个区域元件的选取操作。

- 单个或多个元件的选取：在原理图工作窗口中，移动光标指向需要进行选取的某个元件上，单击鼠标选取该元件，同时被选取元件周围会出现绿色的虚线框。如果在按下 Shift 键的同时采用上述方法，就可以实现多个元件的选取。
- 单个或多个区域元件的选取：在原理图工作窗口的合适位置按住鼠标左键，光标变为十字状，拖动鼠标到另一合适位置，松开鼠标即形成一个矩形框，框内的元件将全部被选中。同理，按下 Shift 键的同时采用上述方法，就可以实现多个区域元件的选取。

(2) 利用菜单命令选取元件

执行菜单命令 Edit/Select，弹出如图 7.21 所示的选取菜单命令。

- Inside Area：选取区域内的元件。
- Outside Area：选取区域外的元件。
- All：选取原理图所有元器件。
- Connection：选取指定连接导线。

- Toggle Selection：切换元件选取状态。执行该命令后，光标变为十字状，在某一元件上单击鼠标，则可选中该元器件，再单击下一元件，又可以选中下一元件。如果元件以前已经处于选中状态，单击该元件可以取消选中。

执行菜单命令 Edit/Unselect，弹出如图 7.22 所示的取消选取菜单命令。

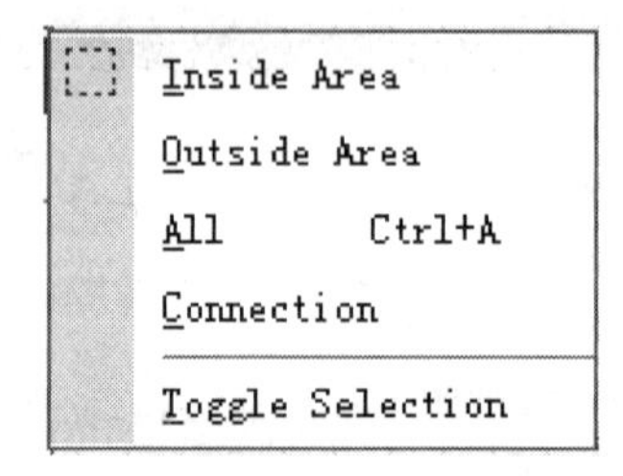

图 7.21 元件选取菜单命令

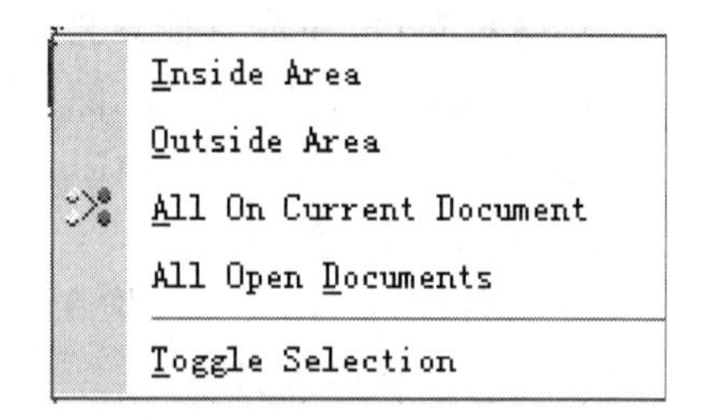

图 7.22 元件取消选取菜单

- Inside Area：取消选取区域内的元件。
- Outside Area：取消选取区域外的元件。
- All On Current Document：取消当前文件选取的一切对象。
- All Open Document：取消选取当前项目选取的一切对象。
- Toggle Selection：切换元件选取状态，同前述命令。

(3) 利用工具栏选取元件

Protel DXP 原理图编辑器的工具栏中有 3 个图标与选择元件相关，分别是：

- 区域选取按钮：与菜单命令 Edit/Select/Inside Area 功能相同。
- 取消选择按钮：与菜单命令 Edit/Unselect/All On Current Document 功能相同。
- 移动元器件按钮：当元器件处于选中状态时，单击该按钮，光标变为十字状，将光标移动到选中元器件的虚框内，单击鼠标，就可以拖动元件移动。与菜单命令 Edit/Move/Move Selection 功能相同。

应该指出，上述 3 种选取元件的方法不仅仅适用于原理图中的元件，同样适用于原理图中的其他设计对象，如导线、总线、网络标号、电气节点等。

2. 移动元件

元件的移动可分成两种情况：一种情况是元件在平面里移动，简称“平移”；另外一种情况是当一个元件将另一个元件遮盖住的时候，需要靠移动元件来调整元件间的上下关系，这种元件间的上下移动称为“层移”。

(1) 利用鼠标移动元件

利用鼠标移动元件是最快捷的方法。将光标移动到元器件上，按住鼠标左键，元件周围出现虚框，拖动元器件到合适的位置，即可实现该元器件的移动。

(2) 利用菜单命令移动元件

执行菜单命令 Edit/Move，弹出如图 7.23 所示移动菜单命令。

- Drag：拖动元件及相连导线。当元件连有导线时，执行该命令，光标变成十字状，单击需要拖动的元件，该元件及相连导线就会跟着光标一起移动。

- Move：移动元件。与 Drag 命令不同的是该命令只移动元件，不移动相连导线。
- Move Selection：与 Move 命令相似，只是移动的是已选定的元件。
- Drag Selection：与 Drag 命令相似，只是移动的是已选定的元件。
- Move To Front：平移和层移的混合命令。其功能是移动元件，并且将其放在重叠元件的最上层，操作方法同 Drag 命令。

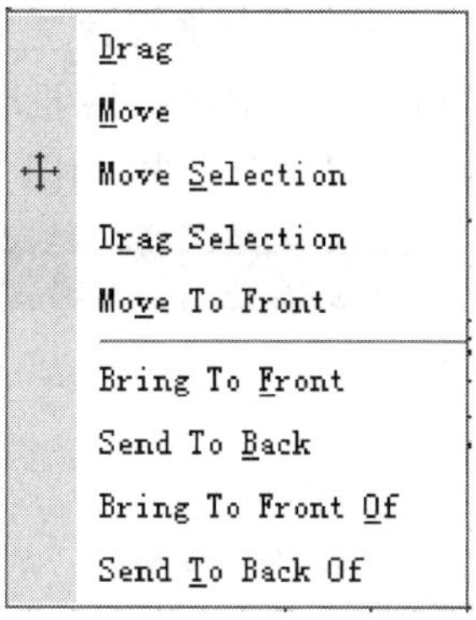

Drag
Move
Move Selection
Drag Selection
Move To Front
Bring To Front
Send To Back
Bring To Front Of
Send To Back Of

图 7.23　元件移动菜单命令

- Bring To Front：将元件移动到重叠元件的最上层。执行该命令后，光标变成十字状，单击需要层移的元件，该元件立即被移到重叠元件的最上层。单击鼠标右键，结束层移状态。
- Send To Back：将元件移动到重叠元件的最下层，操作方法同 Bring To Front。
- Bring To Front Of：将元件移动到指定元件的上层。执行该命令后，光标变成十字状。单击要层移的元件，该元件暂时消失，光标还是十字状，选择指定元件，单击鼠标，原先暂时消失的元件重新出现，并被置于指定元器件的上面。
- Send to Back Of：将元件移动到指定元件的下层，操作方法同 Bring To Front Of。

3. 旋转元件

旋转元件就是改变元件的放置方向，Protel DXP 提供了很方便的旋转操作，操作方法如下：

(1) 单击鼠标左键选中需旋转的元件，并按住鼠标左键不放；

(2) 按 Space 键，元器件逆时针旋转 90°，每按一次，元件旋转 90°。

4. 剪贴元件

剪贴元件，包括对元件的复制、剪切和粘贴操作。

(1) 一般粘贴

同其他 Windows 软件一样，执行 Edit 菜单中的 Copy、Cut 和 Paste 命令，完成对元件的复制、剪切和粘贴操作。

(2) 阵列式粘贴

阵列式粘贴是 Protel DXP 提供的一种特殊粘贴方式，它一次可以按指定间距将同一个元器件重复地粘贴到原理图中。

执行菜单命令 Edit/Paste Array 或工具栏中的图标，弹出 Setup Paste Array 对话框，如图 7.24 所示。Setup Paste Array 对话框各栏功能如下。

- Item Count 栏：设置所要粘贴的元件个数。
- Primary Increment 栏：设置所要粘贴元件序号的初级增量值。如果设定为 1 且元件序号为 R1，则重复放置的元件中，序号分别为 R2、R3、R4 等。
- Secondary Increment 栏：设置所要粘贴元件序号的次级增量值。
- Horizontal 栏：设置所要粘贴的元件间的水平间距。
- Vertical 栏：设置所要粘贴的元件间的垂直间距。

5. 排列与对齐元件

Protel DXP 还提供了元件自动排列和对齐操作。执行菜单命令 Edit/Align，在弹出的排列和对齐命令中，如图 7.25 所示，完成相应的元件排列和对齐操作。

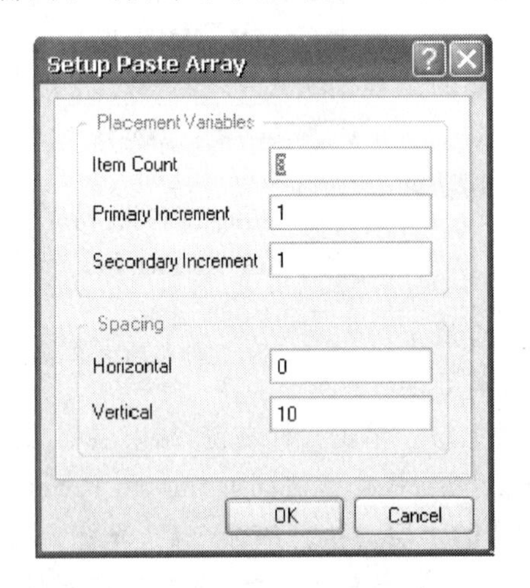

图 7.24　Setup Paste Array 对话框

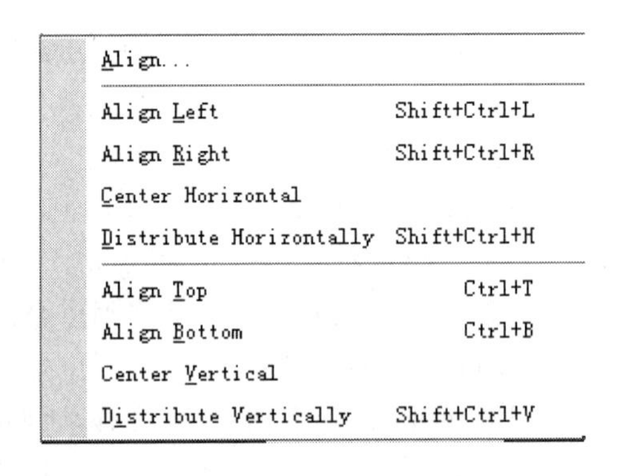

图 7.25　元件排列和对齐命令

6. 删除元件

当原理图中某个元件不需要时，可以对其进行删除操作。删除元件可采用 Edit 菜单中的 Clear 和 Delete 命令。Clear 命令的功能是删除已选取的元件。先选取元件，然后执行 Clear 命令，则删除已选取的元件。Delete 命令的功能也是删除元件，只是执行 Delete 命令之前不需要选取元件，执行 Delete 命令之后，光标变成十字状，将光标移到所要删除的元件上单击，即可删除元件。

另外一种删除元件的方法是：单击鼠标选取元件，按 Del 键即可实现删除。

经过上述元件调整后，图 7.10 的元件最终布局如图 7.26 所示。

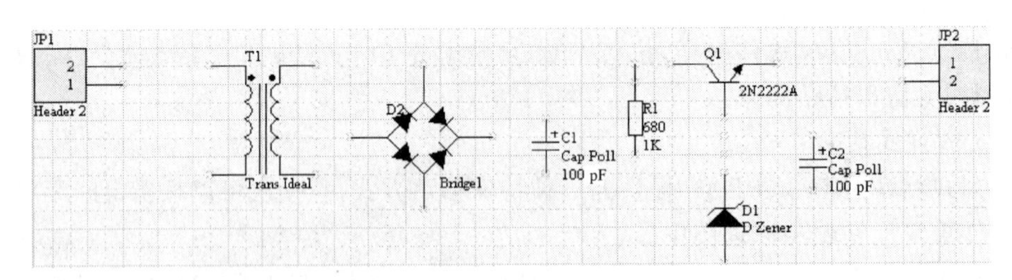

图 7.26　最终布局图

7.2.7　元件连线

完成元件放置和调整后，接下来进行元件连线。所谓元件连线就是利用原理图编辑器中 Place 菜单下的各种命令，将原理图中的元件用导线等电气对象连接起来；同时根据需要，添加一些说明性的文字或图形等非电气对象，以构成一个完整的原理图。

1. 放置导线

当电路中所有元件都放置完毕后，就可以进行元件间的连线，即放置导线（Wire）。放置导线最主要的目的就是按照电路设计的要求建立网络的实际连通性，步骤如下。

步骤①：执行菜单命令 Place/Wire，光标变为十字状，表示系统进入放置导线状态。

步骤②：移动光标到需要放置导线的起点位置单击鼠标，然后拖动鼠标到放置导线的下一个转折点或导线终点位置再次单击鼠标，即可完成一根导线的放置。

单击鼠标右键或按下 Esc 按钮便可退出连续导线的放置操作。这时，系统仍处于放置导线状态，可以重复前述操作放置新导线，也可以再次单击鼠标右键或按下 Esc 按钮退出放置导线状态。

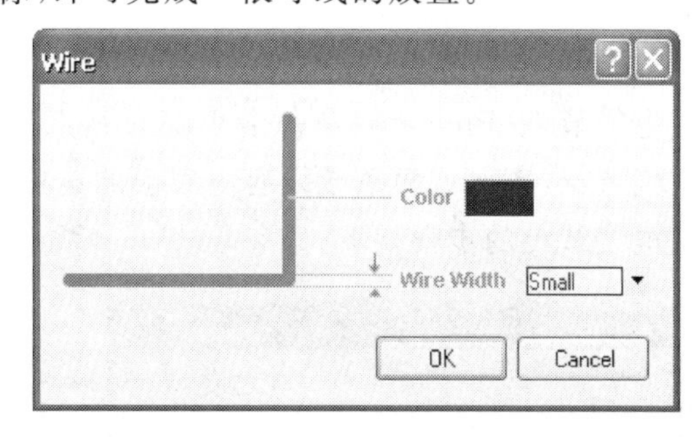

图 7.27 Wire 对话框

通常，在进入放置导线状态后按下 Tab 键，或选取一条导线单击右键，在弹出的菜单中选取 Properties 选项，打开如图 7.27 所示的 Wire 对话框中，在该对话框可以设置导线的颜色和宽度。

另外，按下 Shift+空格键，可以在 45°、90°、任意角度（Any Angle）和自动连线（Auto Wire）4 种放置导线模式中循环切换。

2. 放置电源和接地符号

电源和接地符号（Power Port）用来表示原理图的电源网络和接地网络。放置电源和接地符号采用相同的方法，它们是靠不同的网络标号加以区分的。放置电源和接地符号的步骤如下。

步骤①：执行菜单命令 Place/ Power Port，光标变为十字状，同时有一个虚线的电源和接地符号悬浮在光标上，表示系统进入放置电源和接地符号状态。

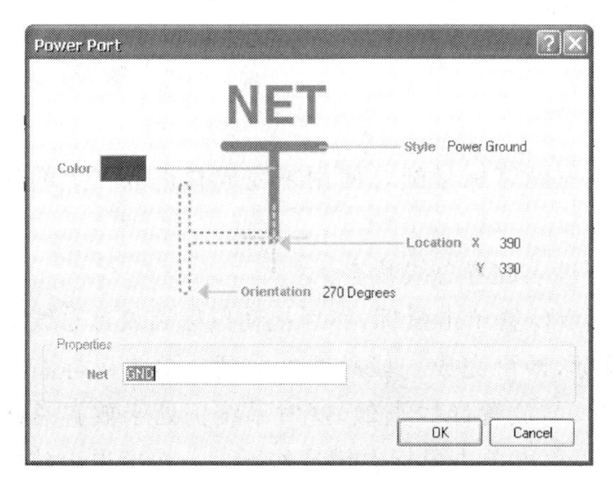

图 7.28 Power Port 对话框

步骤②：移动光标到需要放置电源和接地符号的位置单击鼠标，这时可通过按空格键切换放置电源和接地符号的方向，然后单击鼠标，即可完成一个电源或接地符号的放置。这时，系统仍处于放置电源和接地符号状态，

重复放置、退出操作和进入元件属性设置操作与导线操作相同。图7.28所示的 Power Port 对话框可以设置电源和接地符号的属性。

- Color：设置电源和接地符号的颜色。
- Location：设置电源和接地符号的坐标。

- Style：设置电源和接地符号的具体类型，包括 Circle( )、Arrow( )、Bar( )、Wave( )、Power Ground( )、Signal Ground( )和 Earth( )。
- Orientation：设置电源和接地符号的方向。包括 0°、90°、180°和 270°。
- Net：设置电源和接地符号的网络标号，如 VCC、GND、SGND、+5 和 -5 等。

在图 7.10 的原理图中，电源和接地符号的 Style 设置为 Power Ground，Net 设置为 GND。

3. 放置电气节点

电气节点(Junction)是一个小实心圆点。原理图中，如果两条交叉导线在交叉点处有电气节点，表示这两条导线有电气上的连接；如果无电气节点，则表示无电气上的连接。放置电气节点的步骤如下。

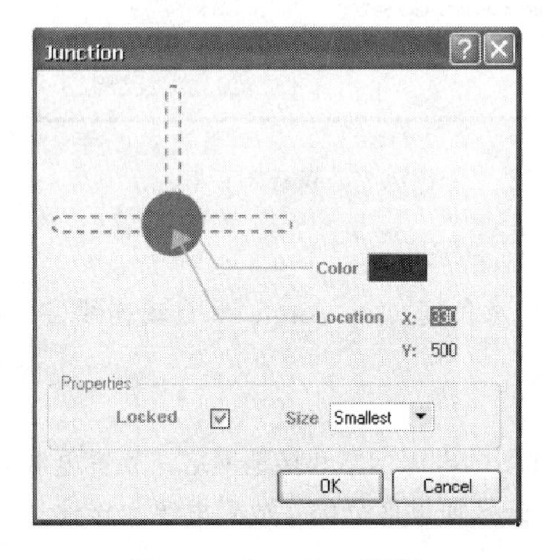

图 7.29　Junction 对话框

步骤①：执行菜单命令 Place/Junction，光标变为十字状，同时有一个红色的圆点悬浮在光标上，表示系统进入放置电气节点状态。

步骤②：移动光标到需要放置电气节点的交叉导线上，当光标变为红色十字时表明光标已捕捉到导线的交叉点，单击鼠标即可完成一个电气节点的放置。

重复放置，退出操作和进入元件属性设置操作与导线操作相同。图 7.29 所示为 Junction 对话框，在该对话框可以设置电气节点的颜色、坐标、是否锁定和大小。

对于图 7.10 的原理图，完成导线、电源和接地符号以及电气节点的放置即完成了整个原理图的绘制。但根据不同原理图的实际绘制情况，Protel DXP 还提供了以下设计对象的放置。

4. 放置总线和总线分支

(1) 放置总线

总线本身不具备电气连接意义，它必须与网络标号配合使用来完成真正电气上的连接。放置总线的步骤如下。

步骤①：执行菜单命令 Place/Bus，系统进入放置总线状态。

步骤②：移动光标到需要放置总线的起点位置单击鼠标，然后拖动鼠标到放置总线的下一个转折点或导线终点位置再次单击鼠标，即可完成一段总线的放置。单击鼠标右键或按下 Esc 按钮便可退出总线的放置操作。与放置导线类似，这时系统仍处于放置总线状态，可以重复前述操作放置新总线，也可以再次单击鼠标右键或按下 Esc 按钮退出放置总线状态。

与放置导线一样，按下 Shift+空格键，可以在 45°、90°、任意角度和自动连线 4 种放置总线模式中循环切换。

通常，在进入放置总线状态后按下 Tab 键，或选取一条总线单击右键，在弹出的菜单中选取 Properties 选项，打开如图 7.30 所示的 Bus 对话框，在该对话框可以设置总线的颜色和宽度。

(2) 放置总线分支

总线分支(Bus Entry)是总线与导线或元件引脚的连线，它是一个 45°的专用导线。放置总线分支的步骤如下。

步骤①：执行菜单命令 Place/ Bus Entry，系统进入放置网络标号状态。

步骤②：移动光标到需要放置总线分支的导线端点、元件引脚或总线处，当光标上出现两个红色的十字时，单击鼠标即可完成一个总线分支的放置。这时，系统仍处于放置总线分支状态，可以重复前述操作放置新总线分支，也可以单击鼠标右键或按下 Esc 按钮退出放置电气节点状态。

按下 Shift＋X 或 Shift＋Y 键，用来切换总线分支的方向。图 7.31 给出了开关 SW-DIP8 与 8 段数码管间总线分支与总线连接的例子。

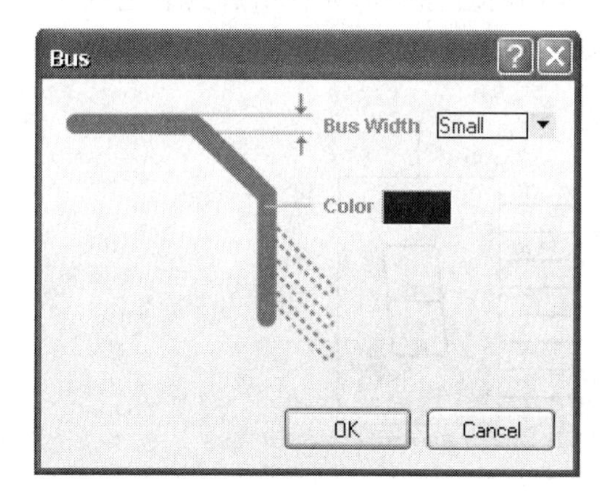

图 7.30　Bus 对话框

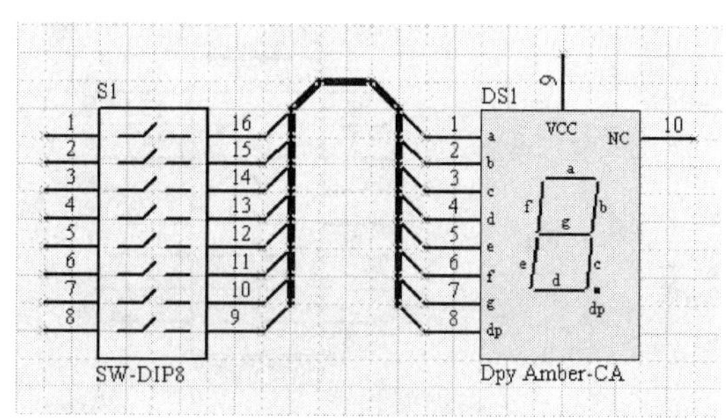

图 7.31　放置总线分支例

在放置总线分支状态按 Tab 键，或选取一条总线分支单击右键，在弹出的菜单中选取 Properties 选项，打开 Bus Entry 对话框中，在该对话框中可以设置总线分支的起点和终点坐标、颜色和宽度。

5. 放置网络标号

网络标号(Net Label)用来表示不依赖导线连接的一种建立电气连接关系的连接方法。在原理图中，设置相同网络标号的元件、导线等电气对象，无论是否有导线连接，均被认为具有电气连接关系。通常，原理图中采用网络标号的情况有 3 种：

(1) 采用总线和总线分支的原理图，必须使用网络标号才具有电气连接关系；

(2) 电路结构比较复杂导致导线布线困难，应采用网络标号建立电气连接关系；

(3) 层次原理图中各电路模块间的连接应采用网络标号。

放置网络标号的步骤如下。

步骤①：执行菜单命令 Place/ Net Label，系统进入放置网络标号状态。

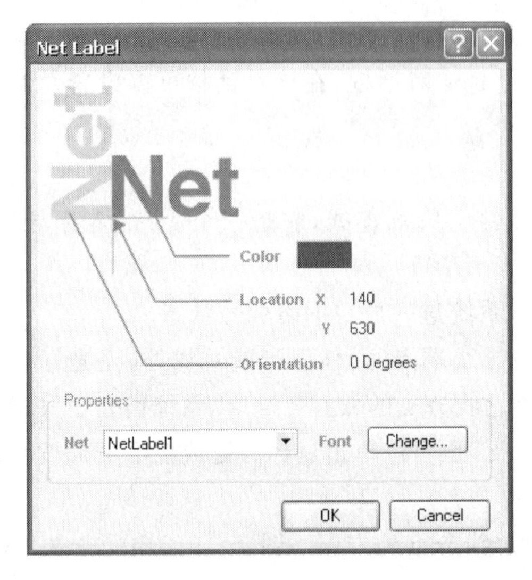

图 7.32　Net Label 对话框

步骤②:移动光标到需要放置网络标号的导线或元件引脚上,当光标变为红色十字时表明光标已捕捉到导线或元件引脚,单击鼠标即完成一个网络标号的放置。

重复放置,退出操作和进入元件属性设置操作与导线操作相同。在图 7.32 所示的 Net Label 对话框中,可以设置网络标号的颜色、坐标和方向;同时在 Properties 功能区的 Net 栏中输入网络标号的具体名称,单击 Change 按钮设置网络标号的字体。

图 7.33 给出了开关 SW-DIP8 与 8 段数码管间通过网络标号连接的例子。具有相同网络标号的元件引脚具有电气连接关系。

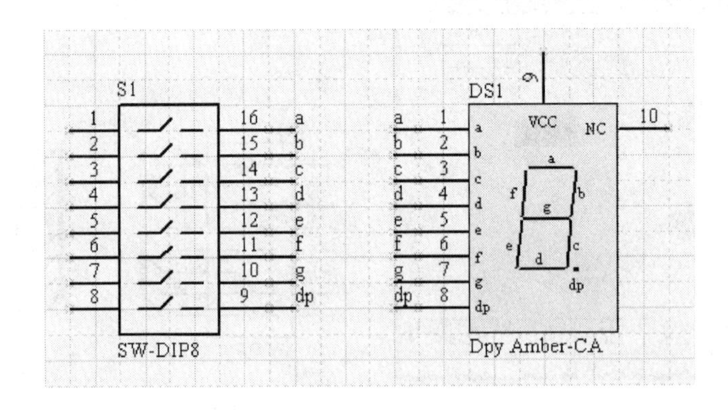

图 7.33　放置网络标号例子

6. 放置电路方块图、方块图接口和电路输入输出端口

(1) 层次原理图简介

对于大型、复杂的原理图设计,Protel DXP 提供了层次原理图的设计方法。所谓层次原理图是指将整个原理图的设计划分为不同层次的子原理图,设计者可以并行设计其中的各个子原理图,然后按照一定的连接方法将子原理图连接起来,从而形成一个具有不同层次、含有多张子原理图的层次原理图,实现大型、复杂原理图的设计。通常,一个层次原理图由电路方块图(Sheet Symbol)、方块图接口(Sheet Entry)和电路输入输出端口(Port)组成,电路方块图对应着层次原理图中的子原理图,方块图接口对应着各子方块图间的端口连接关系,电路输入输出端口对应着方块图与子原理图间的连接。

层次原理图的设计可以采用自上而下或者自下而上的两种不同设计流程。所谓自上而下的设计流程指设计者根据设计要求将设计项目划分为不同层次的模块,首先根据设计项目的层次关系来设计相应的母原理图,然后再设计母原理图中包含的各子原理图,即母原理图中电路方块图所对应的原理图,进而完成整个项目的设计。自下而上的设计流程指设计者根据设计要求将设计项目划分为不同层次的模块，首先绘制这些模块对应的子原理图，然后执行相应的操作生成与子原理图相对应的电路方块图，最后通过方块图接口将方块图连接起来，从而完成母原理图的绘制，进而完成整个项目的设计。可以看出，无论是自上而下还是自下而上的设计流程都体现了化整为零、聚零为整的设计思想。

(2) 放置电路方块图

在层次原理图设计中，一个电路方块图对应着一个子原理图，并且电路方块图与子原理图间的连接是通过文件名称来实现的，即电路方块图的名称必须与对应的子原理图的文件名保持一致。放置电路方块图的步骤如下。

步骤①：执行菜单命令 Place/ Sheet Symbol，系统进入放置电路方块图状态。

步骤②：移动光标到需要放置电路方块图的合适位置，单击鼠标确定电路方块图的一个对角顶点，然后拖动鼠标拉出一个矩形的虚框，在合适位置再次单击鼠标确定电路方块图的另一个对角顶点，即可完成放置一个电路方块图的操作，如图7.34所示，图中 Designator 和 File Name 分别是系统默认的电路方块图的标号和文件名。

图 7.34　放置电路方块图例

通常，在进入放置电路方块图状态后按下 Tab 键，或选取一个电路方块图单击右键，在弹出的菜单中选取 Properties 选项，打开如图 7.35 所示的 Sheet Symbol 对话框，在该对话框中可以设置电路方块图的属性。

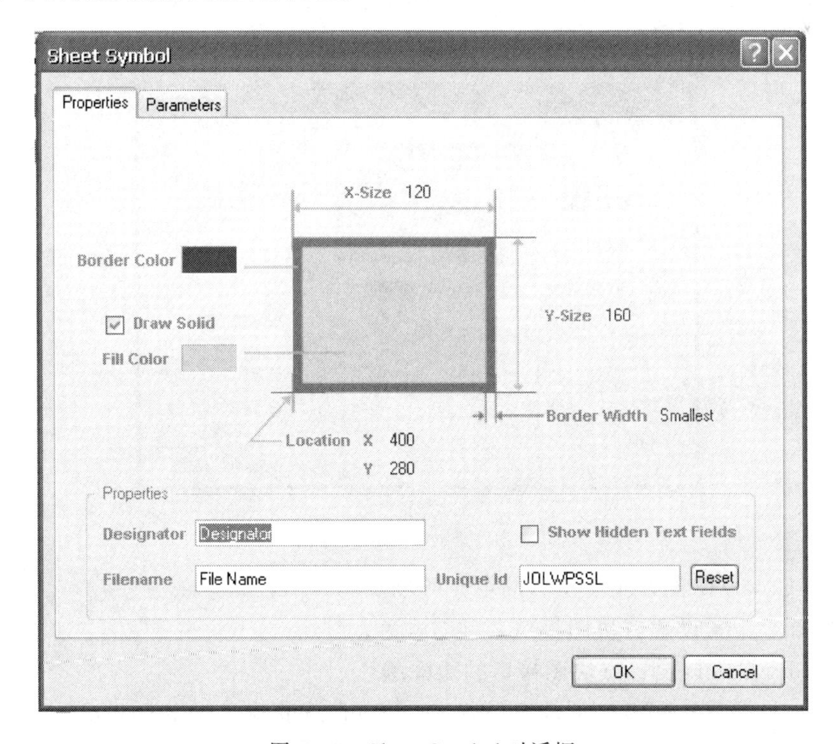

图 7.35　Sheet Symbol 对话框

- Border Color：设置电路方块图边框的颜色。
- Draw Solid：设置电路方块图是否使用填充颜色。
- Fill Color：设置电路方块图的填充颜色。
- Location：设置电路方块图的左下顶点坐标。
- X-Size，Y-Size：设置电路方块图的宽度和高度。
- Border Width：设置电路方块图边框的宽度。
- Designator：设置电路方块图边框的标号。
- File Name：设置与电路方块图对应的子原理图的文件名。
- Show Hidden Text Fields：设置是否显示隐藏的文本区域。
- Unique Id：设置系统指定给电路方块图的唯一编号。

（3）放置方块图接口

在层次原理图中，方块图接口放置在母原理图中，用来与子原理图中具有相同名字的端口相连，实现母原理图与子原理图间的连接。放置方块图接口的步骤如下。

步骤①：执行菜单命令 Place/Add Sheet Entry，系统进入放置方块图接口状态。

步骤②：移动光标到需要放置方块图接口的电路方块图中，在其中的任何位置单击鼠标，这时将出现一个菱形的方块图接口悬浮在光标上，移动光标到合适的位置再次单击鼠标，即可完成放置一个方块图接口的操作。通过单击鼠标右键或按下 Esc 按钮退出放置方块图接口状态。

通常，在进入放置方块图接口状态后按下 Tab 键，或选取一个方块图接口单击右键，在弹出的菜单中选取 Properties 选项，打开如图 7.36 所示的 Sheet Entry 对话框，在该对话框中可以设置方块图接口的属性。

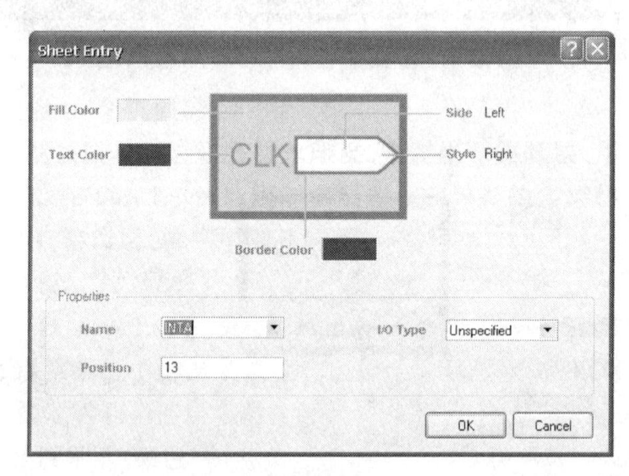

图 7.36 Sheet Entry 对话框

- Fill Color：设置方块图接口的填充颜色。
- Text Color：设置方块图接口名称的颜色。
- Border Color：设置方块图接口的边框颜色。
- Side：设置方块图接口的放置位置，包括 Left、Right、Top 和 Bottom 4 种。
- Style：设置方块图接口的箭头类型，包括 None（Horizontal）、Left、Right、

Left&Right、None(Vertical)、Top，Bottom 和 Top&Bottom 8 种。

- Name：设置方块图接口的名称。
- I/O Type：设置方块图接口的类型，包括未定义(Unspecified)、输入型(Input)、输出型(Output)和双向型(Bidirectional)。
- Position：设置与方块图接口的位置。

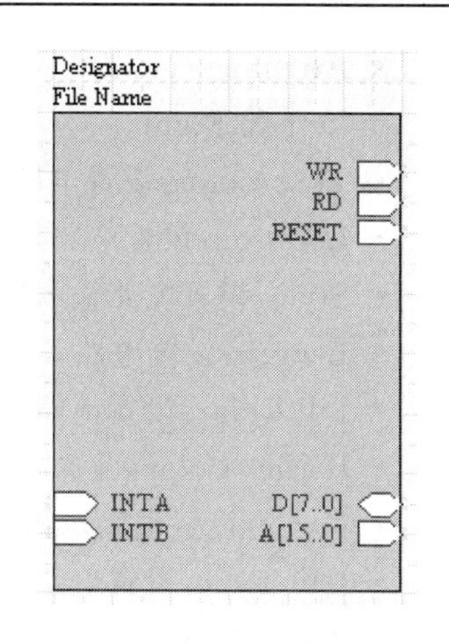

图 7.37　放置方块图接口例子

图 7.37 为一个放置方块图接口的例子。

(4) 放置电路输入输出端口

在原理图中，除了通过放置导线或网络标号建立电气对象的电气连接关系外，放置电路输入输出端口也可以建立任意两个电气对象的电气连接关系。与网络标号类似，对于具有相同名称的电路输入输出端口，均认为具有电气连接关系。电路输入输出十分适用于层次原理图设计中。放置方块图接口的步骤如下。

步骤①：执行菜单命令 Place/Port，光标变为十字状，同时有一个带有虚框的电路输入输出端口悬浮在光标上，表示系统进入放置电路输入输出端口状态。

步骤②：移动光标到需要放置电路输入输出端口的导线或元件引脚等电气对象附近，这时可以按下空格键切换放置电路输入输出端口的方向。当光标变为红色十字时，表明光标已捕捉到导线或元件引脚等电气对象，单击鼠标定位电路输入输出端口的一端，拖动鼠标到另一合适位置处再次单击鼠标，即可完成放置一个电路输入输出端口的操作。这时，系统仍处于放置电路输入输出端口状态，可以重复前述操作放置新电路输入输出端口，也可以单击鼠标右键或按下 Esc 按钮退出放置电路输入输出端口状态。

通常，在进入放置电路输入输出端口状态后按下 Tab 键，或选取一个电路输入输出端口单击右键，在弹出的菜单中选取 Properties 选项，打开如图 7.38 所示的 Port Properties 对话框，在该对话框中可以设置电路输入输出端口的属性。

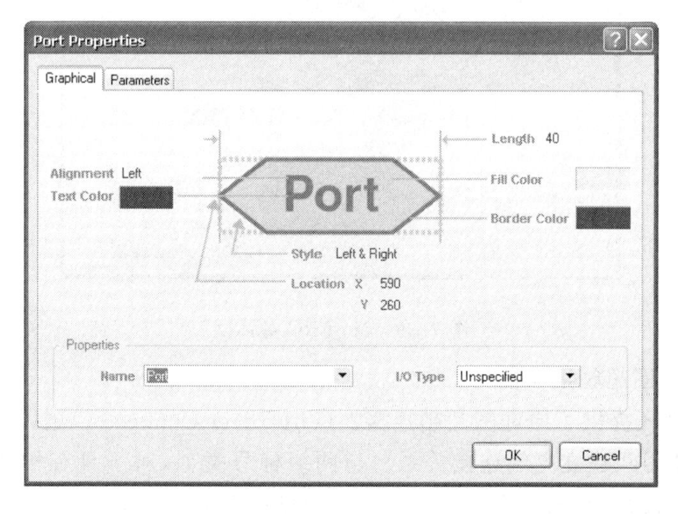

图 7.38　Port Properties 对话框

- Alignment：设置电路输入输出端口的名称在端口框的显示位置，包括 Center、Left 和 Right。
- Text Color：设置电路输入输出端口名称的颜色。
- Location：设置电路输入输出端口左端点的坐标。
- Style：设置电路输入输出端口的箭头类型，提供类型同方块图接口。
- Length：设置电路输入输出端口的长度。
- Fill Color：设置电路输入输出端口的填充颜色。
- Border Color：设置电路输入输出端口的边框颜色。
- Name：设置电路输入输出端口的名称。
- I/O Type：设置电路输入输出端口的类型，提供类型同方块图接口。

7. 放置忽略 ERC 点

ERC（电气规则检查）是 Protel DXP 提供的检查原理图设计缺陷和错误的工具，如没有连接的网络标号、悬空的引脚等。但在某些情况，一些引脚是可以悬空的，如进行 ERC，系统将会出现错误信息同时在该引脚上放置错误标记。为了解决这个问题，Protel DXP 提供了忽略 ERC（No ERC）点，对于放置了 No ERC 点的引脚将忽略 ERC。放置 No ERC 点的步骤如下。

步骤①：执行菜单命令 Place/Directives/No ERC，光标变为十字状，同时有一个红色的十字叉悬浮在光标上，表示系统进入放置电路输入输出端口状态。

步骤②：移动光标到需要放置 No ERC 点的位置，单击鼠标即可完成一个 No ERC 点的放置。这时，系统仍处于放置 No ERC 点状态，可以重复前述操作放置新 No ERC 点，也可以单击鼠标右键或按下 Esc 按钮退出放置 No ERC 点状态。

通常，在进入放置 No ERC 点状态后按下 Tab 键，或选取一个 No ERC 点单击右键，在弹出的菜单中选取 Properties 选项，打开如图 7.39 所示的 No ERC 对话框，在该对话框中可以设置 No ERC 点的颜色（Color）和坐标（Location）。

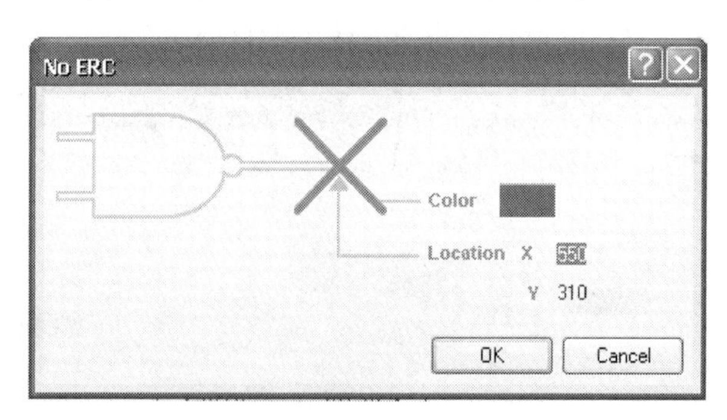

图 7.39 No ERC 对话框

8. 放置原理图超越连接器

Protel DXP 还提供了原理图超越连接器（Off Sheet Connector）用以实现在同一设计项目的不同原理图间建立电气连接关系。与网络标号类似，对于具有相同名称的原理图超越连接器，均认为具有电气连接关系。放置原理图超越连接器的步骤如下：

步骤①：执行菜单命令 Place/Off Sheet Connector，光标变为十字状，同时有一个原理图超越连接器符号悬浮在光标上，表示系统进入放置电路输入输出端口状态。

步骤②：移动光标到需要放置原理图超越连接器的导线或元件引脚等电气对象附近，这时可以按下空格键切换放置原理图超越连接器的方向。当光标变为红色十字时，表明光标已捕捉到导线或元件引脚等电气对象，单击鼠标即可完成放置一个原理图超越连接器的操作。这时，系统仍处于放置原理图超越连接器状态，可以重复前述操作放置新原理图超越连接器，也可以单击鼠标右键或按下 Esc 按钮退出放置电路输入输出端口状态。

通常，在进入放置原理图超越连接器状态后按下 Tab 键，或选取一个原理图超越连接器单击右键，在弹出的菜单中选取 Properties 选项，打开如图 7.40 所示的 Off Sheet Connector 对话框，在该对话框中可以设置原理图超越连接器的属性。

- Location：设置原理图超越连接器的放置坐标。
- Color：设置原理图超越连接器的颜色。
- Orientation：设置原理图超越连接器方向。
- Net：设置原理图超越连接器的名称（用字符串或数字表示）。
- Style：设置连接器的类型，包括 Left 和 Right。

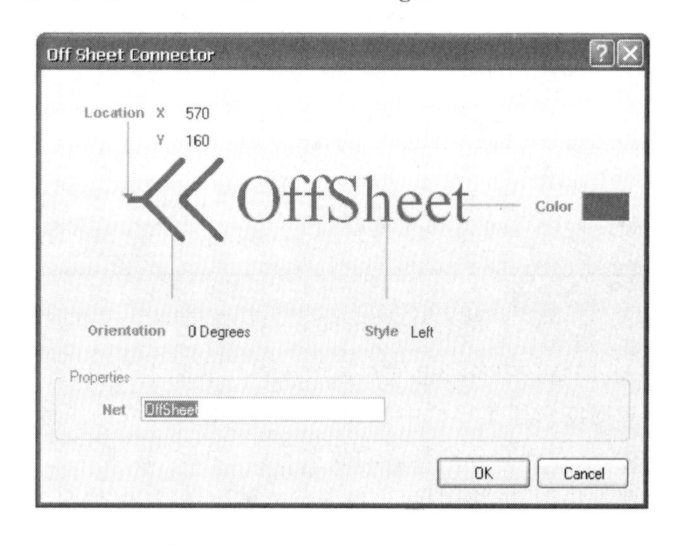

图 7.40　Off Sheet Connector 对话框

9. 放置 PCB 布线规则指示

Protel DXP 允许设计者在原理图设计阶段预先设定 PCB 板的铜膜线宽度、过孔直径、布线策略和布线优先权等布线规则。如果在原理图中对某些具有特殊要求的网络设置了 PCB 布线规则指示，那么这些参数设置将会包含在将来生成的网络报表中，在 PCB 设计中也会自动引入这些布线规则。放置 PCB 布线规则指示的步骤如下。

步骤①：执行菜单命令 Place/ Directives/PCB Layout，光标变为十字状，同时有一个 PCB 布线规则指示悬浮在光标上，表示系统进入放置 PCB 布线规则指示状态。

步骤②：移动光标到需要放置 PCB 布线规则指示的位置，单击鼠标即可完成一个 PCB 布线规则指示的放置。这时，系统仍处于放置 PCB 布线规则指示状态，可以重复前述操作放置新 PCB 布线规则指示，也可以单击鼠标右键或按下 Esc 按钮退出放置 PCB 布线规则指示状态。

通常，在进入放置 PCB 布线规则指示状态后按下 Tab 键，或选取一个 PCB 布线规则指示单击右键，在弹出的菜单中选取 Properties 选项，打开如图 7.41 所示的 Parameters 对话框，在该对话框可以设置 PCB 布线规则指示的名称（Name）、*XY* 坐标（X-Location Y- Location）、方向（Orientation），同时在布线规则列表栏中设置 PCB 布线规则指示中的规则变量和属性。

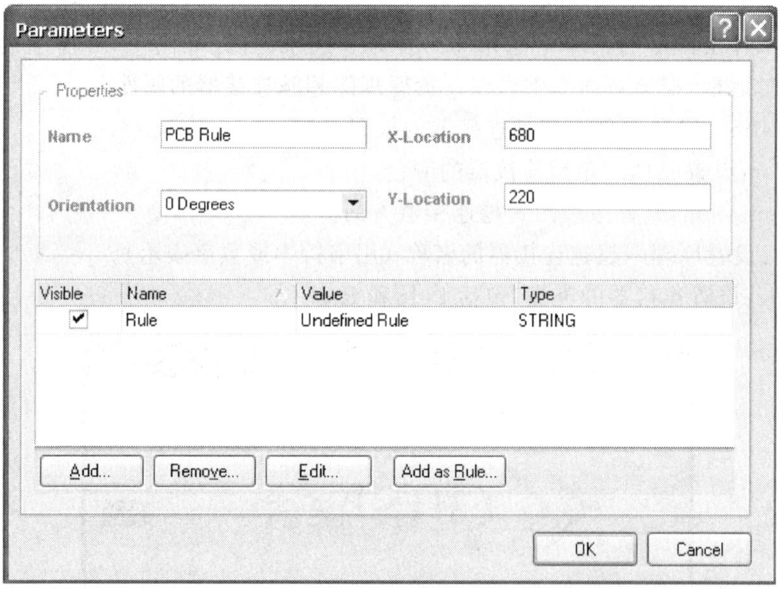

图 7.41　Parameters 对话框

以上介绍了 Protel DXP 中各种电气对象的放置。实际上，启动这些电气对象的放置还可以通过单击原理图编辑器菜单栏中布线（Wiring）工具栏内的图标，如图 7.42 所示。单击该工具栏内图标，从左到右分别是启动放置导线、总线、总线分支、网络标号、电源和接地符号、元件、电路方块图、方块图接口、电路输入输出端口、原理图超越连接器、电气节点、No ERC 点和 PCB 布线规则指示。

图 7.42　布线工具栏

10. 放置非电气对象

在原理图中除了可以放置各种电气对象外，还可以添加一些说明性的文字或图形，增强原理图的可读性和完整性。这些说明性的文字或图形不带任何电气意义，属于非电气对象。启动放置非电气对象可以通过执行菜单命令 Place/ Drawing Tools 来完成；也可以通过单击原理图编辑器菜单栏中绘图（Drawing）工具栏内的图标，如图 7.43 所示。单击该工具栏内图标，从左到右分别是启动放置直线、多边形、椭圆弧、贝塞尔曲线、文本字符串、文本框、矩形、圆角矩形、椭圆、扇形、图片和阵列式粘贴。这些非电气对象的放置操作与其他的 Windows 软件中绘图工具的操作相近，这里就不再说明。

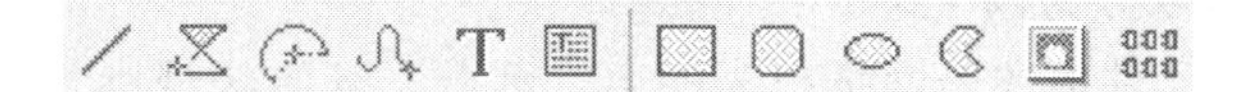

图 7.43　绘图工具栏

7.2.8　原理图电气规则检查

电气规则检查(ERC)是 Protel DXP 提供的检查原理图设计缺陷和错误的工具。进行 ERC 检查的步骤如下：

(1) 打开要进行 ERC 的项目文件，执行菜单命令 Project/Project Options，弹出 Options for Project 对话框。该对话框包括错误报告(Error Reporting)、电气连接矩阵(Connection Matrix)等标签。

在 Error Reporting 标签中，可以设置对总线(Buses)、元件(Components)、文件(Documents)、网络标号(Nets)、其他(Others)和参数(Parameters)的违规检查；每一个检查项目的错误程度均可分别设为不报告(No Report)、警告(Warning)、错误(Error)和严重错误(Fatal Error)4 种。

在 Connection Matrix 标签中，可通过电气连接矩阵设置原理图中各种连接是否符合电气规则以及错误的程度。在电气连接矩阵中横向代表电气连接的起始点，纵向代表电气连接的结束点，它们的交叉点方块的颜色代表相应连接的错误程度，对各交叉点方块的颜色还可以通过单击 Set To Defaults 按钮来修改。

(2) 对 Options for Project 对话框设置完后，执行菜单命令 Project/Compile Project Options 进行 ERC 检查。检查完后，将弹出 Messages 工作面板，设计者可根据 Messages 工作面板提供的信息，对原理图中的错误进行修改，最终得到正确的原理图。

7.2.9　生成原理图报表及打印输出

原理图设计完成，为了方便 PCB 设计、元件管理和原理图存档，需要将原理图转化成各种报表文件和打印输出。

1. 生成原理图报表

Protel DXP 提供多种原理图报表的生成，包括网络报表、元件报表、元件交叉参考报表和项目层次报表等，其中网络报表和元件报表最为常用。

(1) 生成网络报表

原理图是一个由节点、元件和导线组成的网络，因此可以用网络报表来完整的描述一个原理图。网络报表是原理图的精髓，也是与 PCB 连接的桥梁。有了网络报表，大大方便了 PCB 的设计。

生成网络报表时首先打开需要生成网络报表的项目文件，然后执行菜单命令 Design/Netlist For Project/Protel，即可生成与当前项目文件同名，扩展名为 NET 的网络报表文件。该文件的图标出现在 Project 面板的当前项目文件中；同时，工作窗口显示该文件的具体内容，如图 7.44 所示。

由图 7.44 可见，标准的 Protel 格式的网络报表文件是一个简单的 ASCII 码文本文件，在结构上大致可以分为两个部分：

- 元件描述。元件描述是网络报表的第一部分。其语法规则为："["符号表示一个元件描述的开始；"["下面一行为元件标识，取自元件属性对话框的 Designator 栏；元件标识下面一行为元件封装，取自元件属性对话框的 Footprint 栏；元件封装下一行为元件注释，取自元件属性对话框的 Comment 栏；最后，"]"符号表示一个元件描述结束。
- 网络连接描述。网络连接描述是网络报表的第二部分，每一个网络连接描述对应原理图中一个电气连接点。其语法规则为："("符号表示一个网络连接描述的开始；"("下面一行为网络名称或编号的定义，取自原理图中的某个网络名称或是某个输入输出点名称；接下来的每一行代表一个网络连接的引脚，表示这些引脚连接在一起构成该网络，即这些引脚在电气上是相连接的；最后，")"符号表示一个网络连接描述的结束。

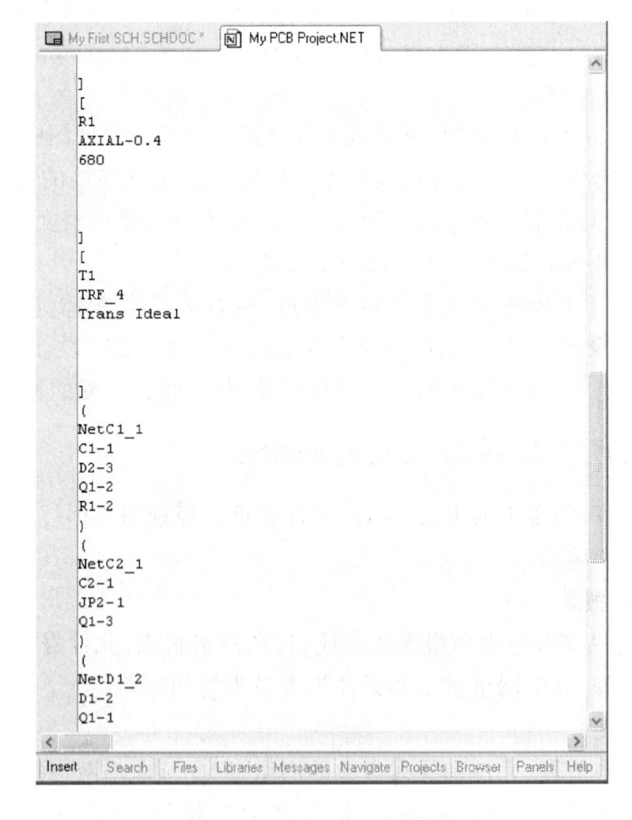

图 7.44　新生成的网络报表文件

(2) 生成元件报表

元件报表可以列出当前项目所使用的所有元件，为元件管理提供一份详细的清单。打开需要生成元件报表的的项目文件，执行菜单命令 Report/Bill of Materials，将弹出

Bill of Materials 对话框,这是一个具有复合功能的对话框,通过选择对话框中左边列表框的内容,可以改变右边列表的显示内容和显示方式;同时通过该对话框下方的 Excel、Export 和 Report 按钮,可分别将元件报表导入 Excel 中、保存和打印输出。

2. 打印输出

当原理图绘制完成以后,可以通过打印机将原理图打印输出,以供设计者参考查阅和存档。Protel DXP 中原理图打印前可执行菜单命令 File/Print Preview 进行打印预览;也可以执行菜单命令 File/Page Setup 进行打印图纸和打印机的设置。具体设置方法与其他 Windows 软件的打印设置相类似,这里就不再介绍了。

至此,整个原理图的设计流程结束,接下来将进入 PCB 设计。

7.3　PCB 设计

与原理图设计系统一样,Protel DXP 为设计者提供了一个强大的 PCB 设计系统,通过该设计系统,可以方便地完成 PCB 设计的全过程。在介绍 Protel DXP 的 PCB 设计系统前,有必要先了解一下 PCB 设计的基础知识。

7.3.1　PCB 设计基础

1. PCB 板及相关术语

(1) PCB 板简介

常用的 PCB 板根据其结构分为单面板(Signal Layer PCB)、双面板(Double Layer PCB)和多层板(MultiLayer PCB)3 种。

- 单面板只有一面敷铜(Polygon),另一面没有敷铜,用于布置电子元件。由于只可在敷铜的一面布线和焊接元件,因此这种板的布线较困难,适用于较为简单的电路。
- 双面板两面都敷铜,设计时一面定义为顶层(Top Layer),另一面定义为底层(Bottom Layer),一般在顶层布置元件,在底层焊接。顶层和底层都可以布线,通过过孔(Via)将两层的电路连接起来,其结构图如图 7.45 所示。

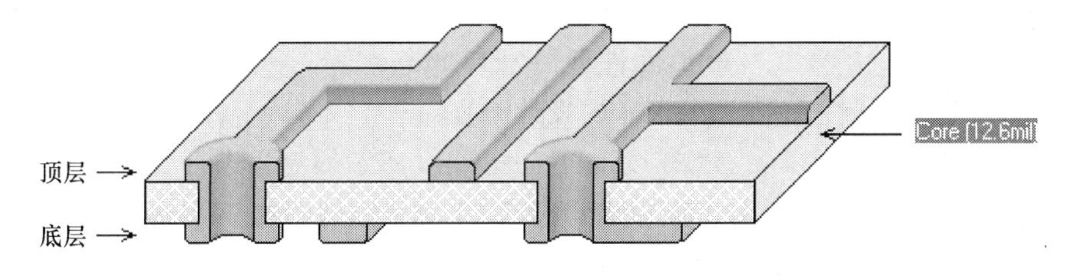

图 7.45　双面板结构图

- 多层板是包含多个工作层面的电路板,除了有顶层和底层外还有中间层(Mid Layer),顶层和底层与双面板一样,中间层一般是由整片铜膜构成的电源层、接地层或信号层。

通常,在 PCB 板上布上铜膜导线(Track)后,还要在上面印一层阻焊层,阻焊层要留出焊盘(Pad)的位置,而将铜膜导线覆盖住。阻焊层不粘焊锡,在焊接时,可以防止焊锡溢出造成短路。另外，阻焊层有顶层阻焊层和底层阻焊层之分。有时还要在 PCB 板的正面或反面印上一些必要的文字或图形，如元件标号、公司名称等，印刷文字或图形的层称为丝印层（Silkscreen Overlay），该层又分为顶层丝印层和底层丝印层。

（2）元件封装

元件封装是指实际元件的包装和连接形式，包括元件的外形尺寸、管脚的直径及管脚的距离等参数。为保证不同厂商的同型号元件的互换性，人们制定了很多元件封装的标准，这些标准保证了元件引脚和 PCB 板上的焊盘一致。不同的元件可以有相同的封装，而同一个元件也可以采用不同的封装标准。所以在设计 PCB 板时，不仅要确认元件的型号，还要知道元件的封装。

① 元件封装的分类

按照焊接方式，元件封装可以分成穿孔式和表面粘贴式（SMT）两大类。穿孔式元件封装如图 7.46 所示，该类元件焊接时先要将元件管脚插入焊盘通孔中再焊锡。表面粘贴式元件封装如图 7.47 所示，该类元件的焊盘只限于顶层或底层。表面粘贴式元件的引脚占用 PCB 板上的空间小，不影响其他层的布线，一般引脚较多的元件常采用这种封装形式。但这种封装的元件手工焊接难度比较大，多用于大批量机器生产。

图 7.46　穿孔式元件封装

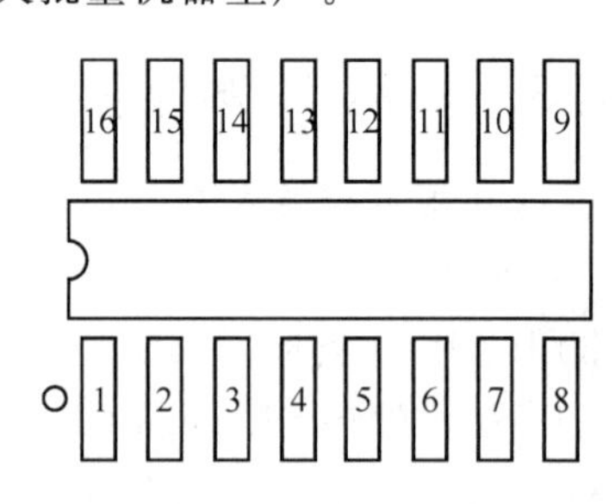

图 7.47　表面粘贴式封装

② 元件封装的编号

根据元件封装的编号可以判断元件封装的规格。如，封装编号为“DIP-8×1.4”表示此元件封装为双列，共 8 个引脚焊盘，两焊盘间的距离为 1.40 mm；又如“RB7.6-15”表示极性电容类元件封装，引脚间距为 7.6 mm，元件直径为 15 mm。

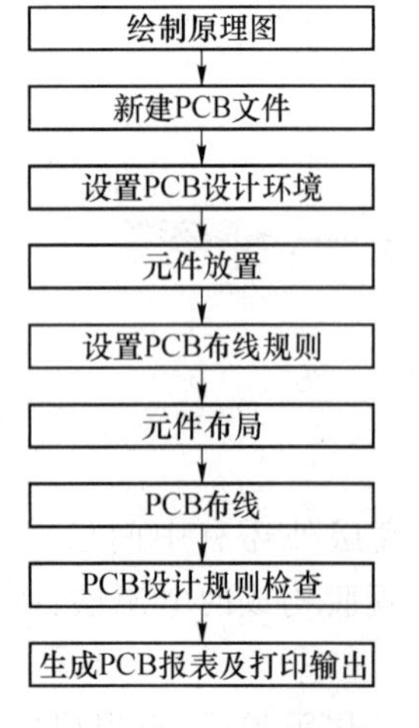

图 7.48　PCB 设计流程

2. PCB 的设计流程

PCB 设计可按图 7.48 所示的流程进行。

下面以设计图 7.10 所示原理图的 PCB 板为例，介绍 PCB 板的设计过程。

7.3.2　绘制原理图

PCB 设计的前期工作主要是利用原理图编辑器绘制原理图，并且生成网络表。这些内容已在 7.2 节介绍过。当然，在一些特殊情况下，如电路比较简单，可以不进行原理图设计而直接进入 PCB 设计。

7.3.3 新建PCB文件

进行PCB设计时,需建立一个PCB文件。新建PCB文件有两种方法:一种是在PCB项目中添加新PCB文件,然后再人工设置PCB设计环境;另一种是利用Protel DXP提供的PCB生成向导(PCB Board Wizard)新建PCB文件,这种方法的好处是在建立PCB文件的同时设置PCB设计环境。

1. 在PCB项目中添加新PCB文件

7.1.3节中已经介绍了在PCB项目中添加新PCB文件的方法。添加新PCB文件同时启动了Protel DXP提供的PCB编辑器,

同原理图编辑器类似,Protel DXP在对不同类型的文件进行操作时,随着编辑器的改变,菜单栏也会发生相应的改变。PCB编辑器的菜单栏如图7.49所示。菜单栏包括12个主菜单,每个主菜单下都有一个下拉菜单,设计者可从中找到PCB的各种编辑操作。这里仅对主菜单作简单介绍。

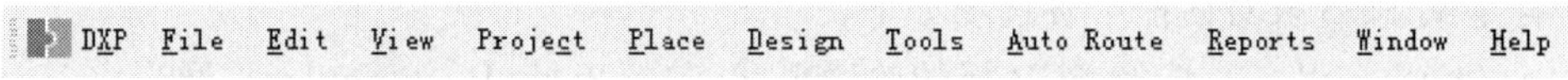

DXP File Edit View Project Place Design Tools Auto Route Reports Window Help

图7.49 原理图编辑器的菜单栏

- DXP菜单:设置Protel DXP设计系统管理参数,同原理图编辑器。
- File菜单:文件和项目的新建、打开和保存等操作,同原理图编辑器。
- Edit菜单:与PCB编辑相关的操作。
- View菜单:对工具栏、工作面板、状态栏等界面的显示进行设置。
- Project菜单:对设计项目的建立、编译、添加等进行操作。
- Place菜单:放置PCB板上各种设计对象。
- Design菜单:进行设置PCB设计规则、网络表管理和层管理等操作。
- Tools菜单:进行PCB后处理,如DRC、补泪滴等操作。
- Auto Route菜单:进行PCB的自动布线。
- Reports菜单:提供PCB报表生成和测量距离操作。
- Windows菜单:对工作窗口排列或关闭进行操作,同原理图编辑器。
- Help菜单:打开帮助文件,同原理图编辑器。

2. 利用PCB Board Wizard新建PCB文件

利用PCB Board Wizard新建PCB文件的步骤如下。

步骤①:在Protel DXP的主工作界面上,在File工作面板的New from Template栏中单击PCB Board Wizard命令,启动PCB生成向导。

步骤②:单击Next按钮,弹出长度量单位选择对话框。默认的长度量单位为英制(Imperial),也可以选择公制单位(Metric)。两者之间的换算关系为1 inch=25.4 mm。

步骤③:单击Next按钮,弹出PCB板轮廓选择对话框,在对话框中给出了多种工业标准PCB板的轮廓或尺寸,如PC-104 16 bit bus等。当然,也可以选择自定义项。

这里选择Custom项,单击Next按钮,弹出自定义PCB板对话框,如图7.50所示。

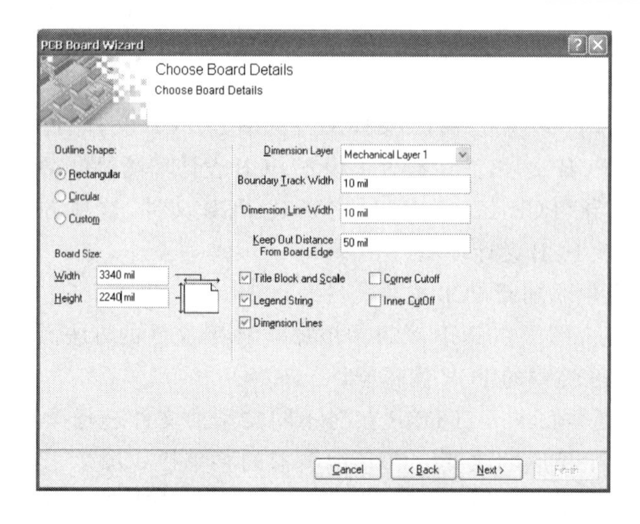

图 7.50　自定义 PCB 板对话框

自定义 PCB 板对话框中各选项如下：

- Outline Shape：选择 PCB 板的轮廓形状，包括矩形（Rectangular）、圆形（Circular）和自定义 PCB 板外形（Custom）。这里选择 Rectangular。
- Board Size：确定 PCB 板的尺寸，包括 PCB 板的宽度（Width）和高度（Height）。这里分别设置为 3 240 mil 和 2 140 mil。
- Dimension Layer：选择尺寸标注层，可以在下拉列表中选择从机械层 1（Mechanical Layer 1）直到机械层 16（Mechanical Layer 16）。这里选择 Mechanical Layer 1。
- Boundary Track Width：设置 PCB 板边界线的线宽。这里选择默认值 10 mil。
- Dimension Line Width：设置尺寸线的线宽。这里选择默认值 10 mil。
- Keep Out Distance From Board Edge：选择从 PCB 板的边缘到边界线的距离。这里选择默认值 50 mil。
- Title Block and Scale：设置是否添加标题栏和刻度栏。
- Legend String：设置是否带有注释字符串。
- Dimension Lines：设置是否有尺寸标注线。
- Corner Cutoff：设置切角的 PCB 板，选中该项后，在下一步中需设置 PCB 板边角切掉的尺寸。这里未选。
- Inner Cutoff：设置切除板内的区域，选中该项后，在下一步中需设置切除 PCB 板内区域的尺寸。这里未选。

步骤④：单击 Next 按钮，弹出 PCB 板层数设置对话框，设置信号层（Signal Layer）数和电源层（Power Plane）数。所谓 Signal Layer 是指用于布线的层；Power Plane 是指用整片铜膜构成的接电源或接地的层。这里设置 Signal Layer 为 2，Power Plane 均为 0，即双面板。

步骤⑤：单击 Next 按钮，弹出过孔类型选择对话框。过孔类型包括适用于双面板的穿透式过孔（Thruhole Vias）和适用于多层板的盲过孔和隐藏式孔（Blind and Buried Vias）。

步骤⑥：单击 Next 按钮，弹出元件和布线选择对话框。该对话框包括两项设置：

- 选择 PCB 板中使用的元件是表面贴元件（Surface-mount components）还是穿孔

式元件(Thru-hole components)。

- 如果使用表面粘贴元件,则要选择元件是否放置在电路板的两面;如果使用穿孔式元件,则要设置相邻焊盘(Pad)之间的导线数。

这里选择 Thru-hole components 选项,相邻焊盘间的导线数设为 1(One Track)。

步骤⑦:单击 Next 按钮,弹出导线/过孔设置对话框。需要设置最小导线宽度(Minimum Track Size)、最小过孔外径(Minimum Via Width)、最小过孔内径(Minimum Via Hole Size)和导线间最小距离(Minimum Clearance)。

步骤⑧:单击 Next 按钮,弹出完成 PCB 生成向导对话框,单击 Finish 关闭向导。

此时,Protel DXP 将启动 PCB 编辑器,并在 Project 工作面板中自由文档(Free Documents)下显示一个名为 PCB1. PCBDOC 的自由文件,工作窗口中显示一个默认尺寸的白色图纸和一个 3 240 mil×2 140 mil 的 PCB,如图 7.51 所示。执行菜单命令 File/Save As,将新的 PCB 文件重新命名,这里用 My First PCB. PCBDOC 。到目前为止,完成了创建 PCB 新文档的步骤。

3. 将新建 PCB 文件添加到 PCB 项目中

Protel DXP 中,一般总是将 PCB 文件与原理图同放在一个 PCB 项目中。如果在一个 PCB 项目中创建 PCB 文件,当 PCB 文件创建完成后,该文件将会自动添加到该 PCB 项目中。如果创建的是自由文件,如上述所建的就是一个 PCB 自由文件。在 Projects 工作面板中右击 My First PCB. PCBDOC 文件,在弹出的下拉菜单中选择 Add to Project [My PCB Project. PRJPCB]),My First PCB. PCBDOC 文件就列表在项目名称的 PCBs 下面,如图 7.52 所示。

至此,在 My PCB Project. PRJPCB 设计项目下有 3 个文件:7. 1. 3 节生成的原理图文件 My First SCH. SCHDOC、网络报表 My PCB Project. NET 和刚创建的 PCB 文件 My First PCB. PCBDOC。

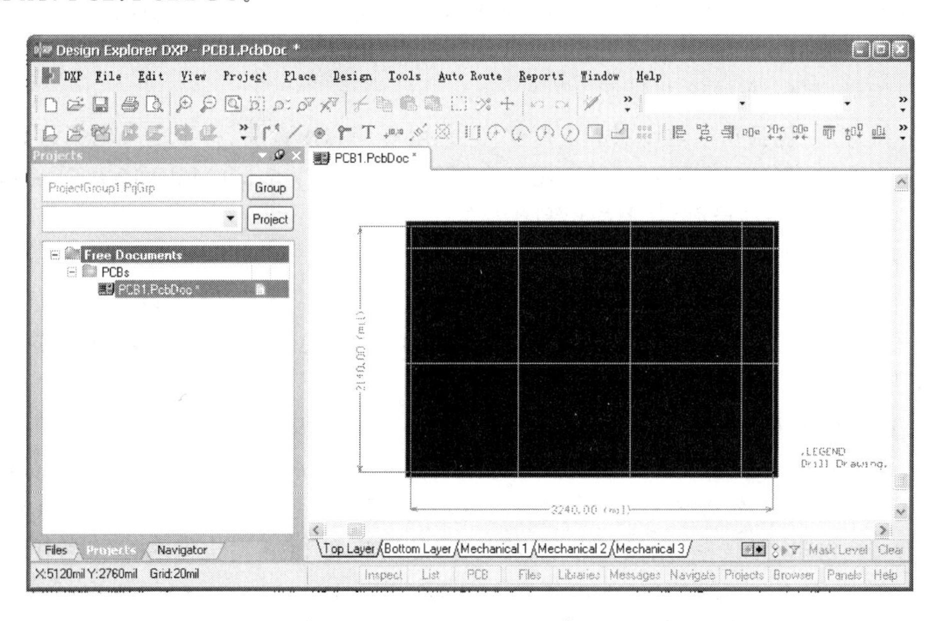

图 7.51　利用 PCB Board Wizard 新建的 PCB 自由文件

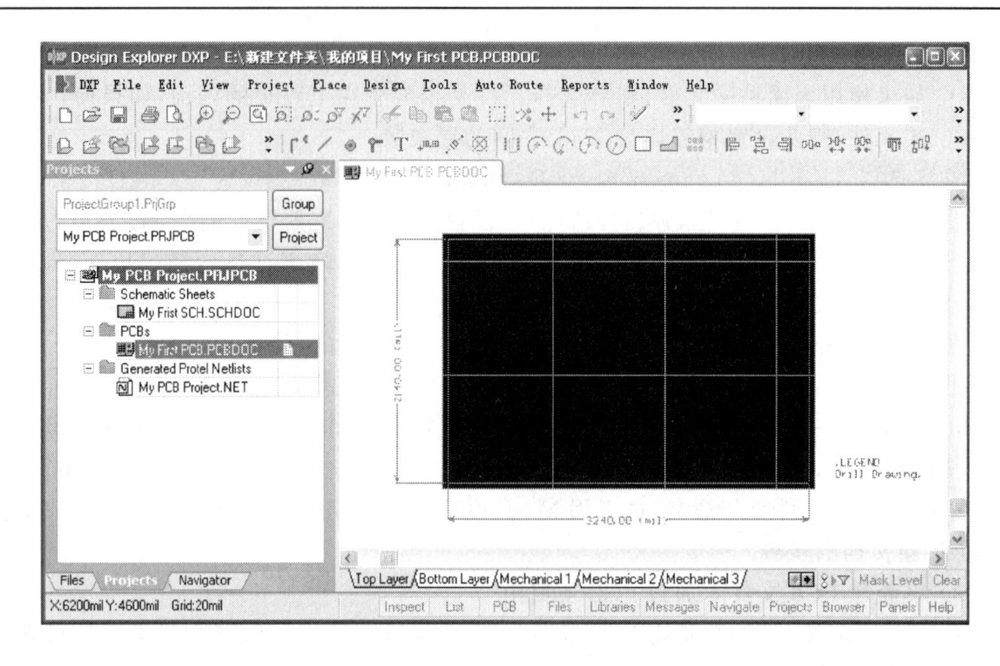

图 7.52 添加到 PCB 项目中的 PCB 文件

7.3.4 设置 PCB 设计环境

Protel DXP 还提供了人工设置 PCB 设计环境的功能，主要内容包括：设置 PCB 板结构，设置网格和设置系统参数。

1. 设置 PCB 板结构

在 7.3.1 节中已经介绍了 PCB 板有单面板、双面板和多层板之分，在 Protel DXP 中这些 PCB 板都是由层构成，Protel DXP 的 PCB 编辑器提供以下 3 种类型的层。

- 电气层：包括 32 个信号层和 16 个内部电源/接地层。
- 机械层：包括 16 个机械层。
- 特殊层：包括顶层丝印层和底层丝印层、阻焊层和锡膏层、用于定义电气边界的禁止布线层(Keep Out Layer)、用于多层焊盘和导孔的多层(Multi Layer)、钻孔层、连接层、DRC 错误层、栅格层和孔层等。

(1) 设置 PCB 板层

执行菜单命令 Design/Layer Stack Manager，弹出 Layer Stack Manager 对话框，如图 7.53 所示。在该对话框中给出了顶层和底层两个信号层，使用对话框右侧的按钮可增减信号层或电源/接地层和调整层参数。

(2) 设置 PCB 板显示/颜色

执行菜单命令 Design/Board Layers & Colors，弹出 Board Layers & Colors 对话框。在该对话框中，有 6 个功能区分别设置 PCB 板各层是否显示和显示的颜色。在每个功能区中有一个 Show 复选框，用鼠标选中(即勾选)的层将在 PCB 编辑器的标签栏中显示该层标签；单击 Color 下的颜色，弹出颜色对话框，用于对 PCB 板层的颜色进行编辑；在 System Colors 功能区中设置包括可见网格(Visible Grid)、焊盘孔(Pad Hole)、导孔(Via

Hole)、PCB 工作区等项的颜色及其显示。

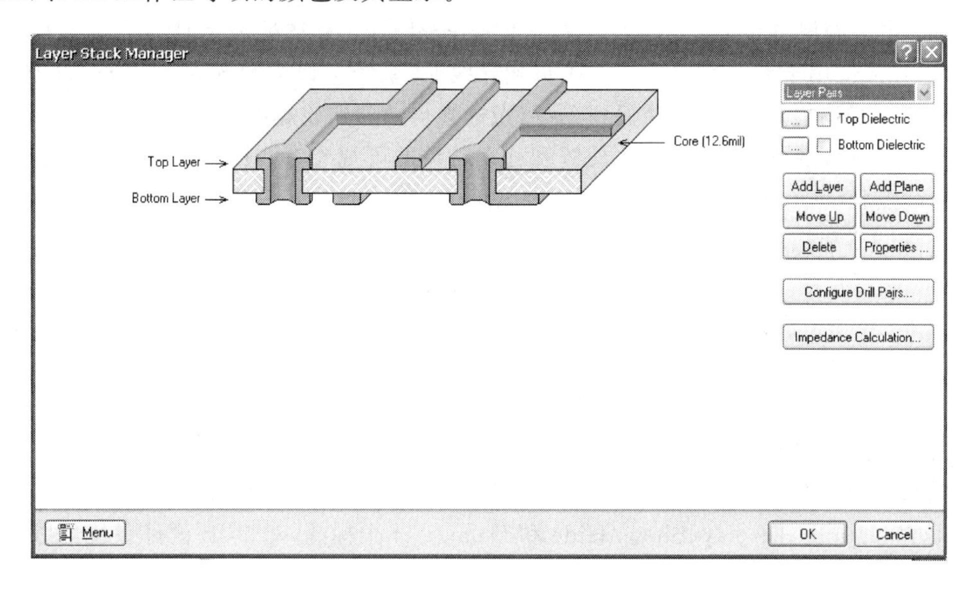

图 7.53　Layer Stack Manager 对话框

2. 设置网格

执行菜单命令 Design /Board Options，弹出 Board Options 对话框，如图 7.54 所示。该对话框包括 6 个功能区，可对网格进行设置。

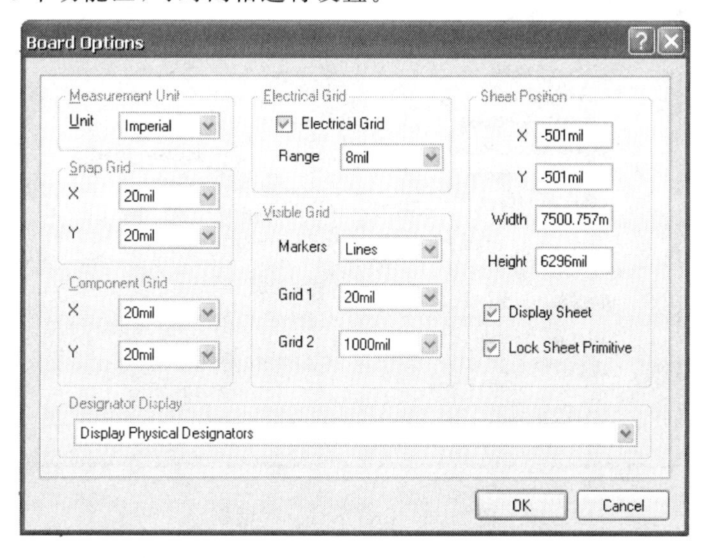

图 7.54　Board Options 对话框

(1) 度量单位(Measurement Unit)功能区：设置度量单位，包括英制和公制，系统默认为英制。

(2) 移动网格(Snap Grid)功能区：设置控制光标移动的移动网格的间距。设计者可以分别设置 X、Y 轴的网格间距。

（3）元件网格（Component Grid）：设置元器件移动的间距。

（4）电气网格（Electrical Grid）：选中 Electrical Grid 复选框表示具有自动捕捉焊盘的功能，Range 用于设定捕捉半径。在布置导线时，系统会以当前光标为中心，以 Range 设定值为半径捕捉焊盘，一旦捕捉到焊盘，光标会自动加到该焊盘上。

（5）可视网格（Visible Grid）：放置和移动对象的可视参考。PCB 编辑器提供了线状（Line）和点状（Dot）两种网格类型，可以在 Makers 栏中选择。一般设计者可以分别设置网格为细网格和粗网格。

（6）图纸位置（Sheet Position）：设置图纸的大小和位置。*X* 和 *Y* 框设置图纸的左下角的位置；Width 框设置图纸的宽度；Height 框设置图纸的高度。如果选中 Display Sheet 复选框，则显示图纸，否则只显示 PCB 部分。如果选中 Lock Sheet Primitive，则可以链接具有模板元素（如标题块）的机械层到该图样。

3. 设置系统参数

执行菜单命令 Tool/Preferences，弹出 Preferences 对话框，如图 7.55 所示。通过该对话框的 Options、Display、Show/Hide 和 Defaults 4 个标签，对 PCB 设计系统的参数进行设置。

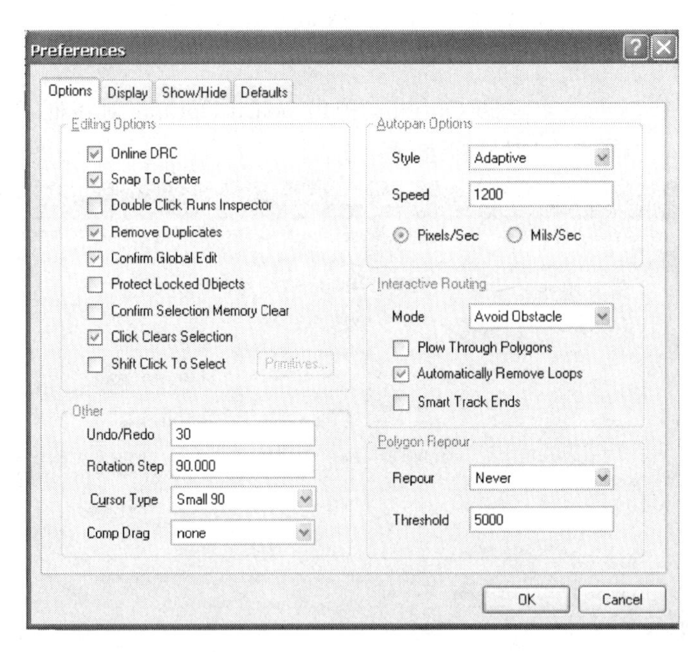

图 7.55　Preferences 对话框

（1）Options 标签：设置 PCB 设计中的基本操作，包括编辑操作设置（Editing Options）、自动移屏设置（Autopan Options）、交互式布线设置（Interactive Routing）、矩形敷铜设置（Polygon Report）和其他设置（Other）。

（2）Display 标签：设置 PCB 设计中的显示操作，包括屏幕显示设计（Display Options）、显示方式设置（Show）和布线及字符串设置（Draft Thresholds）。

（3）Show/Hide 标签：设置 PCB 设计中对象的显示模式，包括圆弧（Arcs）、填充

(Fills)、焊盘(Pads)、敷铜(Polygons)、尺寸标注(Dimensions)、字符串(Strings)、导线(Tracks)、过孔(Vias)、标尺(Coordinates)、区域(Rooms)和飞线(From Tos)设计对象，每一种设计对象都有实心显示(Final)、轮廓显示(Draft)和隐藏(Hidden)。

(4) Defaults 标签：设置 PCB 设计中各项参数的默认值。

7.3.5 元件放置

元件放置是指元件封装的放置，PCB 编辑器提供了两种放置元件的方法，即自动放置元件和手动放置元件。

1. 自动放置元件

所谓自动放置元件就是将原理图中元件和网络等信息引入到 PCB 板，即加载网络报表，以便为元件布局和布线做准备。加载网络报表的步骤如下。

步骤①：在原理图编辑器中执行菜单命令 Design/Update My First PCB. PCBDOC 或在 PCB 编辑器中执行菜单命令 Design/Import Changes From [My PCB Project. PRJPCB]，弹出 Engineering Change Order 对话框，如图 7.56 所示。该对话框列出了元件和网络等信息及其状态。

Engineering Change Order

Enable	Action	Affected Object		Affected Document	Check	Done
	Add Components(9)					
✔	Add	C1	To	My First PCB.PCBDOC		
✔	Add	C2	To	My First PCB.PCBDOC		
✔	Add	D1	To	My First PCB.PCBDOC		
✔	Add	D2	To	My First PCB.PCBDOC		
✔	Add	JP1	To	My First PCB.PCBDOC		
✔	Add	JP2	To	My First PCB.PCBDOC		
✔	Add	Q1	To	My First PCB.PCBDOC		
✔	Add	R1	To	My First PCB.PCBDOC		
✔	Add	T1	To	My First PCB.PCBDOC		
	Add Nodes(23)					
✔	Add	C1-1 to NetC1_1	In	My First PCB.PCBDOC		
✔	Add	C1-2 to GND	In	My First PCB.PCBDOC		
✔	Add	C2-1 to NetC2_1	In	My First PCB.PCBDOC		
✔	Add	C2-2 to GND	In	My First PCB.PCBDOC		
✔	Add	D1-1 to GND	In	My First PCB.PCBDOC		
✔	Add	D1-2 to NetD1_2	In	My First PCB.PCBDOC		
✔	Add	D2-1 to GND	In	My First PCB.PCBDOC		
✔	Add	D2-2 to NetD2_2	In	My First PCB.PCBDOC		
✔	Add	D2-3 to NetC1_1	In	My First PCB.PCBDOC		
✔	Add	D2-4 to NetD2_4	In	My First PCB.PCBDOC		

Validate Changes | Execute Changes | Report Changes... | Close

图 7.56 Engineering Change Order 对话框

步骤②：单击 Engineering Change Order 对话框中的 Validate Changes 按钮，对原理图进行检查。如果原理图没有错误，在该对话框的 Check 列显示勾选；如果有错误，将显示红色叉标记，并在信息(Mcssages)工作面板中给出错误信息，双击错误信息回到原理图进行错误修改，直到没有错误信息为止。

步骤③：单击 Execute Changes 按钮，开始加载原理图元件信息和网络信息。完成后 Done 列显示勾选。

步骤④:单击 Close 按钮关闭对话框。原理图中所有的元件将出现在 PCB 板上,如图 7.57 所示。图中被加载元件所处的区域称为元件盒(Room),元件盒中被加载元件间都用线连接起来,这种线称为飞线。

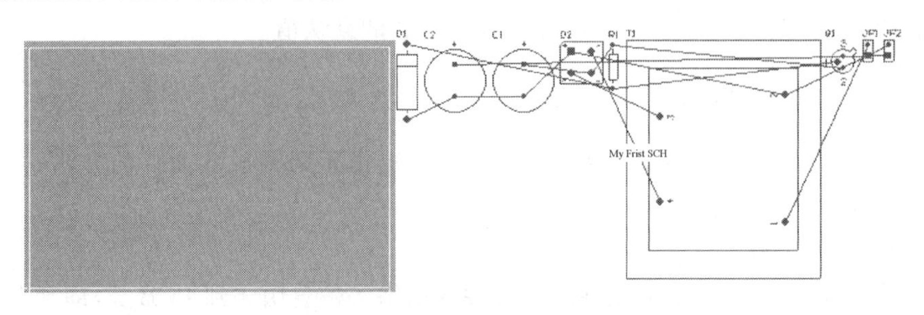

图 7.57　加载网络报表的 PCB 板

2. 手动放置元件

(1) 手动放置元件的步骤

以放置图 7.10 中三极管 Q1 的元件为例,介绍 PCB 编辑器中手动放置元件的步骤。

步骤①:执行菜单命令 Place/Component,弹出如图 7.58 所示的 Place Component 对话框。如果已知该元件的封装形式(如 CAN-3/D 5.8)、标识(如 Q1)和注释(如 2N2222A)等信息,可直接在该对话框内填写,单击 OK 按钮,将该元件移动到工作窗口的适当位置单击,即完成一个三极管元件的放置。

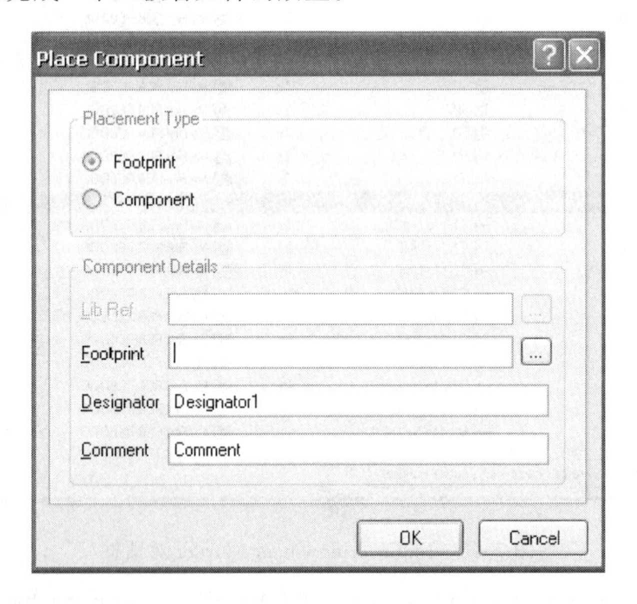

图 7.58　Place Component 对话框

步骤②:如果不知道该元件的封装形式,可单击 Footprint 对话框后的…按钮,在弹出的 Browse Libraries 对话框的 Libraries 栏中,选择该元件的封装形式,如 CAN-3/D 5.8,如图 7.59 所示。单击 OK 按钮,将该元件移动到工作窗口的适当位置单击即可。

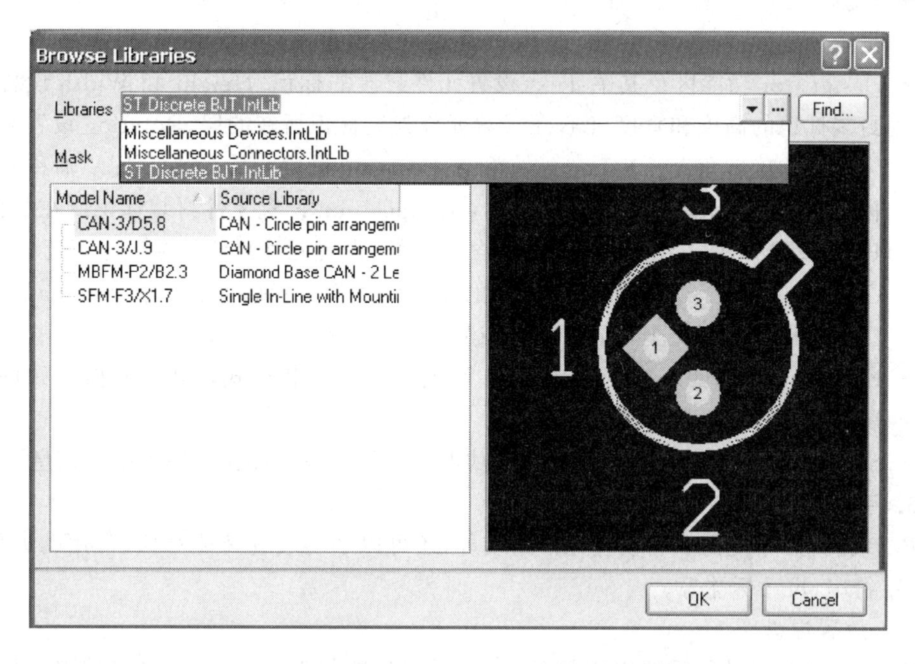

图 7.59　Browse Libraries 对话框

(2) 元件属性的编辑

如果设计者对所放置元件的某些属性设置感到不满意，可双击该元件，在弹出的元件属性对话框中对该元件的属性进行编辑。图 7.60 为三极管 Q1 的元件属性对话框。

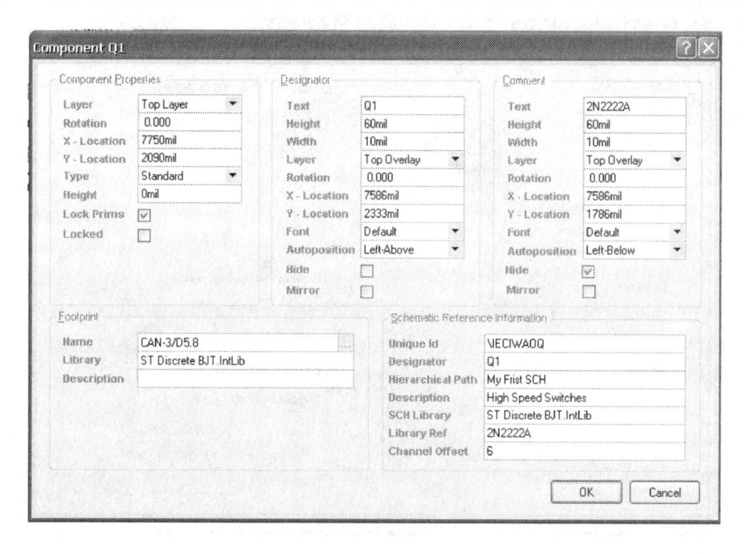

图 7.60　元件属性对话框

对话框包含 5 个功能区：

- Component Properties 功能区。其中 Layer 设置元件封装所在的板层，Rotation 设置元件封装的旋转角度，X-Location 和 Y-Location 设置元件封装 X 轴和 Y 轴坐标，Type 设置元件封装的形状，Height 设置元件封装的高度，Lock Prims 设置是否锁定元件封装的结构，Locked 设置是否锁定元件封装的位置。

- Designator 功能区。其中 Text 设置元件封装的标识，Height 和 Width 设置元件封装标识的高度和宽度，Layer 设置元件封装标识所在的层，Rotation 设置元件封装标识的旋转角度。X-Location 和 Y-Location 设置元件封装标识 X 轴和 Y 轴坐标，Font 设置元件封装标识的字体，Autoposition 设置元件封装标识所在的位置，Hide 设置元件封装的标识是否隐含，Mirror 设置元件封装的标识是否反转。
- Comment 功能区。设置元件封装的注释的属性，每项的含义与 Designator 功能区中的设置含义完全相同，不再重述。
- Footprint 功能区。其中 Footprint 设置元件的封装形式，Library 描述元件封装所在的元件库。
- Schematic Reference Information 功能区。描述该元件在原理图中的信息。

3. 手动放置其他对象

PCB 编辑器除提供手动放置元件封装外，还可以手动放置其他对象，常用的如焊盘、过孔、字符串、尺寸标注等。

(1) 放置焊盘

焊盘是 PCB 设计的重要组成部分，它将元件封装与 PCB 板进行电气连接。执行菜单命令 Place/Pad，即完成一个焊盘的放置。

通常在放置焊盘的过程中按 Tab 键或双击放置完成的焊盘，弹出 Pad 对话框，如图 7.61 所示，通过该对话框可以设置焊盘的参数。

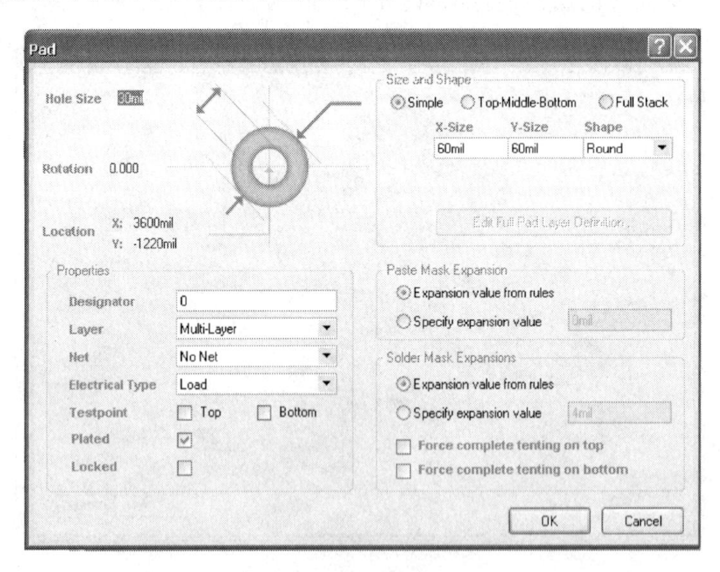

图 7.61　Pad 对话框

焊盘的参数包括：

- Hole Size。设置焊盘通孔直径。
- Rotation。设置焊盘旋转角度。
- Location X /Y。设置焊盘的 X /Y 轴坐标。

- Designator。设置焊盘标号。
- Layer。设置焊盘所在的板层。
- Net。设置焊盘所在的网络。
- ElectricalType。设置焊盘在网络中的属性，包括中间点(Load)、起点 (Source)和终点(Terminator)3 个类型。
- Testpoint。设置测试点所在的板层。
- Plated。设置是否将焊盘的导孔孔壁镀锡。
- Locked。设置是否将焊盘的位置锁定。
- X-Size/Y-Size。分别设置焊盘的 X 轴和 Y 轴的尺寸。
- Shape。设置焊盘的形状，可选择圆形(Round)、矩形(Rectangle)和八角形(Octagonal)。
- Paste Mask Expansion 和 Solder Mask Expansions。分别设置助焊层和阻焊层的大小是按设计规则设置还是按特殊值设置。

(2) 放置过孔

焊盘也是 PCB 设计的重要组成部分，它是用来连接不同板层的导线。执行菜单命令 Place/Via，即完成一个过孔的放置。

通常在放置过孔的过程中按 Tab 键或双击放置完成的过孔，弹出 Via 对话框，如图 7.62 所示，通过该对话框可以设置过孔的参数。

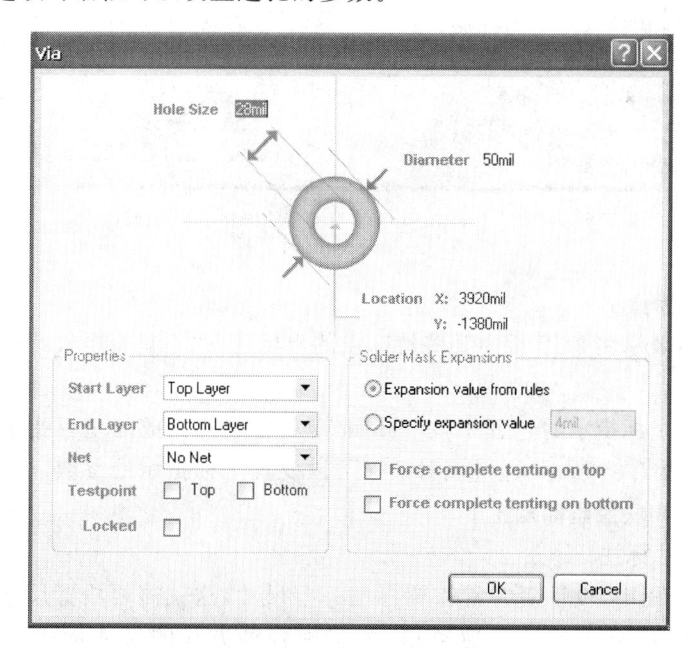

图 7.62　Via 对话框

过孔的主要参数包括：

- Hole Size。设置过孔通孔直径。
- Diameter。设置过孔直径。

- Location X /Y。设置过孔的 X/Y 轴坐标。
- Start Layer。设置过孔的起始层。
- End Layer。设置过孔的结束层。

(3) 放置字符串

字符串为相应的元件封装添加文字标注,以增强 PCB 的可读性,其不具有任何电气特性。执行菜单命令 Place/String,即完成一个字符串的放置。

通常在放置字符串的过程中按 Tab 键或双击放置完成的字符串,弹出 String 对话框,如图 7.63 所示,通过该对话框可以设置字符串的参数。字符串一般应放在顶层丝印层和底层丝印层上。

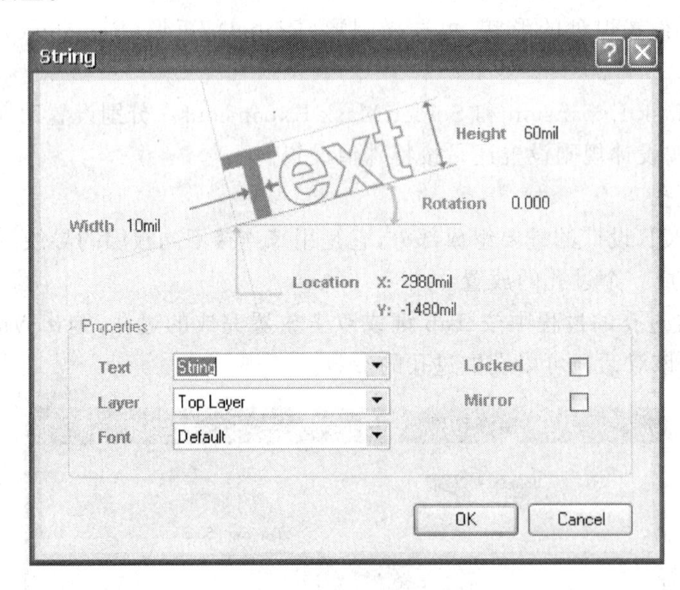

图 7.63 String 对话框

(4) 放置坐标指示

坐标指示用来标注 PCB 板中某些特殊点的坐标值,也不具有电气特性。即完成一个坐标指示的放置。

通常在放置坐标指示的过程中按 Tab 键或双击放置完成的坐标指示,弹出 Coordinate 对话框,如图 7.64 所示,通过该对话框可以设置坐标指示的参数。坐标指示一般应放在顶层丝印层和底层丝印层上。

(5) 放置尺寸标注

PCB 设计过程中,设计者常常需要标注一些尺寸,这就需要放置尺寸标注。选择菜单命令 Place/Dimension 下的下拉菜单,可实现各种方式的尺寸标注。执行菜单命令 Place/Dimension/ Dimension,即完成一个尺寸标注的放置。

通常在尺寸标注放置的过程中按 Tab 键或双击放置完成的尺寸标注,弹出 Dimension 对话框,如图 7.65 所示,通过该对话框可以设置尺寸标注的参数。尺寸标注一般应放在机械层上。

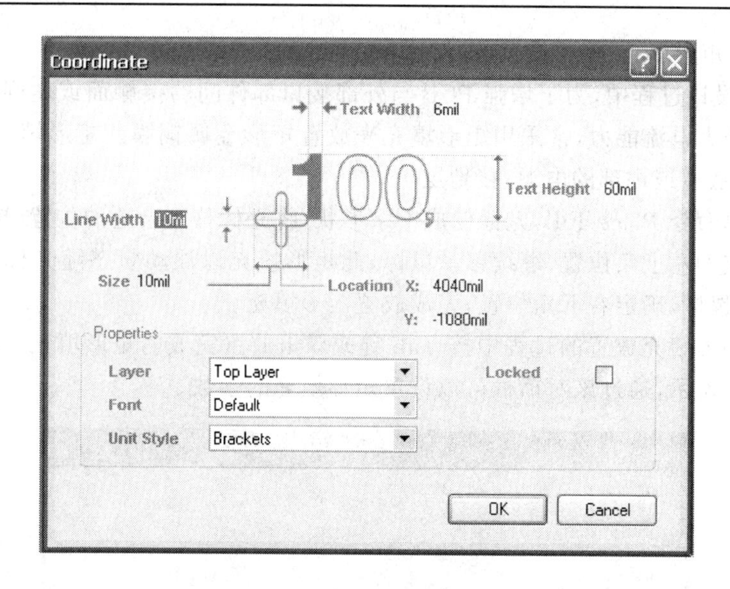

图 7.64　Coordinate 对话框

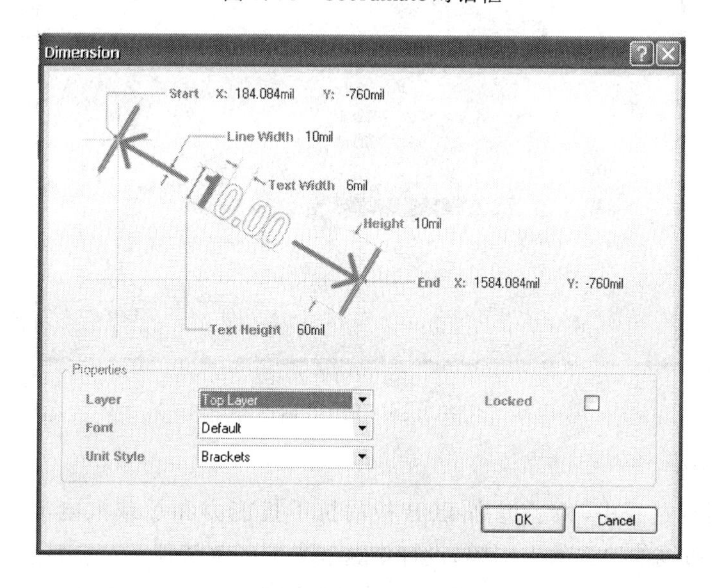

图 7.65　Dimension 对话框

(6) 放置相对原点

在 PCB 设计系统中,原点分为绝对原点和相对原点。绝对原点又称为系统原点,位于 PCB 编辑器工作窗口的左下角,其位置是固定不变的;相对原点是由绝对原点定位的一个坐标原点,其位置可以由设计者自己设定。刚进入 PCB 设计系统时,两个原点是重叠的。在设计 PCB 板时,PCB 编辑区状态栏中指示的坐标值根据相对原点确定。使用相对原点可以给 PCB 板的设计带来很大的方便。

执行菜单命令 Edit/Origin/Set,即可完成相对原点的放置。当不需要相对原点时,可以执行菜单命令 Edit/Origin/Reset,相对原点重新和绝对原点相重合。

(7) 放置矩形填充

在 PCB 设计过程中,为了增强 PCB 与外部接口部件间的接触面或增强 PCB 板的抗干扰性和承载大电流能力,常采用矩形填充来放置矩形金属铜膜。矩形填充一般放置在 PCB 的顶层、底层或内部的电源/接地层上。

执行菜单命令 Place/Fill,光标变成十字形状,将光标移到合适的位置,单击鼠标确定矩形铜膜填充的左上角位置,继续移动鼠标,此矩形填充以浮动状态随光标移动,到合适位置时,单击鼠标,确定右下角位置,完成放置矩形填充。

通常在矩形填充放置的过程中按 Tab 键或双击放置完成的矩形填充,弹出 Fill 对话框,如图 7.66 所示,通过该对话框可以设置矩形填充的参数。

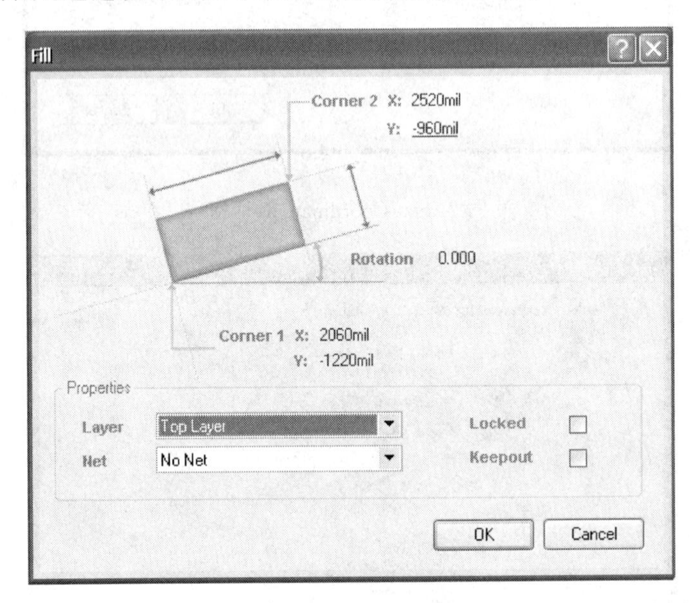

图 7.66 Fill 对话框

(8) 放置敷铜

在 PCB 设计过程中,为了提高 PCB 板的抗干扰能力和承载大电流能力,常需要将 PCB 板上没有布线的地方敷上铜膜,设计中这些敷铜经常接地。

执行菜单命令 Place/Polygon Plane,弹出如图 7.67 所示的 Polygon Plane 对话框,通过该对话框可以设置敷铜的参数。

敷铜的主要参数包括:

- Surround Pads With。设置敷铜和焊盘间的环绕形式,包括圆弧(Arcs)和八角形(Octagons)。
- Grid Size。设置敷铜线的格点间距。
- Track Width。设置敷铜线的线宽。
- Hatching Style。设置敷铜的布线形式,包括中空敷铜(None)、90°线敷铜 (90 Degree)、45°线敷铜(45 Degree)、水平网格敷铜(Horizontal)、垂直网格敷铜(Vertical)5 种形式。

- Layer。设置敷铜所在的板层。
- Min Prim Length。设置敷铜线的最短限制。
- Lock Primitives。设定是否将敷铜锁定。
- Connect to Net。设置敷铜所连接的网络，通常将敷铜连接到地线上。如果选为 No Net，表示敷铜不连接任何网络，下面两个复选项不起作用。
- Pour Over Same Net。设置如果敷铜是否覆盖它所连接网络中的导线。
- Remove Dead Copper。设置是否删除死铜。所谓死铜是指无法连接到指定网络的敷铜。

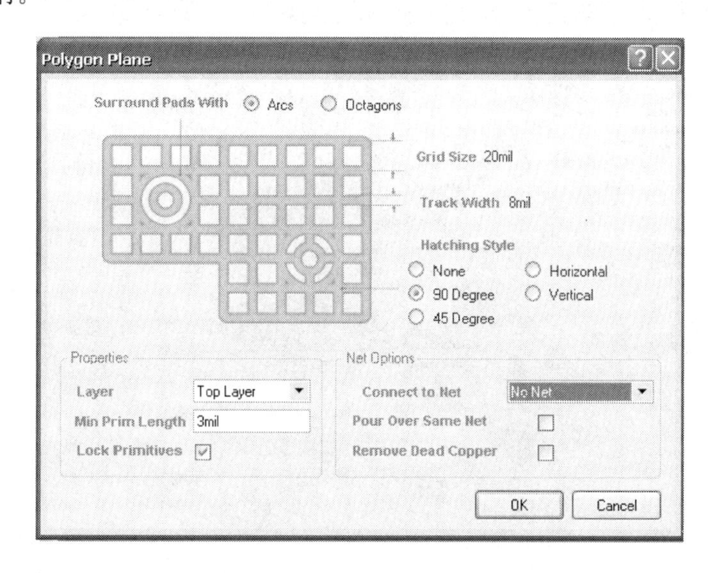

图 7.67　Polygon Plane 对话框

除手动放置上述的 PCB 设计对象外，执行菜单命令 Place/Interactive Routing，可完成 PCB 板的手动布线，关于手动布线的内容，将在 7.3.8 节进行介绍。执行菜单命令 Place/Line 或 Place/Arc，可放置直线和圆弧，这两种设计对象均为非电气对象，主要用于绘制 PCB 板的标注和说明图形等，这里就不再介绍了。

7.3.6　设置 PCB 设计规则

PCB 设计规则是 PCB 设计的基本准则，其作用是制约 PCB 设计的自动布局和自动布线等操作。在 Protel DXP 中，PCB 设计系统提供了一个功能强大、内容丰富的 PCB 设计规则。执行菜单命令 Design/Rules，弹出 PCB Rules and Constraints Editor 对话框。通过该对话框可进行 10 个类别的 PCB 规则和约束的设置，包括电气规则(Electrical)、布线规则(Routing)、SMT 元件规则(SMT)、阻焊规则(Mask)、内部电源/接地规则(Plane)、测试点规则(Testpoint)、制造规则(Manufacturing)、高频电路规则(High Speed)、布局规则(Placement)和信号完整性规则(Signal Integrity)，其中重要的是电气规则、布局规则和布线规则。

1. 电气规则的设置

电气设计规则用来对 PCB 设计中的电气特性进行设置。在 PCB Rules and Constraints Editor 对话框中，双击左侧列表框中的 Electrical 选项，会展开该设计规则的详细列表。从详细列表可见，电气设计规则包括安全距离规则、短路规则、未连接网络规则和未连接引脚规则 4 小类设计规则。

(1) 安全距离规则(Clearance)

Clearance 规则用于设置 PCB 中导线、过孔、焊盘、矩形敷铜填充等对象相互间的最小安全距离。单击 Clearance 设计规则下的 Clearance 选项，弹出 Clearance 规则对话框，如图 7.68 所示。该对话框包括 3 个功能区：

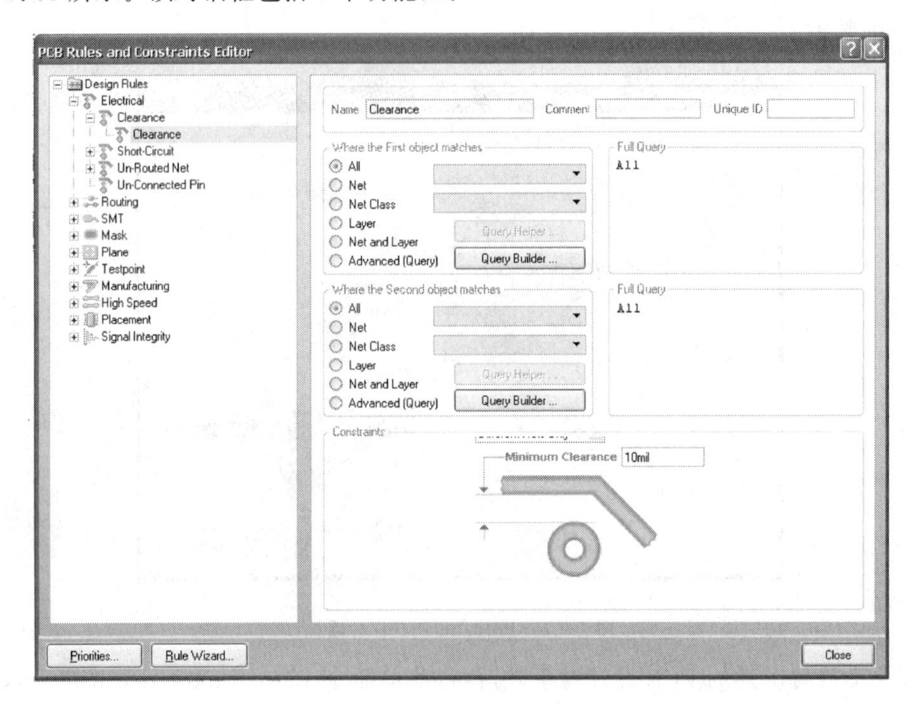

图 7.68　Clearance 对话框

① 规则名称功能区

位于 Clearance 规则对话框的上部，其中 Name 用来指定设计规则的名称，Comment 用来指定设计规则的描述信息，Unique ID 用来指定系统为设计规则分配的唯一 ID 号。对于不同的设计规则，规则名称功能区中各设置选项的意义完全相同，在对其他设计规则介绍中，该功能区就不再介绍。

② 规则作用功能区

位于 Clearance 规则对话框的中部，用来对设计规则的作用范围进行设置。其中 All 指规则的作用范围是 PCB 中的所有对象，Net 指规则的作用范围是 PCB 中的所有网络，Net Class 指规则的作用范围是 PCB 中某一网络类的所有对象，Layer 指规则的作用范围是某一层上的所有对象，Net and Layer 指规则的作用范围是某层上的网络对象，Advanced(Query)指规则作用范围是 Query Builder 建立的应用对象表达式，Full Query 指是否可以进行所有对象的查询操作。对于不同的设计规则，规则作用功能区中各设置选项的意义完全相同，在对其他设计规则介绍中，该功能区就不再介绍。

③ 规则参数约束功能区(Constraints)

位于 Clearance 规则对话框的下部,用来对设计规则的具体参数进行设置。对于不同的设计规则,Constraints 功能区的设置各不相同。在 Clearance 规则中 Constraints 功能区中的下拉菜单用于设置安全距离规则的具体作用范围,其中 Different Net Only 表示所有网络中的对象间的距离必须大于设置的安全距离,Same Net Only 表示相同网络中的对象间的距离必须大于设置的安全距离,Any Net 表示所有网络中的对象间的距离必须大于设置的安全距离。Minimum Clearance 栏用于设置安全距离的具体数值。

(2) 短路规则(Short-Circuit)

Short-Circuit 规则用于设定电路板上的导线是否允许短路。Short-Circuit 规则对话框中的 Constraints 功能区中选中 Allow Short-Circuit 复选项,则允许短路。否则,不允许短路。

(3) 未连接网络规则(Un-Routed Net)

Un-Routed Net 规则用于检查指定范围内的网络是否布线成功,如果有布线失败的网络,该网络上已经布的导线将保留,没有成功布线的网络将保持飞线。Un-Routed Net 规则不需设置其他约束,只要创建规则,设置基本属性和适用对象即可。

(4) 未连接引脚规则(Un-Conneted Pin)

Un-Conneted Pin 规则用于检查指定范围内的元件封装的引脚是否连接成功。该规则也不需设置其他约束,只要创建规则,设置基本属性和适用对象即可。

2. 布局设计规则的设置

布局设计规则是与 PCB 中自动布局操作密切相关的规则,用于对 PCB 中布局操作进行设置。在 PCB Rules and Constraints Editor 对话框中,双击左侧列表框中的 Placement 选项,展开该设计规则的详细列表。从详细列表可见,布局设计规则包括 6 小类设计规则,说明如下:

(1) Room 定义规则(Room Definition)

Room Definition 规则用于定义元件的尺寸及其所在的板层。Room Definition 对话框如图 7.69 所示。Constraints 功能区各项功能如下:

- Room Locked 设置锁定元件区域。
- Define 按钮设置元件区域的大小。单击该按钮后,光标变成十字状并激活 PCB 编辑器,用鼠标确定元件区域的大小。
- x1、y1、x2 和 y2 栏设置元件区域的对角顶点的坐标,元件区域的大小也可以通过该栏的坐标设置。
- 通过在倒数第二个栏中选择 Top Layer 或 Bottom Layer,设置元件区域布置到顶层或底层。
- 通过倒数第一个栏设置元件相对于元件区域的位置,其中 Keep Objects Inside 表示元件放在元件区域以内,Keep Objects Outside 表示元件放在元件区域以外。

(2) 元件安全距离规则(Component Clearance)

Component Clearance 规则用于设置元件封装间的最小距离。在 Component Clearance 对话框的 Constraints 功能区 Check Mode 栏中设置检查模式,其中 Quick Check、

MultiLayer Check、FullCheck 分别表示快速检查，多层检查，全面检查模式。

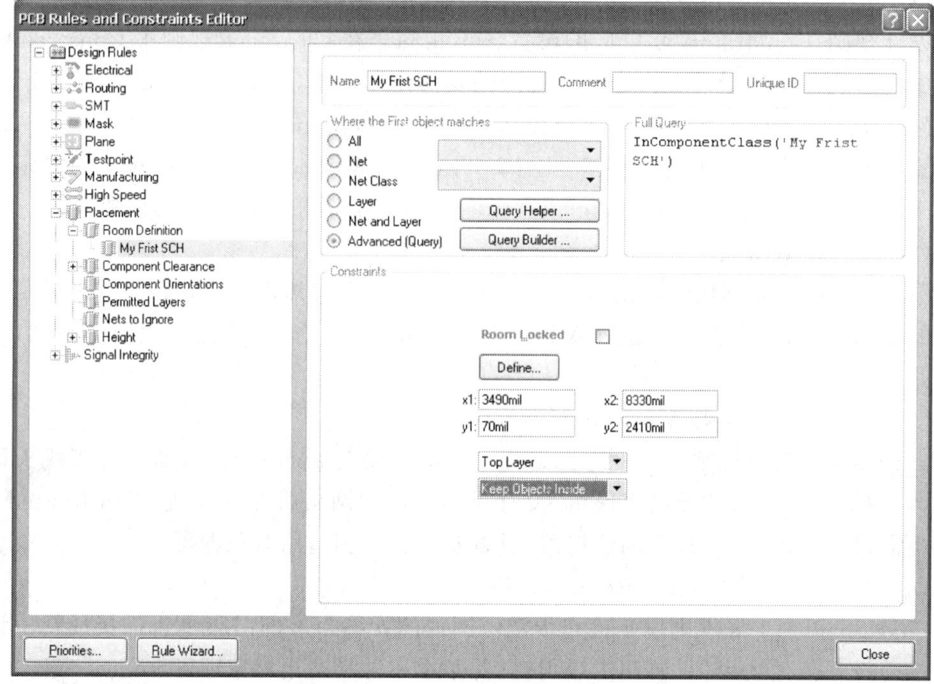

图 7.69 Room Definition 对话框

(3) 元件放置方向规则(Component Orientation)

Component Orientation 规则设置元件封装的放置方向。

(4) 元件允许布局层规则(Permitted Layer)

Permitted Layer 规则设置自动布局时元件封装的放置板层。

(5) 可忽略的网络规则(Nets to Ignore)

Nets to Ignore 规则设置自动布局时忽略的网络。元件组自动布局时，忽略电源网络可以使得布局速度和质量有所提高。

(6) 元件高度规则(Height)

Height 规则设置在 PCB 板上放置元件的高度。在其 Constraints 功能区可设置允许元件放置的最小高度(Minimum)、推荐高度(Preferred)和最大高度(Maximum)。

3. 布线设计规则的设置

布线设计规则是与 PCB 中自动布线操作密切相关的规则，用于对 PCB 中布线操作进行设置。在 PCB Rules and Constraints Editor 对话框中，双击左侧列表框中的 Routing 选项，会展开该设计规则的详细列表。从详细列表可见，布线设计规则包括 7 小类设计规则。

(1) 线宽规则(Width)

Width 规则设定布线时的铜膜导线的宽度。Width 对话框如图 7.70 所示。Constraints 功能区各项功能如下：

- Max Width 栏设置铜膜导线的最大宽度；

- Preferred Width 栏设置铜膜导线的推荐宽度；
- Min Width 栏设置铜膜导线的最小宽度；
- 选中 Characteristic Impedance Driven Width 复选项后，可通过对最大、最小和推荐电阻率的设置来改变铜膜导线的宽度规则；
- 选中 Layers in layerstack only 复选项后，设置的规则将用于现有的 PCB 板层，否则该规则将应用于 PCB 编辑器支持的所有层；
- Constraints 功能区下的列表中还能针对不同 PCB 板层，设置不同的 Width 设计规则。

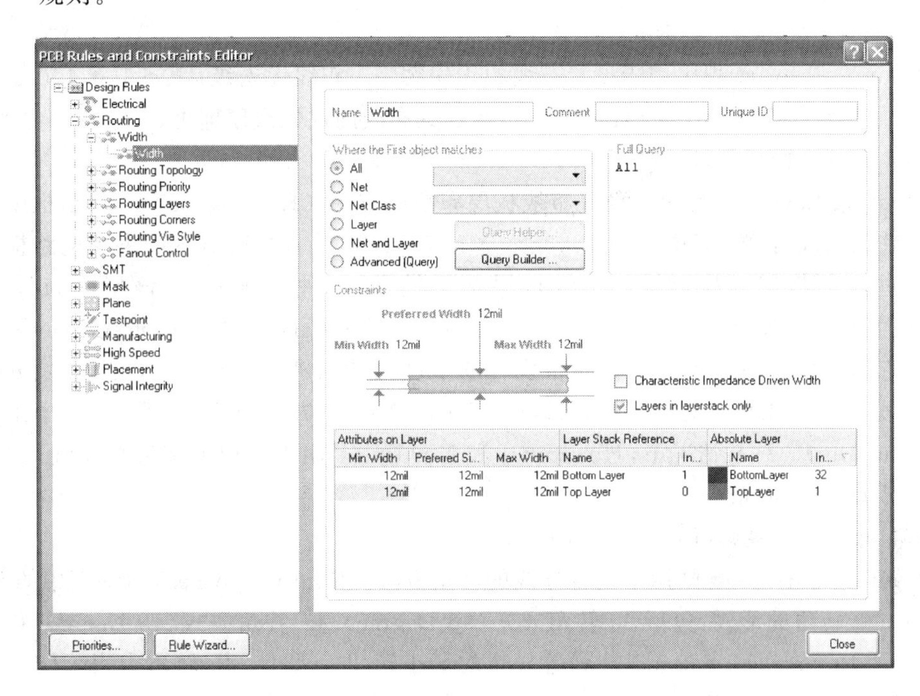

图 7.70 Width 对话框

(2) 布线拓扑规则(Routing Topology)

Routing Topology 规则用于选择飞线生成的拓扑规则。其对话框 Constraints 功能区 Topology 栏中各选项功能如下：

- Shortest 拓扑规则表示生成的一组飞线能够连通网络上的所有节点，并且使连线最短，即布线最短结构。
- Horizontal 拓扑规则表示生成一组飞线能够连通网络上的所有节点，并且使连线在水平方向最短，即水平布线最短结构。
- Vertical 拓扑规则表示生成一组飞线能够连通网络上的所有节点，并且使连线在垂直方向最短，即垂直布线最短结构。
- Daisy Simple 拓扑规则表示在用户指定的起点和终点之间连通网络上的各节点，并且使连线最短，即简单菊花链结构。
- Daisy Mid-Driven 拓扑规则表示以指定的起点为中心向两边的终点连通网络上的各

个节点,起点两边的中间节点数目要相同,并使连线最短,即中点菊花链结构。

- Daisy Balanced 拓扑规则表示将中间节点数平均分配成组,组的数目和终点数目相同,一个中间节点组和一个终点相连接,所有的组都连接在同一个起点上,起点间用串联的方法连接,并且使连线最短,即平衡菊花链结构。
- StarBurst 拓扑规则表示网络中的每个节点都直接和起点相连接,如果设计者指定了终点,那么终点不直接和起点连接。如果没有指定起点,那么系统将试着轮流以每个节点作为起点去连接其他各个节点,找出连线最短的一组连接作为网络的飞线,即星形网络结构。

(3) 布线优先级规则(Routing Priority)

Routing Priority 规则用于设置布线的优先次序。布线优先级从 0～100,100 是最高级,0 是最低级。在 Routing Priority 栏里指定其布线的优先次序即可。

(4) 布线层面规则(Routing Layers)

Routing Layers 规则用于设置布线板层布线的方式。Routing Layers 对话框中共有 32 个布线板层设置项,其中 Mid-Layer1～Mid-Layer30 是否高亮显示取决于电路板是否使用这些中间板层。对于每一布线板层均提供了 11 种布线方法:该层不布线(Not Used)、水平方向布线(Horizontal)、垂直方向布线(Vertical)、任意方向布线(Any)、一点钟方向布线(1OClock)、两点钟方向布线(2OClock)、四点钟方向布线(4OClock)、五点钟方向布线(5OClock)、向上 45°方向布线(45 Up)、向下 45°方向布线(45 Down)、扇出方法布线(Fan Out)。一般情况下,Horizontal 和 Vertical 多用于双层或多层板布线,其他方法多用于单层板布线。

(5) 布线拐角规则(Routing Corners)

Routing Corners 规则用于设置导线的转角方法。Routing Corners 对话框中的 Style 栏设置导线转角的形式,包括 90°转角方式(90 Degree)、45°转角方式(45 Degree)和圆弧转角方式(Rounded)。Setback 栏设置导线的最小转角的大小, 45°转角中表示转角的高度,圆弧转角中表示圆弧的半径。To 栏设置导线转角的最大值。

(6) 布线过孔模式规则(Routing Via Style)

Routing Via Style 规则设置过孔的尺寸。Routing Via Style 对话框的 Constraints 功能区中可设置过孔外径(Via Diameter)和过孔中心孔的直径(Via Hole Size)的最小值(Minimum)、最大值(Maximum)、推荐值(Preferred)。

(7) 扇出控制规则(Fallout Control)

Fallout Control 规则设置 SMD 扇出式布线控制,共设置了 6 种扇出式布线控制规则,大多情况下设计者可以采用默认设置。

除以上介绍的 PCB 设计规则的设置方法外,Protel DXP 的 PCB 设计系统还提供了 PCB 设计规则向导。执行菜单命令 Design/Rule Wizard,根据相应的对话框可帮助设计者完成 PCB 设计规则的设置。

7.3.7 元件布局

PCB 设计规则设置完毕,接下来就可以进行元件布局和 PCB 布线。元件的布局是 PCB

设计中最重要、最复杂的一个环节，它将直接影响到 PCB 设计的优劣。Protel DXP 的 PCB 设计系统为设计者提供了自动和手工两种布局方法，但自动布局的效果通常都不太理想，这时往往需要设计者采用手工布局进行相应的调整操作，或者干脆直接采用手工布局。

1. 自动布局

Protel DXP 提供了强大的自动布局功能，设置合理的布局设计规则后，系统就会按照设计规则将元件自动地在 PCB 上布局。

执行菜单命令 Tools/Auto Placement/Auto Place，弹出自动布局(Auto Place)对话框，如图 7.71 所示。

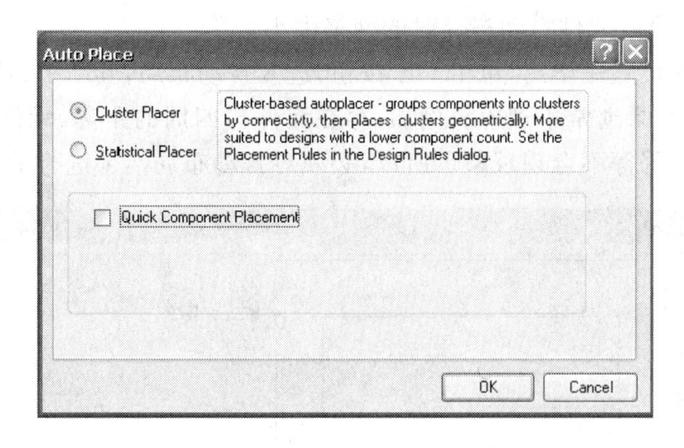

图 7.71　Auto Place 对话框

通过 Auto Place 对话框可以设置两种自动布局方式：

(1) 元件组布局(Cluster Placer)。将 PCB 板中连接关系紧密的元件组成组，以布局面积最小为准则，在几何位置上进行合理布局。该布局方式适用于元件数较少的 PCB 板。采用 Cluster Placer 布局方式时，还可设置快速布局速度(Quick Component Placement)选项，用于加快布局的速度。

(2) 统计布局(Statistical Placer)。根据 PCB 板的具体形状，采用统计学算法以使布线长度最短为目标进行自动布局。该布局方式适用于元件数较多的 PCB 板。选择 Statistical Placer 时，其对话框如图 7.72 所示。

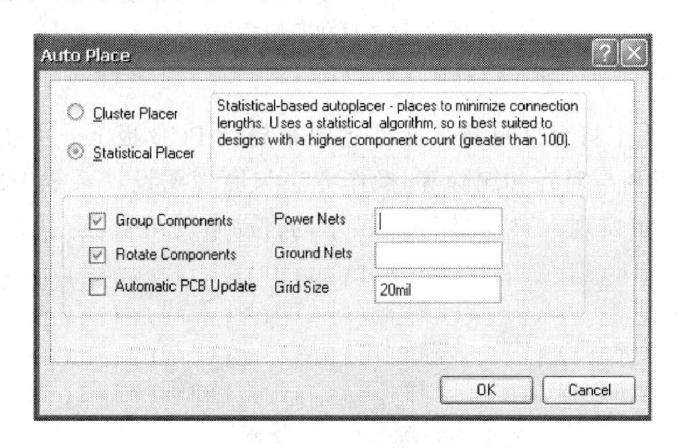

图 7.72　Statistical Placer 对话框

Statistical Placer 对话框中各选项功能如下。

- Group Components：设置是否将当前网络中连接密切的元件作为一组，在布局排列时以该组元件为单位考虑。
- Rotate Components：设置是否将根据网络连接和排列的需要，适当旋转和移动元件或封装。
- Automatic PCB Update：设置在元件布局过程中是否自动更新 PCB。
- Power Nets：设置电源网络的名称。
- Ground Nets：设置接地网络的名称。
- Grid Size：设置元件自动布局时的网格大小。

自动布局方式设置完毕后，单击 OK 按钮，进入自动布局，其结果如图 7.73 所示。很显然，自动布局的结果通常不理想。例如，存在元件与四周的距离、元件之间的相对位置关系及元件整体布局等不合理现象。所以，必须对自动布局结果进行手工布局调整。

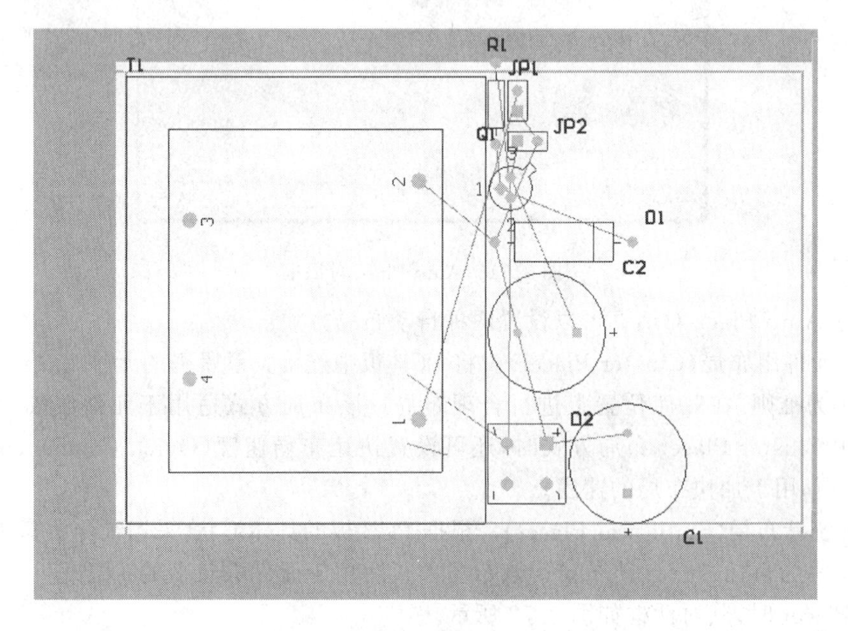

图 7.73　自动布局结果

2. 手工布局

手工布局就是手工将元件封装从元件盒中布局到 PCB 板上。主要操作包括元件的选取、移动、旋转、排列与对齐和删除等，操作方法与原理图设计系统中的方法相类似，利用 Edit 菜单命令即可实现。对于图 7.73 所示的自动布局结果，经手工布局修改后，如图 7.74 所示。

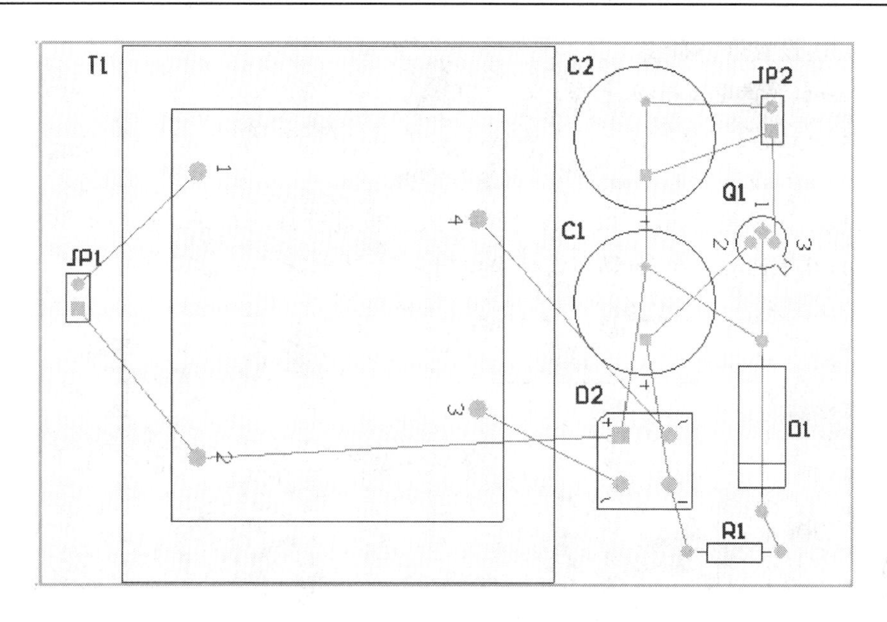

图7.74　手工布局结果

7.3.8　PCB布线

元件布局结束后，就可以对PCB板进行布线，所谓布线就是放置导线，将PCB板上的元件封装的焊盘连接起来。Protel DXP的PCB设计系统提供了自动和手工两种布线方法。自动布线效率高，但有时不尽如人意；手工布线虽然效率低，但能根据需要和喜好控制导线放置的状态。

1. 自动布线

(1) 设置自动布线策略

在自动布线前，除了需完成7.3.6节介绍的设置布线设计规则外，还需要设置自动布线时采取的策略。执行菜单命令Auto Route/Setup，弹出Situs Routings Strategies对话框，设置自动布线策略，共包括两个设置。

- Available Routing Strategies：设置自动布线的布线模式。常采用默认设置。
- Routing Rules：设置布线设计规则。该布线设计规则设置与前面设置布线设计规则是一样的，也可以在此对其进行修改或编辑。

(2) 自动布线的实现

在菜单命令Auto Route中，除了Setup外，还有10个命令。

- All：设置对整个PCB板的布线。
- Net：设置对指定的网络进行布线。
- Connection：设置对指定的焊盘进行点对点布线。
- Component：设置对指定的元件进行布线。
- Area：设置对指定的区域进行布线。
- Room：设置对指定的范围进行布线。

- Stop:设置停止布线。
- Reset:设置重新布线。
- Pause:设置暂停布线。
- Restart:设置在 Pause 命令后再恢复布线。

在完成上述设置后,就可以对布局好的 PCB 板进行自动布线。执行菜单命令 Auto Route/All,开始自动布线,自动布线结果如图 7.75 所示。

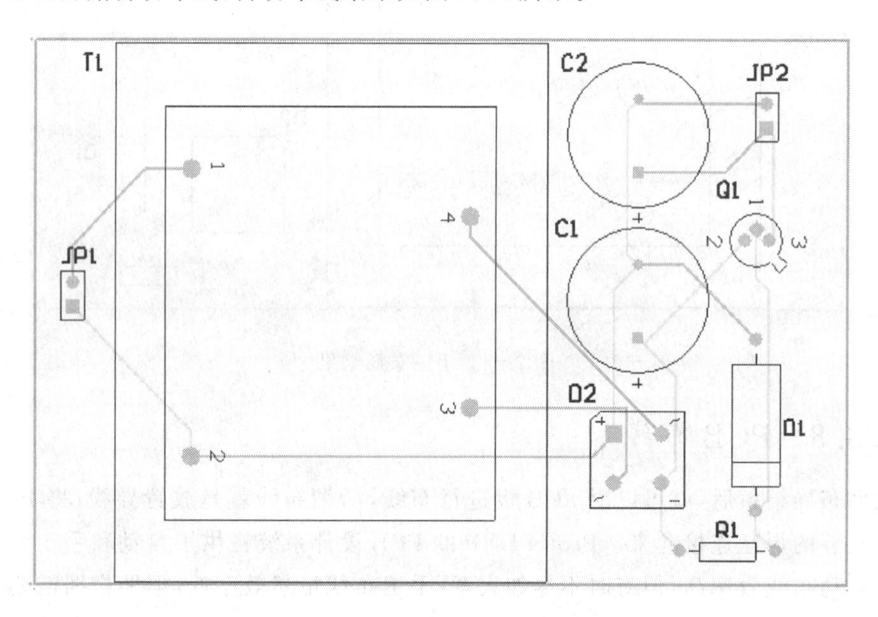

图 7.75　自动布线结果

2. 手工布线

自动布线速度快、效率高,尤其对复杂 PCB 板更能体现其优越性能,但自动布线也存在不合理的地方,常常需要手工对其进行调整。

手工布线就是通过操作鼠标和键盘把导线放置在 PCB 板上。执行菜单命令 Place/Interactive Routing 启动导线放置。启动后,光标变成十字形状,表示处于导线放置模式。布线时可按"*"键进行布线层切换。

将十字光标放在焊盘上,单击鼠标,确定导线的第一个点;移动光标,可以看到导线有两段,第一段是红色粗实线,是正在放置的导线,第二段是红色细实线,称为先行段(Look-ahead)导线,连在光标上;单击鼠标,固定第一段导线,表明它已经放在顶层;按照同样的方法可以把导线连接到同一网络的焊盘上,单击鼠标右键取消导线放置模式,即完成了该网络的布线。在整个布线过程中,飞线连在光标上,随光标移动。删除导线时,单击要删除的导线,按 Delete 键即可。手工布线结果如图 7.76 所示。

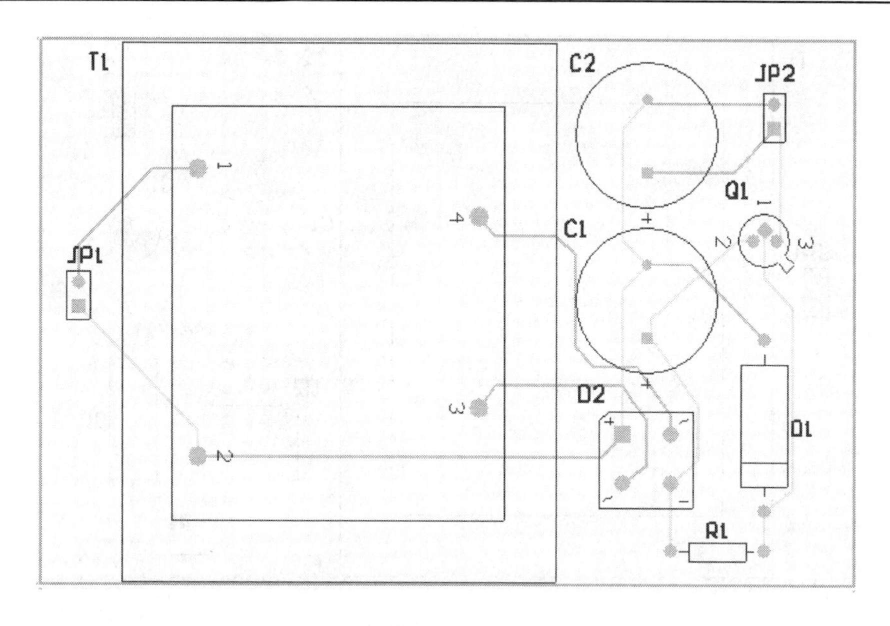

图 7.76　手工布线结果

3. 完善布线

布线完成后，可对布线进行进一步的完善，通常采取的措施有补泪滴。在导线与焊盘的连接处加一段呈泪滴形状的过渡，称为补泪滴。泪滴的主要作用是在钻孔时，避免在导线与焊盘的接触点处出现因力集中而使接触处断裂的情况。

执行菜单命令 Tools/Teardrops 弹出 Teardrop Options 对话框，如图 7.77 所示。

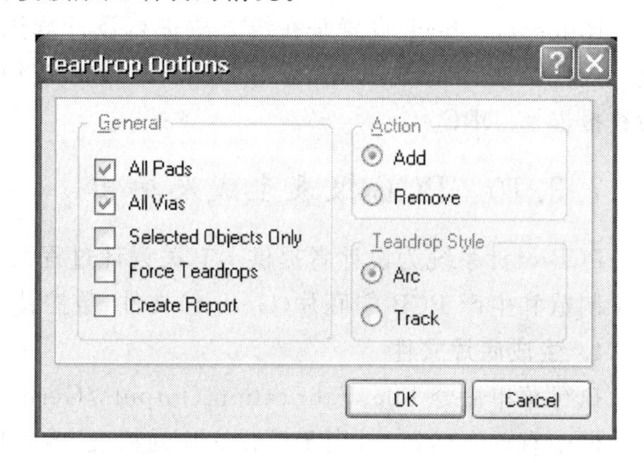

图 7.77　Teardrops Option 对话框

Teardrop Options 对话框中 All Pads 设置是否所有焊盘都补泪滴；All Vias 设置是否所有过孔都补泪滴；Selected Objects Only 设置是否将被选取的组件补泪滴；Force Teardrops 设置是否强制性补泪滴；Create Report 设置是否生成补泪滴的报告文件；Add 设置添加泪滴；Remove 设置删除补泪滴。Arc 设置圆弧形泪滴；Track 设置导线形泪滴。设置完成后，单击 OK 即可。补泪滴 PCB 板，如图 7.78 所示。

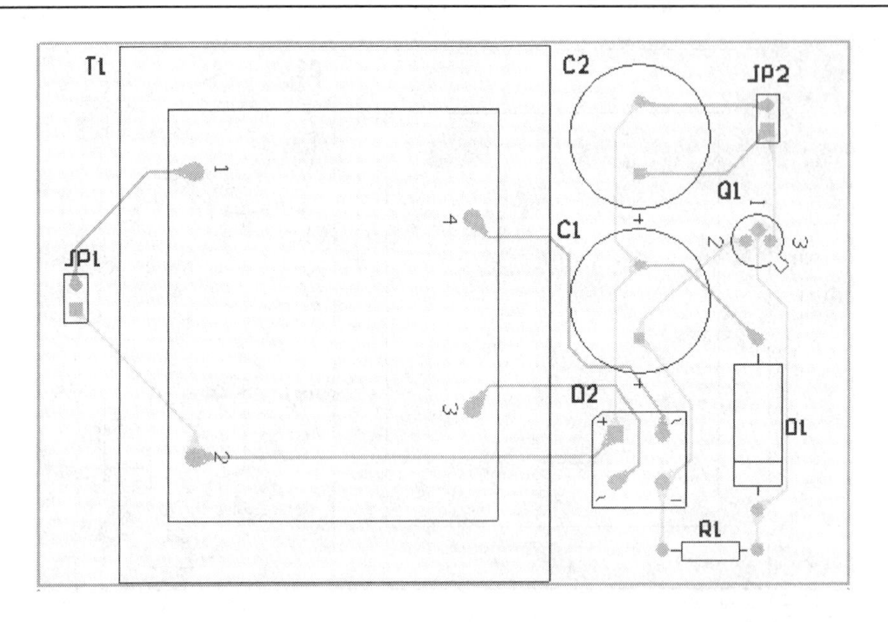

图 7.78　补泪滴

7.3.9　PCB 设计规则检查

布线结束后，可以进行设计规则检查(Design Rule Check，DRC)，以判断布线结果是否满足所设定的布线要求。执行菜单命令 Tools/Design Rule Check，弹出 Design Rule Check 对话框，该对话框中 Report Options 设置以报表方法生成规则检查结果的各个选项。Rules To Check 设置是在线方法进行设计规则检查还是在设计规则检查时一并检查。设置结束后，单击 Run Design Rule Check 按钮，即可进行设计规则检查，生成规则检查报告 *.DRC。

7.3.10　PCB 报表生成及输出

PCB 设计系统为设计者提供了有关设计过程及设计内容的详细资料，这里主要介绍用于制造和生产 PCB 的底片(Gerber)文件、数控钻(NC drill)文件和 PCB 板信息报表。

1. 生成底片文件

执行菜单命令 File/Fabrication Outputs/Gerber files，弹出 Gerber Setup 对话框，该对话框中有 5 个标签页，用于设置底片的精度、输出板层、镜头参数等。设置结束后，单击 OK 按钮，生成底片文件并保存在该项目中自动生成的文件夹 Generated Documents 中。

2. 生成数控钻文件

数控钻文件用于提供制作 PCB 板时所需要的钻孔资料，该资料直接用于数控钻孔机。执行菜单命令 File/Fabrication Outputs/NC Drill Files，弹出 NC Drill Setup 对话框，该对话框设置 NC Drill 输出文件的精度和度量单位。设置完毕后，单击 OK 按钮，弹出 Import Drill Data 对话框，单击该对话框的 OK 按钮，即可生成扩展名为 *.DRR 的钻孔文本文件和图形文件并自动保存。

3. 生成 PCB 板信息报表

PCB 板信息报表提供 PCB 板的完整信息，包括 PCB 板尺寸、PCB 板上的焊盘、导孔的数量以及 PCB 板上的元件标号等。

执行菜单命令 Reports/Board Information...，弹出 PCB Information 对话框，如图 7.79 所示。

PCB Information 对话框包括 3 个标签页。

(1) General 标签页：显示电路板的一般信息，包括电路板的大小、导线数、焊盘和过孔数等。

(2) Components 标签页：显示当前电路板上使用的元件封装序号及其所在的板层信息。

(3) Nets 标签页：显示当前电路板中的网络信息。

每个标签页设置完成后，单击 Report 按钮，自动生成 *.REP 文件。

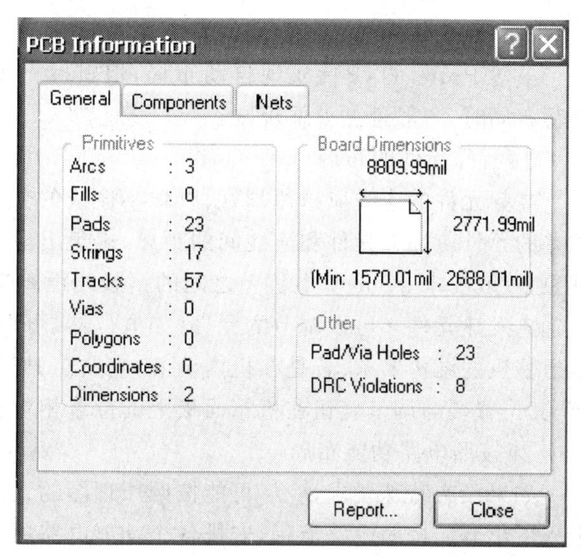

图 7.79　PCB Information 对话框

至此，一个 PCB 设计项目的原理图设计和 PCB 设计全部完成。

7.4　实际 PCB 设计中应注意的几个问题

对于电子产品，PCB 设计的合理性与产品的生产及产品的质量密切相关，要想设计出实用的 PCB 还需要考虑一般设计原则、接地和抗干扰设计。

1. PCB 设计的一般原则

PCB 设计的一般原则包括：电路板的选用、电路板尺寸、元件布局、布线、焊盘、填充和敷铜等。

(1) PCB 板的选用

PCB 板一般用敷铜层压板制成，板层选用时要从电气性能、可靠性、加工工艺要求和经济指标等方面考虑。常用的敷铜层压板是敷铜酚醛纸质层压板、敷铜环氧纸质层压板、敷铜环氧玻璃布层压板、敷铜环氧酚醛玻璃布层压板、敷铜聚四氟乙烯玻璃布层压板和多层印刷电路板用环氧玻璃布等。不同材料的层压板有不同的特点。

PCB 板的厚度应该根据 PCB 板的功能、所装元件的重量、PCB 板插座的规格、PCB 板的外形尺寸和承受的机械负荷等来决定，主要是应该保证足够的刚度和强度。常见的电路板的厚度有 0.5 mm、1.0 mm、1.5 mm、2.0 mm 等。

(2) PCB 板尺寸

从成本、铜膜线长度、抗噪声能力考虑，PCB 板尺寸越小越好；但 PCB 板尺寸太小，会引起散热不良，且相邻的导线容易相互干扰。PCB 板的制作费用是和 PCB 板的面积相关的，面积越大，造价越高。一般情况下，在禁止布线层(Keep-Out Layer)中指定的布线范围就是PCB板尺寸的大小。PCB板的最佳形状是矩形，长宽比为3∶2或4∶3，当PCB板的尺寸大于200 mm×150 mm时，应该考虑PCB板的机械强度。

(3) 元件布局

虽然Protel DXP能实现自动布局，但实际上PCB板的布局几乎都是手工完成的。进行布局时，一般遵循如下规则：

① 特殊元件的布局

高频元件的连线应越短越好，以减小连线的分布参数和相互的电磁干扰。具有高电位差的元件应加大元件和连线间的距离，避免出现意外短路时损坏元件；为避免发生爬电现象，一般要求2 000 V电位差之间的铜膜线距离应该大于2 mm。发热与热敏元件应尽量远离发热元件。可以调节的元件(如电位器、可调电感线圈、可变电容、微动开关等)应考虑整机的结构要求；若是在机内调节，应放在PCB板上容易调节的地方；若是在机外调节，其位置要与调节旋钮在机箱面板上的位置相对应等。

② 按照电路功能布局

如果没有特殊要求，应尽可能按照原理图的元件安排进行元件布局，信号左入右出或上入下出等。按照电路流程，安排各个功能电路单元的位置，保证信号流通顺畅。围绕每个功能电路单元进行布局，元件安排应均匀、整齐、紧凑，尽量减少和缩短元件间的引线和连接。另外，数字电路应该与模拟电路分开布局。

③ 元件离PCB板边缘的距离

所有元件应放置在离PCB板边缘3 mm以内或距PCB板边缘的距离等于PCB板厚的位置。这是由于在批量生产中进行流水线插件和进行波峰焊时，要提供给导轨槽使用；同时也是防止由于外形加工引起PCB板边缘破损，引起铜膜线断裂导致废品。如果PCB板上元件过多，不得已要超出3 mm时，可以在PCB板边缘上加3 mm辅边，并在辅边上开V形槽，生产时用手掰开。

④ 元件放置的顺序

首先放置与结构紧密配合的固定位置的元件，如电源插座、指示灯、开关和连接插件等；再放置特殊元件，如发热元件、变压器、集成电路等；最后放置小元件，如电阻、电容、二极管等。

(4) 布线

① 线长

铜膜线应尽可能短，在高频电路中更应如此。铜膜线的拐弯处应为圆角或斜角，而直角或尖角在高频电路和布线密度高的情况下会影响电气性能。当双面板布线时，两面的导线应该相互垂直、斜交或弯曲布线，避免相互平行，以减少寄生电容。

② 线宽

铜膜线的宽度应以能满足电气特性要求，它的最小值取决于流过它的电流，但一般不宜小于0.2 mm。一般情况下，1～1.5 mm的线宽，允许流过2 A的电流。

③ 线间距

相邻铜膜线的间距应该满足电气安全要求，最小间距至少能够承受所加电压的峰值。

在布线密度低的情况下，间距应该尽可能大。

④ 屏蔽与接地

铜膜线的公共地线应尽可能放在PCB板的边缘部分。在PCB板上应该尽可能多地保留铜箔做地线，这样可以使屏蔽能力增强。另外地线的形状最好作成环路或网格状。多层板由于采用内层做电源和地线专用层，因而可以起到更好的屏蔽作用效果。

(5) 焊盘

- 焊盘尺寸：焊盘孔尺寸必须考虑元件引脚直径，通常以引脚直径加上0.2 mm作为焊盘孔直径。而焊盘外径应该为焊盘孔径加1～1.5 mm。当焊盘直径为1.5 mm时，可采用方形焊盘。常用的焊盘尺寸如表7.2所示。

表7.2　常用的焊盘尺寸

焊盘孔直径/mm	0.4	0.5	0.6	0.8	1.0	1.2	1.6	2.0
焊盘内径/mm	0.6	0.7	0.8	1.0	1.2	1.4	1.8	2.2
焊盘外径/mm	1.5	1.5	2.0	2.0	2.5	3.0	3.5	4.0

- 焊盘孔边缘到PCB板边缘的距离要大于1 mm，以避免加工时导致焊盘缺损。
- 焊盘补泪滴：当与焊盘连接的铜膜线较细时，要将焊盘与铜膜线之间的连接设计成泪滴状，这样可以使焊盘不容易被剥离，而铜膜线与焊盘之间的连线不易断开。
- 相邻的焊盘要避免有锐角。

(6) 填充和敷铜

填充在PCB板上的目的有两个：散热和减少屏蔽干扰。为避免焊接时产生的热使PCB板产生的气体无处排放而使铜膜脱落，应该在大面积填充上开窗，或使填充为网格状。使用敷铜也可以达到抗干扰的目的，而且敷铜可以自动绕过焊盘并可连接地线。

2. 接地

(1) 地线的共阻抗干扰

电路原理图上的地线表示电路中的零电位，并用作电路中其他各点的公共参考点。在实际电路中由于地线(铜膜线)阻抗的存在，必然会带来共阻抗干扰，因此在布线时，不能将具有地线符号的点随便连接在一起，这可能引起有害的耦合而影响电路的正常工作。

(2) 如何连接地线

通常在一个电子系统中，地线分为系统地、机壳地(屏蔽地)、数字地(逻辑地)和模拟地等几种，在连接地线时应该注意以下几点：

① 正确选择单点接地与多点接地

当信号频率小于1 MHz时，布线和元件之间的电感可以忽略，而地线电阻产生的压降对电路影响较大，应采用单点接地法。当信号频率大于10 MHz时，地线电感的影响较大，所以宜采用就近接地的多点接地法。当信号频率在1～10 MHz之间时，如果采用单点接地法，地线长度不应该超过波长的1/20，否则应该采用多点接地。

② 数字地和模拟地分开

PCB板上既有数字电路，又有模拟电路，应使它们尽量分开，而且地线不能混接，应分别与电源的地线端连接。一般数字电路的抗干扰能力强，TTL电路的噪声容限为

0.4～0.6 V，CMOS电路的噪声容限为电源电压的0.3～0.45倍，而模拟电路只要有微伏级的噪声，就足以使其工作不正常，所以这两类电路应该分开布局和布线。

③ 尽量加粗地线

若地线很细，接地电位会随电流的变化而变化，导致电子系统的信号受到干扰，特别是模拟电路部分。因此地线应该尽量宽，一般应大于3 mm 。

④ 接地线构成闭环

当PCB板上只有数字电路时，应使地线形成环路，可以明显提高抗干扰能力。这是因为当PCB板上有很多集成电路时，若地线很细，会引起较大的接地电位差，而环形地线可以减少接地电阻，从而减小接地电位差。

⑤ 总地线的接法

总地线必须严格按照高频、中频、低频的顺序一级级地从弱电到强电连接。高频部分最好采用大面积包围式地线，以保证有好的屏蔽效果。

3. 抗干扰设计

具有微处理器的电子系统，抗干扰和电磁兼容性是设计过程中必须考虑的问题，特别是对于时钟频率高、总线周期快的系统，含有大功率、大电流驱动电路的系统，含微弱模拟信号以及高精度A/D变换电路的系统。为增加系统抗电磁干扰能力应考虑采取以下措施：

(1) 选用时钟频率低的微处理器

只要控制器性能能够满足要求，时钟频率越低越好，低的时钟可以有效降低噪声和提高系统的抗干扰能力。由于方波中包含各种频率成分，其高频成分很容易成为噪声源，一般情况下，时钟频率3倍的高频噪声是最具危险性的。

(2) 减小信号传输中的畸变

当高频信号在铜膜线上传输时，由于铜膜线电感和电容的影响，会使信号发生畸变，当畸变过大时，就会使系统工作不可靠。一般要求，信号在PCB板上传输的铜膜线越短越好，过孔数目越少越好。

(3) 减小信号间的交叉干扰

一条具有脉冲信号的信号线会对另一条具有高输入阻抗的弱信号线产生干扰。这时需要对弱信号线进行隔离，方法是加一个接地的轮廓线将弱信号包围起来，即包地处理，或是增加线间距离，对于不同层面之间的干扰可以采用增加电源和地线层面的方法解决。

(4) 减小来自电源的噪声

电源向系统提供能源时，同时也将其噪声加到所供电的系统中。系统中的复位、中断以及其他一些控制信号最易受外界噪声的干扰，应适当增加电容以便滤掉来自电源的噪声。

(5) 注意PCB板与元器件的高频特性

在高频情况下，PCB板上的铜膜线、焊盘、过孔、电阻、电容、接插件的分布电感和电容不容忽略。由于这些分布电感和电容的影响，当铜膜线的长度为信号或噪声波长的1/20时，就会产生天线效应，对内部产生电磁干扰，对外发射电磁波。一般情况下，过孔和焊盘会产生0.6 pF的电容，一个集成电路的封装会产生2～6 pF的电容，一个电路板的接插件会产生 520 mH 的电感，而一个 DIP-24 插座有 18 nH 的电感，这些电容和电感对低频电路没有任何影响，而对于高频电路必须给予注意。

(6) 元件布置要合理分区

元件在 PCB 板上排列的位置要充分考虑抗电磁干扰问题。原则之一就是各个元件之间的铜膜线要尽量的短；在布局上，要把模拟电路、数字电路和产生大噪声的电路(继电器、大电流开关等)合理分开，使它们相互之间的信号耦合最小。

(7) 处理好地线

按照前面提到的单点接地或多点接地方式处理地线。将模拟地、数字地、大功率器件地分开连接，再汇聚到电源的接地点。PCB 板以外的引线要用屏蔽线，对于高频和数字信号，屏蔽电缆两端都要接地，低频模拟信号用的屏蔽线，一般采用单点接地。

(8) 去耦电容

去耦电容以瓷片电容或多层陶瓷电容的高频特性较好。设计 PCB 板时，每个集成电路的电源和地线之间都要加一个去耦电容。去耦电容有两个作用：一方面是本集成电路的储能电容，提供和吸收该集成电路开门和关门瞬间的充放电电能；另一方面，旁路掉该器件产生的高频噪声。一般情况下，选择去耦电容为 0.01～0.1 μF。

第 8 章　SystemView 系统级仿真软件

SystemView 是用于现代工程与科学系统设计和仿真的综合动态系统分析平台，主要用于电路与通信系统的设计、仿真，能进行模拟或数字信号处理、滤波器设计、信号控制系统、通信系统和数学建模等不同层次的设计与仿真。SystemView 借助于 Windows 操作系统，通过模块化和交互式的界面为设计开发人员提供了嵌入式分析引擎。利用 SystemView 可快速有效地完成复杂系统的建模、设计、仿真和测试，而不必花费太多的时间和精力通过编程来建立系统的仿真模型，类似于 Labview 也是图形编程。本章主要介绍 SystemView 环境下如何实现滤波器和线性系统设计；如何进行信号的时域分析和频谱分析以及通信系统的仿真。

8.1　SystemView 运行环境

SystemView 有两个基本窗口：系统窗口和分析窗口，在系统窗口中可以通过在不同的图符库中选择图标来设计自己的系统；而分析窗口是一个能够对系统波形进行详细检查的交互式可视环境，分析窗口还提供了一个能对仿真生成的数据进行块处理操作的接收计算器，能够完全满足通常所需的信号分析和处理要求。SystemView 环境包括两个常用的界面：设计窗口和分析窗口。

8.1.1　设计窗口

设计窗口如图 8.1 所示。设计区域用于搭建各种系统。菜单栏包括可以执行 SystemView 的各项功能；工具栏包含了在系统设计、仿真中可能用到的各种操作按钮；工具栏的最右端是提示信息，当鼠标置于某一工具按钮上时，在该处会显示对该按钮的说明和提示信息；紧邻在设计区域左端是各种器件图标库；底部的消息显示区，用来显示系统仿真状态信息。在设计窗口内，只需单击鼠标及进行必要的参数输入，就可以通过设置图标、连接图标等操作完成一个完整系统的基本搭建工作，创建各种连续域或离散域的系统，并可极其方便地给系统加入要求的注释。

1. 菜单栏

菜单栏的具体使用如下：

(1) File(文件)菜单

New System：清除当前系统。

Open Recent System：打开当前系统，系统自动列出最近编辑过的设计并从中选取。

Open Existing System：打开已存在的 SystemView 文件以便分析和调整。

Open System in Safe Mode：以安全模式(只读)打开系统文件。

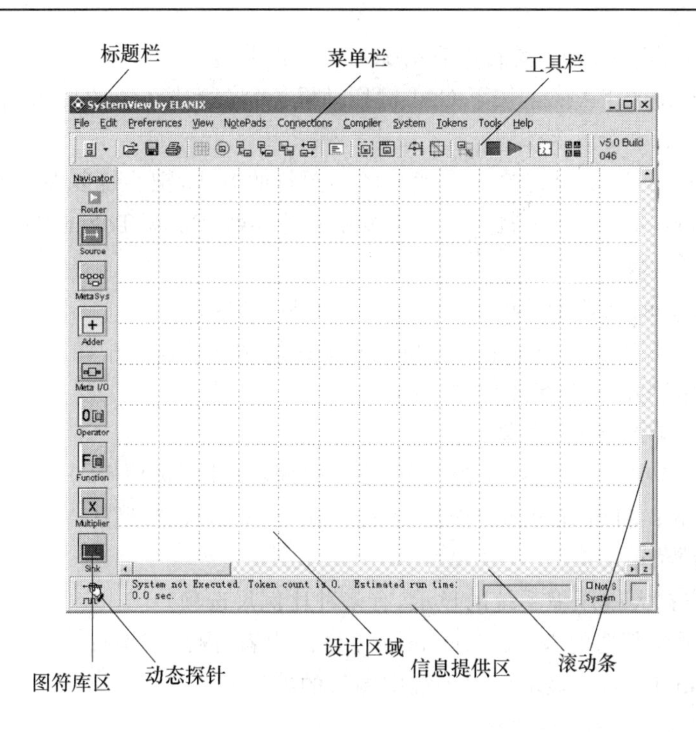

图 8.1　SystemView 的设计窗口

Save System:保存当前设计工作区内容。

Save System As:当前设计工作区内容另存为新的文件名。

Save Selected MetaSystem:将当前系统选择部分以子系统保存。

System File Information:显示当前系统文件的信息。

Print System/Text Tokens:打印系统屏幕内容,图符用文字信息盒代替。其中 Hide Token Parameters 选项在打印时不打印图符参数,Show Token Parameters 选项在打印时打印图符参数。

Print System/Symbolic Tokens:以图形方式如实打印屏幕。

Print System Summary:打印系统小结数据列表。

Print System Connection List:打印系统连线列表。

Print Real Time Sink:选择此项后,单击系统中任一个实时接收器图符,该图符的数据就会被打印出来。

Print SystemView Sink:选择此项后,单击系统中任一个 SystemView 接收器图符,该图符的数据就会被打印出来。

Printer/Page Setup:打印机页面设置。

Printer Fonts:打印机字体设置。

Exit:关闭 SystemView 并返回 Windows。

(2) Edit(编辑)菜单

Copy Note Pad:把所选择的便笺的内容复制到剪贴板上。

Copy SystemView Sink:复制所选择的 SystemView 接收器有关的图形到剪贴板。

Copy System to Clipboard：复制当前系统到剪贴板上。

Copy System/Selected Area：按下 Ctrl 键拖动鼠标，将所选系统的局部区域以位图格式复制到剪贴板上。

Copy System/Text Token：以文字盒代替图形图符的方式，把系统复制到剪贴板上。其中 Hide Token Parameters 选项在复制时不复制图符参数，Show Token Parameters 选项在复制时复制图符参数。

Copy Entire Screen：把整个 SystemView 屏幕复制到剪贴板上。

Paste to Note Pad：把剪贴板中的文字内容粘贴到所选择的便笺中。

Delete：从系统中删除所选择项（图符或便笺）。

（3）Preferences（参数选择）菜单

Customize：用户选项设置，包括系统颜色、系统时间、设计区选项等。

Reset All Defaults：将所有的选项恢复为 SystemView 的缺省设置。

（4）View（查看）菜单

Zoom：允许用户扩大或压缩系统的显示，有多种比例尺选项。

Meta-System：观察所选的 Meta-System 子系统的内容（内部结构）。

Hide Token Numbers：不显示用户系统中图符的编号。

Analysis Windows：切换到系统分析窗口。

Calculator：弹出 Windows 的计算器。

Units Converter：弹出单位转换器窗口，可进行常用的通信系统参数单位的转换。

（5）NotePads（便笺）菜单

Hide Note Pads：屏幕上不显示便笺。未显示的便笺并没有被删除，只是暂时隐藏。

New Note Pad：在屏幕中央插入一个空白便笺框，可以输入文字、移动或重新编辑该便笺。

Copy Token Parameters to Note Pad：允许用户生成一个带有所选图符参数的新便笺，所选图符的参数被自动放入该便笺，便笺自动出现，不必事先打开一个新便笺。

Attributes for All Note Pads：定义所有的便笺属性，包括文字的颜色、字体、背景等。

Attributes for Selected Note Pad：定义用户选择的便笺属性。

Delete Note Pad：删除一个用户选择的便笺。

Delete All Note Pad：删除所有的便笺。

（6）Connections（连接）菜单

Disconnect All Tokens：选该项将取消用户系统的所有连接线，但不改变图符参数。

Check Connections Now：单击一次本选项就立即执行一次用户系统连接检查。

Show Token Output：选择此项，再单击某个图符可显示其所有的连线。

Hide Token Output：选择此项，再单击某个图符可隐藏其所有的连线。

（7）Compiler（编译）菜单

Compile System Now：此选项将强迫 SystemView 重新编译用户系统，但不执行用户系统仿真。

Compiler Wizard：编译向导。

Edit Execution Sequence：编辑系统执行顺序。本选项使用户能选择使用系统图符(Use Sys Tokens)或者使用执行表(Use Exe List)来顺序执行。

Use Default Exe Sequence：选择此项后，SystemView 用 SystemView 编译器确定的执行顺序，而不是用户设置的执行顺序。本特性与执行顺序编辑器一同使用。

Animate Exe Sequence：选择此项会使 SystemView 建立图符执行顺序。每个执行步骤中，当前正在执行的图符会被设置为高亮度。本特性与执行顺序编辑器一同使用。

Use Custom Exe Sequence：选择此项后，SystemView 使用用户设置的执行顺序，而不是 SystemView 编译器确定的执行顺序。本特性与执行顺序编辑器一同使用。

Cancel Edit Operation：单击本选项后将取消当前执行顺序编辑操作。

Cancel Last Edit：单击本选项后仅取消最后一个编辑操作。

End Edit：单击本选项后将结束执行顺序编辑操作。

(8) System(系统)菜单

Run System Simulation：此选项使 SystemView 开始对用户系统进行仿真。

Single Step：单步执行，选择此项后，每按一次空格键，系统就执行一步，包括接收器在内的所有 SystemView 图符都按实时操作方式执行一步，数据列表接收器在每一步执行中都将更新。

Debug(User Code)：此功能仅对具有用户代码库模块(选购件)的用户有效。选择此功能后，接收器的数据表“Data List”和当前值接收器“Current Value Sinks”图符将根据用户代码图符显示一些特殊的调试信息，以调试用户代码的 C++程序。

Root Locus：用于启动当前系统的根轨迹计算和显示。参见工具条根轨迹按钮说明。

Bode Plot：用于启动当前系统的波特图计算和显示。参见工具条波特图按钮说明。

(9) Token(图符)菜单

Find Token：选择此项后，屏幕上将会出现一个用户系统使用图符编号的图符表，并附加所使用图符的简要说明，在表中选择所感兴趣的图符后，用户系统中的该图符就会变成一个闪烁的红色方块。当设计工作区很大时，此功能能帮助用户迅速切换到目标图符。

Find System Implicit Delays：利用本选项，用户可以查找出反馈系统中被 SystemView 强制延迟的图符。当选择此选项后，会出现一个列出两个图符的显示盒，在这两个图符之间存在一个采样延迟，要观察有固有延迟的任何图符，可在表中选择该图符并单击“Go To”按钮。这个动作将引起屏幕上该图符闪烁。

Move Selected Tokens：选择此项后，按住鼠标左键，拖动鼠标用虚线框把需要移动的图符围起来，这时就可以移动选择的图符了。

Move All Tokens：选择此选项后，拖动任何一个图符即可移动所有图符。按住 Ctrl 键和鼠标右键拖动任何一个图符也可移动所有图符。

Duplicate Tokens：选择此项后，单击要复制的图符就会在系统中出现一个与原图符完全相同的图符，新图符与原图符具有相同的参数值，并被放置在与原图符位置相差半个网格的位置上。选择此项后按住鼠标左键并拖动鼠标可复制一组图符。简便的方法是在工具条上单击复制图符快捷按钮。

Create Meta-System：使用本选项可以很方便地创建一个子系统。选择此选项后，按住鼠标左键拖动鼠标可以用虚线框把要转换为子系统的图符围起来，松开鼠标，这些图符就被压缩为一个 Meta-System，并自动加入所需要的嵌套子系统输入输出图符。此时再单击鼠标右键，选择 Custom Picture 和 Custom name 即可输入用户自定义的图库图标和命名。

Rename Meta-System：选择此选项后，鼠标将会变成一个黑色矩形框，只要单击选择的子系统图符，就会弹出更名对话框。

Explode Meta-System：选择此选项后，只要用鼠标单击选择的子系统图符，就会将被选择的嵌套子系统展开一个子系统窗口，并显示子系统内的一组图符。

Assign Custom Token Picture：此选项可将用户创建的图片赋予一个被选的图符。图片可以是位图(bmp)文件、图标(ico)文件或 Windows 的 Metafile(wmf)文件。注意图片尺寸必须与图符尺寸相近似(约 32×32 像素)。

Use Default Token Picture：此选项将被选择的图符的图形还原为 SystemView 缺省的图符图形。或在该图符上按右键选 Default Picture 也可。

Select New Variable Token：选择此选项后，单击某个图符即可打开该图符的参数变化窗口，同时此图符即为可变参数图符。此选项只能用于系统循环次数大于一次的情况。

Edit Token Parameter Variations：如果至少有一个活动的可变参数图符，此命令将打开参数变化窗口以编辑图符的可变参数。

Disable All Parameter Variations：此命令将禁止所有当前活动的可变参数图符的参数变化。

(10) Tools(工具)菜单

Auto Program Generation (APG)：将当前系统编译成 Windows 下可执行的 EXE 文件，可脱离设计窗独立运行。

Use Code：编辑用户自定义代码库。

Xilinx FPGA：将系统全部或部分图符转换为 Xilinx FPGA 代码，要求安装相应的 Xilinx 开发软件。

M-link：与 Matlab 分析软件链接。要求安装相应的 Matlab 系统分析软件。

Global Parameter Links：全局参数连接。该工具可方便地将图符参数与系统级的参数(如系统采样率等)或全局参数相连接。

2. 工具栏

工具栏见附录。

3. 图标库

图标是 SystemView 仿真运算、处理的基本单元，共分 3 类：信号源库，只有输出端没有输入端；观察窗库，它只有输入端没有输出端；其他所有图标库，都有一定个数的输入端和输出端。

在设计窗口的左边有一个图标库区，一组是基本库 (Main Libraries)，分别包括信号源库(Source)、子系统库(Meta System)、加法器(Adder)、子系统输入输出端口(Meta I/O)、算子库(Operator)、函数库(Function)、乘法器(Multiplier)及观察窗库(Sink)等共 8 组基本器件;另一组是可选择的专业库(Optional Libraries),如通信库(Communication)、数字信号处理库(DSP)、逻辑库(Logic)、射频/模拟库(RF/Analog)等,支持用户自己用 C/C++语言编写源代码定义图标以完成所需自定义功能的用户自定义库(Custom),及可调用、访问 Matlab 函数的 M-Link 库,以及 CDMA、DVB、自适应滤波等扩展库。基本库与专业库之间由“库选择”按钮进行切换,而扩展库则要由自定义库通过动态链接库(*.dll)加载。

4. 系统时间设置

SystemView 系统是一个离散时间系统。在每次系统运行之前,首先要设定一个系统频率。仿真各种系统运行时,先对信号以系统频率进行采样,然后按照系统对信号的处理计算各个采样点的值,最后输出,并在观察窗内按要求画出各个点的值或拟合曲线。所以,系统定时是系统运行之前一个必不可少的步骤。单击系统定时(System Time)按钮,打开如图 8.2 所示的系统定时窗口。

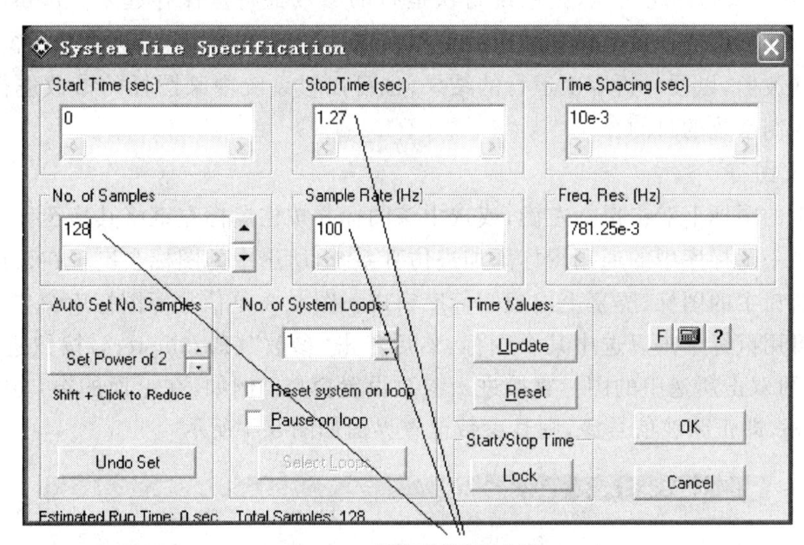

图 8.2 系统时间设定窗口

其中,起始时间和终止时间控制规定系统的运行时间范围,终止时间要大于起始时间。采样率和采样时间间隔在仿真过程中控制着时间步长,因此决定了系统的仿真效果。一般为了获得较好的仿真波形,系统的采样率应设为系统信号最高频率的 5~7 倍。当采样率为系统信号最高频率的 10 倍以上时,仿真波形就几乎没有失真了。采样点数是由系统的运行时间和采样率共同决定的,计算关系为:采样点数 =(终止时间-起始时间)×采样率+1,因此,系统的运行时间、采样率和采样点数三者之间并不是相互独立的,若用户修改了其中的某一个或某两个,系统将会根据新的参数遵从下列规则自动修改相应的参数。在采样率不变的情况下:

(1) 如果改变了采样点数,SystemView 不会改变起始时间,但会根据新的采样间隔相应地修改终止时间。

(2) 如果对起始时间和终止时间中的一个或全部做了修改,采样点数会自动修改。

(3) 采样点数只能是整数。如果计算不能得到整数,SystemView 将把近似的整数作为采样点数。系统将从所设置的起始时间开始完成所设定的采样点数。

(4) 除非进行修改,否则系统会一直保持固定的采样点数。

另外,为了在数字信号处理等过程中进行 FFT 变换方便,系统还可以自动设置 2 的整次幂的采样点数。当更改了某一个时间参数后,单击 Update(更新),系统会根据最新修改的参数对其他参数进行相应的修改,并在对话框下端给出该系统运行大约所需的时间及系统的总采样点数等时间参数。

SystemView 提供了循环运行的功能,目的是为系统提供自动重复运行的能力。在循环次数对话框"No. of System Loops:"中,可输入希望系统循环运行的次数。循环复位系统功能控制系统每一次运行之后 SystemView 的操作:如果循环复位系统功能"Reset system on loop"被选中,则每一个运行循环结束后,所有图标的参数都复位(恢复为原设置参数);如果未选择此功能,则系统每次运行的参数都将被保存起来。Pause on Loop(暂停循环)功能用于在每次循环结束后暂停系统运行,暂停后,可以进入分析窗观察当前系统运行的波形,以便分析本次运行的结果;也可以对系统内某图标的参数进行修改,以达到动态控制系统的目的。

5. 定义图符

在选中的图标上双击鼠标左键,或选中该图标并按住鼠标左键将其拖至设计区域内,就可以把某一图标库中的通用图标添加进仿真系统,所选中的图标会出现在设计区域中。双击设计窗口中的图标,屏幕上出现图标库窗口。图 8.3 是信号源图标库窗口。

此时可用鼠标单击以选中某个图标,然后单击"参数"(Parameters)按钮进入参数设置窗口;也可双击所选中的图标直接进入参数设置窗口。例如,在上面的窗口中选中"Sinusoid"图标,即正弦波信号源,则其参数设置界面如图 8.4 所示。

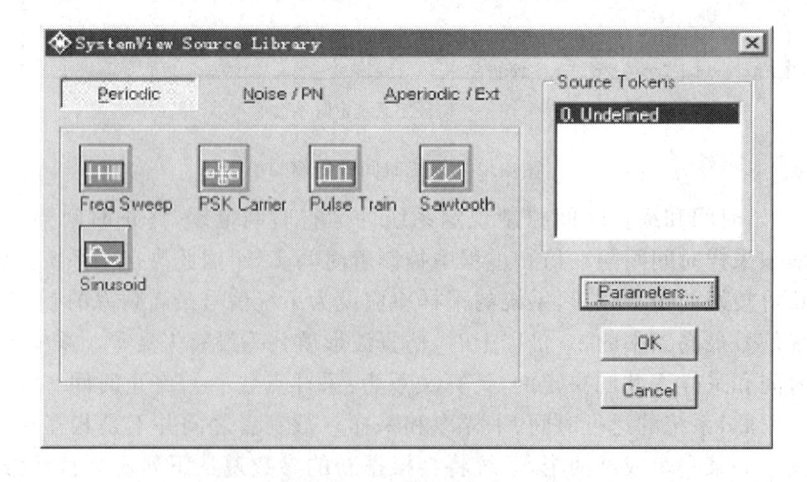

图 8.3 信号源图标库窗口

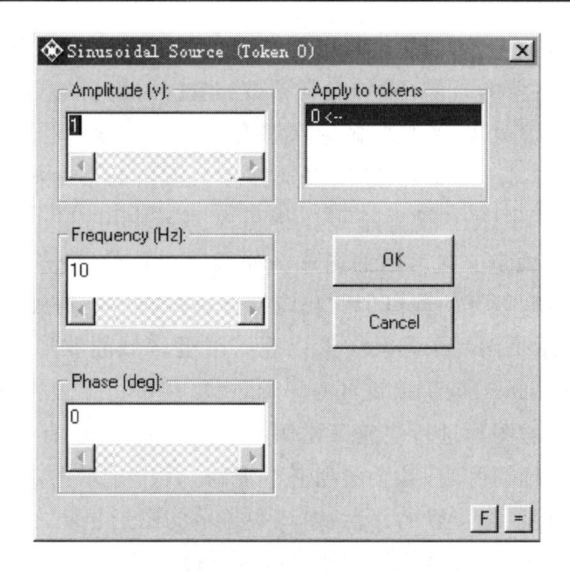

图 8.4 正弦信号源的参数设计界面

通过该窗口输入所需要的参数。注意，使用“Apply to tokens”的功能，可以把一组参数同时赋给用户系统所使用的几个相同功能的图标。

8.1.2 分析窗口

分析窗口是观察运行结果数据的基本载体。利用它可以观察某一系统运行的结果及对该结果进行的各种分析。在系统设计窗口中单击分析窗口按钮 ，或使用快捷键“Ctrl+A”，即可访问分析窗口。在分析窗口中单击系统按钮 ，即可返回系统设计窗口。如，前面正弦信号源的运行结果，如图 8.5 所示。

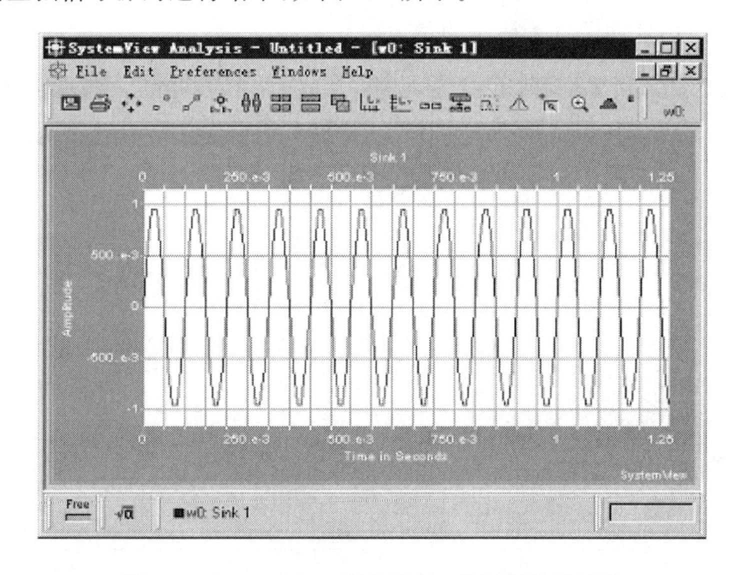

图 8.5 SystemView 的分析窗口及运行结果显示

与设计窗相似，在分析窗的顶端是下拉式命令菜单和工具栏。可通过单击按钮或下拉菜单中的命令使用这些选项功能。每次系统重新运行后，分析窗中仍保存的是上次运行的结果。如果要观察新的结果，需要点刷新按钮，加载新的数据以绘制当前运行结果的波形。通过和可以将波形显示状态在仅显示连线、仅显示离散点或显示点和连线等状态之间实现切换。，，用以选择多个窗口的不同排列方式，如垂直、水平排列、层叠等排列。按下“Ctrl”键并拖曳鼠标可对图形中用户所关心的区域进行定义。SystemView 会自动放大定义区域内的图形。如果同时按住“Ctrl” 键和“Alt” 键并拖动鼠标，就可以对所有当前打开的窗口中的相应部分进行同比例的放大。放大以后，可以用图形窗口中的垂直和水平滚动条移动图形以观察附近区域的波形。对已放大的图形，可以用工具栏上的(Rescale)或快捷键“Ctrl＋R”恢复初始状态。利用(放大镜)功能按钮，则可以对某一位置的图形进行快速等比例的放大。另外，还有一个(显微镜)按钮，当按下该按钮时，在鼠标的旁边，就会出现一个窗口，其中显示的是鼠标所在位置附近的图形的放大图形。随着鼠标位置的移动，窗口中显示的图形也随之变化。

利用工具栏上的两个对数坐标按钮和，可以很方便地分别将横、纵坐标从原来的线性坐标变为对数坐标。利用统计数据按钮，可以给出当前所有打开窗口图形数据的统计数据，如均值、方差、最大最小值等。

在分析窗的左下角显示了系统资源的利用程度。红色表示已利用部分，绿色表示尚未利用部分。该百分比显示了所有的系统资源(包括物理内存和虚拟内存)中 System View 可用的部分。该百分比至少应保持在 10％以上，否则系统运行会不正常。系统资源过低时，SystemView 会发出警告，并禁止打开分析窗中的图形窗口。如果发生这样的现象，应尽可能地关闭其他应用程序以释放系统资源。

在显示资源利用程度的旁边，有一个“$\sqrt{a}$”按钮，这就是 SystemView 的分析窗中的功能强大的工具“Sink Calculator”，也就是接收计算器，可以对信号进行各种复杂的计算和处理等。单击它，出现如图 8.6 所示的窗口。

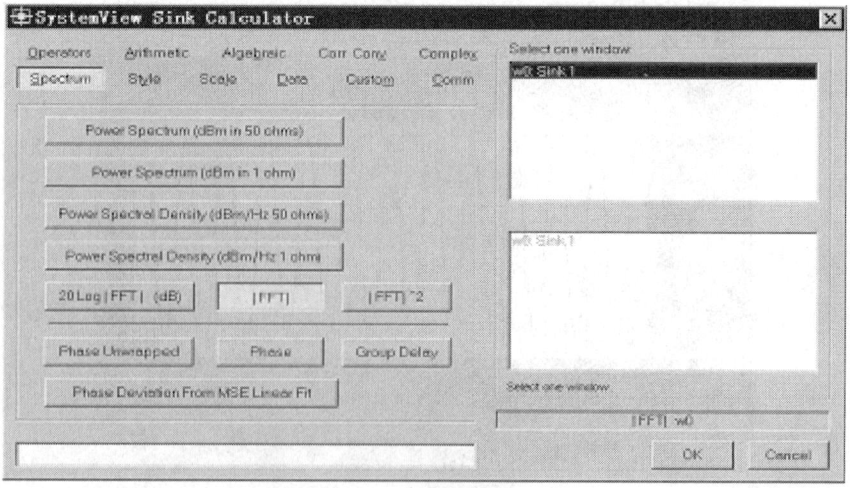

图 8.6　接收计算器窗口

以频谱分析为例介绍其功能实现。

选择“Spectrum”频谱项，在该组中选|FFT|按钮，再在“Select one window”框内选中“w0:Sink1”项，再点“OK”，则出现一个新的窗口为原正弦信号的频谱，如图 8.7 所示。

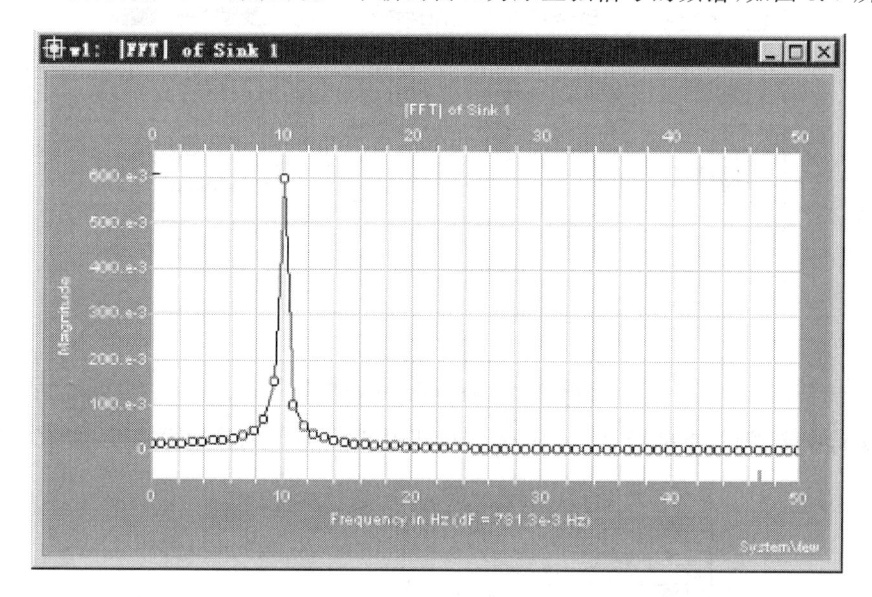

图 8.7　正弦信号的频谱

在系统运行前，系统时间参数设定为 128 个采样点。此图中的结果即对该 128 个采样点的值进行 FFT 的结果。每个小圆圈代表一个点，因为 FFT 频谱是对称的，故图中只画出了前一半。在观察窗口界面内，接收计算器按钮旁边的状态栏内，显示了当前处于激活状态的窗口的名字、序号等状态，最前面的小方框中标出了线条的颜色，当利用接收计算器把两个以上窗口中的波形重叠绘制时，利用该线条的颜色可以很容易地区分出不同的波形。利用“Preference”选项菜单中的“Properties...”项，可以对窗口中的背景颜色、坐标线颜色、波形线条颜色等进行编辑和改变。

8.2　设计仿真步骤

本节通过建立一个最简单的系统来熟悉基本设计仿真步骤。它的信号源产生正弦信号，直接将该信号送至输出端，用观察窗进行观察。完成该系统的搭建所需进行的操作步骤如下：

(1) 进行系统定时。单击系统时间按钮，弹出定时窗口，如图 8.2 所示，各框内的数值即为系统定时的默认值，本例即采用该默认值，因此直接点“OK”按钮完成时间设置。

(2) 双击或按住鼠标拖出信号源库“Source”的通用图标。双击该图标，显示出信号源库窗口，如图 8.3 所示。如前节所述，单击“Sinusoid”并单击参数“Parameters”按钮(或直接双击“Sinusoid”图标)，进入参数设置窗口，如图 8.4 所示。采用该默认值，这样就定义了一个幅度为 1、频率为 10 Hz 的正弦波信号，单击“OK”完成参数设置。

(3) 调出函数库中的，单击 Algebraic 按钮，如图 8.8 所示。

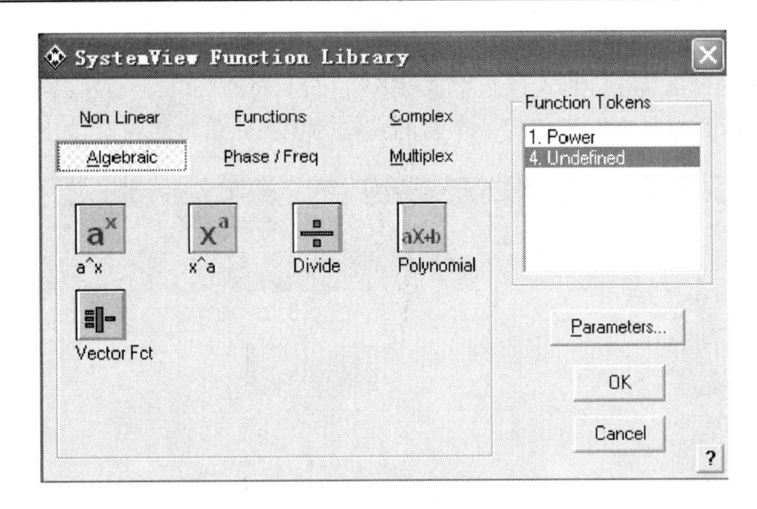

图 8.8 SystemView 函数库

（4）选中x^a按钮，再单击 Parameters... 按钮出现函数 x^a 的参数设置框，如图 8.9 所示。

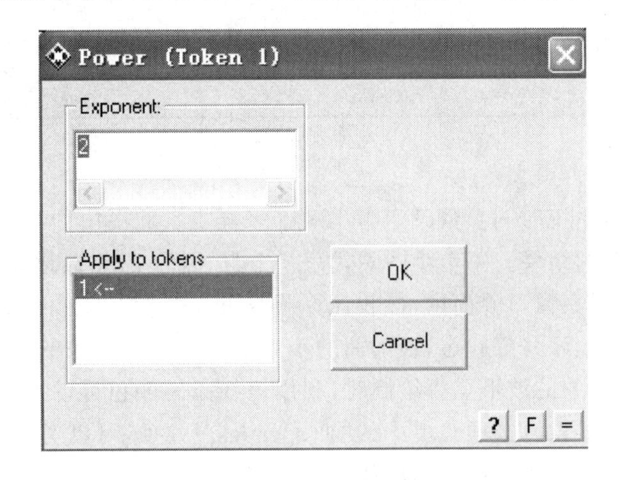

图 8.9 函数 x^a 的参数设置窗口

（5）调出"Sink"观察窗通用图标。双击该图标并选择"Graphic"分析窗作为信号接收器的类型。除了少数几种观察窗类型外，大部分观察窗都不需要参数设置。在观察窗的窗口最下端有一个"Custom Sink Name："的对话框，可以在该框中给选中的观察窗取一个名字，例如"Result"等，以便于在分析窗中观察、分析。

（6）将信号源图标、函数图标和图标连接起来。连接和断开图标可以不需要工具栏按钮，直接将鼠标置于某图标上时，鼠标箭头就会变成一个向上的箭头状，此时单击待连接的图标，就成为连接状态，再如此单击另一个待连接的图标即可完成连接。连接时必须按顺序单击图标，即按照信号流动的方向，将某一图标的输出端连接另一图标的输入端。也可利用工具栏上的(连接按钮)，整个仿真系统如图 8.10 所示。

执行完以上操作后，这个系统的设计就初步完成了。然后，单击"Execute"按钮运行系统。系统运行期间，在设计窗口的最下端有一条蓝色的指示条，显示运行的进度。

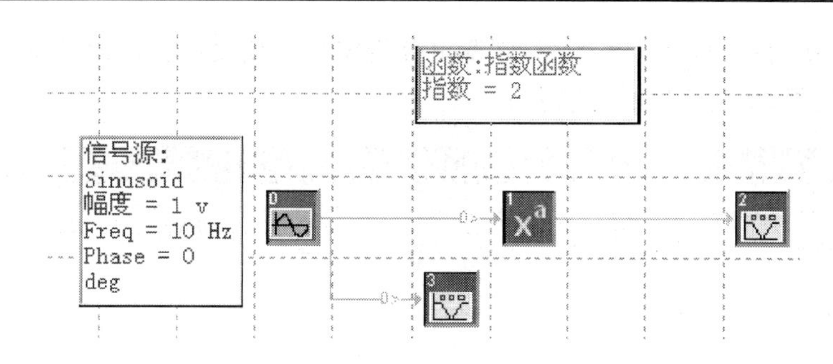

图 8.10 信号平方仿真系统

(7) 按系统设置窗口上方工具栏中的图标,进入分析窗口则可以显示系统的信号源和输出信号的时域波形,分别如图 8.11 和 8.12 所示。

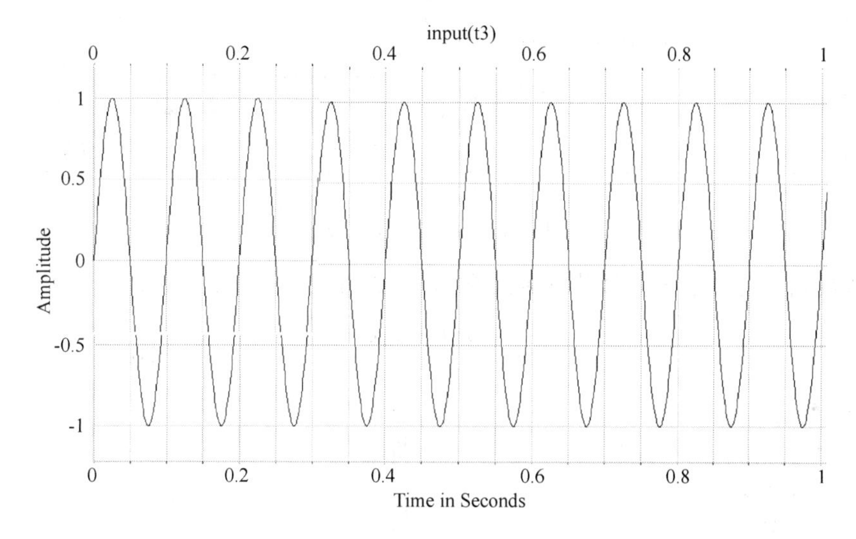

图 8.11 信号源时域波形

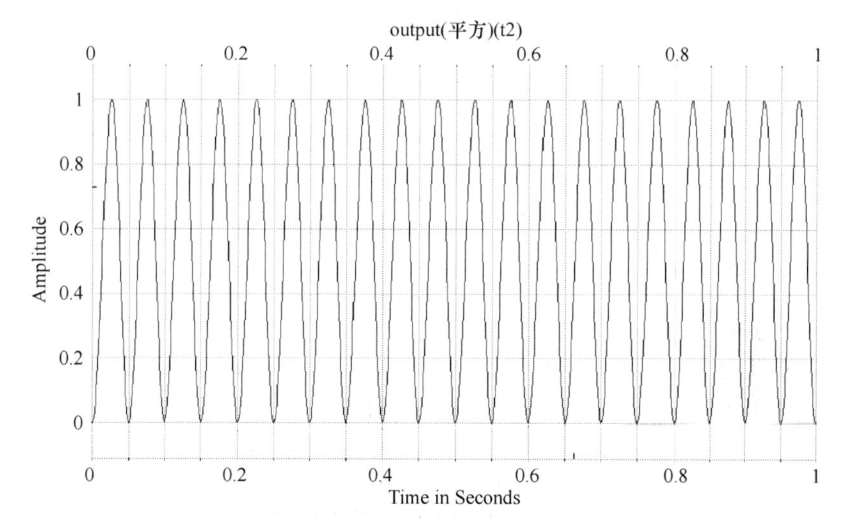

图 8.12 输出信号时域波形

(8) 在分析窗口中,单击 图标,则调出分析窗口的接收计算器设置窗口,进行如图 8.13 所示的设置,得到信号的频域表示。

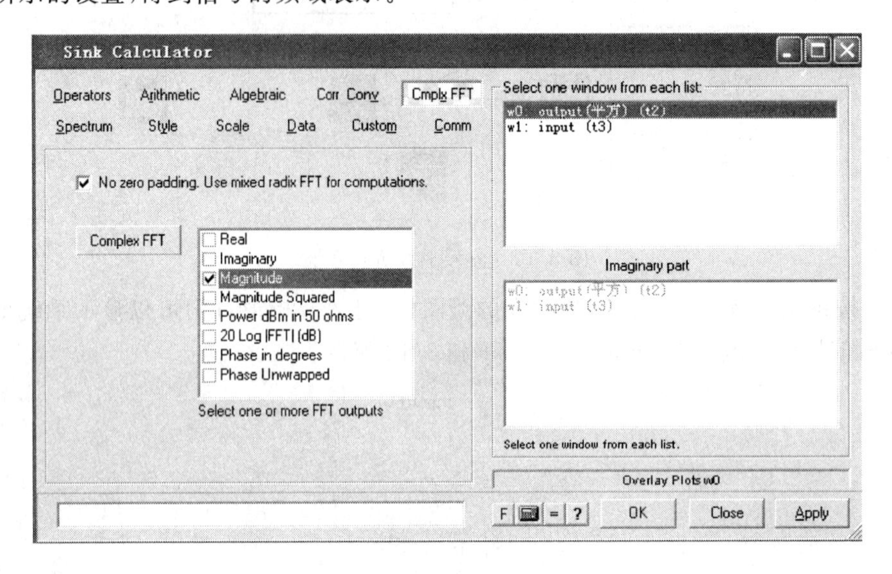

图 8.13　接收器设置窗口

系统的信号源和输出信号的频域波形,分别如图 8.14 和 8.15 所示。

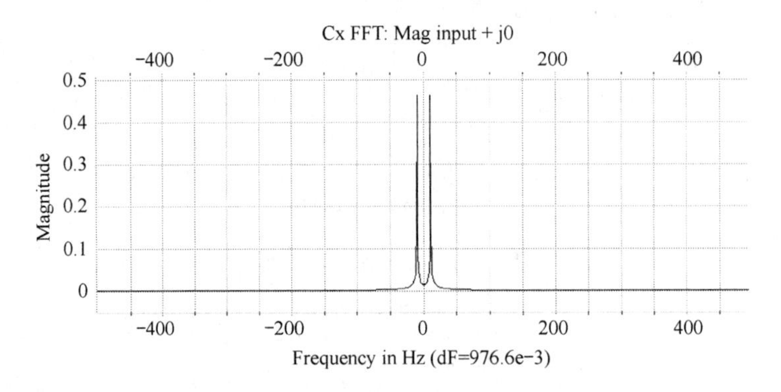

图 8.14　系统信号源的频谱

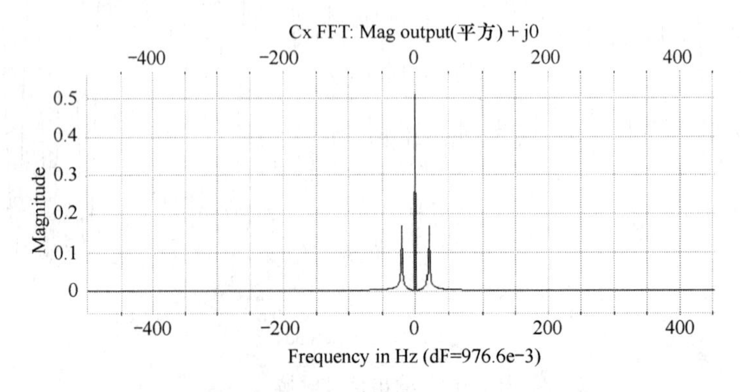

图 8.15　系统输出信号的频谱

8.3　滤波器与线性系统仿真

利用算子库中的线性系统滤波器图符可以方便地完成任何线性系统的设计，包括低通滤波器，高通滤波器，带通、带阻滤波器，差分器和希尔伯特变换器 5 种不同的模拟低通、高通、带通滤波器，用户专用的滤波器，用户的 s 域或 z 域线性系统传递函数等等，但图符的定义具有较大范围的选项。

8.3.1　线性系统图符的参数设计

双击图符区的通用算子图符，就能激活线性系统算子。再双击新出现的通用算子图符，出现算子库如图 8.16 所示，通过双击库中的线性系统图符，选择线性系统，并设置参数。也可以单击图符，再单击参数按钮“Parameters...”。线性系统设计窗口如图 8.17 所示。

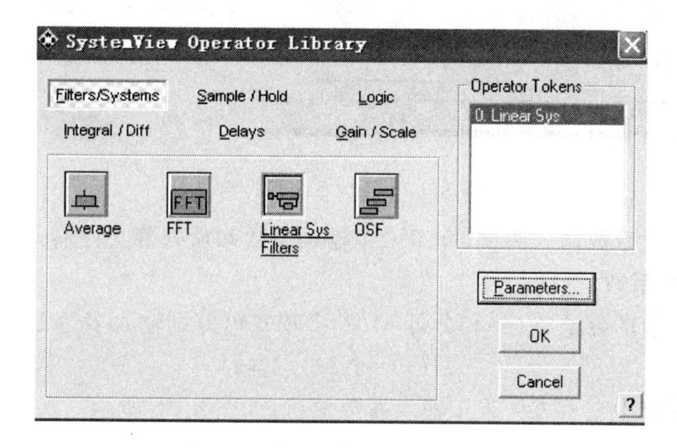

图 8.16　SystemView 算子库

该窗口的上方设置传递函数的系数。图形区的标尺可以通过 xMax 和 xMin、yMax 和 yMin、FFT 采样点数进行调整，通过单击“Update Plot”可以强制实行这些调整。使用菜单“Preferences”中的设置选项，可以消除图形区中的网格线。

该窗口主要有以下功能：

- 人工输入 z 域系数 $\{a_k, b_k\}$；
- 外部文件读入 z 域系数 $\{a_k, b_k\}$；
- 按 FIR... 按钮进行 FIR 滤波器设计；
- 按 Analog... 按钮，进行模拟滤波器设计；
- 按 Comm... 按钮，进行常用通信滤波器设计；
- 按 Custom... 按钮，进行自定义滤波设计；
- 按 Laplace 选项下的 Define... 按钮，设定 Laplace 的 s 域系数，SystemView 自动转为 z 域系数；
- 按 Z-Domain 选项下的 Define... 按钮，设定 z 域系数。

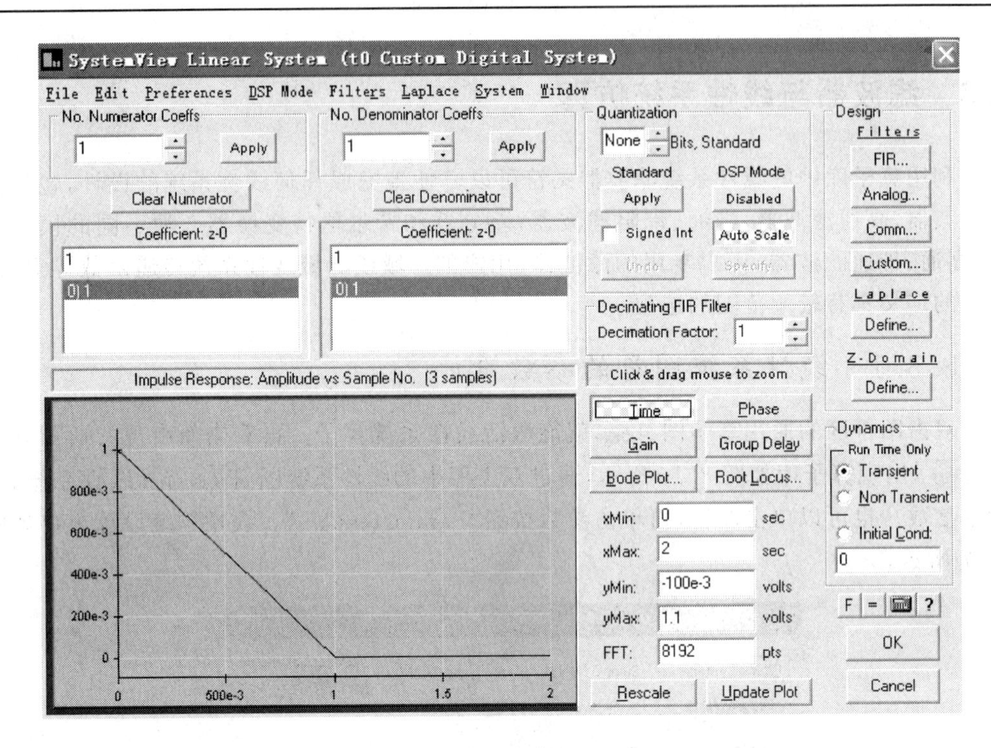

图 8.17　线性系统设计窗口

以 z 变换函数系数输入为例，介绍人工输入系数和从外部文件输入系数的方法。

1. 人工输入系数

如下传递函数的分子 $N(z)$ 和分母 $M(z)$ 多项式可分别输入多达 2 048 个系数：

$$H(z)=N(z)/M(z)$$

线性系统窗口中左上方为人工输入系数窗口，如图 8.18 所示。人工输入多项式系数时，首先确定系数个数的文字框 No. Numerator Coeffs 和 No. Denominator Coeffs 内分别输入分子和分母的系数个数，然后在系数框内输入用户系统的多项式系数，每输入一个系数，按回车键或下箭头键即可输入下一个系数。

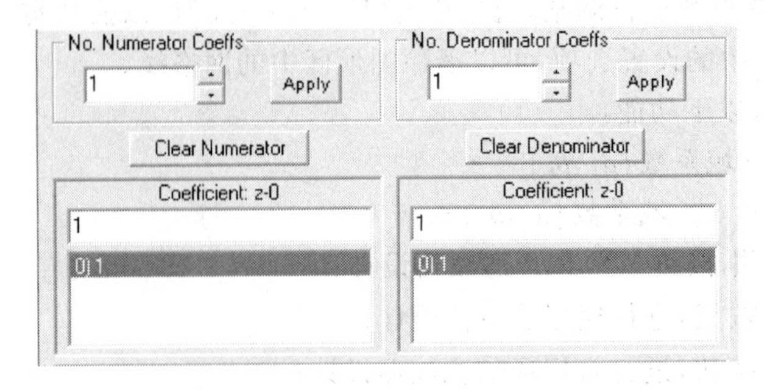

图 8.18　人工输入系数窗口

系数输入结束后，传递函数的单位冲激响应的时域或频域波形图就会出现在图框内，时域波形图的时间坐标用系统定时的时间进行了归一化处理，频域波形图的频率坐标由所选定的增益进行归一化处理。

所输入的系统系数可以用文件的形式保存，其方法是：在线性系统设计窗口的“文件”菜单中选择保存系数文件命令“Save Coefficient File”。

如，输入分子多项式系数：1，0.36，0.05；分母多项式系数：1 和 0.35。输入各系数前必须先输入系数的个数，在“No. Numerator Coeffs”的文字框中输入 3，在“No. Denominator Coeffs”的文字框中输入 2，系数输入的结果形成如下传递函数：

$$H(z)=\frac{1+0.36z^{-1}+0.05z^{-2}}{1+0.35z^{-1}}$$

系数输入结束后，单击显示窗下部的“Update Plot”按钮，这时所输入的传递函数的单位冲激响应曲线就会出现在图形区，如图 8.19 所示，按“Gain”按钮，其频率响应曲线如图 8.20 所示。

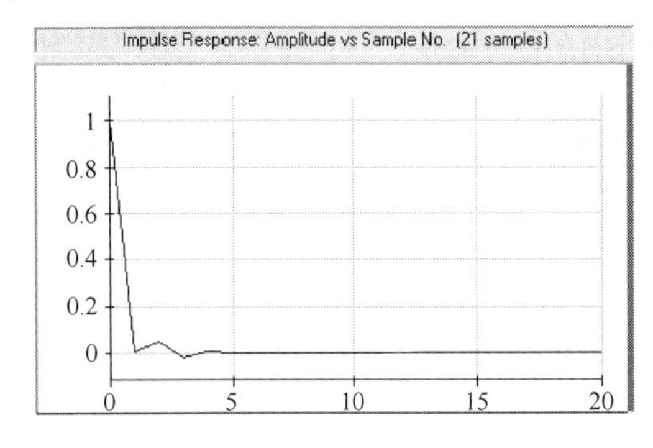

图 8.19　单位冲激响应曲线

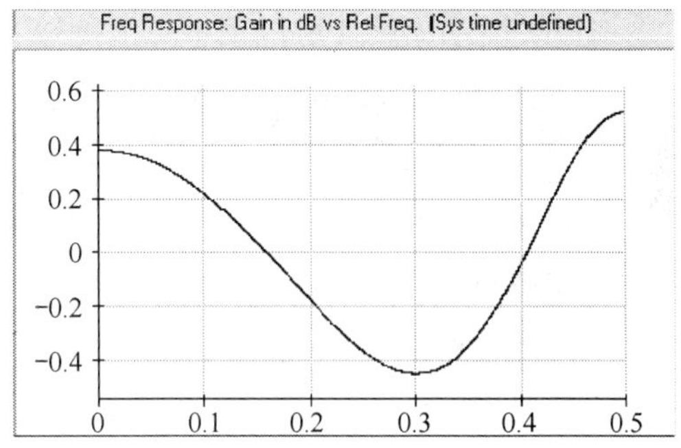

图 8.20　频率响应曲线

2. 从外部文件输入系数

除人工输入外，还可以通过外部数据文件输入系统系数。数据文件可以用手写板或其他文本编辑器生成，但是必须满足下列格式要求：

(1) 数据必须是文本格式 ASCII 或 32 位二进制格式；

(2) 分子系数在前，分母系数在后，在系数数据之前必须有系数个数说明，系数紧随其后；

(3) 每个数据占一行，数据间不能有空行。

以上面传递函数为例，建立系数数据文件的 3 种形式，如表 8.1 所示。

表 8.1　系数数据文件建立的 3 种形式

文件 1	文件 2	文件 3
Numerator=3	N=3	=3
1.0	1.0	1.0
.36	.36	.36
.05	.05	.05
Denominator=2	D=2	=2
1.0	1.0	1.0
.35	.35	.35

上述表中的3个数据文件确定的是同一个传递函数,3种文件格式均有效。其中“=”号是系数个数数据的标识符。第一个“=”号后的数字表示分子的个数,第二个“=”号后的数字表示分母的个数。这3种格式的文件都应当用文本文件格式保存。

读入数据文件时,在线性系统设计窗口中选择“File”菜单,然后选择打开系数文件命令“Open Coefficient File”,这时会出现一个文件选择窗口,可以看到驱动器中的文件列表,选择相应的文件即可开始读入文件。读入文件前,必须确保所输入的文件是满足上述系数文件要求的文本文件。

8.3.2 滤波器设计

1. 有限冲激响应FIR滤波器设计

选择线性系统设计窗口菜单栏上的“FIR”或直接按滤波器设计栏下的“FIR”按钮可以进入到如图8.21所示的FIR滤波器设计窗口。在FIR滤波器设计窗口的左、右两侧各有一组FIR滤波器,共14种。

图8.21 FIR设计窗口

FIR滤波器设计窗口的左边包含7种标准的FIR滤波器:低通滤波器(Lowpass)、半带低通滤波器(Halfband Lowpass)、带通滤波器(Bandpass)、高通滤波器(Highpass)、差分器(Differentiator)、希尔伯特变换(Hilbert)、带阻滤波器(Bandstop)。当选择了其中任何一个滤波器后,都会出现相应的设计窗口,可以在窗口中输入滤波器的通带宽度、过渡频带和截止频率等滤波器参数,另外还可以对相应形式的滤波器设置通带内的纹波系数。

对滤波器而言,所有频率都应是采样速率的分数,即相对百分比系数。如果系统的采样速率为1 MHz,所设计的FIR低通滤波器的截止频率为50 Hz,则滤波器设计窗口输入的相对截止频率为0.05,如果在滤波器前面连接的是抽样器或采样器图符,则这些图符的频率也必须是滤波器采样速率的分数。

输入完通带宽度、截止频率和截止点的衰落系数等滤波器参数后,如果选择SystemView自动估计滤波器抽头,则可以选择“Elanix Auto Optimizer”项中的“Enabled”按钮,再单击“Finish”按钮退出即可,此时,系统会自动计算出最合适的抽头数。如果输入滤波器所需要的抽头数,可以选择“Elanix Auto Optimizer”选项中的“Fixed No. Taps”,然后在“Initial No. Taps”文字框内输入所希望的抽头数。抽头数是任意小于2 048的整数。然后用“Update Est”按钮计算滤波器的系数。通常抽头数设置越大,滤波器的精度就越高,计算机对滤波器系数逼近运算时间越长。计算机进行运算时屏幕上会显示一个进度条表示估计的剩余时间。

系数计算结束后，滤波器的系数和响应曲线就会显示在屏幕上。系统在显示命令缺省状态，显示时域冲激响应，另外还可选择显示频率、相位特性和群延迟响应。

如：设计一个 FIR 通带为 80 Hz，截止频率为 110 Hz 的低通滤波器，截止点相对于滤波器带通区的归一化增益为－60 dB。其设计步骤为：

(1) 确定系统采样数率，因为低通滤波器的带宽为 80 Hz，选择 1 kHz 的系统采样速率。

(2) 在 FIR 滤波器设计窗口上选择低通滤波器后，再按“Design”按钮，屏幕上将出现如图 8.22 所示低通滤波器设计窗口。

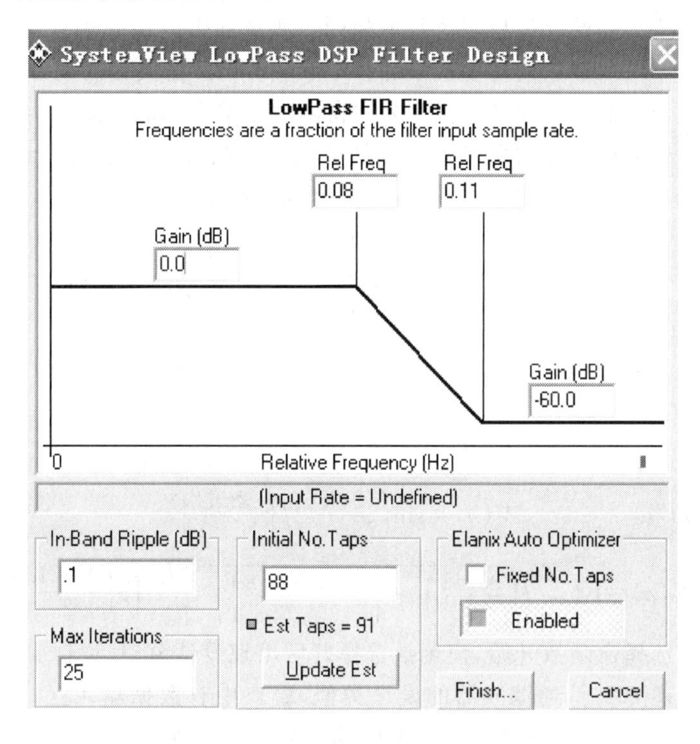

图 8.22　低通滤波器设计窗口

窗口的下半部是用来确定滤波器抽头、通带内纹波以及最大迭代次数的输入框，在多数情况下，在达到最大迭代次数之前，滤波器的系数会收敛到所希望的数值。

(3)在窗口中将滤波器通带内的增益设为 0 dB，通带转折频率的相对值设为 0.08，相对截止频率设为 0.11，截止带内增益设为－60 dB，带内波纹 0.1 dB，最大叠代次数默认为 25，采用系统自动优化抽头数，选择自动优化“Enabled”按钮。系统经过计算，滤波器所需要的抽头数会出现在这个按钮左边的文字框内，这样选择的抽头数最佳，初学者通常可以采用这一明智的抽头选择方法。

设计参数输入结束后，单击“Finish”按钮进行系数计算。计算结束后，滤波器响应曲线出现在图形显示区内，如图 8.23 所示；也可以观察频率响应或波特图等。单击增益“Gain”按钮选项，可以看到如图 8.24 所示的增益响应波形图，设计工作完成。

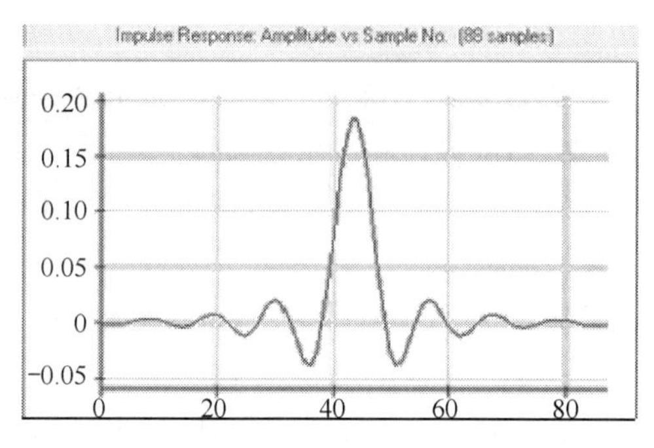

图 8.23 FIR 滤波器自动优化抽头数的冲激响应

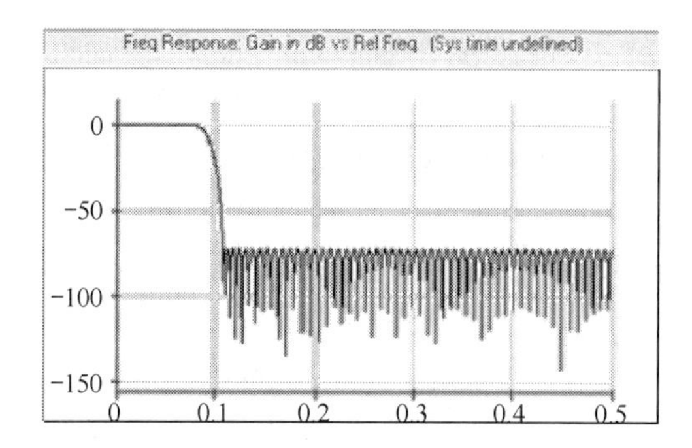

图 8.24 FIR 滤波器频率响应曲线

其他类型滤波器的设计过程与此基本相同。所选通带内引起输入信号产生 90°相移的希尔伯特变换可以在希尔伯特变换设计窗中产生。FIR 滤波器的设计窗口右边的 FIR 滤波器全部是基于标准单位冲激响应和公共窗函数相结合的低通滤波器设计。在系统设计窗口中可以生成 7 种类型的窗口 FIR 滤波器，其名称和窗函数如下：

Bartlett：
$$W(n)=\begin{cases}2n/(N-1) & 0\leqslant n\leqslant (N-1)/2\\ 2-2n/(N-1) & (N-1)/2\leqslant n\leqslant N-1\end{cases}$$

Blackman：
$$W(n)=0.42-0.5\cdot\cos\left(\frac{2\pi n}{N-1}\right)+0.08\cdot\cos\left(\frac{2\pi n}{N-1}\right)$$

Hammings：
$$W(n)=0.54-0.46\cdot\cos\left(\frac{2\pi n}{N-1}\right)+0.08\cdot\cos\left(\frac{2\pi n}{N-1}\right)$$

Hanning：
$$W(n)=\frac{1}{2}\left[1-\cos\left(\frac{2\pi n}{N-1}\right)\right]$$

Truncated sin(*t*)/*t*：
$$W(n)=\sin\left(\frac{2\pi n}{N-1}\right)\Big/\left(\frac{2\pi n}{N-1}\right)$$

Kaiser：
$$W(n)=I_0\left[\alpha\sqrt{\left(\frac{N-1}{2}\right)^2-\left[n-\left(\frac{N-1}{2}\right)\right]^2}\right]\Big/I_0\left[\alpha\left(\frac{N-1}{2}\right)\right]$$

设计工作从选择窗函数开始，窗函数选择好后出现设计窗口，设计窗口中显示出滤波器的形状。与上述 FIR 低通滤波器的设计类似，窗口中有数据输入区，输入合适的参数后，按 "Update Est"按钮可估计出所需要的抽头数。在这种滤波器的设计中系统给出的估计抽头数就是实际的抽头数。

2. 模拟滤波器设计

通过选择线性系统设计窗口菜单栏上的"Filters/Analog"命令，或单击"Analog"按钮，可以设计巴特沃斯(Butterworth)、贝塞尔(Bessel)、切比雪夫(Chebechev)、椭圆(Elliptic)和线性相位(Linear Phase)5 种模拟滤波器。这些滤波器可以是低通、高通或带通，如图 8.25 所示，所选滤波器的一般形状由滤波器的类型决定，需要输入的数据是滤波器的极点数、−3 dB 带通或截止频率、相位纹波系数和增益等参数。按"Finish"按钮完成。

如设计一个巴特沃斯低通滤波器。选择极点数为 3，低通截止频率为 350 Hz，输入上述数据后按"Finish"按钮，所设计滤波器的单位冲激响应和频率响应曲线如图 8.26 和 8.27所示。

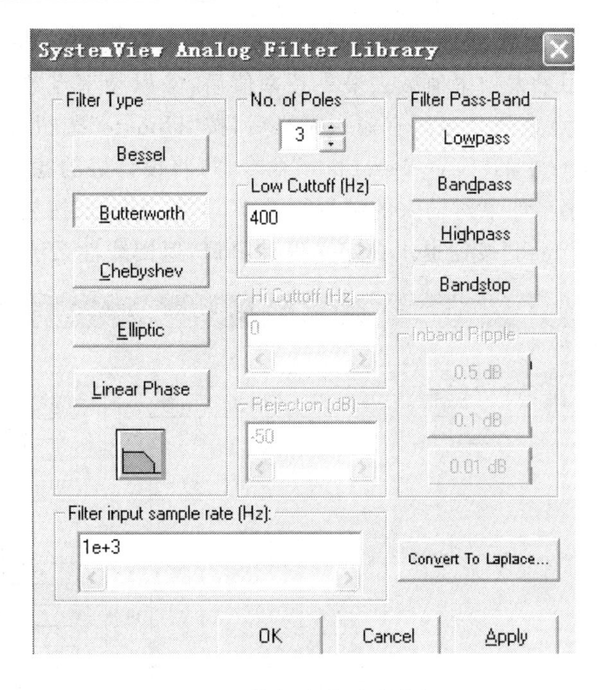

图 8.25　模拟滤波器设计窗口

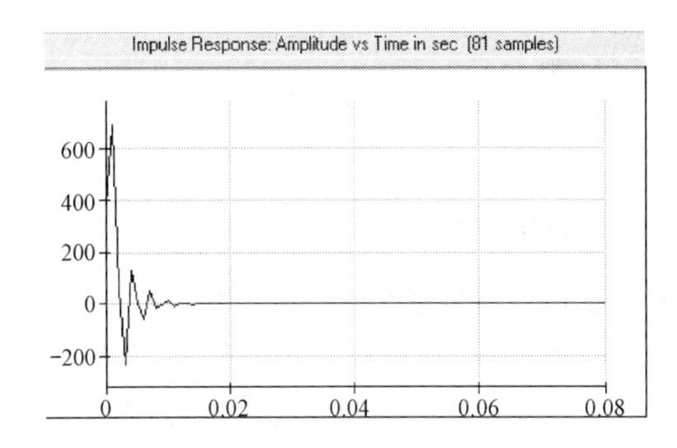

图 8.26　冲激响应曲线

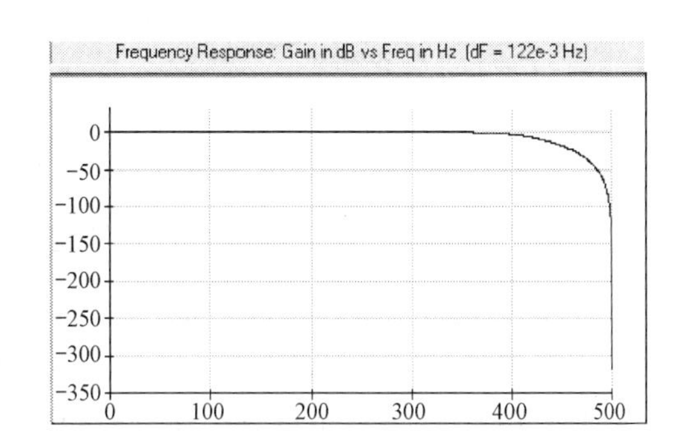

图 8.27　频率响应曲线

3. 用户自定义滤波器

利用传递函数、窗函数和通用的参数模板等方式设计线性系统滤波器的方法，已经能满足大多数的设计要求，当需要设计特殊的滤波器类型，而该滤波器又不能用一定的具体传递函数表达时，SystemView 还提供了另外一个快捷有效的设计途径——自定义滤波器类型。只需将关心的频带、频率增益或衰减点、关键相位点的具体增益或相位值手工输入，即可设计出符合特殊要求的滤波器。单击线性系统滤波器设计窗口中的“Custom”按钮，出现如图 8.28 所示的自定义滤波器设计窗口。

该设计窗口提供了 3 种输入相位频率特性的手段，即可以在图形界面下用鼠标直接拖曳进行设置，又可在文本输入框内输入数字，还可以通过模板文件输入。参数输入前，首先必须确定的参数有：最小频率(Min Freq)、最大频率(Max Freq)、频点数(Freq Samples)、FIR 滤波器的抽头数(FIR Filter Taps)以及最大叠代次数(Max Iterations)。通常,频率点的间隔是用最大频率值减去最小频率值后,除以频率点数进行等分而得到的,也可以手工输入频率点数值。当所有输入完毕后,按“Update”按钮可刷新系统的幅频特性曲线。选择文件菜单中的“Save Template”命令,可将设计好的滤波器参数存为模板文件,以便将来再次使用。如果对输入的结果不满意,则按“Clear”按钮清除以便重新设计。全部设计完毕后按“Finish”按钮退出自定义设计窗口,返回线性系统设计窗口。

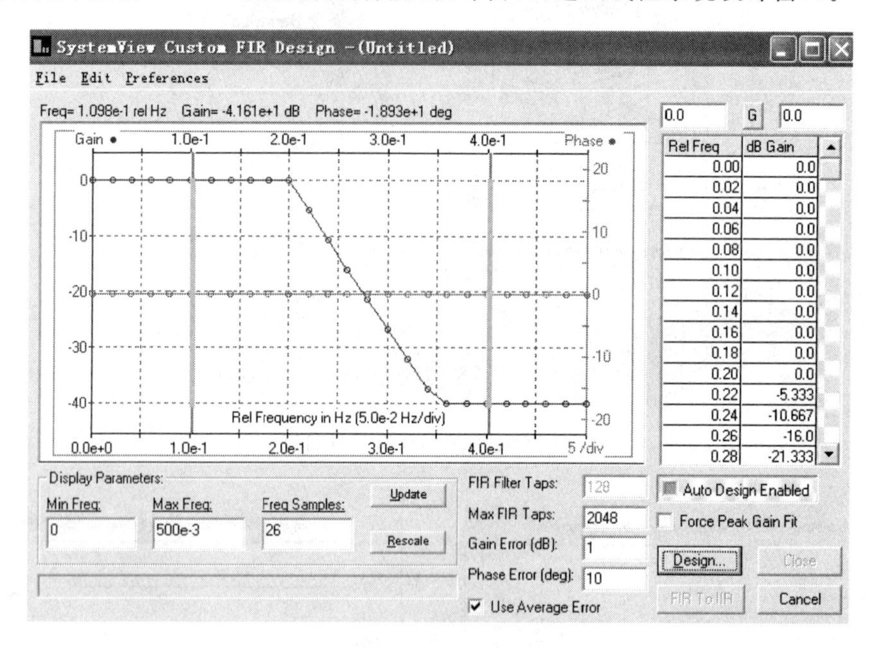

图 8.28　自定义滤波器的设计窗口

自定义滤波器设计实际上是 SystemView 根据设计者要求的频点数,用 FIR 的方法作最近似的逼近运算。若选择合适的频点和滤波器抽头数,则可设计出特性相当精确完美的滤波器,且仿真结果可直接移植到 DSP 芯片中使用。该功能对工程实践具有很强的实际意义。

4. 滤波器系数的量化

在用硬件实现滤波器时,一个重要的问题是需要多少比特才能表示出连续时间内滤波器的系数,这一比特数直接影响到滤波器的性能。

SystemView 具有帮助设计者确定所需比特数的能力。在线性系统设计窗口中,有一个标有“Quantization Bits”的输入框表示量化位数,缺省值为“None”,这时系统中的所有滤波器设计算法产生的系数都十分精确。如果要观察采样 8 比特量化后的滤波器效果,则在该输入框内输入“8”,并按“Apply”按钮,此时分子、分母多项式的系数都会量化成 8 比特,系数窗口中的系数也随之改变成相应的数值,图形区内也会显示相应新结构下的滤波器特性。只要选择菜单中“Undo”即可恢复到量化前的状态。

在线性系统设计窗口中,还有一个标有“Enable/Disable DSP”的按钮,如果单击此按钮,则出现如图 8.29 所示的选择窗口。当使用 DSP 硬件实现该滤波器时,可以将滤波器的比特数设置成硬件对应的数，可选择的类型及对应比特数如表 8.2 所示。

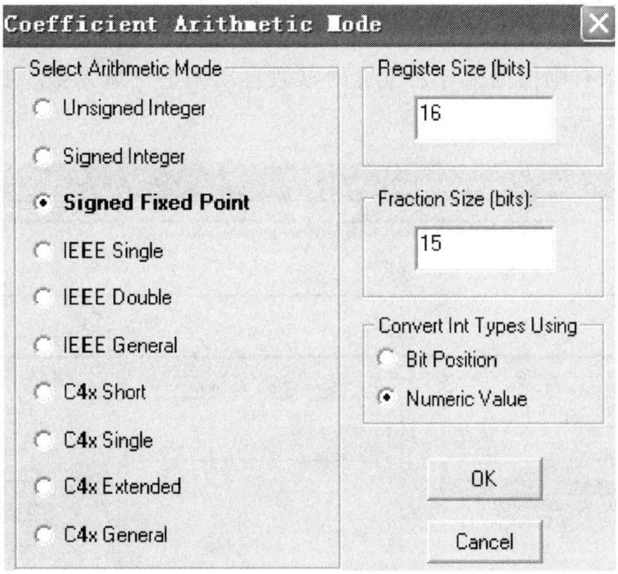

图 8.29　比特数设置窗口

表 8.2　滤波器系数量化的类型及比特数设置

类型	寄存器尺寸/bit	小数尺寸/bit
Unsigned Integer	16	0
Signed Integer	16	0
Signed Fixed Point	16	15
IEEE Single	32	8
IEEE Double	64	11
IEEE General	64	11
C4x Short	16	4
C4x Single	32	8
C4x Extended	40	8
C4x General	40	8

8.3.3　线性系统拉普拉斯变换

如果已知线性系统的拉普拉斯变换式，SystemView 能够在单一图符内实现连续线性系统的功能，其实现步骤是：

（1）先将系统分解成若干个四阶表达式的乘积形式：

$$H(s) = \prod_{k=1}^{n} H_k(s)$$

$$H_k(s) = \frac{a_{4k}s^4 + a_{3k}s^3 + a_{2k}s^2 + a_{1k}s + a_{0k}}{b_{4k}s^4 + b_{3k}s^3 + b_{2k}s^2 + b_{1k}s + b_{0k}}$$

（2）SystemView 按下面的双线性变换自动把每一个四阶表达式变换到 z 域：

$$S=2f_s\frac{1-z^{-1}}{1+z^{-1}}$$

其中 f_s 是函数图符的系统采样频率。SystemView 会自动检查在线性系统之前是否连接有采样器图符，如果有则根据采样器设置的参数自动调整 z 域系数。拉普拉斯系统的设计窗口如图 8.30 所示。

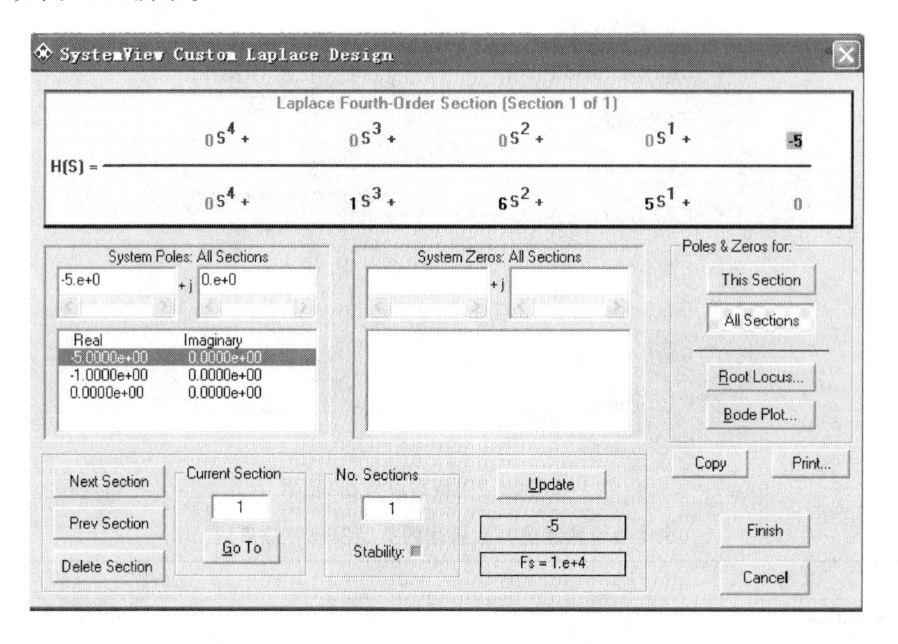

图 8.30　拉普拉斯系统的设计窗口

SystemView 提供交互式的计算线性系统根轨迹图和波特图功能。该功能可通过按上述窗口中的“Root Locus”和“Bode Plot”按钮调用。若系统的开环传递函数为

$$H(s)=\frac{-5}{s^3+6s^2+5s}$$

在图 8.30 所示的设计窗口直接将系数输入对应位置，即建立了上述 s 域的三阶系统。或者按图 8.31 进行设计(图中图标参考本章附录)。

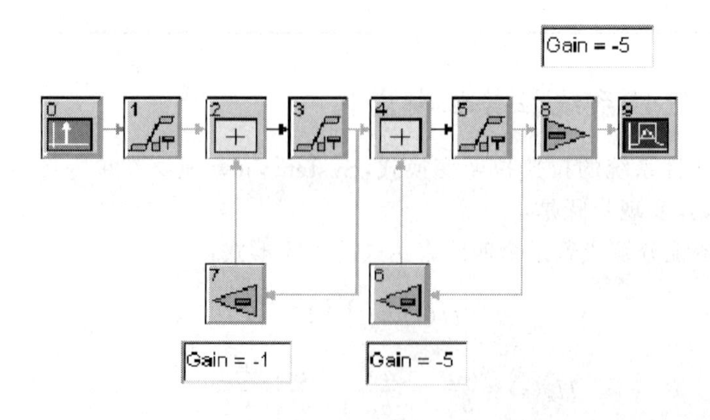

图 8.31　三阶系统仿真电路框图

1. 根轨迹图

可以直接单击图 8.30 中的“Root Locus”绘制根轨迹，也可以设计完成返回系统设计窗口后，在菜单栏选择⊕，出现如图 8.32 所示的选择界面进行选择。根轨迹如图 8.33 所示，图中“×”符号表示极点，“○”符号表示零点。

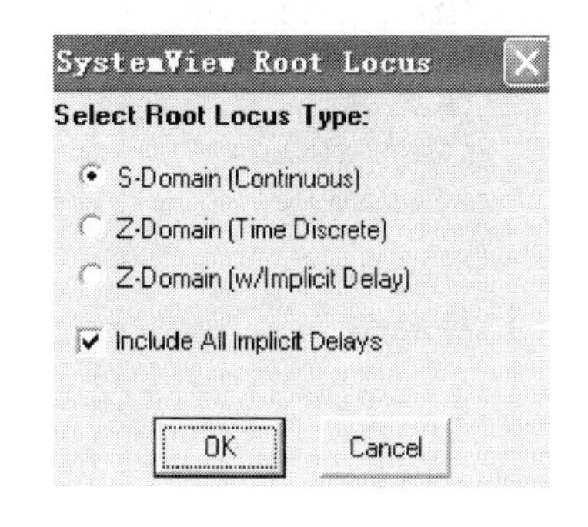

图 8.32　根轨迹计算的域选择界面

根轨迹窗口是交互式的，允许分析时使用如下一些功能。

- Zoom：按鼠标左键并拖曳能放大图形，或按“Zoom Out”按钮放大。

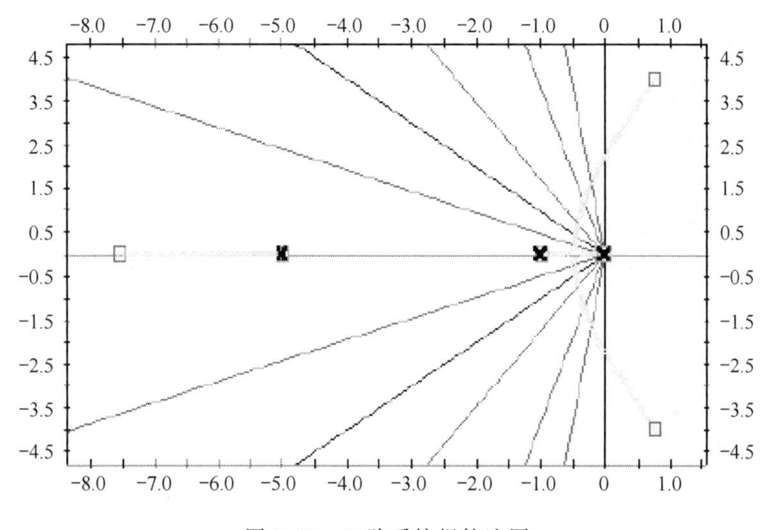

图 8.33　三阶系统根轨迹图

- Gain，Real and Imaginary Value：将鼠标的光标放在根轨迹曲线的任意位置，则该点的闭环增益及实轴、虚轴坐标就在窗口顶部显示。
- Linear/Log：选择采样增益在最小与最大之间是线性分布还是对数分布。
- Min Gain，Max Gain：用根轨迹计算时输入最小和最大采样增益的数值。
- No. Samples：用于输入计算时所希望的增益采样。
- Update：强制重新计算根轨迹，可在输入内容改变后使用。
- Rescale：返回缺省设置状态。
- Show Locus：是否显示根轨迹。
- Show Points：按点还是按线显示。
- Show Grid：是否显示背景网络。
- Show Damping：是否显示阻尼线。
- Copy Plot：将根轨迹图复制到 Windows 剪贴板。
- Print：将根轨迹图打印输出。

如果需要改变根轨迹中的极点和零点，可以在根轨迹窗口直接拖动极点和零点。

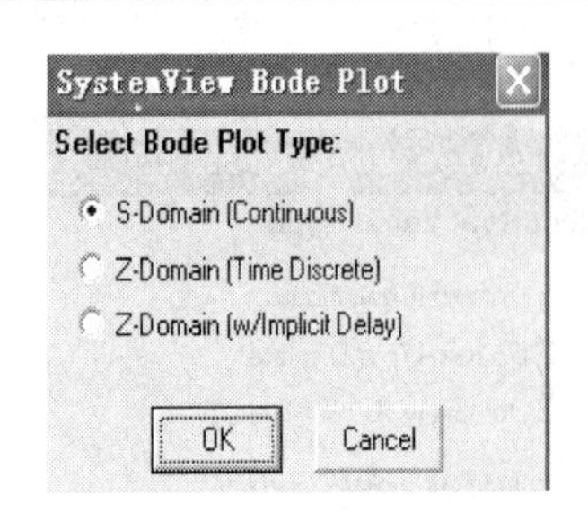

图 8.34　Bode Plot 对话框

2. 波特图

单击系统设计窗口中的按钮，出现如图 8.34 所示的 Bode Plot 对话框并进行选择。图 8.35 为上述系统的波特图。

例：建立一个由两个表达式相乘组成的系统。已知拉氏变换式为

$$H(s)=\frac{s+1}{s^2+s+3}\cdot\frac{1}{s^2+16}$$

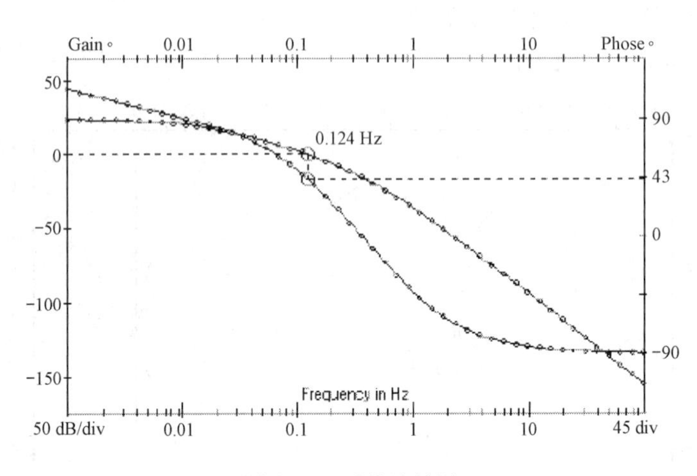

图 8.35　系统波特图

其具体步骤如下：

(1) 新建一个系统。设置系统时间，采样率为 1 000 Hz，起始时间为 0，采样点数为 1 024。

(2) 在数据窗口中，放置一个算子图符，双击该图符，再双击“Linear System”图符，单击“Laplace Define”按钮调出拉普拉斯设计窗口。

(3) 因为拉普拉斯变换式为两部分，所以在段数选择栏“Number of Sections”内输入 2。

(4) 先将段数设为 1，在窗口上面的图形输入框内将第一段表达式系数输入，再按“Next”按钮，输入第二段表达式系数。

(5) 按“This Section”按钮，在窗口坐标文本框内可显示当前的极点和零点。按“All Sections”按钮，可显示整个系统的零点和极点。

单击“Finish”按钮，返回线性系统设计窗口，观察时域、频域特性。此时可观察到该变换式的单位冲激响应的时域波形如图 8.36 所示。由于存在 $s=4$ 的极点，因而在时域响应中存在频率为 $4/(2\pi)$ Hz 的振荡。按“Gain”以观察频域响应如图 8.37 所示，在频率 $4/(2\pi)$ Hz 处的能量最强。

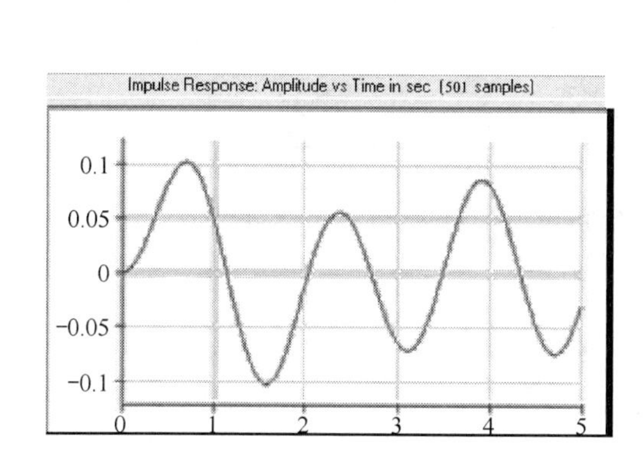

图 8.36　单位冲激响应时域波形

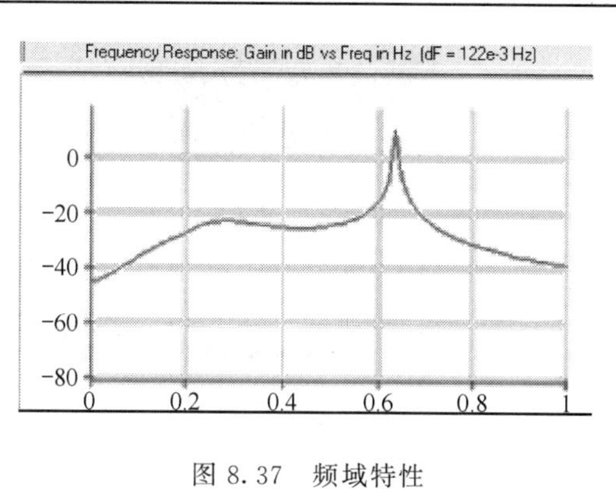

图 8.37　频域特性

(6) 单击“Root Locus”，可以观察到如图 8.38 所示的根轨迹图。按住鼠标左键可以将图形拖曳放大显示，按“Close”按钮退出根轨迹显示。

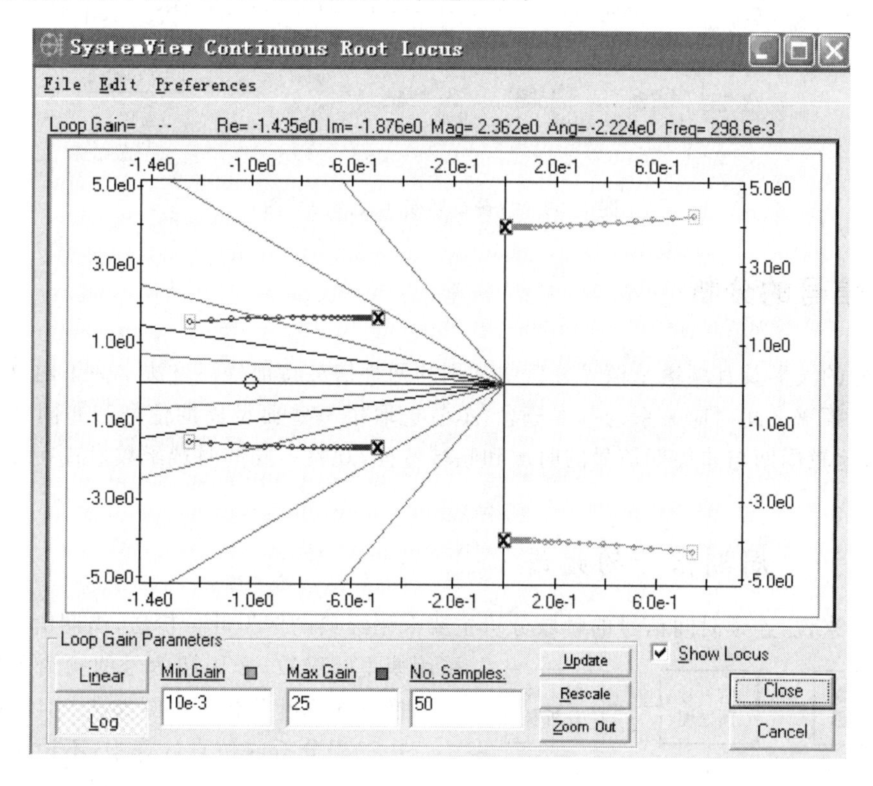

图 8.38　拉普拉斯变化式的根轨迹图

(7) 单击“Bode Plot”，可观察到如图 8.39 所示的波特图。

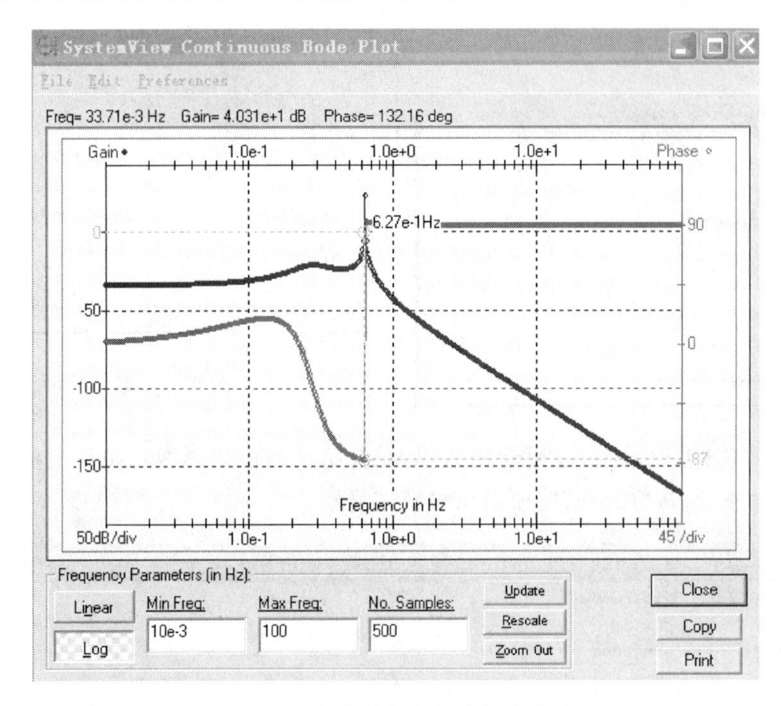

图 8.39 拉普拉斯变换式的波特图

8.4 信号的分析

信号的波形及其频谱是信号分析中常用的两种信号特征描述方法。为了建立信号时域波形与频谱之间对应关系的基本概念，本节选取了一些典型周期信号和非同期信号进行研究，比较周期与非周期信号的时域和频域特征，观察不同的时域函数形式在频域里的变化情况。

8.4.1 周期信号的频谱

一般来说，连续时间信号的频域分析主要采用经典的傅里叶分析法，周期信号的频谱采用傅里叶级数，非周期信号的频谱采用傅里叶变换。傅里叶分析方框图如图 8.40 所示。

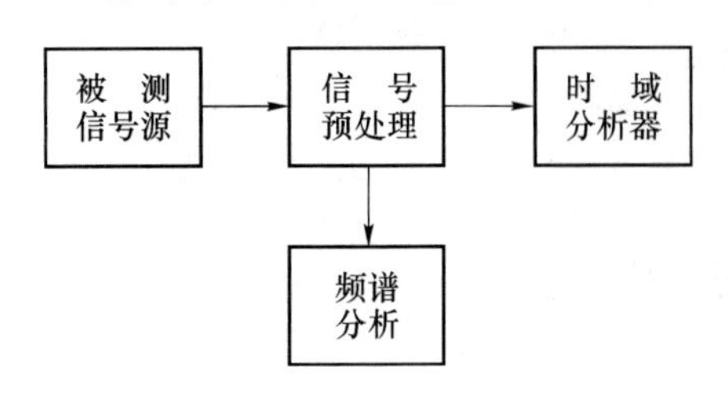

图 8.40 信号波形及频谱测量方框图

在工程分析或仿真计算中，不论是周期信号或者是非周期信号，其傅里叶分析都不可能在无穷大时间范围内求取傅里叶积分，仿真分析中，分析时间是用户自己设定的一个时间段 T(“起始时间”到“截止时间”的间隔)、这个时间段等效为一个宽度为 T 的矩形窗函数，仿真结果利用快速傅里叶变换(即 FFT)计算得到，需要设定采样速率、点数、起始和截止时间等参数，参数之间的关系依据于 FFT 参数间的约束关系。

SystemView 仿真中，周期信号的频谱实际上是对周期信号进行有限长截断后信号的傅里叶变换，截断长度等于用户设定的分析时间长度。只有当截断信号很长时，信号频谱图的谱线才与傅里叶级数系数基本一样。下面进行正弦信号的波形和频谱分析。

正弦信号时域函数表达式：

$$f(t)=E\cos \omega t$$

正弦信号频谱函数表达式：

$$F(\omega)=E\pi[\delta(\omega+\omega_0)+\delta(\omega-\omega_0)]$$

利用 SystemView 信号库中的函数 sinx 和算子库中增益放大器实现图 8.41 所示系统。

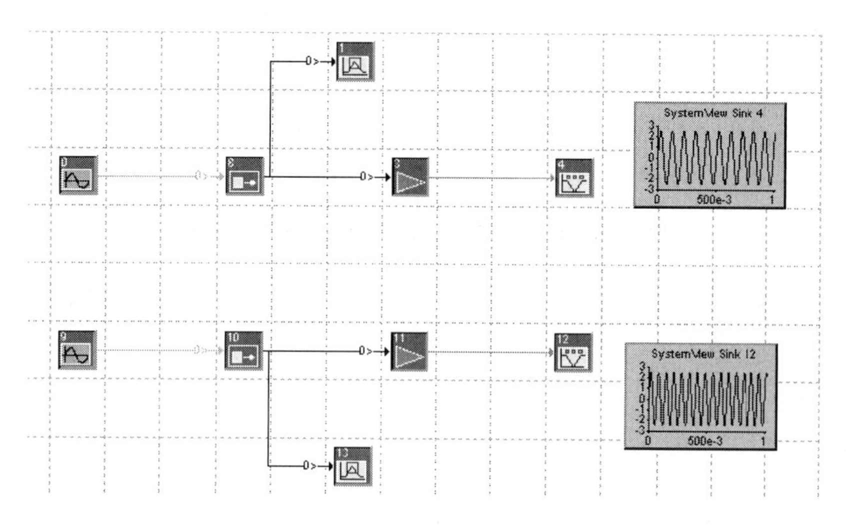

图 8.41　正弦周期信号系统

单击工具条中的仿真按钮，进行不同信号幅值、不同频率的仿真。在信号接收器中观察信号波形如图 8.42 和 8.43 所示，在分析窗口中观察信号幅值频谱如图 8.44 和 8.45 所示。

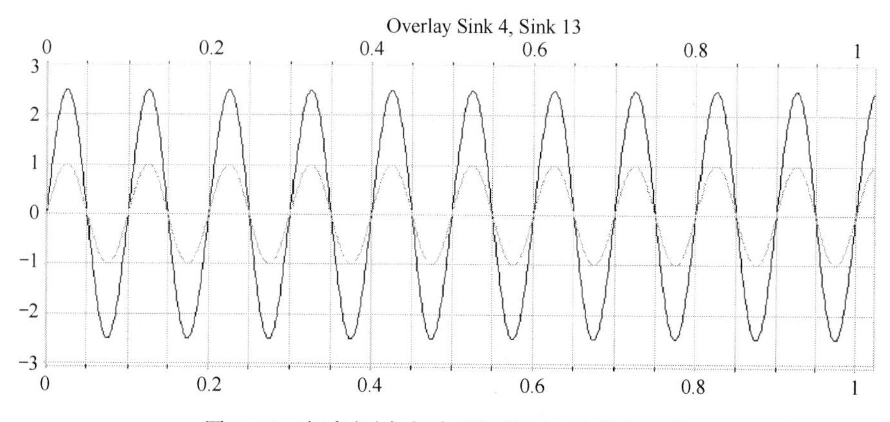

图 8.42　频率相同、幅度不同的两正弦信号波形

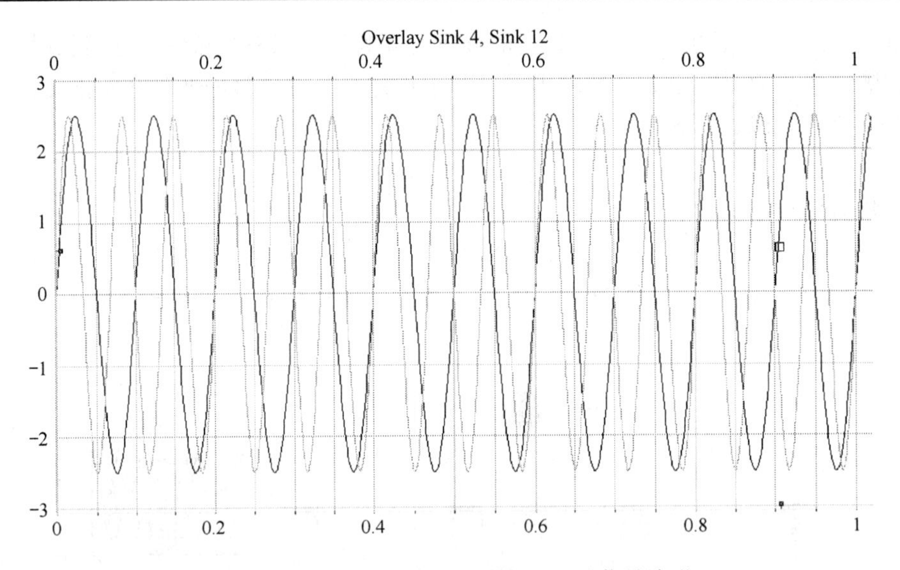

图 8.43　频率不同、幅度相同的两正弦信号波形

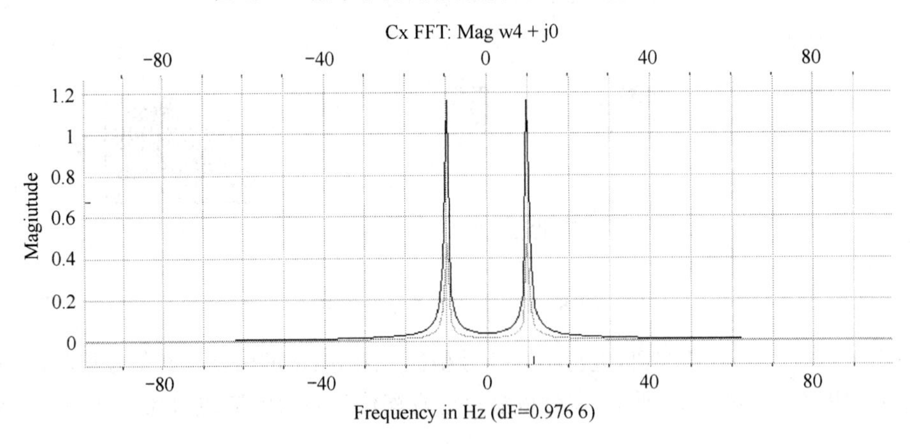

图 8.44　频率相同、幅度不同的两正弦信号频谱

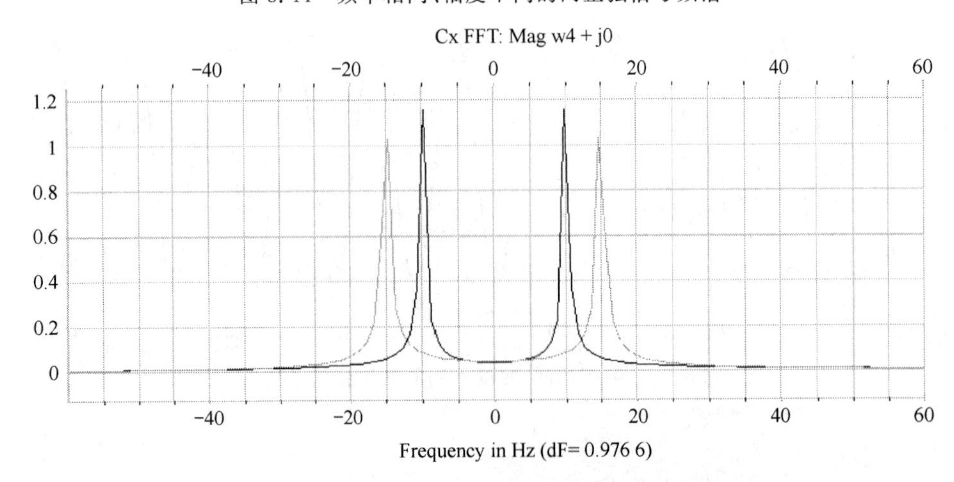

图 8.45　频率不同、幅度相同的两正弦信号频谱

8.4.2　非周期信号的频谱

以门函数和单边指数函数这两个典型的非周期信号为实例，讨论非周期信号的频谱。

1. 门函数及其频谱

信号表达式：

$$f(t)=\begin{cases} E & |t|<\frac{\tau}{2} \\ 0 & |t|\geqslant\frac{\tau}{2} \end{cases}$$

其中 E 为脉冲幅度，τ 为脉冲宽度。

SystemView 信号源库中没有矩形脉冲信号源，使用阶跃函数 ε(t)运算产生，即

$$f(t)=E\left[\varepsilon\left(t+\frac{\tau}{2}\right)+\varepsilon\left(t-\frac{\tau}{2}\right)\right]$$

矩形脉冲仿真系统如图 8.46 所示。

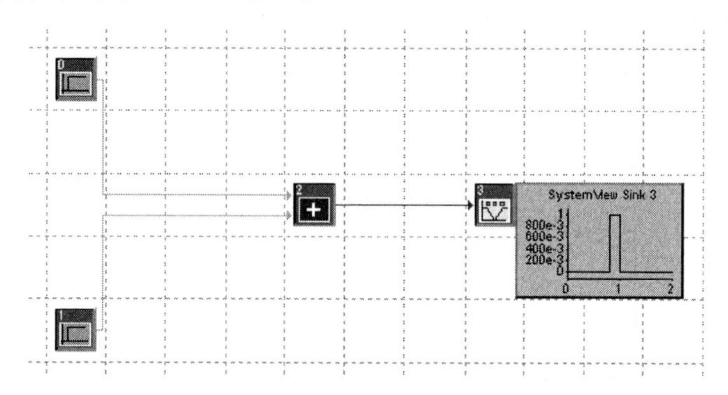

图 8.46　矩形脉冲仿真系统

图 8.47～图 8.50 是不同脉宽的矩形脉冲时域和频域波形。

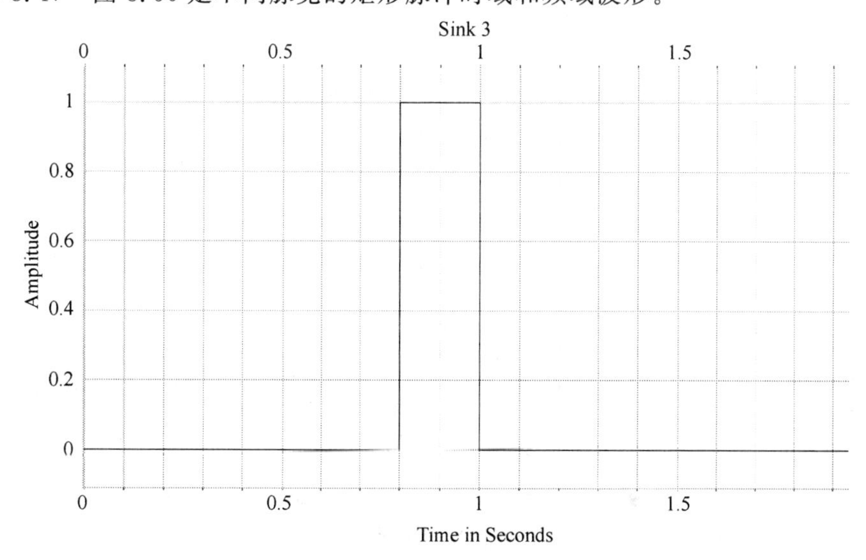

图 8.47　窄脉宽的矩形脉冲时域波形

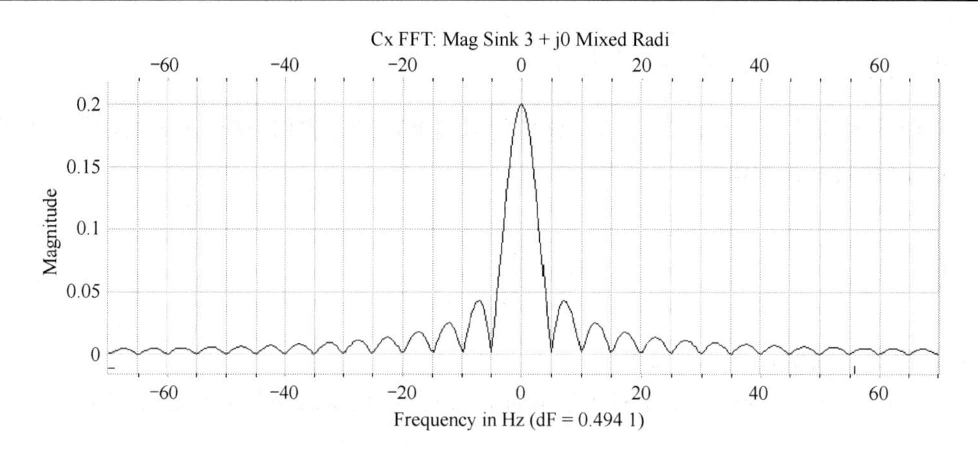

图 8.48　窄脉宽的矩形脉冲频谱

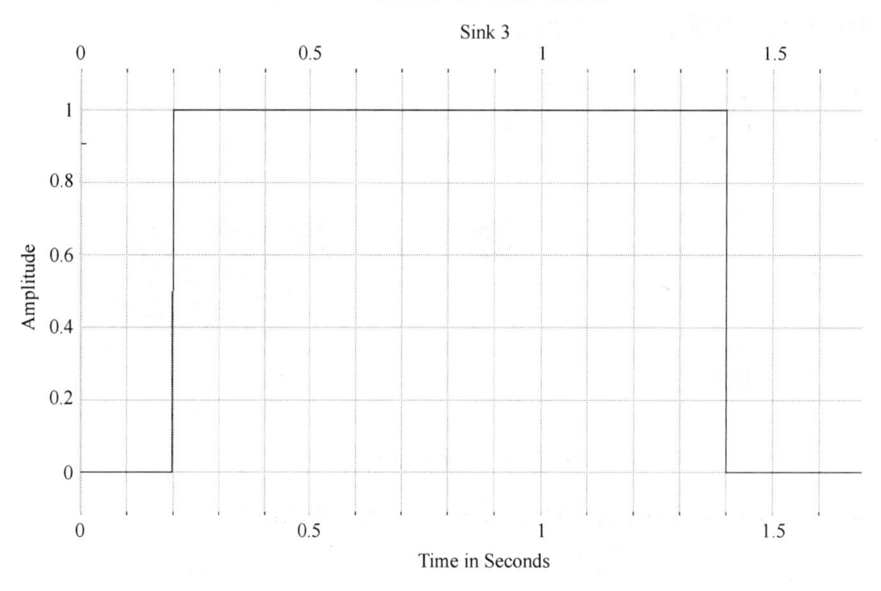

图 8.49　宽脉宽的矩形脉冲时域波形

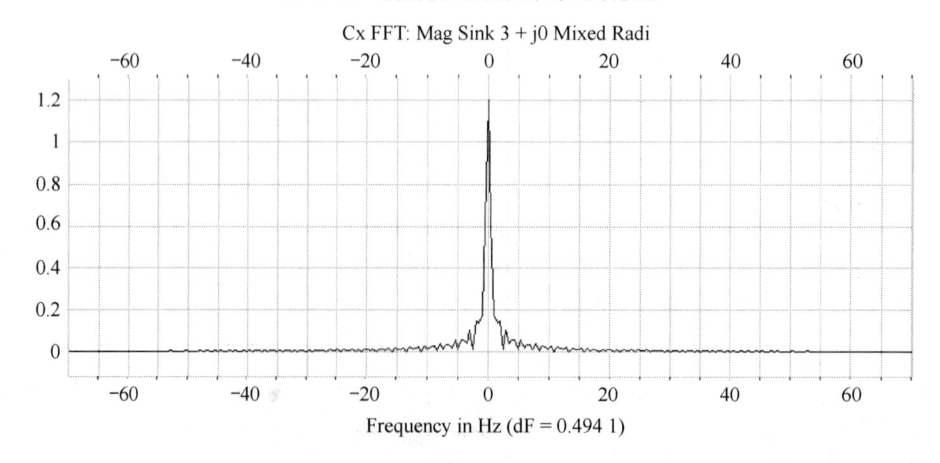

图 8.50　宽脉宽的矩形脉冲频谱

时域信号愈窄对应的频谱就愈宽,时域信号愈宽对应的频谱就愈窄。

2. 单边指数函数

信号表达式:

$$f(t)=\begin{cases}Ae^{at} & t\geqslant 0\\ 0 & t<0\end{cases}$$

其中,$a>0$,A 为幅值。

在 SystemVeiw 信号源库中没有单边指数脉冲信号,可以运用函数 e^x、阶跃函数、时间函数实现。仿真系统参数设置为:采样频率 1 kHz,采样点数 4 024 个。a^x,$a=2.718$。阶跃函数起始时间是 0,幅值是 1,时间函数,增益是 −1。仿真结果如图 8.51 和图 8.52 所示。

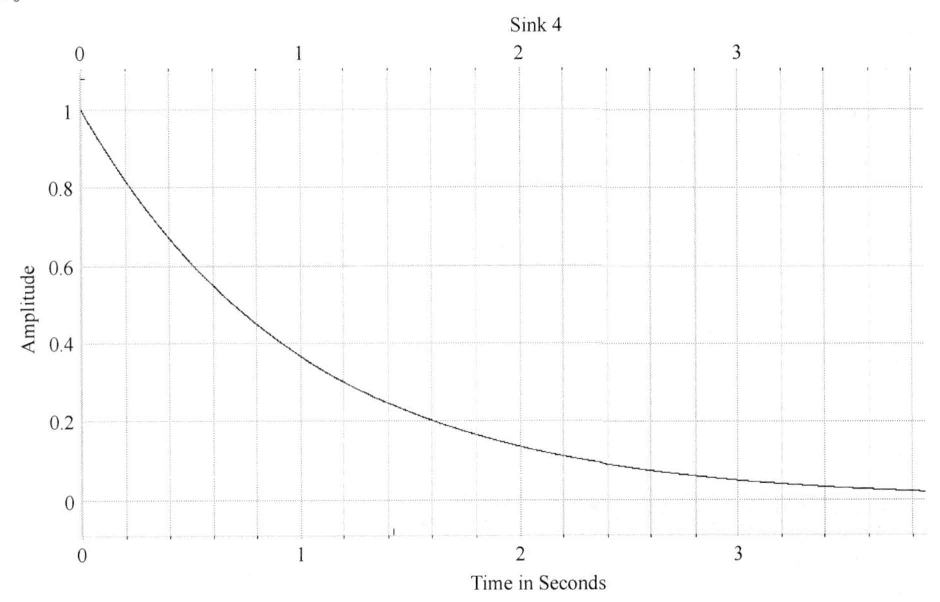

图 8.51　单边指数函数波形

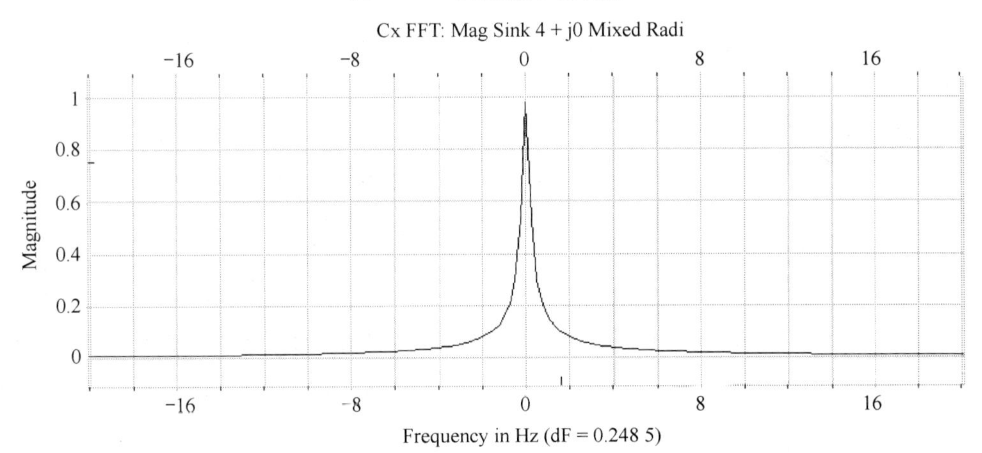

图 8.52　单边指数函数频谱

8.5 通信系统仿真

通信系统仿真介绍常用的RS编码信号仿真、窄带信号仿真、信号交织系统仿真。

8.5.1 RS编码信号仿真

RS编码首先由REED和SOLOMON提出，由两位发明人姓氏的英文字头命名。RS码是一种具有很强纠错能力的多进制BCH码。而BCH码是一类能够纠正多个随机错误的循环码。一个能纠正T个错误符号的M进制RS码参数如下：

码长：$N=M-1=2^p-1$个符号($p\geq 3$正整数)；

信息段：K个符号；

监督段：$N-K=2T$个符号；

最小码距：$d_{min}\geq 2t+1$个符号。

由于RS码能够纠正T个M进制错误符号，也就相当于能够纠正T个p位二进制错误码组。至于一个p位二进制码组错误中有一位错误，还是p位全错了，并不重要，这就是说RS码能够纠正连续性的突发错误。因此RS码特别适用于存在突发错误的信道，如移动信道等。RS编码系统仿真设计步骤如下：

(1) 将信号源库图符拖到系统设计区并双击，在随即出现的Noise/PN(噪声/伪噪声)库中选择PN Seq，在其参数设置对话框中设置PN码速率为4 Hz。

(2) 将算子库图符拖到系统设计区，在Sample/Hold(采样/保持算子库)中选择Sampler，设置采样率为4。

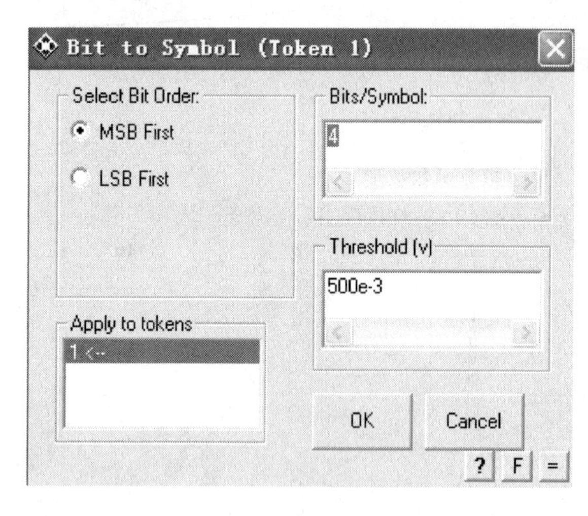

图8.53　Bit to Symbol对话框

(3) 由于RS码为非二进制码，编码之前应首先对二进制码进行比特符号转换，拖通信库(comm)图符到系统设计区，在Encode/Decode(编码/解码库)中选择“Bit→Sym”图符，即比特至符号转换器，如图8.53所示。

(4) 以同样方法在Encode/Decode中选择Sym→Bit图符，并输入相应的参数。

(5) 在Encode/Decode中选择Blk Coder，显示Block Encoder对话框，如图8.54所示。设置相关参数。以同样的方式设置Blk dCoder图符。

(6) 系统中的信道模拟成一个高斯噪声信道，噪声用高斯噪声，在信号源库中选择Gaussian Noise，仿真参数设置如图8.55所示。

（7）在算子符中选择 Gain 图符，设置参数为−15 dB。

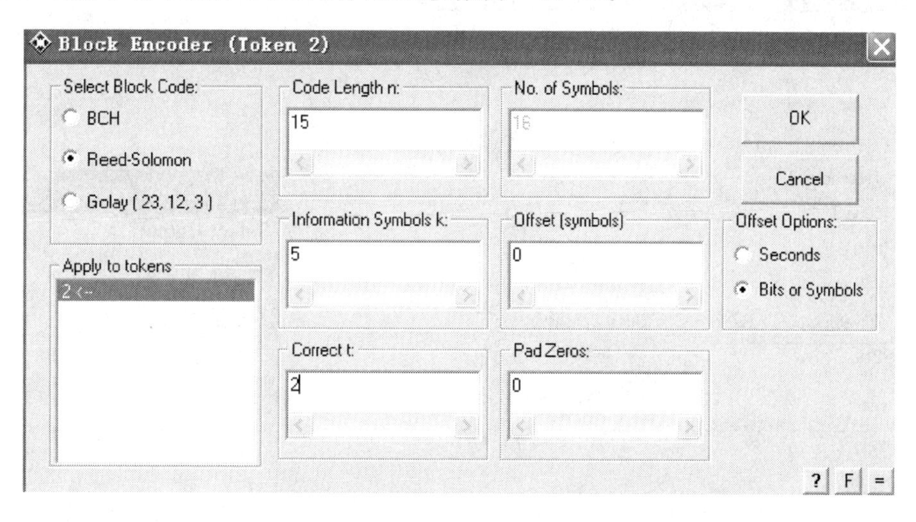

图 8.54 Block Encoder 对话框

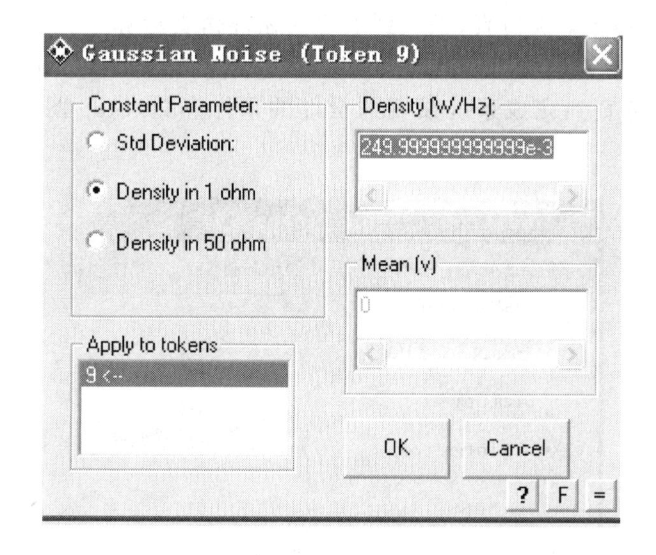

图 8.55 高斯噪声信号源设置

（8）拖入通信库并在 processors（处理器）库中选择 BER 图符，也就是误码率计数器。显示对话框如图 8.56 所示。其中，No. Trials 为对比试验的比特数；Threshold 为参考信号与解调信号差异的门限值。当两者相差大于该门限时判为错误，BER 计数器累加 1；小于该值不进行累计。Offset 为时间偏移量，决定系统开始比较试验的时间。将 BER 计数器图符的输出连接到信息显示图符时，自动弹出图 8.57，即必须选择输出方式。其中，0：BER表示实时 BER 值；1：Cumulative Avg 表示 BER 的累计均值；2：Total Errors 表示错误总数。

图 8.56 BER Counter 对话框

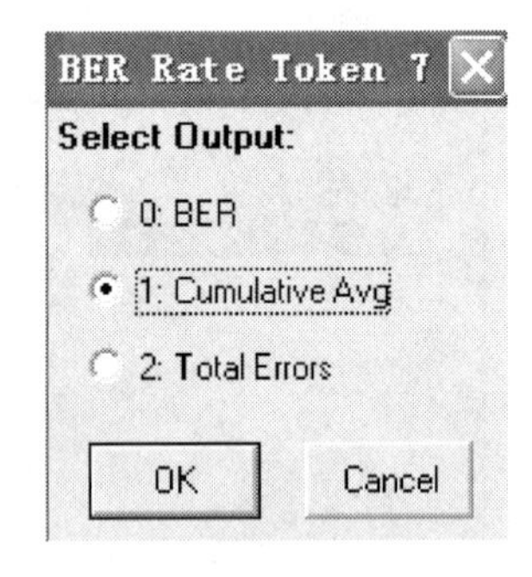

图 8.57 BER Rate Token7

(9) 在信息显示库中选择 Stop Sink 图符，系统定时被设置为多循环后，当输入值超过设置门限时，停止本次仿真，进入到下一次循环仿真运算中。将其与 BER 计数器相连，当 BER 计数器错误数值输出超过预定值时，停止本次循环的仿真进入下一循环；否则一直仿真运算直到完成系统设置的全部的采样点数，Stop 图符的参数设置如图 8.58所示。

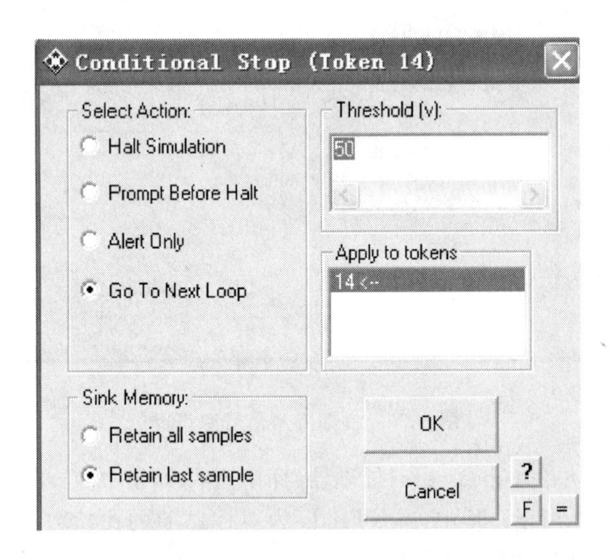

图 8.58 Conditional Stop 对话框

最终建立的仿真系统如图 8.59 所示。运行此仿真系统，将系统窗口切换到分析窗口，可得到系统累计误码率均值相对时间的关系曲线，如图 8.60 所示。

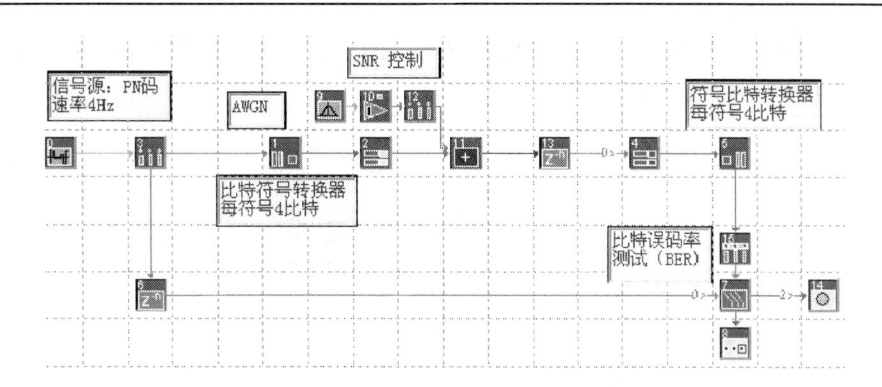

图 8.59　RS 编码仿真系统

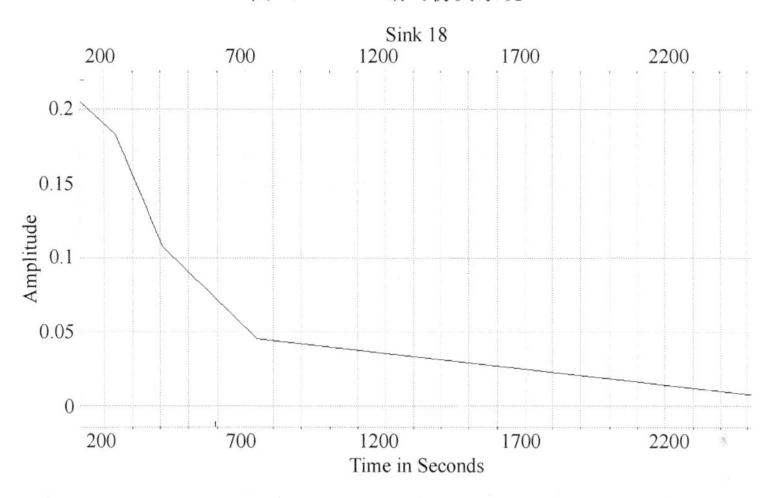

图 8.60　误码率曲线

8.5.2　窄带信号仿真

角度调制可分为频率调制和相位调制，由于频率调制和相位调制存在内在联系，且实际应用中频率调制得到广泛采用，因此本节以频率调制为主进行分析和仿真。

根据调制后已调信号的瞬时相位偏移的大小，可将频率调制分为宽带调制（宽带调频）和窄带调制（窄带调频）。当调制信号为单余弦 $f(t)=A_m\cos\omega_m t$ 时，简化的窄带调频表达式为

$$S_{FM}(t)=A\cos\left[\omega_c+K_{FM}\int f(t)\mathrm{d}t\right]=A\cos\omega_c t-AK_{FM}\left[f(t)\mathrm{d}t\right]\sin\omega_c t$$

$$K_{FM}\left|\int f(t)\mathrm{d}t\right|_{max}\ll 1$$

由上式作为数学模型，可建立窄带调频的原理框图，如图 8.61 所示。

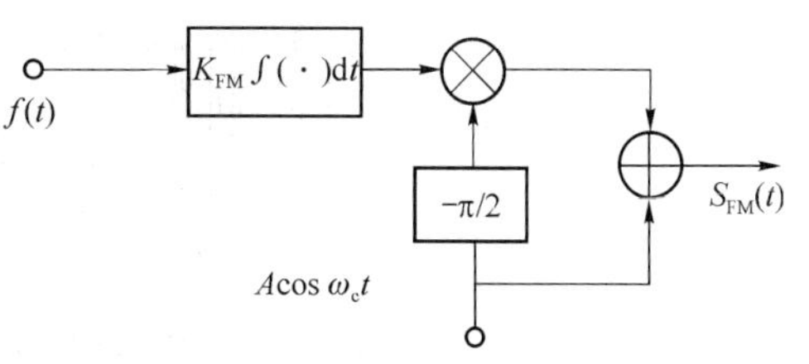

图 8.61　窄带调频原理框图

图 8.62 为间接调频法对应的 SystemView 仿真模型。如果在图 8.62 的图符 6 输出后面加上平方（或多次方）图符，则可以

得到输入信号倍频(或多倍频)的调频信号输出。该方法最先由阿姆斯特朗(Armstrong)提出,因此也称为阿姆斯特朗法。

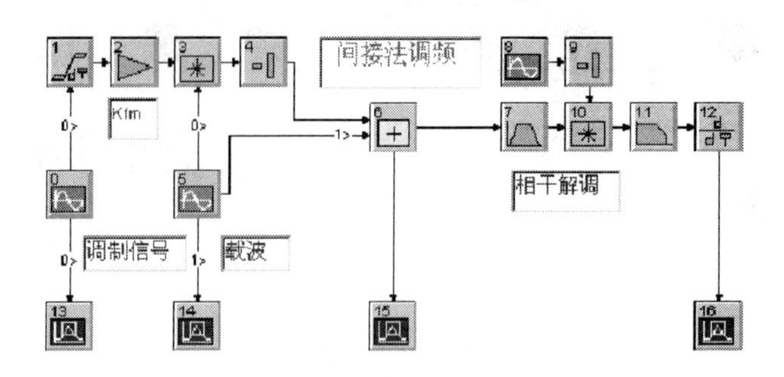

图 8.62 间接调频法原理图

1. 相干解调

窄带调频可以由乘法器实现,因此可以用相干解调的方法恢复原调制信号。图8.63为窄带调频信号相干解调的原理图。图 8.62 的右边部分是仿真设计图。

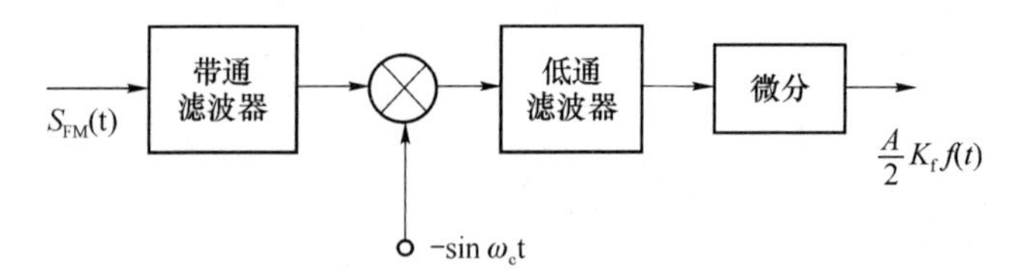

图 8.63 窄带调频相干解调原

图符 7 带通滤波器的作用是通过调频信号和抑制噪声,带宽为已调信号频谱的两倍。图符 11 低通滤波器的带宽为调制信号的带宽,其作用是滤除由乘法器产生的不必要成分,取出原调制信号。图8.64,8.65,8.66 分别为调制信号波形、调频信号的频谱和解调后的信号波形。

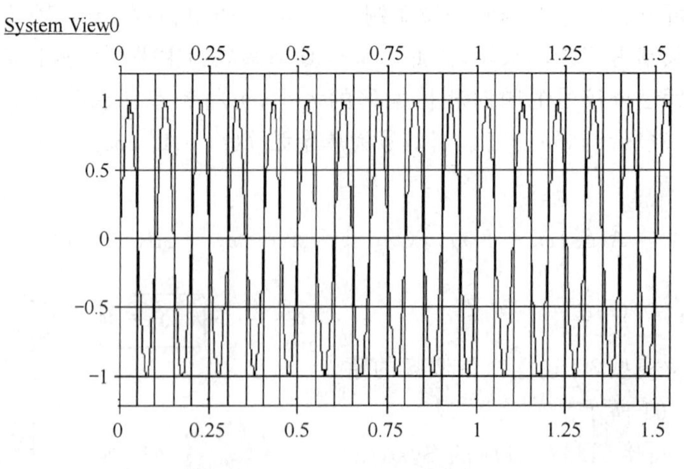

图 8.64 调制信号波形图

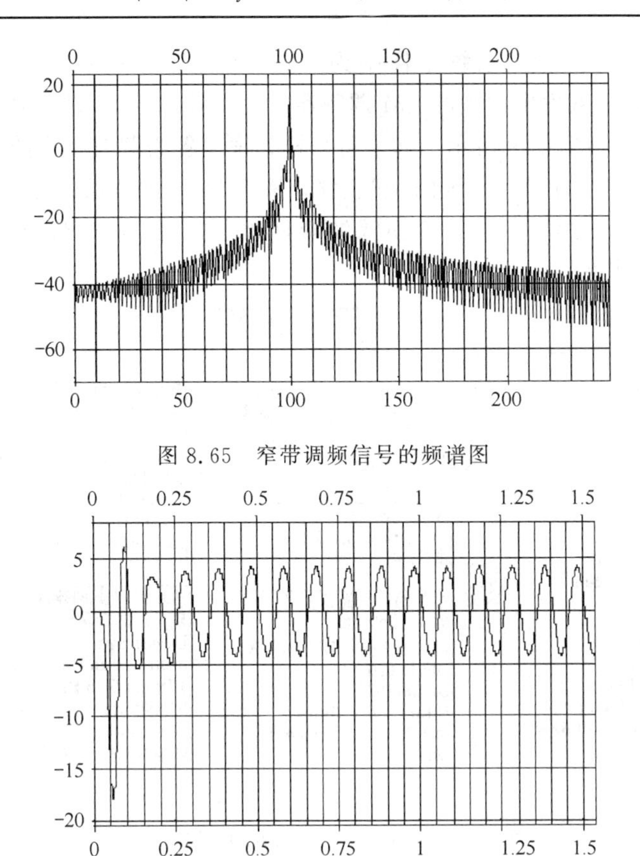

图 8.65　窄带调频信号的频谱图

图 8.66　相干解调后还原的调制信号波形

2. 积分鉴频器解调

积分鉴频器或积分检波器是一种常用的 FM 解调器。这类 FM 解调器在很多单片 FM 收音机和接收机芯片中使用。图 8.67 为积分鉴频器的简单电路图，输入的调频信号连接到乘法器的一个输入端，经过一个耦合电容与一个 LC 并联谐振回路组成的移相电路产生正交信号作为乘法器的另一个输入。所有相移由耦合电容产生的相移及谐振回路产生的附加相移两部分组成。

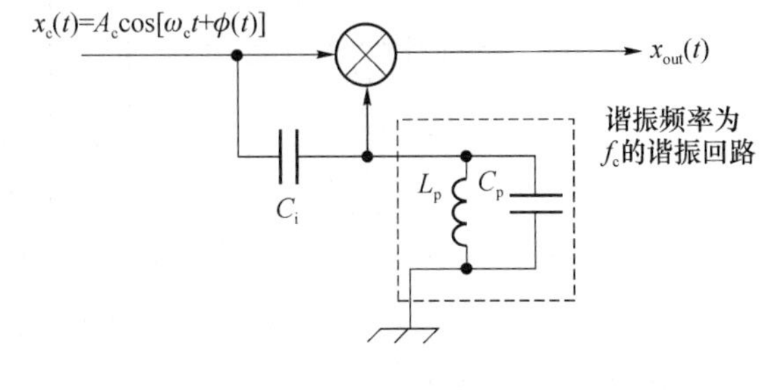

图 8.67　积分鉴频器的简单电路

仿真时电容器及谐振回路的相移可以用两种方法实现。用一个希尔伯特(Hilbert)变换滤波器组成，由于希尔伯特变换滤波器会引起整个频率通带内的信号产生90°相移。另一种方法是通过一个简单的延迟电路产生，延迟电路产生相当于载波频率四分之一周期的延迟。由于在载波中心频率上有 90°相移，因此可把并联 LC 谐振回路看成一个二阶带通滤波器。

图 8.68 为 SystemView 积分鉴频器的仿真图。图中包含了上述两种移相电路，两种

电路的仿真结果十分相似。系统采样率为 1 600 Hz,信息频率为 10 Hz,载波频率为 400 Hz。采用系统函数库中内置的 FM 调制器产生调频信号,并设调制增益为 10 Hz/V。调制器输出的频谱如图 8.69 所示。如果将采样频率设置为载波频率的 4 倍,四分之一周期(约625 μs)的延迟正好获得完全的 90°相移。图 8.70 是解调后的输出波形。将延迟线移相的输入输出断开,用希尔伯特变换滤波器移相电路(图符 8)代替,重新运行仿真系统,可得到相同的结果。

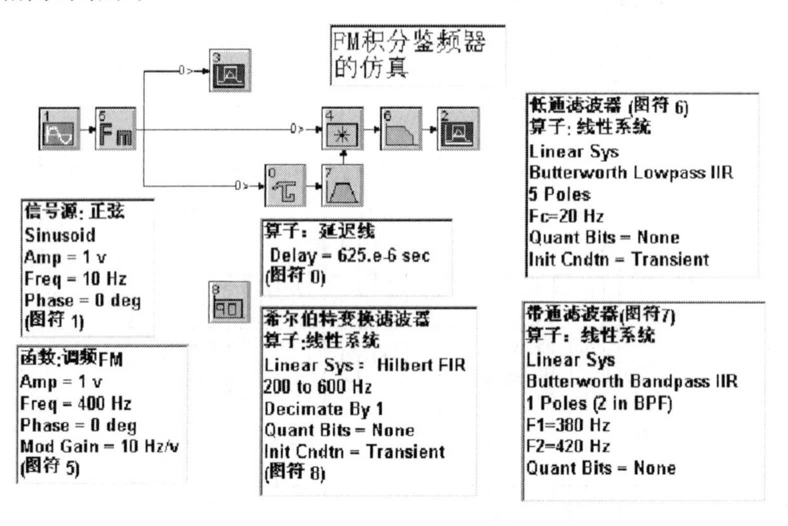

图 8.68　FM 积分鉴频器的仿真电路图

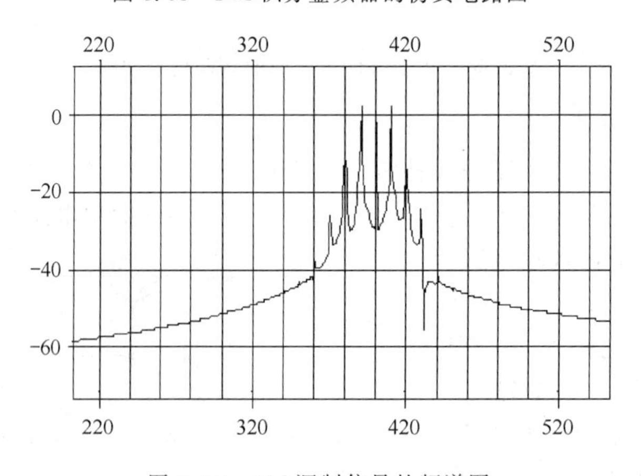

图 8.69　FM 调制信号的频谱图

3. 窄带干扰信道仿真

SystemView 提供了一个窄带干扰信号图符,其输入信号和输出信号符合以下关系式:

$$y(t)=x(t)+\sum_{k=1}^{N}A_k\sin(2\pi f_k t+\Phi_k)$$

其中:N 为窄带干扰的数量,A_k、Φ_k 分别为每个窄带干扰信号的幅度与相位。窄带干扰信道图符可以设置随机模式和均匀分布模式以及上述参数。若选择随机模式,窄带干扰信

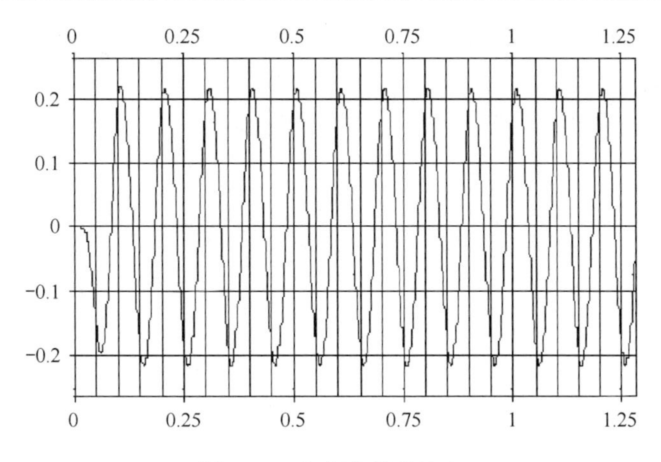

图 8.70　解调信号的输出

号频率随机分布在最大和最小频率之间；若选择均匀分布模式，窄带干扰信号频率则设置为等间隔分布。

首先设计带窄带干扰信号的相移键控仿真系统，具体步骤如下：

(1) 将信号源库图符拖到系统设计区并双击，选择 Periodic(周期信号)下的 PSK 信号发生器 PSK Carrier，产生相位调制载波信号。设频率为 1 MHz，如图 8.71 所示。

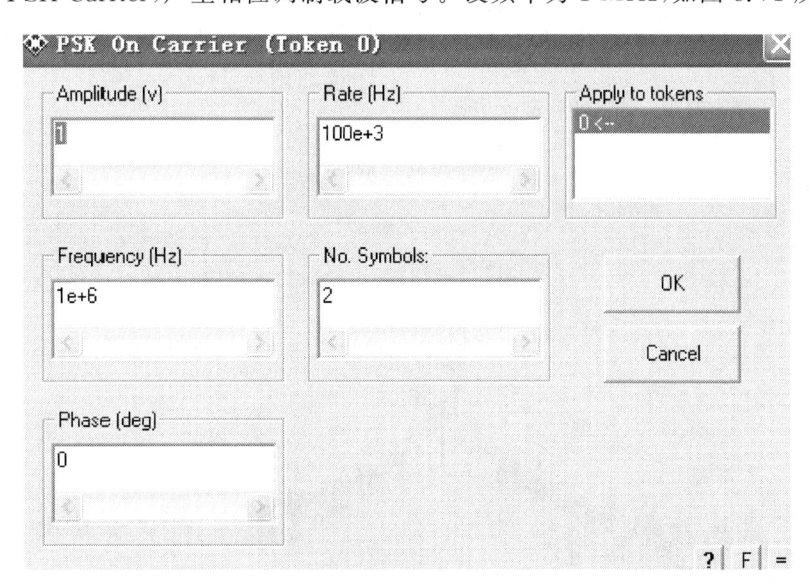

图 8.71　PSK Source 对话框

(2) 拖通信库图符到系统设计区，在 Channel Models(信道模型库)中选择 NBI Chn 图符并双击，显示如图 8.72 所示的 Narrow-band Interference Channel 对话框并进行设置。

(3) 设置 5 个干扰，干扰频率范围为 800 kHz～1.0 MHz，并选择为均匀分布模式。

(4) 从信息显示库的图形图符库中选择 Graphic 下的 SystemView 图符，用于在系统窗口中显示经过随机分布和均匀分布的窄带干扰信道后的输出信号波形图。

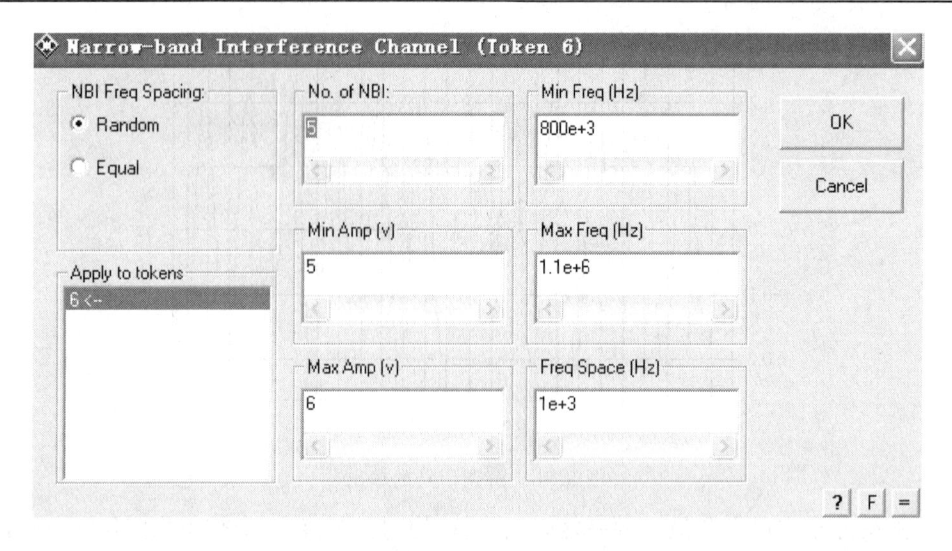

图 8.72 窄带干扰通道参数设置对话框

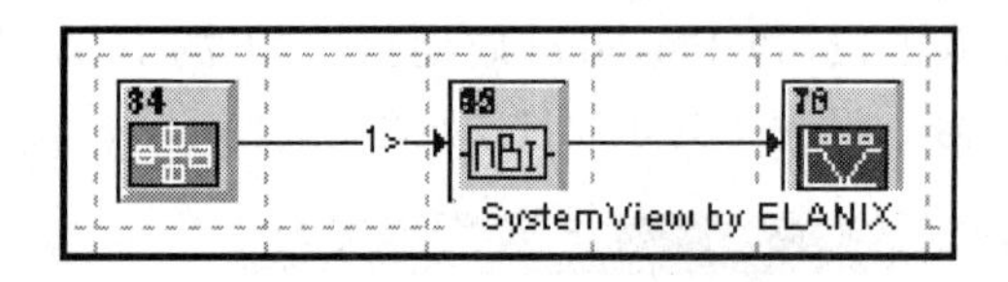

图 8.73 带有窄带干扰的相移键控仿真

(5) 仿真系统如图 8.73 所示。

(6) 设置系统时间采样点数 4 096,采样频率 5.12 MHz。运行该系统仿真,其频谱如图 8.74 所示。

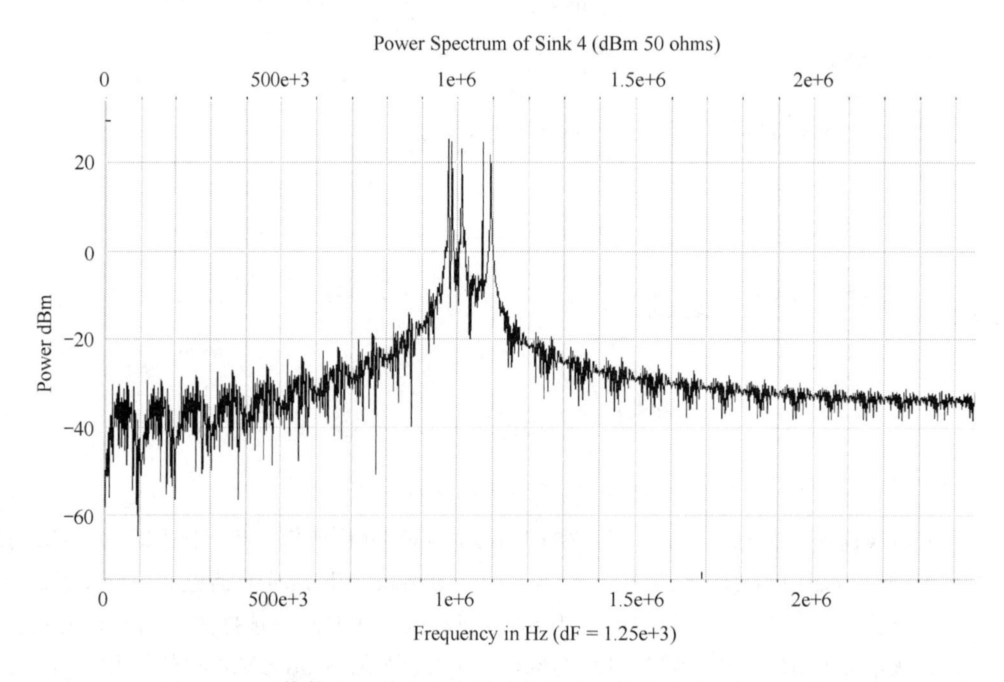

图 8.74 干扰数为 5,均匀分布模式的窄带干扰信道输出信号频谱图

为了与不加干扰的频谱进行比较，重新设计如图 8.75 所示的二进制移相键控信号仿真系统，其信号频谱如图 8.76 所示。

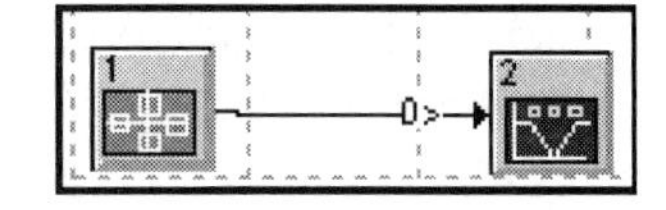

图 8.75　二进制移相键控信号仿真系统

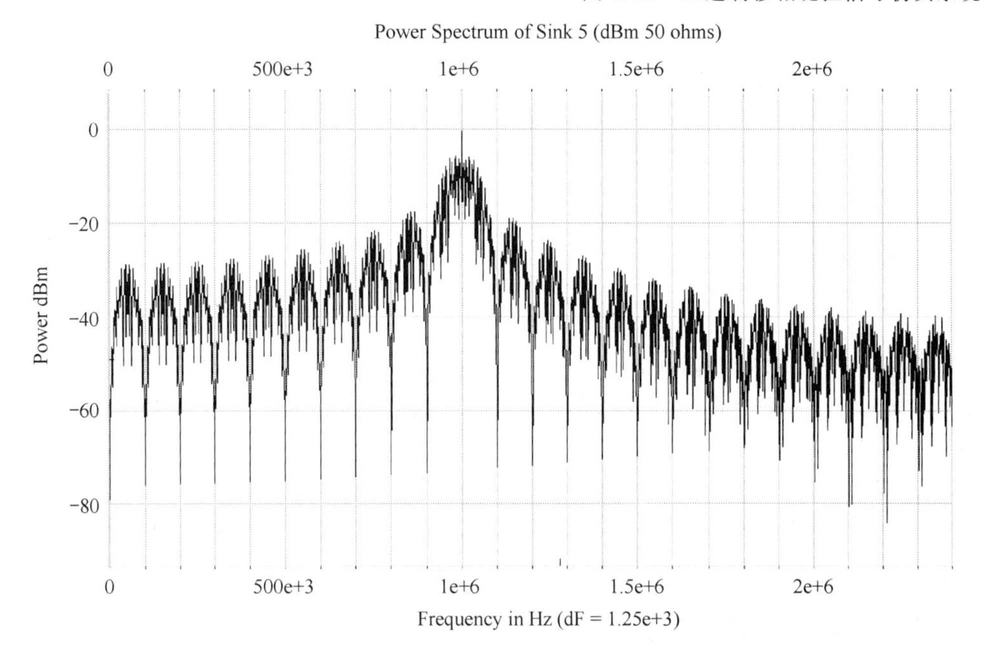

图 8.76　二进制移相键控信号频谱图

8.5.3　信号交织系统仿真分析

RS 编码能够用来纠正随机错误，但在实际通信系统中，常常存在突发性错误。突发性错误一般是一个错误序列，往往使连续一片数据都出现差错，这种集中式的差错，常常超出了纠错编码的能力。所以在发送端加上数据交织器，在接收端加上解交织器，使得信道中的突发差错分散开来，以便充分发挥 RS 编码的纠错功能。加上交织器后，系统的纠错性能可以提高几个数量级。交织器和解交织器均由先入先出(FIFO)移位寄存器和分支切换开关组成。

使用交织编码的好处是提高了抗突发错误的能力但不增加新的监督码元，从而不会降低编码效率。

本节通过一个实例介绍信号交织系统仿真。本例的设计要求是对 Golay(23，12，3)编码的输出进行交织，输出信道上采用频率为 1 Hz、脉宽为 1 ms 的脉冲信号，为信道中的模拟突发性错误，通过系统仿真给出还原码的误比特率和信噪比的关系曲线，其中码源为二进制随机码的码速率为 40 bit/s。

首先将信号源库的通用图符拖到系统设计区并双击。在随即出现的 Noise/PN 中选择 PN Seq 图符，设置 PN 码速率为 40 Hz，并将算子库图符拖到设计区，在 Sample/Hold 算子中选择 Sampler，设置其采样率为 400 Hz。拖出通信库图符到设计区，在编码解码库中选择 Blk Coder 图符，双击设置其有关参数，如图 8.77 所示。

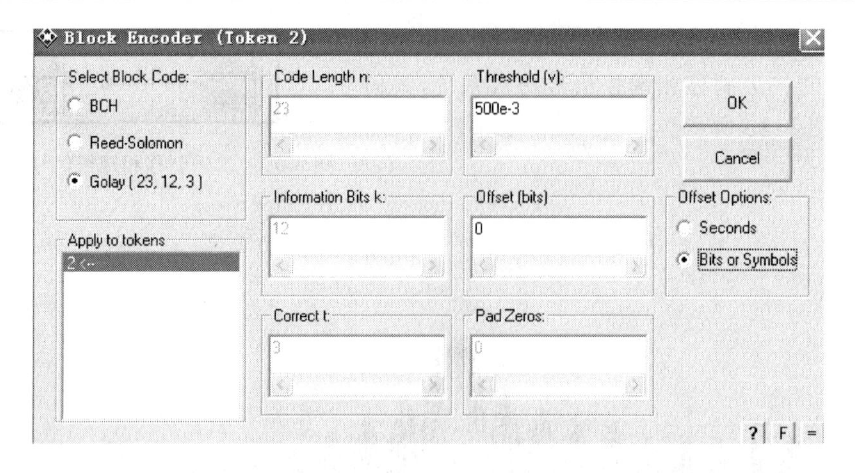

图 8.77　Blk Coder 对话框

以同样的方法选择 Blk Doder 图符，并设置有关参数，再拖出通信库图符到系统设计区，在处理器库中选择 Interleave(交织/解交织器)图符。可以将输入数据进行 k 行 n 列的交织，如图 8.78 所示。

在信号库中选择 Pulse Train(脉冲串)图符并设置其参数，模拟信道中的突发错误，如图 8.79 所示。最后建立仿真系统如图 8.80 所示，其中延迟图符的时间参数为 1.45 s，设置仿真系统时间，采样点数为 16 001，采样频率为 4 kHz。仿真结果如图 8.81 所示。

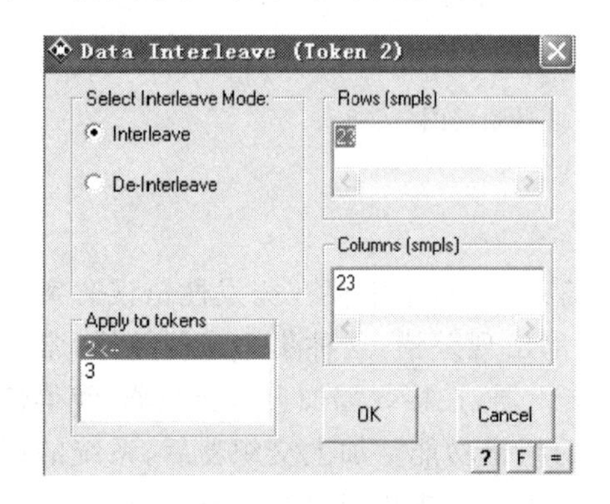

图 8.78　交织/解交织器对话框

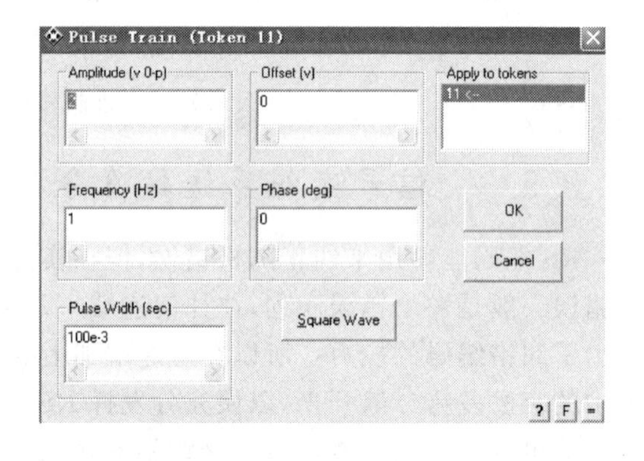

图 8.79　脉冲串设置框

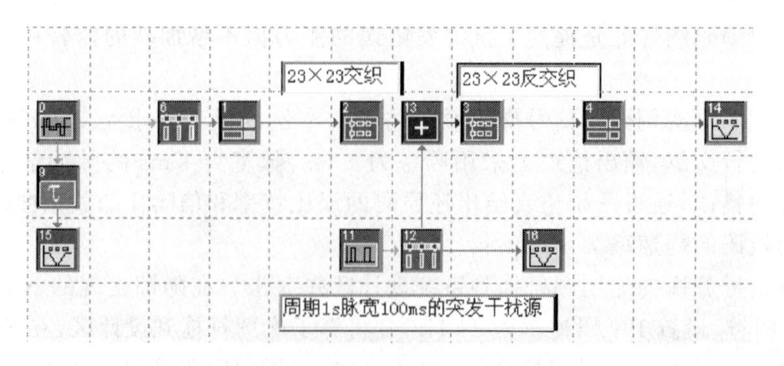

图 8.80　交织编码仿真电路图

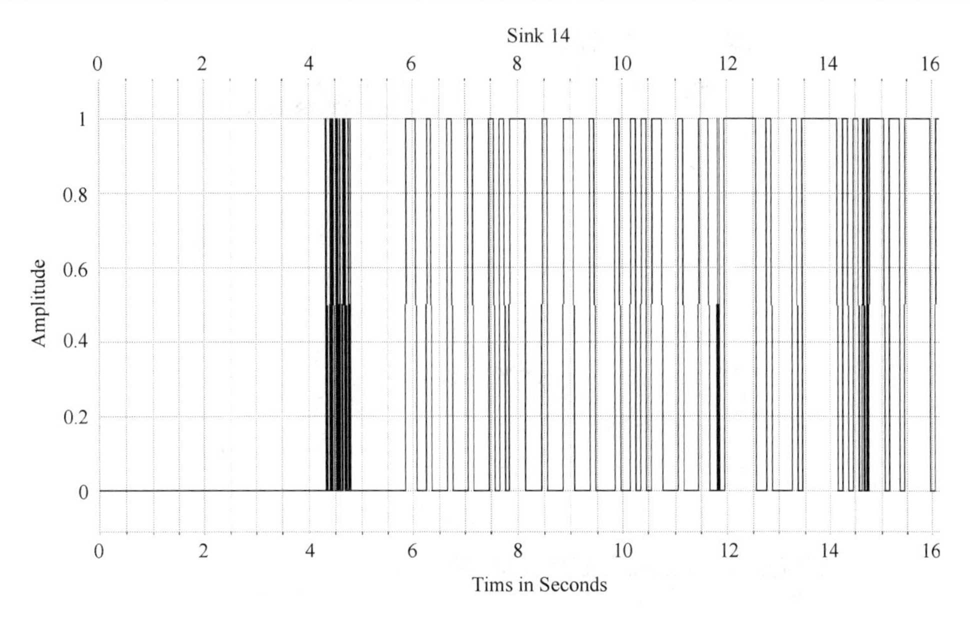

图 8.81 仿真结果

8.6 与其他软件的衔接

Matlab 是目前十分流行的一个仿真工具。为了与 Matlab 联合设计仿真系统，SystemView 提供了一个接口——M-Link。用户可以在 SystemView 的设计中直接调用 Matlab 的函数，或利用 Matlab 的分析工具检验仿真结果等。

用户可以利用 Matlab 及其工具定义某些函数，编辑完成相应功能，设置参数等，并在 SystemView 中进行调用。SystemView 可以调入 Matlab 的 *.M 或 *.MEX 文件。

8.6.1 建立 SystemView 下的 Matlab 函数库

从 SystemView 的专业库中拖出一个 M-Link 图标并双击，或单击 Tools 下拉菜单中 M-Link 选项，然后单击 Edit Library 选项，出现如图 8.82 所示对话框。

- M-Link Tokens 列表框：列出在当前 SystemView 系统中所有使用的 Matlab 图符符号。
- Add Existing：添加一个已经存在的 Matlab 函数。
- Remove：删除 Matlab Functions 窗口列表中已选中的 Matlab 函数。
- Create New：在 SystemView M-Link 选项中创建并添加一个新的 Matlab 函数。
- Define：修改一个选中的 Matlab 函数的定义。
- Specify Matlab Function Editor：指定 Matlab 的 *.M 文件编辑器。
- Parameters：进入参数设定对话框。

单击 Add Existing 按钮，出现 Select Matlab Function 对话框图 8.83。从中选择需要的文件并打开，如图 8.84 所示。

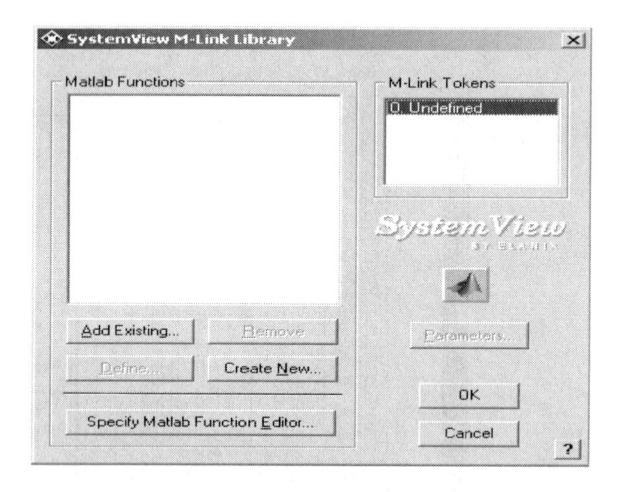

图 8.82 M-Link 库管理窗口

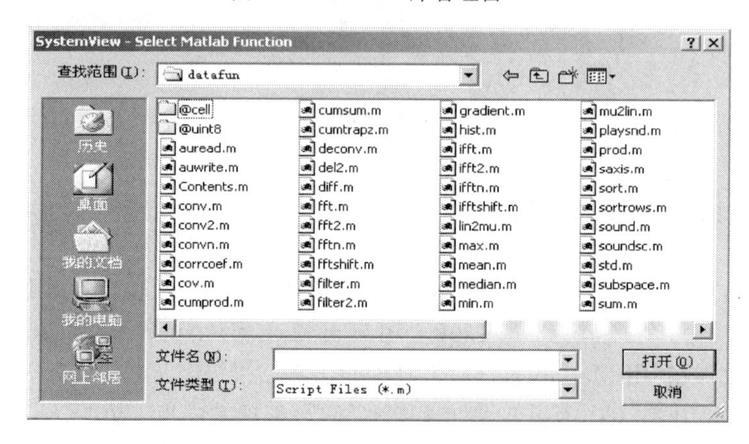

图 8.83 Matlab 函数选择框

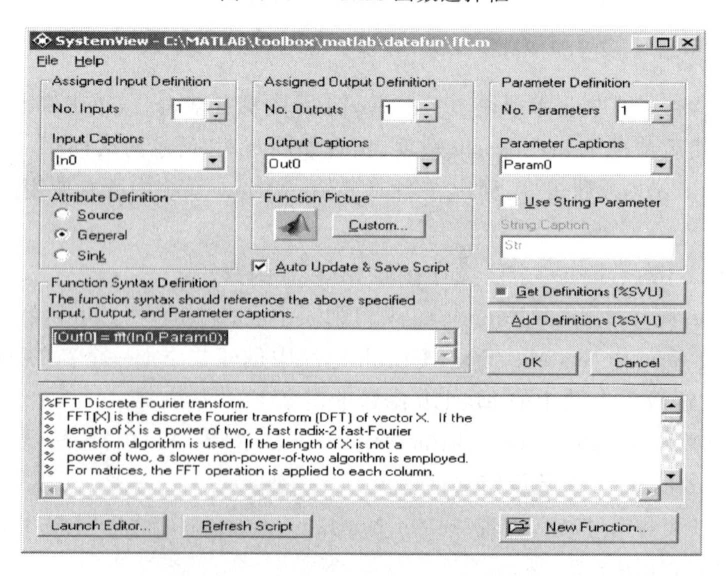

图 8.84 M-Link 库的函数定义窗口

该函数定义窗口中，有

- Assigned Input Definition：定义输入。
- Assigned Output Definition：定义输出。
- Parameter Definition：定义参数。
- Attribute Definition：定义函数类型（Source：只有输出，General：既有输入又有输出，Sink：只有输入，没有输出）。
- Function Picture：设置函数图符的显示图片（改变 M-Link 的外观）。
- Function Syntax Definition：Matlab 函数计算的表达式。
- Get Definitions：从指定的.m 文件中获取函数的定义注释，保存在 SystemView 系统的剪贴板中。
- Add Definitions：在.m 文件中粘贴函数的定义注释。
- Launch Editor：加载.m 文件并显示 Matlab 编辑函数窗口。
- Refresh Script：强制 SystemView 从.m 文件重新读取当前文件，并显示文本框。

单击相应选项并完成设置后，以及函数编辑完成后，单击“OK”按钮确定，返回上一级窗口。若单击 Get Definition(%SVU)，可自动将这些语句写为 Matlab 文件。

至此，一个 SystemView 的 Matlab 库已经制作完成。若需要，则单击“Parameters...”设定参数，就完成了所有的函数设计。

完成整个系统的搭建工作及时间设定后，运行该系统，SystemView 会自动启动 Matlab，完成相应运算，并输出结果。在设计中，也可以利用 Matlab 的调试工具对其进行调试，直至成功。

8.6.2　M-Link 仿真实例

本节利用一个累计求和的例子进行简要说明。仿真设计图如图 8.85 所示。图标 0 是 Source/Aperiodic/Step Fct，参数设置为 Amp＝1；Start Time＝0；Offset＝0；输出恒为 1。图标 2 的函数完成对图标 0 输出信号的累计求和，设置如图 8.86 所示。

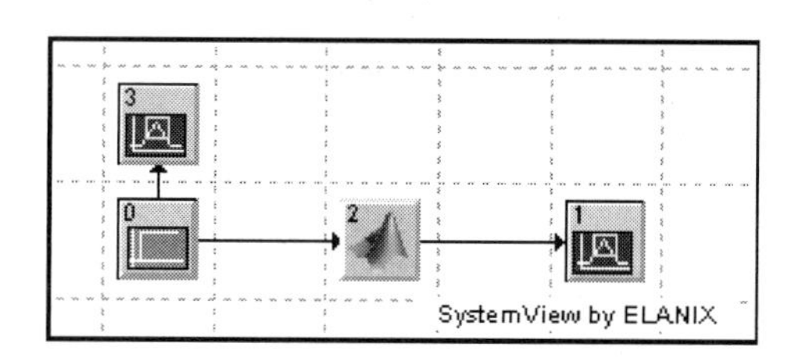

图 8.85　系统仿真框图

图 8.86 中 Function Syntax Definition 框中的内容为：

```
sum=sum+m;
y=sum;
end
```

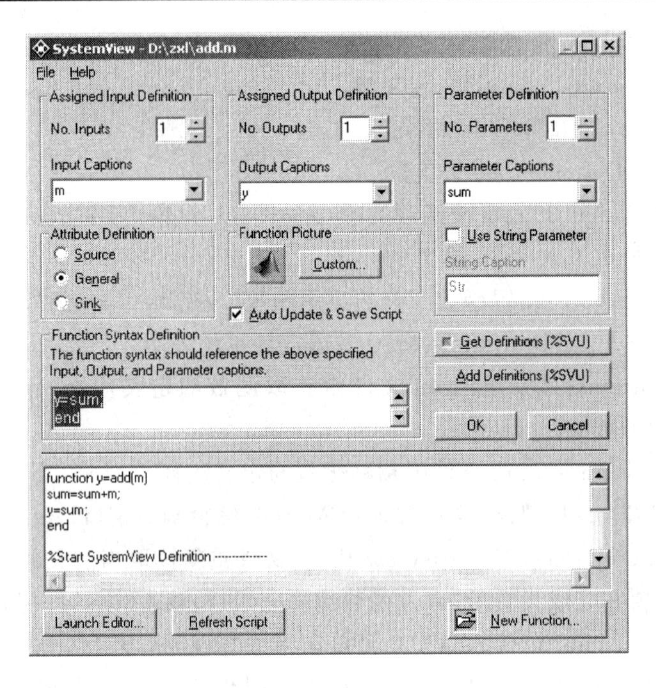

图 8.86　求和函数设置

运行结果:图 8.87 为原始输入信号,图 8.88 为累计求和输出。

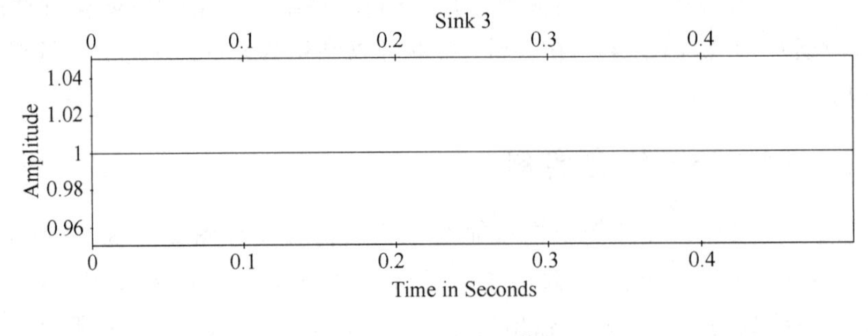

图 8.87　原始输入信号

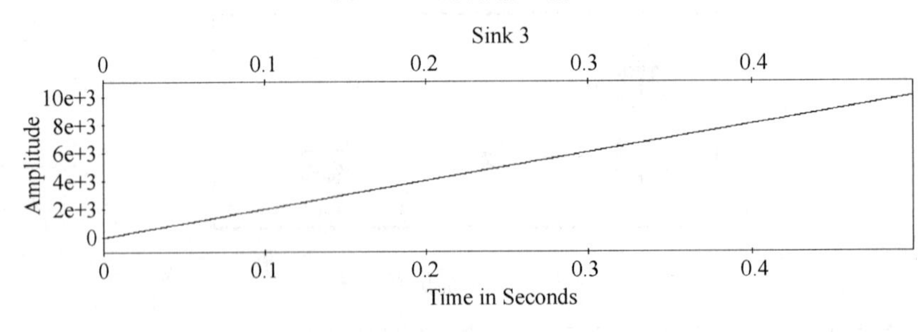

图 8.88　累计求和输出

8.7　仿真实例

本节以一个基本信号采样与恢复的仿真实例来系统的说明 SystemView 的仿真过

程。信号的采样与恢复的原理框图如图 8.89 所示。

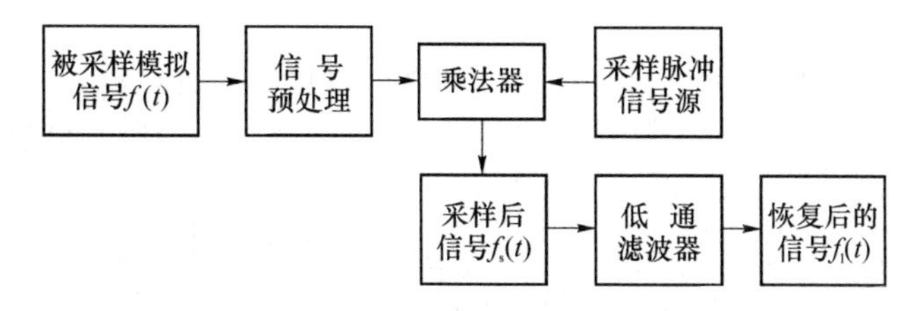

图 8.89　信号的采样与恢复的原理框图

按照图 8.89，被采样模拟信号为正弦信号，抽样脉冲为矩形脉冲。采样器实际上是一个受抽样信号控制的开关部件，使用乘法器实现采样功能。用于信号恢复的低通滤波器采用三阶巴特沃斯低通滤波器。在 SystemView 环境下的仿真系统如图 8.90 所示。

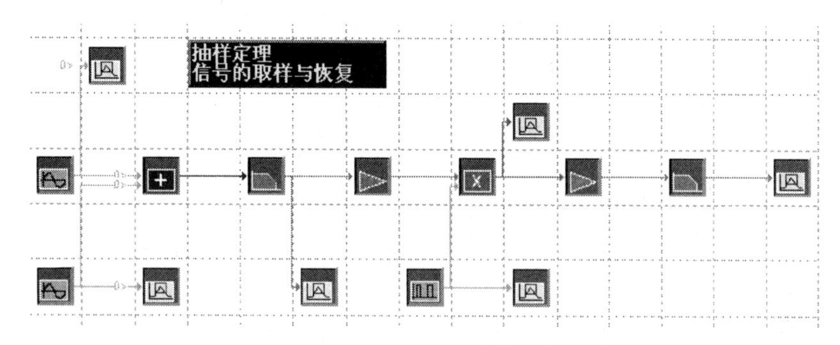

图 8.90　信号采样与恢复系统仿真

系统包含有 500 Hz 的正弦信号、100 Hz 正弦信号、抽样脉冲、低通滤波器、乘法器、运放和加法器等基本元素。图 8.91 和 8.92 为不同频率的正弦信号源。图 8.93 为采样脉冲信号，经过 150 Hz 低通巴特沃斯滤波器后的信号输出如图 8.94 所示，低通滤波预处理后输出的信号经过采样后输出如图 8.95 所示，采样后经过低通滤波恢复后的信号输出如图 8.96 所示。至此，整个系统完成了信号滤波预处理、采样及恢复的全过程。

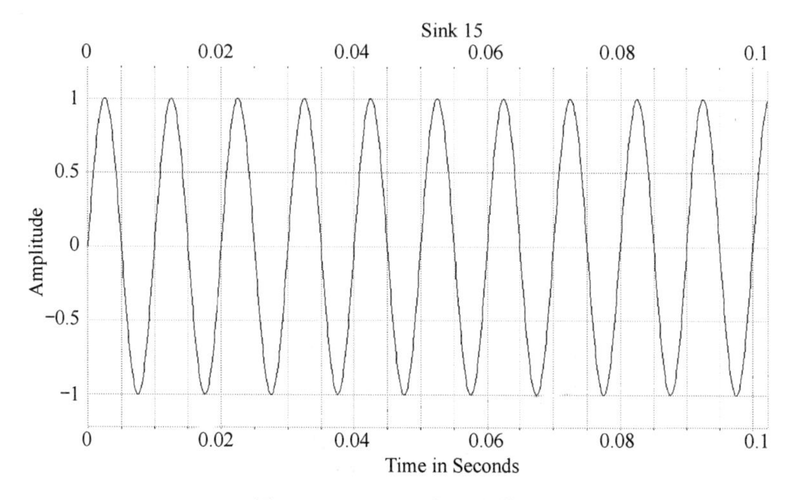

图 8.91　100 Hz 的正弦信号

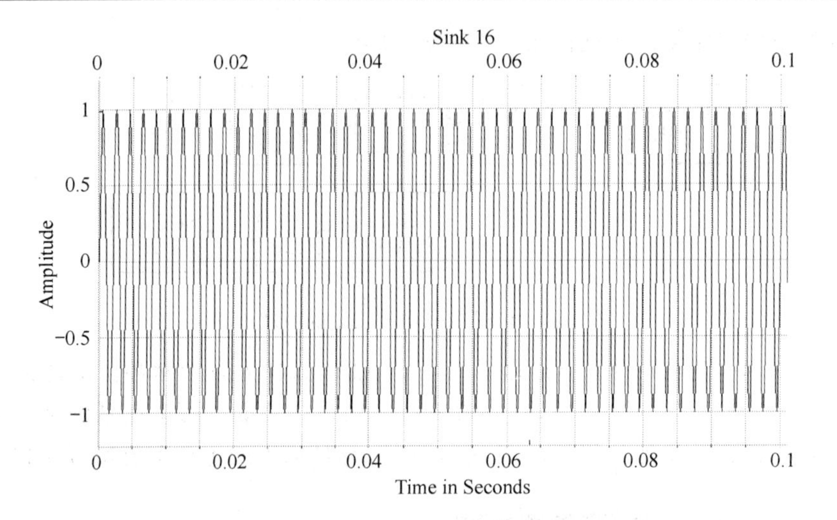

图 8.92　500 Hz 的正弦信号

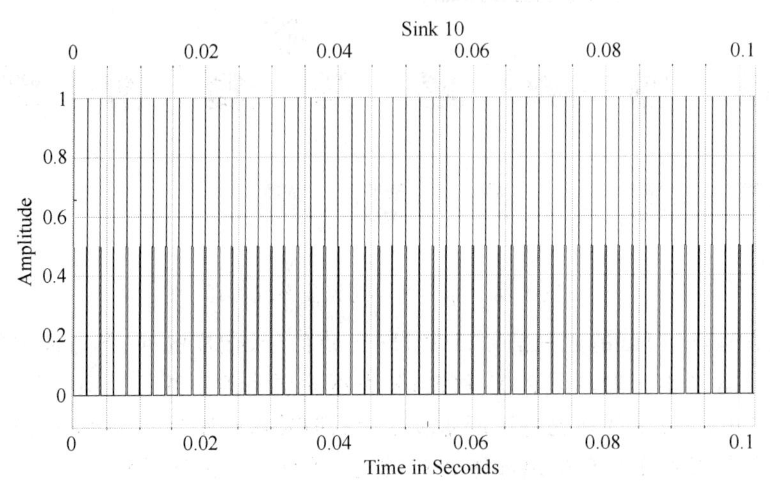

图 8.93　500 Hz 的采样脉冲

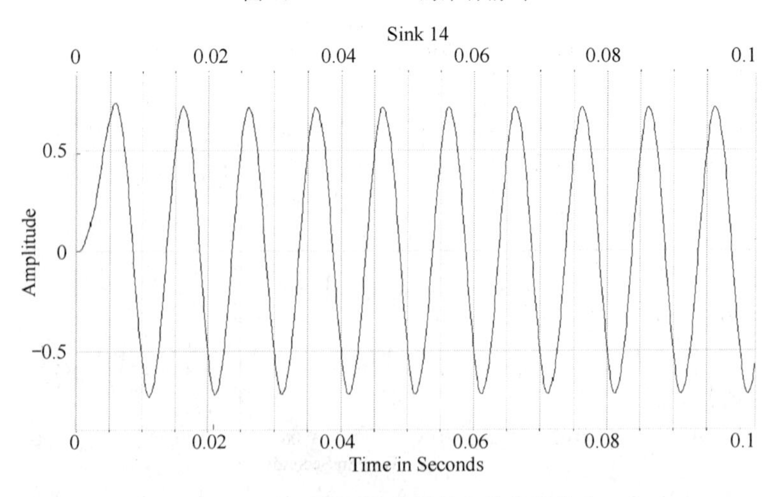

图 8.94　经过低通滤波预处理的信号输出

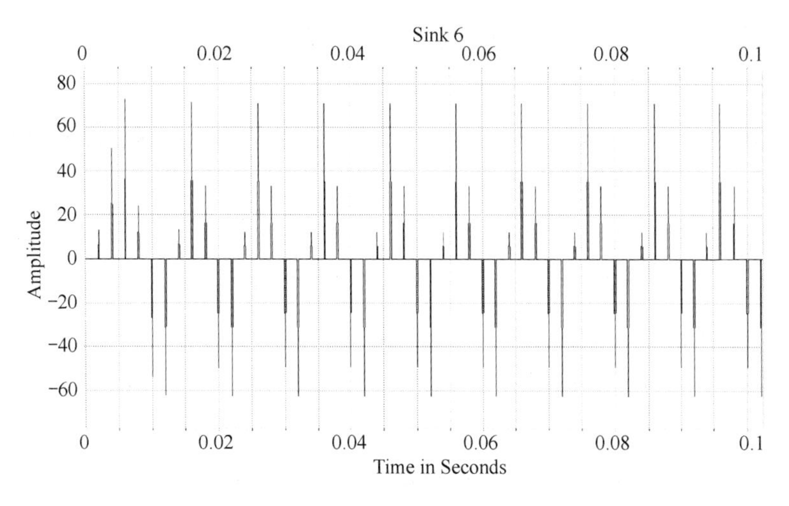

图 8.95　采样后输出的信号

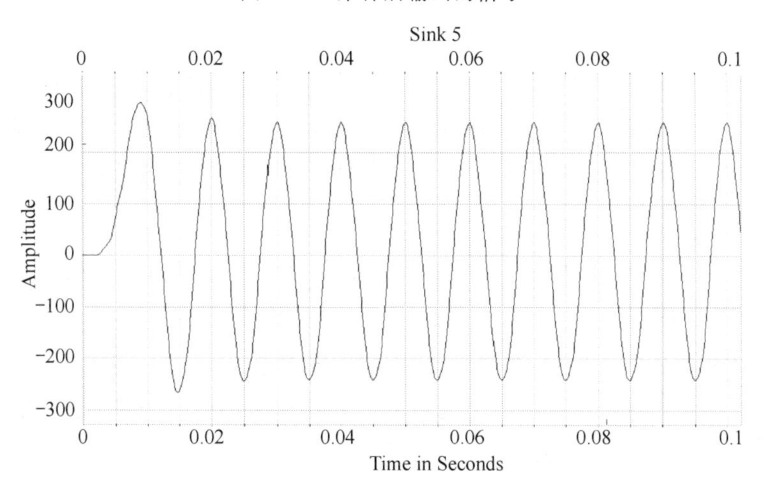

图 8.96　经过低通滤波恢复后的 100 Hz 正弦信号

本章附录

工具栏

切换图符库：用于将图符栏在基本图符库与扩展图符库之间来回切换。单击三角形则可输入用户自定义库。

打开已有系统：将以前编辑好的系统调入设计工作区，现有设计区将被新的系统替代，调入新的系统以前，软件提示将目前设计区内容存盘。

保存当前设计区：将当前设计工作区内容存盘。学习版无此功能。必须升级到专业版，此功能才能有效。

将当前设计工作区的图符及连接输出到打印机。学习版无此功能。

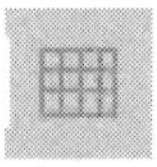

清除工作区:用于清除设计窗口中的系统。如果用户没有保存当前系统,会弹出一个保存系统的对话框。

删除按钮:用于删除设计窗口中的图符或图符组。用鼠标单击该按钮再单击要删除的图符即可删除该图符。

断开图符间连接:单击此按钮后,分别单击需要拆除它们之间连接的两个图符,两图符之间的连线就会消失。注意必须按信号流向的先后次序按两个图符。

连接按钮:单击此按钮,再单击需要连接的两个图符,带有方向指示的连线就会出现在两图符之间,连线方向由第一个图符指向第二个,因此要注意信号的流向。

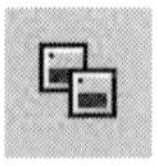

复制按钮:单击此按钮,再单击要复制的图符则出现一个与原图符完全相同的图符,新图符与原图符具有相同的参数值,并被放置在与原图符位置相差半个网格的位置上。

图符翻转:单击此按钮,再单击需要翻转的图符,该图符的连线方向就会翻转180度,连线也会随之改变,但是图符之间的连接关系并不改变。此功能在调整设计区图符位置时有用,主要用于美化设计区图符的分布和连线,避免线路过多交叉。

创建便笺:用于在设计区中插入一个空白便笺框,用户可以输入文字、移动或重新编辑该便笺。

创建子系统:用于把所选择的图符组创建成 MetaSystem。单击此按钮后,按住鼠标左键并拖曳鼠标可以把选择框内的一组图符创建为子系统 MetaSystem,并出现一个子系统图标替代原来的图符。

显示子系统:用于观察和编辑嵌入在用户系统中的 MetaSystem 结构。单击此按钮,然后再单击感兴趣的 MetaSystem 图符,一个新窗口就会出现并显示出 MetaSystem。学习版没有 MetaSystem 功能。

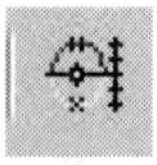

根轨迹:单击此按钮就会出现一个对话框,这时即可根据对话框中的选项在 s 域、z 域或在 $z=0$ 点附加一个极点的 z 域对用户系统进行根轨迹图的计算和显示。根轨迹图的定义是闭环反馈极点的轨迹(作为闭环增益 K 的函数),这个闭环系统的传输函数 $H(s)$在系统设计窗口中确定。根轨迹窗口是交互式的。

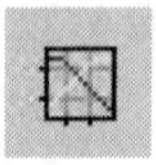

波特图:波特图是用户系统的传输函数 $H(s)$作为频率 f 的函数($s=\mathrm{j}2\pi f$, f 的单位是 Hz)时幅度和相位的波形图。显示波特图的窗口同根轨迹图窗口一样也是交互式的,有着与根轨迹图窗口相似的功能。无论是根轨迹图还是波特图,都可以对图形进行局部放大显示。

画面重画:对系统设计窗口图形全部重新绘制。

停止仿真:单击此按钮即结束仿真。用于系统仿真进行时强行终止仿真操作。

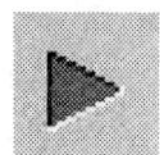

开始仿真:单击此按钮后,如果用户系统的构造已全部完成,系统仿真就开始执行,否则将出现一些诊断或提示信息以帮助用户迅速完成仿真系统的构造。

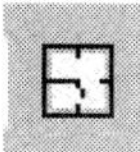

系统定时:单击此按钮就会弹出系统定时窗口,在此窗口定义系统仿真的起始和终止时间、采样率、采样间隔、采样点数、频率分辨率和系统的循环次数等参数。系统仿真之前必须首先定义这些参数,系统定时直接控制系统的仿真。

分析窗口:此按钮用于从设计窗口切换到分析窗口。

信号源库:16 种,代表用于产生用户系统输入信号的信号源库。

图符	名称	参数	功能描述
	扫频信号 (Freq sweep)	1. 幅度 2. 起始频率 3. 停止频率 4. 扫描时间 5. 相位	输出扫频正弦信号: $y(t)=A\sin[2\pi \cdot f_{\text{star}}t+\pi R(t \cdot \text{mod}(T)]^2+\theta$ $R=(f_{\text{stop}}-f_{\text{star}})/T$
	PSK 载波 (PSK carrier)	1. 幅度 2. 频率(Hz) 3. 载波相位(deg) 4. 符号速率 5. 符号数量	$y(t)=\sin[2\pi \cdot f_c \cdot t+\phi_T(t)+\theta]$其中 $\phi_T(t)$ 是具有 μ 率相位值的 PN 序列($0\sim 2\pi$),T 是设置的符号周期(符号速率的倒数),θ 是载波相位
	脉冲串 (Pulse Train)	1. 幅度 2. 频率(Hz) 3. 脉冲宽度(s) 4. 偏置 5. 相位	产生具有设定幅度和频率的周期性脉冲串
	锯齿波 (Sawtooth)	1. 幅度 2. 频率 3. 偏置 4. 相位	产生周期性的锯齿波
	正弦波 (Sinusoid)	1. 幅度 2. 频率 3. 相位	产生一个正弦波
	高斯噪声 (Gauss noise)	1. 标准差或功率谱密度(W/Hz) 2. 均值	产生一个具高斯分布的随机信号
	伪随机序列 (PN Seq)	1. 幅度 2. 频率 3. 电平数 4. 偏置 5. 相位	产生一个按设定速率、由不同电平幅度脉冲组成的伪随机序列(PN)信号
	热噪声 (Thermal)	1. 阻抗(Ω) 2. 温度(K)	产生一个设定温度下的热噪声
	均匀噪声 (Unify noise)	1. 最小值 2. 最大值	产生一个在最大值和最小值之间均匀分布的噪声

续 表

图符	名称	参数	功能描述
	用户自定义信号(Custom)	1. 输出端口数 2. 输出函数表达式(自定义)	$P(n)$自定义函数表达式，其中 n 为每个输出路数
	外部数据文件(External)	1. 文件名 2. 数据格式	可选文件格式有文本文件、8 位无符号整型数、16 位有符号整型数、IEEE 单精度/双精度浮点、连续 1 位整型数等
	单位冲激信号(Impulse)	1. 增益 2. 起始时间 3. 幅度偏置	$y(t)=G\cdot\delta(t-t_0)+\text{offset}$
	阶跃函数(Step Fct)	1. 幅度 2. 起始时间 3. 幅度偏置	产生一个阶跃信号。注意：当偏置输入等于幅度的负数时将产生一个单脉冲或冲激信号
	斜率函数(时间)(Time)	1. 增益(v/s) 2. 偏置	产生一个斜率固定的时间函数
	单声道声音文件(WAV 1ch)	1. 文件名	由输入的 Windows 兼容声音文件产生的一路信号源，声音文件的格式和采样率自动识别
	双声道声音文件(WAV 2ch)	1. 文件名	由输入的 Windows 兼容声音文件产生的两路信号源，声音文件的格式和采样率自动识别

算子库：31 种，每一个算子都把输入的数据作为运算自变量进行某种运算或变换。

图符	名称	参数	功能描述
	平均值(Average)	1. 时间窗口(s)	在时间窗口内对信号取移动平均值
	FFT 变换 FFT	1. 输出形式(方向) 2. 取样点数	对输入信号进行 FFT 变换
	线性系统滤波器(Linear Sys Filters)	详细操作见滤波器与线性系统设计	FIR，IIR，Laplace，模拟滤波器等系统设计，SystemView 最通用和功能强大的图符之一

续表

图符	名称	参数	功能描述
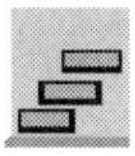	序列统计滤波器(OSF)	1. 时间窗口(s) 2. 输出位置(百分比)	执行序列滤波,输出值为输入信号在当前窗口中具有所设定秩(Rank)的样本
	保持器(Hold)	1. 增益 2. 选择保持两采样点之间的最后一个值或零	用于采样或抽样后返回系统采样率
	采样器(Sample)	1. 采样速率 2. 采样点时间宽度 3. 采样时间偏差	按设定的采样率采样,输出的结果是输入信号在采样宽度内的线性组合
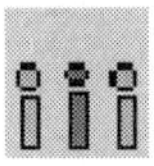	抽样器压缩(Decimate)	1. 抽样系数	根据设定的系数对输入信号进行抽样压缩
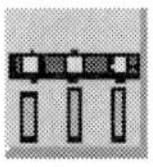	重新采样(Resample)	1. 采样率	按制定的采样率采样,内建一个采样——保持器。用于多速率系统
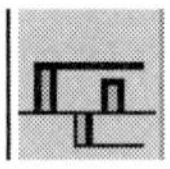	峰值保持(Peak Hold)	1. 选择最后一次峰值或零 2. 复位门限	输出最大最小值
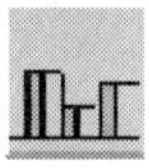	采样保持(Sample Hold)	1. 控制门限值(V)	用外部控制采样保持
	逻辑比较器(Compare)	1. 比较方式 2. True 值和 False 值设定	按设定的比较方式对输入信号比较,输出逻辑真和假,真假值为任意预设值
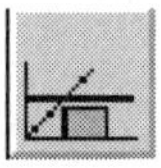	脉冲发生器(Pulse)	1. 门限 2. True 值和 False 值 3. 脉宽	输入信号大于门限时输出一个设定脉宽的脉冲(True 值),否则输出 False 值
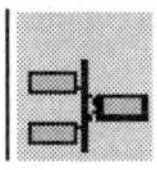	信号切换器(Switch)	1. 最大控制值 2. 最小控制值	在系统时间 t 由控制信号控制输出 19 路信号中的一路
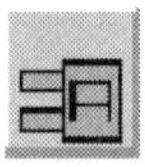	逻辑与(And)	1. 门限 2. True 值 3. False 值	对所有输入信号作逻辑与运算
	逻辑或(Or)逻辑与非(Nand)	1. 门限 2. True 值 3. False 值	对所有输入信号作逻辑或运算
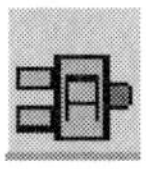	逻辑与非(Nand)	1. 门限 2. True 值 3. False 值	对所有输入信号作逻辑与非运算
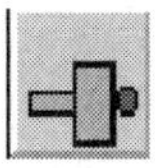	逻辑非(Not)	1. 门限 2. True 值 3. False 值	对输入信号作逻辑非运算
	逻辑异或(Xor)	1. 门限 2. True 值 3. False 值	对所有输入信号作逻辑异或运算

续 表

图符	名称	参数	功能描述
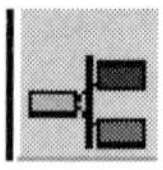	信号选择器 (Select)	1. 门限	控制信号与所设置的门限比较，其逻辑结果控制输入信号是否输出
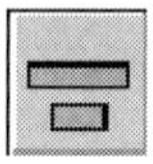	最大值、最小值 (Max Min)	1. 输出增益 2. 输出偏置	取各路输入(最大 19 路)中的最大或最小值
	积分 (Integral)	1. 积分阶次 2. 初始条件	对输入信号作积分
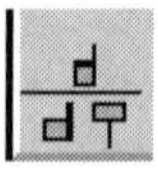	微分 (Derivative)	1. 增益	对输入信号作微分
	比例积分与微分(PID)	1. 增益 2. 比例增益 G_P 3. 积分增益 G_I 4. 微分增益 G_D	比例积分微分控制
	延迟(Delay)	1. 延迟类型 2. 延迟时间	选择内插与非内插延迟类型
	采样延迟	1. 延迟点数 2. 初始化条件 3. 图符属性(主动/被动)	$y_n = x_{n-k}$
	变量延迟 (Var delay)	1. 最小延迟 2. 最小延迟控制 3. 最大延迟 4. 最大延迟控制 5. 延迟类型	根据控制信号决定延迟
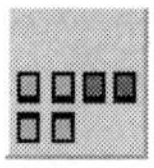	数字换算 (Dg to Scale)	1. 输入字长(bit)数 2. 保留的 bit 数	从输入信号采样的二进制数中抽取出所设定的位数
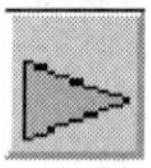	增益(Gain)	1. 单位选择 2. 增益	对输入信号进行放大
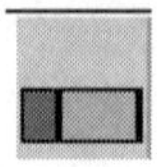	化分器 (Fraction)	1. 保留选择(整数/分数) 2. 增益	保留输入信号的整数或分数部分，并乘以增益后输出
	取模(Modulo)	1. 模数设置	按设定的模取余数运算
	取负数 (Negate)	无	$y(t) = -x(t)$

函数库 F[□]：32 种，其中的每一个函数都把输入的数据作为自变量进行各种函数运算。

	库仑 (Coulomb)	1. 斜率 a 2. Y 轴截距 b	$y(t)=a\cdot x(t)+b\cdot \mathrm{sign}[x(t)]$
	阻塞 (Block)	1. 最大输入 2. 最小输入 3. 增益	$y(t)=\begin{cases}G & x_{min}\leqslant x(t)\leqslant x_{max}\\0 & 其他\end{cases}$
	死区带 (Dead Band)	1. 死区门限 z	$y(t)=\begin{cases}\max(0,x(t)-z) & x(t)\geqslant 0\\\min(0,x(t)-z) & x(t)<0\end{cases}$
	半波整流 (HalfRctfy)	1. 零点	$y(t)=\lvert x(t)-z\rvert \quad x(t)\geqslant z$
	迟滞 (Hysteresis)	1. 带宽 2. 回差 3. 斜率	提供一个可确定带宽和增益的迟滞传递函数
	限幅(Limit)	1. 最大输入 2. 最大输出	$y(t)=\begin{cases}(OUT_{max}/IN_{max})\cdot x(t) & \lvert x(t)\rvert\leqslant IN_{max}\\OUT_{max}\cdot \mathrm{Sign}[x(t)] & 其他\end{cases}$
	量化器 (Ouantize)	1. 量化 bit 数 2. 最大输入 3. 输出方式(浮点/整型)	对输入信号电平按设定的 bit 数进行量化，输出为浮点数或有符号整型数
	全波整流 (Rectify)	1. 零点 z	$y(t)=\lvert x(t)-z\rvert$
	外部传输函数 (Xtrnl Fct)	1. 文件名	执行用户文件定义的传输函数。该外部文件必须是文本文件
	反正切 (Arc Tan)	1. 输出增益	$y(t)=G\cdot \arctan[x(t)] \quad -\pi/2\leqslant y(t)\leqslant \pi/2$
	四象限反正切 (Arc Tan4)	1. 选择输出为模或展开项 2. 输出增益 G	$y(t)=G\cdot \arctan[x_2(t)/x_1(t)]$
	累计平均 (Cmltv Avg)	1. 增益 G	求输入的累计平均值
	用户自定义 (Custom)	1. 表达式数量 2. 表达式	完成用户表达式定义的功能

续 表

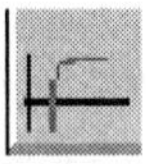	对数(Log)	1. 对数基底(缺省为 e)	$y(t)=\log_h[x(t)]$
	S 形传输函数 (Sigmoid)	1. 形状因子 β	$y(t)=\frac{1}{1+e^{-2\beta x(t)}}$
	正弦 (Sine)	1. 相位 θ	$y(t)=\sin[x(t)+\theta]$
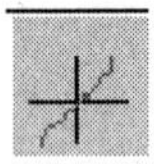	正切 (Tangent)	1. 相位 θ	$y(t)=\tan[x(t)+\theta]$
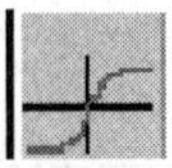	双曲正切 (Tanh)	1. 形状因子 β	$y(t)=\frac{1-e^{-2\beta x(t)}}{1+e^{-2\beta x(t)}}$
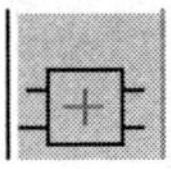	复数加 (Cx Add)	无	对输入进行复数加
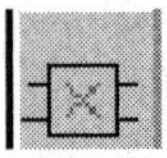	复数乘 (Cx Mltply)	1. 乘法类型(共轭/普通) 2. 输出增益	完成复数的共轭乘或普通相乘
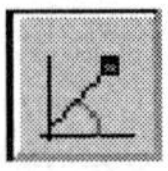	坐标转换 (Crt-Plr)	无	直角坐标转换为极坐标
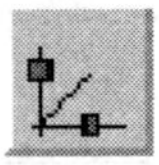	坐标转换 (Plr_Crt)	无	极坐标转换为直角坐标
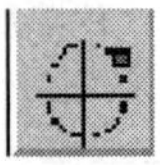	复数旋转 (Cx Rotate)	1. 相位增益 G(2pi/v) 2. 相位偏置 a (deg)	$x(t)=x(t)\cos(\theta\cdot G+\alpha)-y(t)\sin(\theta\cdot G+\alpha)$ $y(t)=y(t)\cos(\theta\cdot G+\alpha)+x(t)\sin(\theta\cdot G+\alpha)$
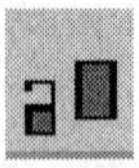	指数函数(a^x)	1. 底数 a(缺省为 e)	$y(t)=a\hat{\ }x(t)$
	幂函数(x^a)	1. 指数 a	$y(t)=x(t)\hat{\ }a$
	除法(Divide)	1. 输出增益 G	$y(t)=G\cdot x_1(t)/x_2(t)$
	多项式 (Polvnomial)	1. 多项式系数 a_0	$y(t)=\sum_{i=1}^{n}a_i x^i+a_0$

续 表

	向量范数 (Vector Fvt)	1. 输出方式选择 2. 输出增益	根据选择输出均值、顺序统计、模、几何平均值
	相位调制(PM)	1. 载波幅度 A 2. 频率 f_c 3. 相位 θ 4. 调制增益 G	$y(t)=A\sin\{2\pi[f_c t+Gx(t)]+\theta\}$
	频率调制(FM)	1. 载波幅度 A 2. 频率 f 3. 相位 θ 4. 调制增益 G	$y(t) = A\sin\left\{2\pi\left[f_c t+G\int_{t_{star}}^{t} x(\alpha)\mathrm{d}\alpha\right]+\theta\right\}$
	提取 (Extract)	1. 门限	当控制信号大于门限时，从输入信号中提取样本
	多路发信 (Multiplex)	1. 输入 A 的样本数 2. 输入 B 的样本数	交叉引用两图符的输入，输入 B 的样本跟随输入 A 的样本

信号接收器库：即观察窗图标。用来实现信号收集、(实时)显示、分析、数据处理以及输出(包括把信号输出到文件)等功能。

图符	名称	描述
	分析(Analysis)	SystemView 的基本信号接收器。该接收器平时无显示，必须进入系统分析窗口才能观察和分析输出结果
	平均(Averaging)	当使用 System Loop 时间参数时，对各循环得到的数据进行平均运算。在分析窗口观察结果
	输出外部文件(Extract)	将接收到的运算结果输出到一个指定格式的外部磁盘文件。在分析窗口可以观察结果
	单声道声音文件 (WAV 1ch)	将接收到的运算结果输出到一个 Windows 声音格式兼容的单声道 WAV 文件。量化 bit 数和采样率可选。在分析窗口可以观察结果
	双声道声音文件(WAV 2ch)	将接收到的运算结果输出到一个 Windows 声音格式兼容的双声道 WAV 文件。量化 bit 数和采样率可选。在分析窗口可以观察结果
	停止(Stop Sink)	当接收到的数据值大于或等于设定的门限值时即停止系统仿真。在分析窗口可以观察到输出结果
	当前值(Current Value)	系统运行时，实时显示当前系统运行的时间和接收到的数据。在分析窗口观察结果

续 表

图符	名称	描述
	数据列表(Data List)	生成并在系统窗口显示接收到的数据表。用鼠标和 Ctrl 键可扩大显示窗口
	终值(Final Value)	在每个系统循环结束时,显示该循环接收的最终值。每个循环只保留一个样本。在分析窗口观察结果
	统计数据(Statistic)	SystemView 的标准观察窗口,可在系统运行结束后于系统窗口中显示输出波形
	实时显示(Real Time)	能在系统仿真运行同时,实时地在系统窗口显示接收到的波形。

通信库:包括通信系统中常用的各种模块。

	纠错码编码器(Blk Coder)	1.码型选择 2.码长 n 3.信息位长 k 4.纠错能力 t 5.时间偏置 6.补零设置	根据设定完成 BCH 码、RS(里得-所罗门)码、格雷码等纠错码的编码
	纠错码译码(Blk dCoder)	1.输出 bit 数 n 2.信息位 k 3.约束长度 L 4.时间偏置 5.生成多项式	根据设定完成 BCH 码、RS(里得-所罗门)码、格雷码等纠错码的译码
	卷积码编码器(Cnv Coder)	1.输出 bit 数 n 2.信息位 k 3.约束长度 L 4.时间偏置 5.生成多项式	根据输入的 n, k, L 参数生成卷积编码,并自动给出生成多项式
	卷积码译码(Cnv dCoder)	1.输出 bit 数 n 2.信息位 k 3.约束长度 L 4.维特比译码路径长度 5.生成多项式 6.时间偏置 7.判决方式选择	根据所选的判决方式(硬件判决/软件判决)进行卷积码译码。软判决时还需输入判决比特数,bin 值,逻辑 1 的电平值,噪声密度等参数
	Gray 编/译码器(Gray Code)	1.编/译码方式选择 2.比特流方向 3.每字 bit 数	对输入的二进制字进行 Gray 码编/译码,等价于每符号 3 bit变换后再进行 8PSK 调制
	比特符号转换(Bit>Sym)	1.比特流方向 2.每符号 bit 数 3.门限	将输入的二进制信号每 N 个编成一个符号,可选高位优先(MSB)或低位优先(LSB)

续表

	符号比特转换（Sym > Bit）	1. 比特流方向 2. 每符号 bit 数 3. 门限	将输入的符号重新排列成二进制信号，可选高位优先或低位优先
	比特误码率（BER）	1. 测试 bit 数 2. 门限 3. 时间偏置选择	估计信道的比特误码率。作长时间仿真时可配合循环选项及停止接收图符进行
	积分清除滤波器（Int-Dmp）	1. 输出方式 2. 积分时间 3. 时间偏置设置	该积分滤波器无需每个积分周期 T 都清零每个输入周期都独立，不存在码间干扰
	均衡滤波器（CMA）（Equalizer）	1. 抽头初始化条件 2. FIR 抽头数 3. IIR 抽头数 4. 环路增益 5. 平均错误样本数 6. CMA 常数 7. 监视输出抽头数	该 CMA（常系数算法）均衡器，主要用于消除通信系统中存在的多径干扰
	位同步（Bit Sync）	1. 非线性选择（绝对值/平方律） 2. 比特率 3. 比特匹配滤波器积分时间 4. 门延迟时间 5. 环路增益 6. 滤波器常数	完成基带信号的位同步功能
	压缩器（Compander）	1. 压缩类型（A 率或 μ 率） 2. 最大输入值	用于限制输入模拟信号的动态范围，一般用于 A/D 转换器的前级
	扩展器（DeCompander）	1. 压缩类型（A 率或 μ 率） 2. 最大输入值	用于还原由压缩器压缩过的模拟信号的动态范围
	分频器（Divide$N$）	1. 除数 2. 门限 3. 真/假值输出电平	对输入的正弦波或方波进行 N 倍分频，N 为整数，输出分频后的方波
	交织编码（Interleave）	1. 模式选择（交织/解交织 2. 行数 k 3. 列数 n	完成一个标准的块交织/解交织。主要用于增强通信系统纠错编码抗突发错误的能力
	卷积交织（Cnvlntrlv）	1. 模式选择（交织/解交织） 2. 寄存器数 3. 寄存器长度 4. 时间偏置设置	带卷积的交织/解交织编码
	IQ 混频器（IQ Mixter）	1. 本振幅度 2. 频率 3. 相位 4. 幅度误差 5. 相位误差	正交下变频器，是通信系统最基本的 RF 级解调单元
	数控振荡器（NCO）	1. 幅度 bit 数 2. 累加存储器 bit 数 3. 相位 bit 数 4. 频率 5. 相位	数字式数控振荡器。可用于频率和相位调制

续表

	PN序列产生器	1. 寄存器长度(最大33位) 2. 种子 3. 时钟门限 4. 真假输出值 5. 抽头项	产生伪随机序列码
	脉冲整型(P Shape)	1. 脉冲形状 2. 时间偏置 3. 宽度 4. 标准背离	对输入的基带脉冲进行整形
	双边带调幅(DSB-AM)	1. 幅度 2. 频率 3. 初始相位 4. 调制度	完成一个调制度为 m 的标准双边带幅度调制
	频率控制脉冲序列(FCPT)	1. 幅度 2. 时间偏置 3. 门限 4. 脉宽	产生一个指定脉宽、由输入信号控制频率的脉冲串
	调频脉冲序列(FMPT)	1. 幅度 2. 频率 3. 初始相位 4. 调制增益 5. 脉宽	输出一个频率被输入信号调制脉冲串
	M-ray FSK 调制(MFSK)	1. 移频类型 2. 幅度 3. 音调数 4. 频率间隔 5. 符号速率 6. 最大最小输入	M 进制调频
	脉位调制(PPM)	1. 最大最小输入 2. 调制符号速率 3. 脉宽 4. 波形	对输入信号进行脉位调制
	脉宽调制(PWM)	1. 最大最小输入 2. 符号速率 3. 脉冲类型	对输入信号进行脉宽调制
	正交调制(Q Mod)	1. 幅度 2. 频率 3. 相位	对输入信号进行正交调制
	科斯特斯环(Costas)	1. VCO 频率 2. VCO 相位 3. VCO 调制增益 4. 环路滤波器系数	三阶科斯特斯环,通常用于 PSK 信号的相干解调
	FSK 解调器(FSK Dmod)	1. FSK 音频数 2. 符号速率 3. 载波频率 4. FSK 频率间隔	对 M-ary FSK 信号进行解调
	锁相环(LLP)	1. VCO 相位频率 2. 调制增益 3. 低通滤波器带宽 4. 滤波器系数	三阶锁相环
	脉位解调器(ppd)	1. 最大最小输入 2. 脉宽 3. 符号速率 4. 时间偏置 5. 脉冲形状	对输入的脉位调制信号解调

续 表

	PSK 解调器 (PRK Dmod)	1. 调制类型 2. 符号数 3. 星座图方向角	对任意多进制 PSK 进行解调
	脉宽解调器 (PWD)	1. 最大最小输出值 2. 符号速率 3. 输出类型 4. 输入脉冲形状	对输入的脉宽调制信号(PWM)进行解调
	Jakes 信道 (Jakes Chn)	1. 期望的路径数 2. 最大多普勒频移	模拟一个 Jakes 移动通信信道
	多径信道 (Mnth Chn)	1. 多径延迟路数 2. 最大延迟 3. 多径因子	模拟一个期望的多径信道
	窄带干扰信道(NBI Chn)	1. 频率分布 2. 干扰数 3. 最大最小干扰幅度 4. 最大最小干扰频率 5. 随机干扰频率间隔	模拟窄带干扰信道
	Rice 衰落信道(Rice Chn)	1. 相干时间 2. 衰落因子	模拟一个莱斯衰落信道
	Rummler 信道 (Rmlr Chn)	1. 延时 2. 相干因子	模拟一个三路径的 Rummler 衰落信道，通常用于模拟数字微波数据链路

DSP 库：包括数字信号处理中常用的各种处理、变换、运算等模块。

	加法器 (Adder)	1. 寄存器大小 N 2. 分数大小 F 3. 指数大小 K 4. 输出类型 T 5. 整型数转换选择	将输入的一个或多个值求和，并给出适当的标志
	双路加法器 (Adder 2)	1. 寄存器大小 N 2. 分数大小 F 3. 指数大小 K 4. 输出类型 T 5. 输出延时 6. 整型数转换选择	将输入的两个值及一个进位标志位求和，并输出各种标志位
	乘法器 (Multiplier)	1. 寄存器大小 N 2. 分数大小 F 3. 指数大小 K 4. 输出类型 T 5. 整型数转换选择	将输入的一个或多个值求积，并给出适当的标志

续 表

	双路乘法器 (Multiplier 2)	1. 寄存器大小 N 2. 分数大小 F 3. 指数大小 K 4. 输出类型 T 5. 输出延时 6. 整型数转换选择	将输入的乘数与被乘数求积，并给出适当的标志
	取负数 (Negate)	无	将输入的值取负数，并给出适当的标志
	减法器 (Subtract)	1. 寄存器大小 N 2. 分数大小 F 3. 指数大小 K 4. 输出类型 T 5. 整型数转换选择	将输入的 A 值减去 B 值，并减去负的进位标志，将结果输出并给出各种标志位
	倒数 (Reciprcl)	1. 精度	按指定的精度计算输入值的倒数，并给出适当的标志
	除法器 (Divide)	1. 精度 P 2. 整型数转换选择	按指定的精度求两个输入数的商，并给出适当的标志
	常系数乘 (Cnst Mltply)	1. 常数寄存器大小 2. 常数分数大小 3. 常数指数大小 4. 常数值 5. 输出延时 6. 常数类型 7. 输出类型	将输入值与常数相乘求积，并给出适当的标志
	数字类型转换器 (Converter)	1. 寄存器大小 N 2. 分数大小 F 3. 指数大小 K 4. 输出类型 T 5. 整型数转换选择	将一种输入值转换成特定的类型输出
	缓冲器 (Buffer)	1. 缓冲器尺寸 2. 阈值	实现先入先出缓冲器
	查表 (Lookup)	1. 寄存器大小 N 2. 分数大小 F 3. 指数大小 K 4. 表尺寸 5. 输出延时 6. 输出类型 T 7. 查表文件名	输出查表的对应值。表值的源为指定的外部格式文件
	与 (AND)	无	将两个或多个定点数按位作与运算，并给出适当的标志
	非 (NOT)	无	将定点数按位取反，即求输入的补码，并给出相应的标志
	或 (OR)	无	将两个或多个定点数按位求或运算，并给出适当的标志
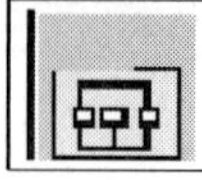	反转 (Reverse)	无	将一个定点数高低位按相反顺序重新排列输出，并给出相应的标志。

续 表

	旋转 (Rotate)	1. 旋转位数 2. 旋转方向	操作数向左或向右旋转指定位数
	移位 (Shift)	1. 移位数 2. 移位方向	将操作数向左或向右移动指定位数
	异或 (XOR)	无	两个或多个定点数按位异或运算，并给出适当的标志。
	比特样本输出 (Xtract Bits)	1. 寄存器大小 N 2. 分数大小 F 3. 起始位 4. 输出类型 5. 进位、溢出选择	将一个定点数的一部分按指定输出到另一个定点数
	符号比特转换 (Sym>Bit)	1. 输出方向	将一个定点数按由低至高或由高至低输出为比特串
	比特符号转换 (Bit>Sym)	1. 寄存器大小 N 2. 分数大小 F 3. 电平门限 4. 输出方向 5. 输出类型	将一串比特流波形按格式输出为一定点数
	梳状滤波器 (Comb Fltr)	1. 寄存器大小 N 2. 分数大小 F 3. 指数大小 K 4. 前向延迟 n 5. 输出延时 m 6. 输出类型 7. 整型数转换选择	梳状滤波器输出：$y(t)=x(t-m\tau)-x(t-(m+n)\tau)$
	卷积 (Convolve)	1. FFT 尺寸 2. 运算选择卷积或反卷积	求两个输入序列的卷积
	离散余弦变换 (DCT)	1. 样本数 2. 变换方向	求两个输入序列的离散余弦变换
	趋势 (Detrend)	1. 数据窗口尺寸 N 2. 移动平均或均值趋势选择	求指定大小窗口的输入序列的均值或变化趋势
	离散 (Hadamard) 变换 (DHT)	1. 样本数 2. 变换方向	求输入序列的离散哈达马(Hadamard)变换
	离散正弦变换 DST,	1. 样本数 2. 变换方向	求输入序列的离散正弦变换
	实数 FFT (FFT Real)	1. 基数 2. FFT 尺寸	对长度为偶数且大于等于 8 的实数输入序列作 FFT 变换

续表

	复数 FFT (FFT Cx)	1. FFT 变换方向 2. 基数 3. FFT 尺寸	对输入的一个复数作 FFT 变换
	内插器 (Interpolate)	1. 输出速率 2. 采样点数 3. 输入速率 4. 窗口尺寸 5. 滚降系数	完成线性、立方、Sinc、升余弦 4 种内插图集之一
	交叉相关器 (XCorr)	1. FFT 尺寸	计算两个输入序列的交叉相关
	积分器 (Integrate)	1. 寄存器大小 N 2. 分数大小 F 3. 指数大小 K 4. 输出延时 m 5. 输出类型 6. 整型变换类型选择	对输入值进行积分
	乘累积 (M/Acc)	1. 寄存器大小 N 2. 分数大小 F 3. 指数大小 K 4. 输出类型 5. 整型变换类型选择	将两个输入的乘积累计相加
	正弦/余弦查表 (Sin Cos)	1. 寄存器大小 N 2. 分数大小 F 3. 指数大小 K 4. 表长 n 5. 输出延时 m 6. 输出类型	根据输入的控制信号输出正弦或余弦的查表列表
	开方 (Sqr Root)	1. 寄存器大小 N 2. 分数大小 F 3. 指数大小 K 4. 输出延时 m 5. 输出类型	输出输入值的平方根，如果输入为负数，则输出其绝对值开方后的负值

逻辑库：包括了各种门电路及模拟/数字信号处理等电路模块。

	与(AND)	1. 输出延时 2. 输出真假值 3. 阈值	两个或两个以上的逻辑信号与操作
	缓冲器(Buffer)	1. 输出延时 2. 输出真假值 3. 上下阈值	正逻辑缓冲器。单输入。缺省的上下阈值为 0.8 V 和 0.2 V
	非 (NOT) (Ivert)	1. 输出延时 2. 输出真假值 3. 阈值	逻辑非。单输入
	与非(NAND)	1. 输出延时 2. 输出真假值 3. 阈值	两个或两个以上的逻辑信号与非操作

续表

	或非(NOR)	1. 输出延时 2. 输出真假值 3. 阈值	两个或两个以上的逻辑信号或非操作
	或(OR)	1. 输出延时 2. 输出真假值 3. 阈值	两个或两个以上的逻辑信号或操作
	施密特触发器非门(Schmtt-1)	1. 输出延时 2. 输出真假值 3. 上下阈值	施密特触发器逻辑非。单输入。缺省的上下阈值为 0.8 V 和 0.2 V
	施密特触发器非门(Schmtt-2)	1. 输出延时 2. 输出真假值 3. 上下阈值	施密特触发器逻辑非。单输入。缺省的上下阈值为 0.8 V 和 0.2 V
	异或门(XOR)	1. 输出延时 2. 输出真假值 3. 阈值	两个或两个以上的逻辑信号异或操作
	D 触发器(FF-D-1)	1. 输出延时 2. 输出真假值 3. 阈值	带置位、清零输入，上升沿触发的 D 触发器
	4D 触发器(FF-D-4)	1. 输出延时 2. 输出真假值 3. 阈值	带公共清零、时钟输入，上升沿触发的 4 路 D 触发器
	JK 触发器(FF-JK)	1. 输出延时 2. 输出真假值 3. 阈值	带置位、清零输入，上升沿触发的 JK 触发器
	8 位锁存器(Latch-8T)	1. 输出延时 2. 输出真假值 3. 阈值	8 位锁存器，无三态输出
	RS 锁存器(Latch-SR)	1. 输出延时 2. 输出真假值 3. 阈值	标准 RS 锁存器
	8 位移位寄存器(Shft-Bin)	1. 输出延时 2. 输出真假值 3. 阈值	带时钟、清零输入，串入并出 8 位移位寄存器。两路与输入
	可编程只读存储器(PROM)	1. 输出延时 2. 输出真假值 3. 阈值 4. 数值表	8×8 位自定义只读存储器。非三态
	4 位计数器	1. 输出延时 2. 输出真假值 3. 阈值	4 位同步可预置计数器。带进位
	12 位计数器	1. 输出延时 2. 输出真假值 3. 阈值	带复位的 12 级同步计数器

续 表

	可逆计数器 (Cntr-U/D)	1. 输出延时 2. 输出真假值 3. 阈值	带使能、置位功能的 4 位同步可逆计数器
	3-8 译码器 (M-x_n_R)	1. 输出延时 2. 输出真假值 3. 阈值	3-8 地址译码器,功能与 74138 完全相同
	8 位数据选择器 (Mux-D-8)	1. 输出延时 2. 输出真假值 3. 阈值	自定义位数(最大 16 位)的模数转换器。编码控制端在上升沿时采样输出
	模数转换器 (ADC)	1. 输出延时 2. 输出真假值 3. 阈值 4. 模拟最大最小输入 5. 量化位数	自定义位数(最大 16 位)的模数转换器。编码控制端在上升沿时采样输出
	模拟比较器 (AnaCmp)	1. 输出延时 2. 输出真假值	差分模拟比较器。带同相反相输出
	数模转换器 (DAC)	1. 输出延时 2. 输出真假值 3. 阈值 4. 模拟最大最小输出 5. 量化位数	自定义位数(最大 16 位)的数模转换器
	双刀双掷开关 (DPDT)	1. 输出延时 2. 阈值	由数字信号控制的双刀双掷开关
	整数数字转换器(Int/Dig)	1. 输出延时 2. 输出真假值 3. 量化位数	将一个整数转换成任意位的 2 进制数字比特输出。最大 16 位
	单刀双掷开关 (SPDT)	1. 输出延时 2. 输出真假值	由数字信号控制的单刀双掷开关
	单稳多谐振荡器 (One-Shot)	1. 输出延时 2. 输出真假值 3. 阈值 4. 保持时间	带清零的上沿或下沿触发的单稳多谐振荡器。带同相反相输出
	相频检波器 (Ph/Frq)	1. 输出延时 2. 输出真假值 3. 阈值	与摩托罗拉 MC4044 功能相同的数字相位频率检测器

另外还有射频/模拟库以及扩展的用户库,可参考其他有关的 SystemView 资料。

参 考 文 献

1 Dirk Jansen. 电子设计自动化(EDA)手册. 王丹，童如松译. 北京：电子工业出版社，2005

2 藏春华，郑步生，魏小龙. 电子设计自动化技术. 北京：机械工业出版社，2004

3 汪蕙，王志华. 电子电路的计算机辅助分析与设计方法. 北京：清华大学出版社，2002

4 付家才. EDA 原理与应用. 北京：化学工业出版社，2001

5 马建国，孟宪元. 电子设计自动化技术基础. 北京：清华大学出版社，2004

6 潭会生，张昌凡. EDA 技术及应用. 西安：西安电子科技大学出版社，2002

7 王锁萍. 电子设计自动化教程. 成都：电子科技大学出版社，2000

8 韦思健. 电脑辅助电路设计. 北京：中国铁道出版社，2002

9 佩里. 电子设计硬件描述语言. 周祖成译. 北京：学苑出版社，1994

10 王小军，边计年. VHDL 简明教程. 北京：清华大学出版社，2000

11 侯伯亨，顾新. VHDL 硬件描述语言与数字逻辑电路设计. 西安：西安电子科技出版社，1999

12 曾繁泰，陈美金. VHDL 程序设计. 北京：清华大学出版社，2000

13 包明，赵明富，陈渝光. EDA 技术与数字系统设计. 北京：北京航空航天大学出版社，2002

14 辛春艳. VHDL 硬件描述语言. 北京：国防工业出版社，2002

15 汉泽西等. EDA 技术及其应用. 北京：北京航空航天大学出版社，2004

16 刘瑞叶，任洪林，李志民. 计算机仿真技术基础. 北京：电子工业出版社，2004

17 王诚，吴继华，范丽珍等. Altera FPGA/CPLD 设计(基础篇). 北京：人民邮电出版社，2005

18 罗卫兵等. SystemView 动态系统分析及通信系统仿真设计. 西安：西安电子科技大学出版社，2001